脚・ひれ・翼はなぜ進化したのか

生き物の「動き」と「形」の40億年

マット・ウィルキンソン
神奈川夏子 訳

草思社

RESTLESS CREATURES
The Story of Life in Ten Movements
by Matt Wilkinson

Japanese translation published
by arrangement with Matt Wilkinson c/o The Science Factory Limited
through The English Agency (Japan) Ltd.

目次

身体のモジュール構造はどう作られるか
たくさんの肢を効率よく動かす方法「メタクロナール波」
多くの肢をそれぞれ別の形にできるのはなぜか
左右相称動物の爆発的多様化「カンブリア大爆発」
左右相称動物誕生の謎に迫る手がかりの断片

7

脳と筋肉はどのように生まれたか——

神経の電気信号が身体を伝わる仕組み
筋肉の制御こそが神経と脳の存在意義
神経も筋肉もないカイメンの「くしゃみ」
神経誕生以前と以後の運動制御の違い
神経と筋肉を獲得した刺胞動物
クラゲはどのように筋肉を制御しているか
這う動物たちは頭がよくなった

脚・ひれ・翼はなぜ進化したのか　生き物の「動き」と「形」の40億年

はじめに

神はまた言われた、「われわれのかたちに、われわれをかたどって人を造り……」。神は自分の形に人を創造された。

——創世記　1章26—27（改訂標準訳聖書）

人間の起源、そして人間がこのような姿をしている理由について、聖書に見られる記述はこれだけだ。文字通り受け取れば、神はたんに自分と同じ姿をした生き物を造りたい気分だったということになる。しかしこの説明、説得力はあまりない。そもそもなぜ神が人の形をしているのか、不思議ではないか。創世記冒頭の数ページで、生き物の形質とその生活との関連性について、あいまいながらも言及されている唯一の箇所は、「鳥には羽がある」というくだりである。聖書がここまで沈黙を守るのも驚くにはあたらない。なにしろその2章先では、好奇心はあらゆる罪の元凶として断罪されているのだから。すべてを当たり前に受け入れる。そうすることがどうやら求められ、正しいこととされていたのだ。幸いにもわたしたちはそんなルールを無視するようになった。つまり、ダーウィン以降、基本原則となった進化論の世界観では、こと生命にかんしては、なにごとも当たり前に受け入れるべきではないのである。大半の生物は、環境へ適応していくうちに現在のような姿になった。何世代もかけて、自然選択によって最適な変化を少しずつ積み重ねてきたのである。

それなら、自然選択こそ生命の謎を解き明かす唯一のカギではないか、と考える人もいるだろう。確かに、それはある程度、正しい。少なくとも、生き物が環境に適応していくなかで何らかの特性を備えるようになる、というところまでは。けれども、その因果関係を示している連鎖のなかから1つの例だけを取り出して解説しても、十分な知的満足は得られないだろう。まあこのあたりが思考の限界と考えれば、大目に見てもらってもいいかもしれない。適応変化を引き起こすものとして、自然選択の力を持ち出すのは悪くはない。とはいえ、多様性を生み、自然選択のきっかけとなる遺伝子突然変異は、偶然の賜物である。さらに、突然変異のあとどうなるかについては、個体群がたまたま生息している場所の環境要因によって異なってくる。これ以上のことを解明できるのだろうか？　それとも進化の歴史は、次々と現れるバカげたことの繰り返しに過ぎないのだろうか？　固有の出来事、偶然の出来事の連鎖に過ぎないのだろうか？　わたしたちは、神を「偶然」に置き換えただけなのではないだろうか？

まさにその通りだという人びともいる。たとえば、原子物理学の父と称されるアーネスト・ラザフォード［イギリスの物理学者。1871－1937］はこう言った。「物理だけが科学だ。ほかはみな切手収集みたいなものだ」。スティーヴン・ジェイ・グールド［アメリカの古生物学者・進化生物学者。1942－2002］は、さすがにここまで見下したような表現は使わなかった。しかし彼は、仮に進化の過程を再現したならば、今見えている生物界とは全然違うものが目の前に現れるだろうと断言し、ラザフォードと同じ立場を表明した。グールドが暗に言いたかったのは、大きなスケールで考えると、進化とは理解不可能で無軌道な獣のようなもので、科学というサーチライトをもってしても明確に見渡すことができない、ということだった。本書は、これとは完全に別のとらえ方を提案する。というのも、わたしたち人間とほかの生き物について深く理解するための方法が、なさそうでいてじつは1つある、とわたしは信じているからだ。そう、生き物の世界には、とてつもなく多様でありながら、絶対ゆるがせにできないテーマが「1つだけある」のだ。進化が始まって以来、進化の実現性を支配してきたテーマ。それは「移動運動」である。ある場所から別の場所に移る、という一見単純な行為だ。

　ひらめきを与えてくれたのは翼竜だった。動物学の研究を始めたばかりのわたしの興味を引いた動物である。この分野に進むことを決めたのは、竜（ドラゴン）や失われた世界（ロスト・ワールド）などの、いかにも子どもらしい夢が科学教育によって（ありがたいことに）打ち砕かれずにすんだおかげでもあるが、現実的な動機もあった。飛行は一筋縄ではいかないテーマだ。なにしろ人類がこれを解明したのは150年前にすぎないのだから。

　そこでわたしはこう考えた。翼竜が体験した自然選択は、かなり特殊なものであったに違いない、と。飛行に要求される厳しい身体的条件によって、翼竜たちの形質や行動のすべてが決められた。今の時代の例でいえば、コウモリも、鳥も、そしてまさに人間が造った飛行機も同じだ。こんなに厳しい制約のもとで実現した進化があるという事実は、古生物学者にとっては神からの恵みだろう。化石から得られる情報には限界があり、古代の動物たちの生態はもちろん直接観察できない。しかしこれらの制約を手がかりにすれば、遠い道のりではあるが、いつかは大好きな研究対象の姿を生き生きと再現することができるのではないか、と思った。

　うれしいことに、わたしの信念は間違っていなかった。航空力学を援用すれば、ほんの少しのデータでさえも情報の宝庫になった。のちにヴァーチャル復元や風洞試験なども手がけるようになったわたしが最初に行ったのは、ある翼竜を選んでその体重や翼面積を、化石をもとに推定することだった。その翼竜は、アンハングエラ［白亜紀前期に生息した翼竜］と呼ばれる迫力ある生き物だ。アンハングエラの翼は巨大だった。

翼開長は約5メートル、翼の面積は約1・4平方メートルにもなる。しかし体重は驚くほど軽く、およそ10キログラムしかなかった。まず、単純な物理的法則から、安定した飛行のためには体重が揚力と釣り合っていなければならないことがわかり、おおざっぱに言えば、揚力の大きさは翼面積と対気速度［周囲の大気の流れに対する速度］に左右されることも、航空力学理論が教えてくれた。アンハングエラはその大きな翼と軽い身体のおかげで、驚くほどゆっくりとしたスピードでも、空中を飛ぶのに十分な揚力を発揮できたのだ。しかし同時に、巨大な翼は力強い羽ばたきには不向きで、速度を上げるのが難しかったことも意味している。

それだけではない。羽ばたく力を持たないアンハングエラは、重力により落下しなければスピードを出せなかったし、上昇温暖気流の助けがなければ高度を保つこともできなかった。つまり、温暖気流を生み出し続けることが可能な温かい海水をたたえた熱帯の海の崖上をねぐらにして、そこから飛び立たなければならなかったに違いない。その意味では、アンハングエラは現在のグンカンドリに似ている。両者の類似性は生息環境にとどまらない。グンカンドリは空中での盗賊行為で悪名高く、飛びながら、ほかの鳥から獲物を略奪する。このよからぬ習性が、グンカンドリの運動器官の「構造」に起因しているということは、あまり知られていない。グンカンドリは地面を蹴らなければ飛び立てないので、エサを確保するために水上に舞い降りることはできない。空中でほかの鳥たちを攻撃するという手段は、彼らの身体条件にとってまさに理に適ったやり方なのである。もしかしたら、アンハングエラとその同族たちは、白亜紀の大空をのさばるゴロツキのような存在だったのかもしれない。

以上のような情報はみな、重量と翼面積さえわかれば導き出せた。物理学の知識が少しあれば、化石骨からアンハングエラの身体機能の全容を再現し、当時の環境下での彼らの生態をかなり正確に見極めることもできた。この経験はわたしにとっての啓示となった。これ以降、世界に対する考え方ががらりと変わってしまったのだ。なぜなら、運動器官の観点からものを考えるようになっていたおかげで、適応を形成する力は何も飛行運動だけに限った話ではないということに気づいたからだ。あらゆるところに移動運動というヒントが転がっているのが目につきだした。はからずもアンハングエラのおかげで、ありふれた風景のなかに潜む生命の大いなる秘密を見つけたのだった。移動運動はじかに見てわかるから、見分けるために望遠鏡や顕微鏡を必要としない。また、じっさいにどのように動いているのかを知るのに何世代にもわたって観察する必要もない。移動運動する対象はどこにでもいる。わたしの進むべき道は決まった。絶えず動き続ける生物界の核心に迫り、その姿をあきらかにして見せる。これだ。本書はそんなわたしの探求の集大成である。

同じ物理法則の下、生物はなぜ多様に進化したか

移動運動は生き物の身体構造のさまざまな側面に影響を与えているが、わたしはこれには2つの理由があると考えている。まず、場所から場所への効果的・効率的な移動は、生き物が健康な子孫をどれだけたくさん残せるかどうかを決定する重要な要素の1つである。自然選択にかんしていえば、結局のところ効果的・効率的な移動さえできればそれで十分なのだ。生存のためそして生殖のため、生物は成長し、身体を治癒し、子作りを行うための食べ物と原材料を探し出さねばならない。同時にライバルや腹を空かせた捕食者を避けることができたら理想的だ。有性生殖の場合だと、ほかの個体に近づく必要も出てくるし、有性生殖でも無性生殖でも、子孫は、いつかはいわゆる巣立ちの日を迎える（子が生みの親の敵になって

いたり、親子で敵対するようになっていなければ、の話だが)。つまり、自然選択から見れば、移動運動は高い優先順位にあるのだ。

移動運動が生き物にこれほどはっきりとした影響を与えている第二の理由は、もっと物理的な本質に関係している。らせん形状の細菌や、木登りするサル、全力疾走するチータ、回転しながら地面に落ちるカエデの実、急上昇するアホウドリ、穴に身を隠す地虫、泳ぐメカジキ、歩き回る人間。どの生き物も例外なく、基本的な身体構造という現実に従わなければならない。生物とはつまるところ身体という物質だ。そして動き回っているときには、ニュートンの万有引力の法則、てこの原理や流体挙動の法則といった諸々の規則の支配下におかれている。効率的で効果的な動きが重要であるとすれば、これらの法則や規則は当然、運動器官を備えた生物の形質や行動に大きな制限を与える。

こんな話をすると、あなたは自分自身の「運動能力」を使ってすぐにでも逃げ出したいという誘惑に駆られるかもしれない(何といっても「移動運動」の話であるからして)。しかし、そんなもったいないことはしないでほしい。ここで述べる諸法則はそう手ごわくはない。移動運動が生命体の適応度において大切な意味を持つわけは、大半の生き物の形質と行動が、同じ物理的法則に支配されているからだ。この考えの信ぴょう性を疑うのなら、生命の歴史に何度も発生した無数の収斂(しゅうれん)進化[系統の異なる生物種間で類似した形質が個別に進化すること]を思い浮かべてみてほしい。クジラとイルカは、水中での効率的な運動に見事にふさわしい外見を持っているので、長いあいだ魚の仲間だと考えられていた。飛ぶことのできる脊椎動物の3つのグループ、つまりコウモリ、鳥、そして翼竜は、身体構造の点では驚くほど似通っているが、そのような構造が飛ぶためには物理的に絶対必要だからである。これらの生物の多様性はすべて、1つの美しくシンプルな基本原則にのっとっているのだ。

ここまで読んで、大きな疑問があなたの心に浮かんだかもしれない。もしすべての生物が、同じ根本的法則のもと、同じ外的環境のなかで生き抜こうとしているのなら、なぜ彼らの形質や行動は同じではないのだろう？　生物界はなぜこんなにびっくりするほど多様なのだろう？

この問いに対する答えは大きく分けて2つある。感覚的にすぐ理解できそうな最初の答えは、異なる生物は異なる物理的環境下に住むというもので、（実務的な言葉で表現すると）運動方程式における特定の変数の値は、それぞれの生息場所によって異なるのである。土を掘り進むもの、水中を泳ぐもの、空中を飛ぶもの、あるいは水陸空の境界を行き来するものがいるが、それぞれの運動技術には、ふさわしい身体構造と行動特性が必要だ。同様に、サイズもまた生物の身体形成に大きな影響を与える。世界最大の動物であるシロナガスクジラは、世界最小の生き物である「マイコプラズマ細菌［真正細菌の一属で、動物に寄生する病原菌が多い］」より10億兆倍（10^{21}倍）大きい。生物のサイズの幅がここまで大きいことによる物理的な変化はあらゆる生物の移動運動に影響を及ぼしている。たとえば、ゾウが飛び跳ねることができないのは、ゾウの肢（あし）が巨軀（きょく）を支えるためにとんでもなく太くなければならないからだろう。一方、ネズミにとっては跳ねるのが常態だ。わたしたちは大抵の場合、空気の物質的存在感を認知していないけれど、極小の飛翔昆虫にとって、空気はシロップのようにまとわりつくものである。ちっぽけな剛毛の房でできた翅（はね）を使って飛べるのはそのせいだ。ボーイング747にはおすすめできない構造である。

生物の多様性にかんする、直感的には理解しにくい第二の答えは、生き物の過去が現在の姿に与えている影響に関係している。通常、進化とはゆっくりとしたプロセスである。ある世代から次の世代にかけて実現できる変化の範囲には大きな限界があるからだ。劇的な変化も発生するにはするが（ときおり、2つの頭を持った突然変異体が発見されたりする）、そうした生命は適応度を致命的に欠いていることが多く、遺伝子プール［交配可能な集団に存在する遺伝子のすべて］からすぐ脱落する。したがって、将来的な進化へと続く道は、この先、進化を経るであろう集団の、現在の姿に大きく左右されるのだ。つまり、現在の姿かたちの由来を解明するためには、過去を知る必要があるというわけだ。

どんな種類の生物にとっても移動運動ほど大きな影響を与える条件はないのだが、同じ環境下で活動する2種類の生物が同じような物理的困難に直面したとしても、適応方法がまったく違う場合がある。これは、それぞれの祖先が別のやり方でその問題に対応してきたからにほかならない。わかりやすい例として、再び飛行性の脊椎動物に登場願おう。彼らの翼は見た目は似ているが、同じではない。鳥は羽毛を、コウモリは長い指のあいだに生えている皮膚のように薄い膜（飛膜）を使って飛ぶ。翼竜にも飛膜はあったが、1本の指にくっついて広がる膜だ。3者の飛行方法が違うのは、空中飛行を始めたばかりの祖先たちが、それぞれ多かれ少なかれ異なる方法で飛行に取り組んでいたからだ。

二足歩行から移動運動の起源まで。本書の構成

移動運動の歴史は、推進力にかんする物理的規則と自然選択の必然が繰り広げるダンスの、40億年にわたる過程であると考えられるのかもしれない。１つひとつのダンスのステップが、その前に踏んだステップから繰り出される。本書では、この長いダンスの歴史をひもとき、移動の必要性がいかに生物界を形成してきたか、お目にかけたいと思う。

１章ではわたしたち人間について取り上げる。人間の移動運動は、自分で探求や調査をするのにうってつけだ。わたしたち自身が生物の推進力について学ぶための理想的な実験台となれるからだ。人間は移動

運動に大変優れた種族で、人に似ている類人猿たちのレベルをはるかに凌駕している。わたしたちはふだん、このことを正当に評価していない。人間が特別な存在であるならその理由は何か、と聞かれて、たいていの人は秀でた知的能力をあげるだろう。しかし、そう答えた大半の人びとでさえ、ノーベル賞受賞者よりスポーツの一流アスリートのステイタスのほうがはるかに高いと思っているのではないだろうか。わたしたちは無意識に、移動運動能力に優れているのはすばらしいことだと思っている。ものごとの到達度を示す表現に、動作にかんする語彙がよく使われることからもこれはあきらかだ。たとえば、「go places（場所へ行く）」は出世を意味するし、アイデアなどの実現は「get off the ground（離陸する）」というし、目標は「chase（追う）」するものだし、新しい仕事でほかの人に追いつくのは「get up to speed（速度を出す）」、理解力を伸ばすのは「leap（飛躍する）」、何か新しいことに挑戦するときには「jump at the chance（チャンスに飛びつく）」、などと表現する。移動運動がどれほど大切か、心の底では知っているのに、ふだんはあまり意識していないだけだ。万一移動できなくなったら、さぞかしありがたみを思い知るだろう。動くことによって得た自由は、わたしたちの最高の特質なのだから。

人間の移動にかんする動作を考えるにあたって、まず取り組まなければいけないのは最初の進化の謎だ。もっとも明白なのが人間の二足歩行である。場所から場所へ移動するのに、ほかの哺乳類のように四つ足にならないのはなぜか。この謎を検証すれば、移動運動の進化の歴史をさかのぼる冒険の、幸先のいいスタートが切れそうだ。ヒトが最近獲得した適応化の層を少しずつ剥がしていくことで初めて、二足歩行という面白い特異性が深く理解できるだろうから。しかしそうやっていくと、そのほかのさらに古いさまざまな移動運動の謎の探求に否応なくはまっていき、最後には移動運動の起源そのものにまでさかのぼる、というコースが待ち受けている。誰しも自分自身のことを理解したいという欲求はあるだろうから、過去へさかのぼる時間旅行では、わたしたちの祖先の系統に重点的に取り組むことにしよう。とはいえ、人間のことばかり見つめていくわけではない。遠い過去へさかのぼるほど、さらに多くの生物と祖先を共有していることがわかるはずだ。つまり、人間の移動運動の過去の歴史を学ぶにつれて、生物の世界をより広い背景のもとで理解し、移動運動の普遍的な特徴を知ることができるのだ。

わたしたちの祖先の系譜をたどる旅には道しるべが必要だ。そこで、途中駅として、移動運動にかかわる多くの重要な転換を選び出し、各章の中心的なテーマに据えた。それぞれの変遷によって、生命のダンスが生み出すテンポとリズムに見合った、望ましい、新たな移動方法が現れた。つまり、こうした転換は移動運動の壮大な進化の物語において特別な意味を持っている。2章は歴史探訪の最初の一歩だ。樹上生活者であったわたしたちの祖先が、どのように二足歩行を始め、ついには森を去ったのかを探る。3章では、人間の祖先の話題から少しのあいだ離れて空に目を向け、今も大空を自由に飛び回っている幸運な動物たちの誕生のいきさつを知ろう。4章では、水中の世界に飛び込み、自然選択の結果、泳げるものだけが残り、脊椎が発生した経緯について考察する。5章は、ひれを手足に変えて陸上に這い上がってきた、魚に似ているが人間にもう少し近くなってきた祖先たちの話だ。6章では、進化のより深い世界に踏み込む。生物はみな、移動運動に即した身体を目指して、前後左右という明確な対称性のある身体構造を持つにいたった。この基本的な身体構造の設計図が形成されていった過程を理解しよう。対して第7章では、神経系統の発生のおかげで、動物が無駄のない造りの身体をコントロールして移動できるようになった道のりに注目する。これらの運動器官の主要な転換を通して、わたしたちの祖先が、移動の必要を満たすために微妙な進化をどのように繰り返してきたのか、そして生物の移動運動が異なる環境や異なる大きさではどのように変わるのかを見ていこう。

進化を訪ねる旅の、最初の6つでわたしがとりあげる転換は、もちろん多くの点で移動運動に関連している。飛行の起源、人間の二足歩行、ひれから四肢への変化などがそれだ。そのほか、やや意外に思われるような動作に関係している身体の変化もある。たとえば、ほかの4本の指と対向している拇指は人間の大切な特徴だが、これは道具を使用するためにそうなっているのではない。指の配置変化はよじ登る運動に適応するためだった。6章でも見るように、およそ5億4500万年前に多様な種類の生物が一気に発生した有名なカンブリア爆発は、生物が地を這うように進化適応することで幕を開けた。おそらくもっとも注目すべきは7章で、脳と知覚器官が、もともとは身体を前後に動かすために使われる、たんなる誘導システム、つまりコンピュータに過ぎなかったという点について考察する。移動運動の進化は、脚や翼やひれの変化だけを意味するのではない。深く掘り下げれば掘り下げるほど、生き物の形質はほぼすべて移動運動への適応と何らかの点で関係していて、無関係なものはきわめて少ないということがよくわかると思う。

8章では流れを変えて、移動運動を放棄した生き物をとりあげていく。ただし、放棄というのはうわべだけの言いかただ。というのも、固着性の生物の生活は、移動運動をしていた自分の過去に大きな影響を受けているからである。奇妙な感じがするだろうが信じてほしい。じつは、移動運動は動物の進化だけでなく植物の進化をも支配してきたのである。たしかに植物はふつう、みずからは動き回れないが、種や花粉は移動して有性生殖や分散を行わなければならない。こうした必要性が、分散体の構造（カエデの種子のヘリコプターのような形に注目だ）だけでなく、種子や花粉を放出しつつも生えたところから動かないという植物の形状にも影響を与えた。植物の背の高さが分散に役立っていることは一目瞭然だろう。花は花粉が（昆虫に運んでもらって）かならず正確な受粉場所に届けられるようにするためにうまくできている。花そのものを間接的な移動運動器官と考えてもいいくらいだ。

これから出発する長い旅のあいだに出会うさまざまなエピソードによって実感するだろうが、生物の進化の歴史は、たんに生き物に対する制約にすぎない、と考えてはならない。適応は未来の可能性の扉を開けもすれば閉じもするが、未来がもっとも大きく変化するのは、適応によって移動運動が影響を受けるときだ。生き物が新しい移動の動作を習得したら、距離の移動によって自分の身を未知の選択圧［生存率に差をもたらす自然環境の力］の真っただ中にさらすことになるだろう。選択圧によってその生き物の子孫はまったく予期しない進化の方向へ進むよう強いられるかもしれない。どちらにせよ、生き物はみな、新しい環境を体験してからその環境に適応する。

ここで再び、飛行という運動について考えてみよう。飛行は、あちこちを移動するためにはすばらしく効率性の高い方法であるが、林冠［森林の上層部］という複雑な環境に住み始めた生き物たちだけが、たまたまその選択圧を経験し、最終的に空中を飛べるようになったと思われる。しかし、移動運動のおかげで新しい生活形態への扉が開いたとしても、それがそのまま新しい環境における定着に役立ったわけではない。これは本書の最終行程で、遠い過去への時間旅行に乗り出してみれば、はっきりと理解できるだろう。

9章では、単細胞生物における移動運動の適応改善が、のちに現れる巨大な多細胞生物界の基礎作りにどのように貢献したのかを見る。そして最後に、移動運動の変遷のなかでもっとも重要な、移動運動の起源そのものにたどり着く。進化の歴史において移動運動がもたらした結果から判断すれば、間違いなくこれは生命が生まれて以来、歴史上もっとも意義深い転換だ。移動運動能力が進化する以前には、生命はいわば異常に複雑な化学物質といったところだった。しかし生命体はひとたび動き出すと、ほかの個体と出会うようになり、捕食、寄生、生殖行為、共生などの関係を持ち始める。言葉を変えれば、移動運動のおかげで生命は生命としての特徴を帯びるようになったのだ。以来、移動運動は進化が繰り広げるドラマの主役を張っているのである。

本書を締めくくるときには、冒頭に戻ろうと思う。わたしたち人間、というよりは、人間の心について語ってみたいのである。なぜなら、移動運動の恩恵は、身体にかんする事柄だけではないからだ。これが10章のテーマである。わたしたちの好奇心や喜び、そして意識といった無形の領域でさえ、推進力のおかげで存在している。自然選択と移動運動のダンスによってわたしたちの精神が形成されたとすれば、自己理解の探求において重要な意味が加わることになる。わたしたちはとめどない移動運動への希求を抱いているのだ。しかし近年、この欲望に突き動かされて、人間は危険な領域に足を踏み入れている。テクノロジーの進化がもたらす移動手段の変化は、昨今、人間の身体だけでなく精神の健康をも脅かしている。だから、地球の生命が長い時間をかけて踊ってきた移動運動のダンスがどのようにわたしたちの肉体を形成してきたかを正しく理解することは、ただの学問上の関心事ではない。もっと健康的で有意義で充実した人生を送るための方法を見つけ出す、最高の機会になるかもしれないのだ。

それでは出発しよう。

1 人間はどのように歩き、走るか

忘れがちな、2本の脚で歩き回れるすばらしさを、しっかり味わおう

「汝自身を知れ」

――古代ギリシャの格言［デルポイのアポロン神殿の入り口に刻まれている］

読者のみなさんに、ちょっとした実験につきあってもらおう。差し支えなければ、何歩か歩いてみてほしい。さらに、角を曲がったり、地形によっては坂や階段を上り下りしてみよう。もちろん、状況が許して体力が十分あるなら駆け出してみてもいい。ケガや病気や高齢のためにできない場合を除けば、ほとんどの人間にとってこうした動作はとても簡単で、頭を使う必要さえない。どこかに行きたいという欲求を感じたら、ただそこへ行くだけ。どのように足を動かして、そこまでたどり着けばよいか、じっくりと考える人はほとんどいない。しかし、移動運動能力などあって当然だと思うなら、それは驚くほど精巧にできている身体の運動機構の過小評価である。技術者は彗星に着陸できる宇宙船を建造し、コンピュータは

チェスで人間を負かした。しかし人間が歩いたり走ったりするときの優雅さや軽やかさや柔軟さを少しでも真似できるロボットは、いまだに登場していない。

というわけで、もう一度歩いてみよう。しかし今度は、自分が今、何をしているか「完全に」意識しながらやってみる。動作は、どうやって始めて、どうやって終えているだろうか？　地面が平らでなくても転ばないでいられるのはなぜか？　曲がったり、速度を上げて走ったりするときはどのように動いているだろうか？　そもそも、スピードを上げていくとき、歩きから走りに切り替わるのはなぜだろう？　しかも、これらの動作を行うときの燃料効率のよさといったら驚きである。ホンダのアシモ（ＡＳＩＭＯ）［＊］のような最高性能を誇る歩行ロボットと比べても、何倍も効率がよいのだ。これらの疑問に答えるのは容易ではないと、もちろんわかっている。なぜなら自己推進力を引き起こすプロセスは、つねにわたしたちの意識下のレベルで発生しているからだ。しかし、地球上の生命の運動器官について探る時間旅行は、わたしたち自身の移動運動へ視点を向けなければ始まらない。まずは進化の目的をよく理解しよう。謎を解くのはそれからだ。

「人はなぜ歩くことができるか」の基礎の基礎

移動運動というありふれたテーマでも、人間がその仕組みを理解し始めるまでにはかなり時間がかかった。４章で登場する古代ギリシャの哲学者アリストテレス［前384－前322］は、移動運動の問題についてすみずみまで考察を重ねた最初の人間だ。観察と熟考の末に導き出した結論、それは、すべての運動は次のうちのどちらかに当てはまるというものだった。第一の運動は、物体または物質が強制されずに移動するときの「自然運動」で、これは彼が「重い元素」とみなした水や土は自然に落下し、「軽い元素」とみなした空気や火は上昇するというものである。第二の運動は、「強制運動」とも呼ばれ、外的な力を加えられた物体に起きる運動だ。移動運動もこれに当てはまる。この外的な力を取り除くと運動は止まる、とアリストテレスは考えた。常識的で受け入れやすい説明である。静止している物体を移動させるには押すか引くかしなければならない。人が力を加えるのをやめれば、ふつう物体はすぐに動かなくなる。

そのおよそ2000年後、イタリアの物理学者・天文学者・哲学者であるガリレオ・ガリレイ［1564-1642］は、アリストテレスの論考における重大な誤謬に気づいた。当初は、運動には自然運動と強制運動があるらしい、という説に賛成していたガリレオだが、もし地球の中心に直接向かって動くことが物体の自然な傾向なら、その正反対の方向、つまり真上への運動こそが純粋な強制運動ではないか、と推論したのである。では、物体の水平運動についてはどうだろう？　ガリレオは、地球に対して遠ざかるのでもなく向かうのでもないこれらの運動は、第三の運動であると解釈し、「中立的運動」と呼んだ。ガリレオは冴えた洞察力で、外的障害がまったくない状態では、小さな力だけで物体を中立的運動へと導くことができ、運動を始めた物体を止めるには摩擦などの外的障害が必要である、と分析した。

この話、どこかで聞いたことがないだろうか。そう、慣性の法則に要約されるガリレオの考察は、基本的にイギリスの数学者で物理学者のアイザック・ニュートン［1642-1727］による運動の第一法則と同じなのである。

［＊］ASIMOはAdvanced Step in Innovative Mobilityの略だが、もちろん短編集『われはロボット』の作者アイザック・アシモフへのオマージュでもある。

あらゆる物体は、外部からの力を加えられて状態が強制的に変わらない限り、止まっているものは静止状態を続け、動いているものは等速直線運動を続ける［*］。

ニュートンの考察は、たんなるガリレオの焼き直しではない。運動の第二法則においてニュートンは、慣性の法則をさらに展開し、力（F）を加えることによって生じた物体の加速度（a）は、力の大きさに比例し、物体の質量（m）に反比例すると述べた。すなわち、$F=ma$ となる。さらに、ガリレオとは違って、ニュートンは自然運動だけを特別扱いする物理的根拠はどこにもないと気づいた。落下にも、アリストテレスのいう強制運動と同様、かならず何らかの力が加わっているのだ。ニュートンの明察のおかげで、ガリレオの自由落下の実験が説得力を持った。ピサの斜塔から重さの違う2つの球を落下させたと伝えられている、あの有名な実験だ（ただの思考実験に過ぎなかったという主張もあるが）。より重い物体はずっと速く落下するはずだとアリストテレスは考えたが、じっさいには2つの球はほとんど同時に地面に着いた［†］。より重い球の質量はより大きく、この球を地面に引っ張る力もより大きいということになる。しかし質量が大きいと必然的に慣性［現状の運動をそのまま保持しようとする物体の性質］も大きくなるので、結果的に加速度は小さい球と同じになったのだ。その等加速度（海抜ゼロ地点では約9・8メートル／S^2）は引力によるものだった。そしてこれは現在 g と表される。力、つまり厳密な意味での物体の重量は、この g の値に物体の質量をかけて得られる。

ニュートンが発見した力、質量、そして加速度が、移動運動にとってとても重要であることは明白だ。しかし生命あるものをある場所から別の場所に進ませる力そのものは、どこから来るのだろう？　ここで登場するのがニュートンの最後の法則、運動の第三法則だ。すべての作用にはそれと同じ大きさで向きが反対の作用があるという、このあまりに有名な第三法則は、もっとも理解しにくい法則でもある。物体を押しているとき、同時にその物体から押し返されていることは、すぐには感じない。しかし考えてみれば、そうでないと大変だろう。もし押し返される力がまったく存在しないのなら、物体を押してもそれに触ることはできないからだ。同様に、ボールが床に落ちて弾むとき、真上に向かって作用する力がなければ、ボールが跳ねるという方向の反転は発生しない。わたしたちの誰もが体重という真下に向かう力に支配されており、この力は同じ大きさで真上に向かう反作用によって釣り合いがとれていなければならない。移動運動を考察するうえで忘れてはならない点だ。この反作用とは、究極的には地面の原子や分子のあいだで作用している小さな力が起こしている。これがなければわたしたちは地面を突き抜けて沈んでいってしまうだろう。この「床反力［足が接している地面から受ける力］」が移動運動のカギを握っているのである。地面を踏みしめて立てば、地面は押し返してくる。その力で行きたいところへ加速することができるのだ。

押す力を生み出すのは筋肉だが、筋肉の作用はどうしても間接的になる。なぜなら筋肉にできることは引っ張ることだけなので、てこの働きを担う、骨格のてこ部分で、その動きは変換されなければならない。たとえば、人間の脚の推進力を引き起こすのは伸筋だ。アキレス腱を通って踵の骨につながっているふくらはぎの筋肉は、足［くるぶしから下の部分のこと］を足関節のあたりで下から後ろに振って動かす。厚みのある大腿四頭筋は太腿の前と横から脛骨（すねの骨）にかけての筋肉で、膝関節を使って脚［臀部からくるぶしまで

［＊］この法則には、物体が存在する座標系自体は加速していてはならないという、重要な条件がついている。
［†］じっさいには、重いほうの球はほんの少し先に地面に落ちる。これは小さい物体のほうが相対的に強い空気抵抗を受けるからである。この点については3章でさらに掘り下げる。

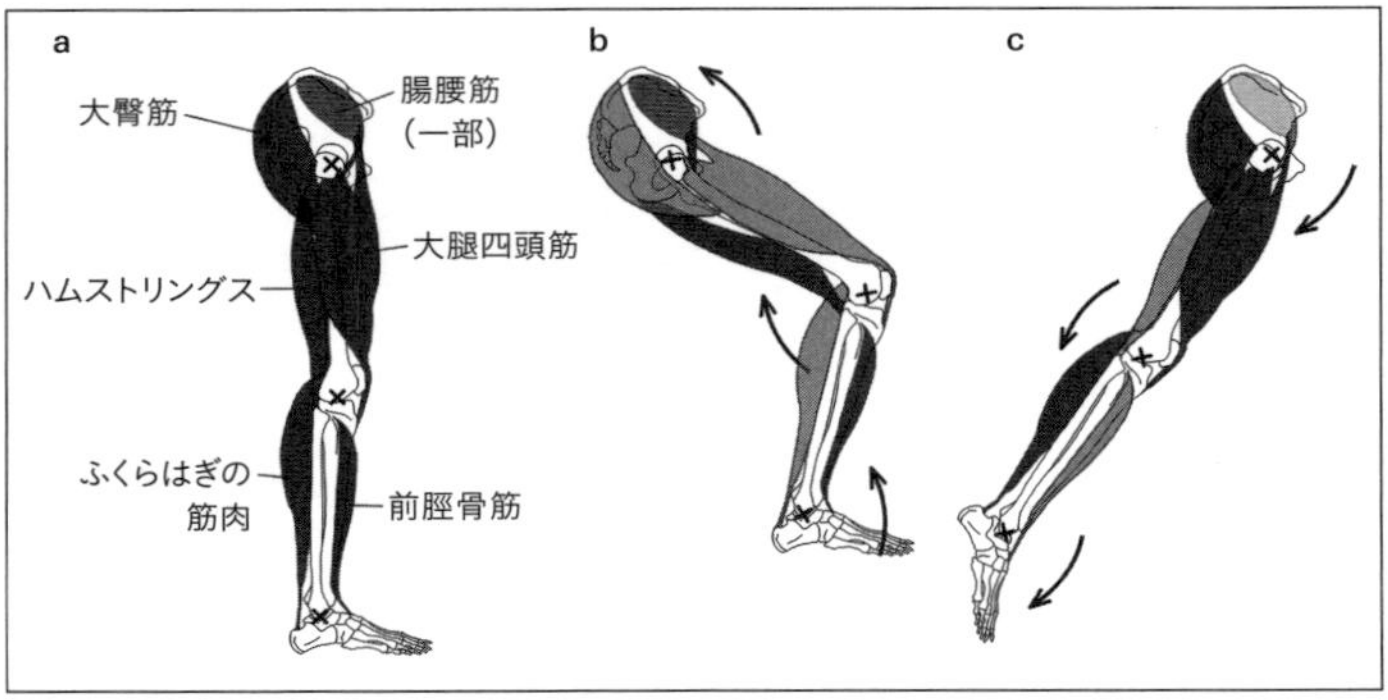

［図1-1］ヒトの脚のおもな屈筋と伸筋（a）と、これらの筋肉の運動を単純化した図（b、c）。前脛骨筋、ハムストリングス群、そして腸腰筋群（ここではその下方部分である骨盤内部から大腿骨にかけて走る腸骨筋のみが示されている）は、それぞれ、足首、膝、腰を屈曲する（b）。ふくらはぎの筋肉、大腿四頭筋群、そして大臀筋は、同じ関節に働きかけてこれらの運動に拮抗する（c）。1つの筋肉が動くと（図b、cの濃い色の部分）、緩んでいる拮抗筋（薄い色の部分）が伸びる。これは拮抗筋がそのときに動く関節の反対側についているからである。これらの筋肉のなかでもハムストリングスのように2つの関節にまたがっているものは、ほかの筋肉の活動状態、または脚に負荷がかかっているかどうかによって動きを変えることができる。たとえばハムストリングスは、腰を伸ばす動きも膝を曲げる動きもできる。

のこと」を伸ばす。大臀筋（お尻の筋肉）とハムストリングスは太腿の裏側についている筋肉で、股関節を起点に足全体を振る動きを可能にする。地面にしっかり足を踏みしめて立っているとき（そして足と地面のあいだに十分な摩擦が生じているとき）、これらの筋肉の収縮により脚に引き起こされた後方へ押す力のすべてが使われて、身体が前進する。

もちろん、この状態は永遠には続かない。筋肉はそれ自体では伸びることができないので、伸筋は、屈筋と呼ばれるいわゆる拮抗筋の収縮によって元の位置に戻されなければならないのだ。屈筋は、関節をあいだにはさんで、対応する伸筋の反対側についている。脚についているおもな屈筋には次のようなものがある。前脛骨筋は、すねに沿って走り、足の甲で停止する筋肉だ。つま足が持ち上がり収縮していたふくらはぎの筋肉が再び伸びるのは、おもにこの筋肉の働きによる。ハムストリングスは膝を曲げたり[*]大腿四頭筋を伸ばしたりする。腸腰筋は腰から骨盤にかけて大腿骨までつながっている筋肉で、足を腰から前方に引き上げ、お尻の筋肉を伸ばすのに使われる。いうまでもなく、こうした動作が行われているときには足は地面から離れていなければならない。さもなければ前に押しても元の位置に戻ってくるだけだからだ。幸いにして、自然はわたしたちに2本目の脚を与えてくれたので、一方の脚が元の位置に戻るあいだにもう片方の脚が支えと推進の仕事を替わってくれる。

もうおわかりのように、歩行運動とは、それぞれの脚が、身体を支持する「立脚期」と前方に振り出して次の一歩の用意をする「遊脚期」を交互に繰り返す動作である。歩いているときには、身体が空に浮いた「空間期」がないので、両脚はそれぞれの歩行周期(1組の立脚期と遊脚期を1歩行周期とする)のあいだ、少なくとも50%の時間は地面についている。この「デューティ比」[足が接地している時間の割合。ロボット用語としてよく用いられる]はとてもゆっくりした歩行では70%にもなり、走り出す寸前のような急ぎ足では55%まで落ちる。

以上で歩行についてだいたい理解できたと思うが、じつはこれはかなりおおざっぱな説明だ。筋肉の代わりにサーボやモーターを搭載したロボットに、この動きはできない。わたしたち人間の歩行がロボットに比べてなぜこうも滑らかで効率的なのか、いまだに解明できていないのだ。歩くことと走ることの本質的な違いも未知のままだ。わかっているのは、走るとデューティ比が減少して、滞空時間が増えるという

[*]ハムストリングスには2つの仕事がある。これは腰関節と膝関節の2つの関節にまたがる筋肉だからだ。足に負荷がかかっているときには、膝を曲げる仕事はちゃんと休止する。

特徴だけだが、もっと何かあるに違いない。しかし、あったとしても、人間の運動の微妙なニュアンスをあきらかにするのは容易ではない。極端にゆっくりとした歩行であっても、刻々と変化する人間の四肢の動きはすばやすぎて、どんなに注意深く観察しても完璧には把握できないからだ。動きを発生させている、外から見えない体内の仕組みについては、いうまでもない。ここで必要とされたのが、時間の流れを実際よりゆっくりと見ていくことで、わたしたちの身体の運動エンジンのカバーを外し、その中を観察することだった。

人間や動物の移動運動をどう記録するか

一般に、近代の移動運動研究を先導した功績者とされているのは、優れた写真家であったエドワード・マイブリッジ［1830−1904］である。1830年にロンドン近郊で生まれた本名エドワード・マガーリッジは、若いころにサンフランシスコに移住し、風景写真家として名を馳せた。移動運動にかかわるようになったのは1872年、鉄道王でカリフォルニア州元知事のリーランド・スタンフォード［1824−1893］が彼をパロアルトの牧場に招いたときだった。スタンフォードは「ギャロップ［馬のもっとも速い足並み］で走る脚はときどき空中に浮いている」と主張して2万5000ドルを賭けていたといわれている［*］。マイブリッジは始め、当時の写真技術でそこまでの分析は無理だと思ったが、あきらめずに研究を重ねた。そしてついに、馬の4本の脚は、速足（トロット）［馬の足並みで、ギャロップ、駆け足、側対速歩に次ぐ速さのもの］のときでさえ歩行周期ごとに一瞬空中に浮いているということを証明した。

この写真撮影の成功はマイブリッジの人生の転機となった。このときから彼は憑りつかれたように動物

［図1-2］マイブリッジ撮影によるリーランド・スタンフォードの馬「サリー・ガードナー」。

の動きを写真に撮り始めた。数年間、断続的にパロアルトの牧場で仕事をしていたころ、彼は独創的な計画を思いつく。トラックに沿って等間隔でカメラを数台置き、それぞれのカメラには、コースを横切るトリップワイヤーに引っ張られてシャッターが切れるような装置をつけておく。スタンフォードの馬サリー・ガードナーがコースを走り抜けると、その姿が撮影されるという仕掛けだ。息を飲むようなその連続写真は、動物が移動しているときの複雑な動作をつまびらかにする前代未聞の作品だった。この連続写真はさまざまな新発見をもたらしたが、なかでも論争の的であった「空間期」については、4本の脚が完全に伸びているとき、という大方の予想を裏切り、前肢と後肢が互いにもっとも近づいたときに発生するということがわかった。

馬の写真のおかげでマイブリッジの名声は広まり、1884年にはペンシルバニア大学から依頼を受け、

［*］賭け金の話は、報道記事を面白おかしくするためにあとから加えられたものだとする見方もある。

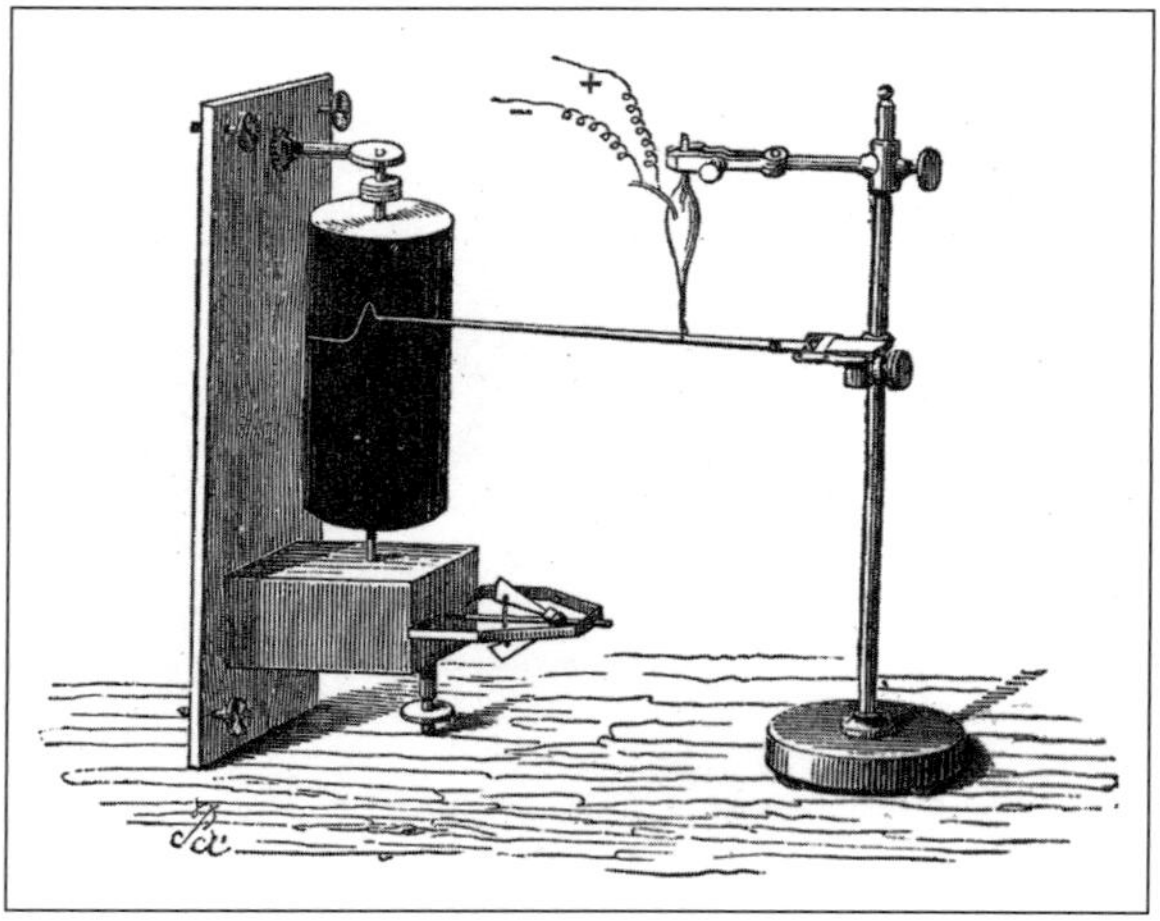

［図1-3］マレーの「グラフ記録法」。筋肉が収縮するとき、針は持ち上がり、円筒型ドラムに巻かれた煤紙の上に曲線を描く。〈出典：『Animal Mechanism（動物の運動機構）』（1874）〉

ヒヒからライオンにいたるさまざまな動物にその撮影技術を応用した。意義深いのは、人間の動作の撮影も依頼されて、期待通りにやりとげ、さまざまな動作を記録した仕事を残したことだ。歩いたり走ったりしているだけではなく、飛んだり、ボクシングをしたり、とんぼ返りをうったり、踊ったり、ベッドに寝たりしている男女の連続写真を数多く撮影したのである。今わたしたちが眺めても、美しくてワクワクするような写真ばかりだ。しかし、科学的見地からすると、彼の写真は事の本質の表面をわずかにひっかいただけに過ぎなかった。わたしたちがどのように動いているかを正確に知るためには、静止画がいくつあっても足りないのである。幸いなことに、マイブリッジが馬の動きの秘密を解明し始めたころ、彼が残した課題のすべてを解明することになる道具を、パリに住むある生物学者が製作していた。

そのエティエンヌ＝ジュール・マレー［1840

−1904〕こそ、本当の意味での運動科学の父だった。マイブリッジとぴったり同時期に生きた（誕生日も死没日も数日しか離れていない）マレーは、時系列にそって身体の動きを可視化する仕事、名付けて「身体言語の翻訳」に夢中になっていた。そしてこの仕事のために「グラフ記録法」と命名した方法を編み出した。これは、脈などに代表されるあらゆる種類の生理的動態について、レバーまたはゴム筒から出る空気を使って、その動きを機械的に針に伝え、わかりやすい記録に落とし込むという仕掛けだ。この針が煤紙〔煤のついた紙〕の上に線を描くのだが、大切なのはこの紙が回転を続ける円筒型ドラムに巻いてあることだった。紙の上の記録によって、経時的な運動とその大きさが把握できるのだ。

マレーは「グラフ記録法」に全力を注いだ（「グラフ記録法」を用いないで生理学的研究を行うのは、地図を用いないで地理を学ぶのと同じだとマレーは述べている）。やがてマレーの関心は、人間の身体の微細な運動から、もっともありふれた運動である移動運動へと移っていった。最初のプロジェクトでマレーが着手したのは、歩いているときと走っているときに足がもたらす力のパターンを記録することだった。小さな空気室のついた特別製のゴム底を被験者の靴に仕込み、この空気室がいつものゴム筒を通して記録機械と連動するようにした。足が地面を押すたびに空気の振動が針に伝わり、針は床反力の大きさに応じて向きを変える。マレーはまた、接地・離地のタイミングと身体の上下運動との相関関係にも興味を抱き、レバーにつながる小さな鉛の塊で作った装置を被験者の頭に取り付けた。慣性の大きい鉛自体の上下運動は、その下にいる被験者の動きに後れを取る。こうして鉛の装置の相対的なずれが描く軌跡は、かなり正確に被験者の上下運動を表現していると推測したのだった。

マレーの手法は目覚ましい成果をあげ、その後すぐ、馬を含むほかの動物にもこの分析方法を使ってみた[*]。しかし、移動運動する動物の動きの肉眼的特徴はこの記録法で把握できたものの、動物や動物の四肢が動く速度を正確に測定する方法はなかなか見つからない。そして1879年、マイブリッジの最初の連続写真を見たマレーは、とうとう祈りが聞き届けられたのだと喜びに震えた。ただちにこの写真家に手紙を書き、1881年、パリの自宅に招待して人びとの前で連続写真を披露してもらった。これらの写真は、マレーのすすめに従ってマイブリッジが作った専用の装置を使って公開された。ズープラキシスコープと名付けられたこの装置は、着色した写真の複製を高速で連続映写する機械だった。事実上、世界最初の映画映写機である。居並ぶ招待客は映画に夢中になった。高名な画家で、馬の専門家だったアントン・メソニエだけはこれを見て凍りついた。長年彼が描き続けてきた馬のポーズが間違っていたのに気づいたからだ。

時間の流れをゆっくりと見せるマイブリッジの方法は、マレーが抱えていた動作の分析問題の解決策になるかと見えた。ただ、細かい点ながらも懸念はあった。マイブリッジのカメラは被写体の動きによって作動するので、写真が撮られるタイミングは偶然任せだった。だから、身体や四肢の動く速度は正確に計算できなかった。マレーは、何台ものカメラを使う代わりに、1枚の写真乾板を一定間隔で何度か感光させたら、1つの画像に必要な情報がすべて盛り込まれるのではないかと考えた。そして、実行してみたのだった。初めて撮った多重露出写真に、彼は手ごたえを感じた。しかし被写体の動きが遅すぎると、連続する画像が重ね焼きされて紛らわしい。マレーはこの問題を、少なくとも人間の撮影にかんしては打破した。計算された位置に反射帯をつけた真っ黒な衣装を、被写体に着せたのである。マレーが幾何学的なクロノフォトグラフィと言い表したこの技術を、現代のわたしたちはモーション・キャプチャと呼んでいる。そして現在も、臨場感あるCGI［コンピュータ画像］キャラクターの造形に携わる映画製作者たちによって最大限に活用されている。

マレーは、クロノフォトグラフィを使って四肢の動きを時間差でとらえ、その情報をもとに、人間の移動運動をかつてないほどあきらかにした。すべての脚のパーツが、どのタイミングでどの位置にあるのかがわかるので、各肢の速度と加速度の計算が可能になった。これらの身体のパーツの質量がわかれば、観察された動きを生み出す筋肉の力も簡単に算出できる。「簡単に」とはいっても、現実には、コンピュータのない時代、気の遠くなるような時間が必要だった。すでに初老のマレーはこの計画に手をつける気にはなれなかった。骨の折れるこの仕事は後進への課題として残され、マレーは、飛んでいる鳥、落下するボール、たなびく煙など、さまざまな動く物体にクロノフォトグラフィを応用する仕事に余生を捧げようと決めた。ところが彼は、のちに移動運動を理解するために不可欠となる装置をまた1つ、発明してしまった。

これをさかのぼる1873年、ルクセンブルク生まれのフランス人物理学者ガブリエル・リップマン［1845-1921］が、水銀体温計に似た装置を使って筋肉の収縮時に発生する微弱電流を測定する方法を発見していた。微弱な電流が走ると毛細管の中の水銀が上昇するという仕組みだ。マレーは、写真乾板を一定の速度で滑らせながら、長時間露出で毛細管の写真を撮ったら、筋肉運動を経時的に正確に測定することができるだろうと考えた。彼はこの技術を筋電図（EMG：Electromyography）と呼んだ。運動科学の研究にこれがじっさいに応用されるようになるのは1940年以降になるが、EMGは現在、運動

[＊]マレーも、疾走する馬は瞬間的に宙に浮くということを発見した。マイブリッジも自分の写真によって同じことを発見していたが、じっさいにはマレーのほうが先だった。スタンフォードがマイブリッジをパロアルトに招いたのは、じつはマレーの発見を確認するためだったと考える人も多い。

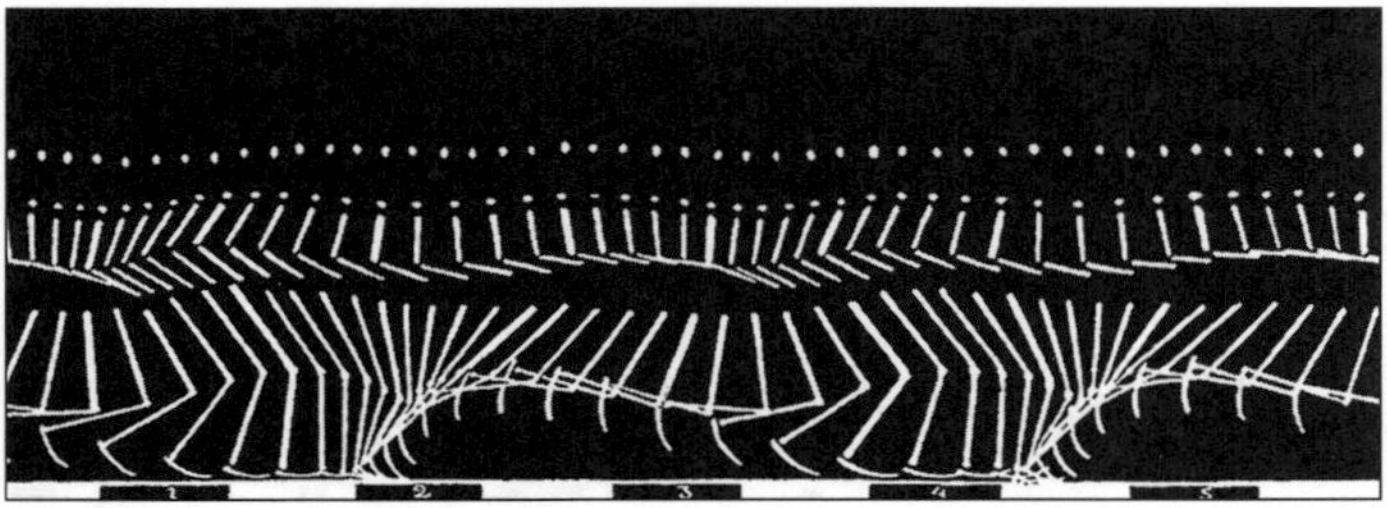

［図1-4］マレーの、走る人間の「クロノフォトグラフィ」。

科学者なら誰もが知る言葉だ。

マレーの没後110年あまりの時を経て、彼が生んだ装置は今や当初の姿とは似ても似つかないものになっている。高速ビデオが長時間露出写真にとって代わり、かつては空気室や水銀電極が出力していた床反力やEMGの記録を、今では電子変換器が行っている。しかし、アイデアを実現したのはマレー、彼を手伝ったのがマイブリッジである。わたしたちはふたりのおかげで、自分たちの身体についてより深く理解できるようになったのだ。このふたりに感謝を捧げようではないか。

驚異のマシーンとしての脚と足

マレーが生きた時代から現在まで、多くのことが解明されてきた。人間の生活の質は効率よく、無理なく動き回れる能力があるかどうかに大きく左右される。「正常」運動と異常運動が、どのように起こっているのかを知ることは、科学研究の大きな関心の的なのである。さらに、スポーツの世界では、人間の身体から最高のパフォーマンスを引き出そうと日夜探求が続けられている。人びとの身体への関心がここまで高くなったため、情報量は幅広く、増加し続けてきた。しかしここで知ってほしいのは、前世紀までに人間が発見してきた多くの事柄を結びつける、あるテーマの存在だ。それは移動運動の進化の歴史をたどる旅のあいだにわたしたちが何度も出会うことになるテーマで、じつはすでにさりげなく話題に織り込み済みだ。そう、最先端の人間型ロボットに比べて、人間の歩きと走りは驚くほど安上がりなのである。ＡＳＩＭＯの10分の１の燃費で人間が動き回れるというのはいったいどういうわけなのだろう？

初歩的な理解ではあるが、歩行についてはある程度わかっていた。わたしたちがブラブラ歩いているとき、体重配分の平均位置である重心は、支持脚を軸として繰り返し弧を描くように動いている。この動きは振り子と似ているが、それは見た目だけではない（このとき描かれる弧は、昔ながらのメトロノームのように上下逆さの形をしているが）。振り子は、いったん動き始めると新たに力を加えなくても往復運動を繰り返す。運動エネルギーと重力による位置エネルギーという、２つのエネルギーの交換が永遠に続くからだ。振り子の重力による位置エネルギーは、おもりの位置する高さによって変わる。重力の位置エネルギーは、おもりが振り子の描く弧の両端にあるとき最大になる。おもりがその位置で何ものかに止められなければ、重力によって下方へ加速し、その位置エネルギーは運動エネルギーに転換される。

運動エネルギーは動く物体すべてに存在している。運動エネルギーは、おもりが弧の最下方に届くとき（おもりの動く速さが最大になるとき）に最大になる。ここで、おもりは再び上方に向かい運動エネルギーは位置エネルギーに再転換する。運動エネルギーが尽きると、おもりは方向を変えて下向きに落ちていく。このような運動エネルギーと位置エネルギーの交換が、歩いているときのわたしたちの身体に起こっているのだ。歩行中、わたしたちは一歩足を踏み出すごとに、わざわざ前につんのめる動作を始めて、振り出した脚の上に身体の重みをかける。その脚がタイミングよく正しい位置に置かれることで、落下の運動エネルギーを使って重心が再び引き上がる（そして、転んで顔面を打たなくてすむ）。そして次の落下

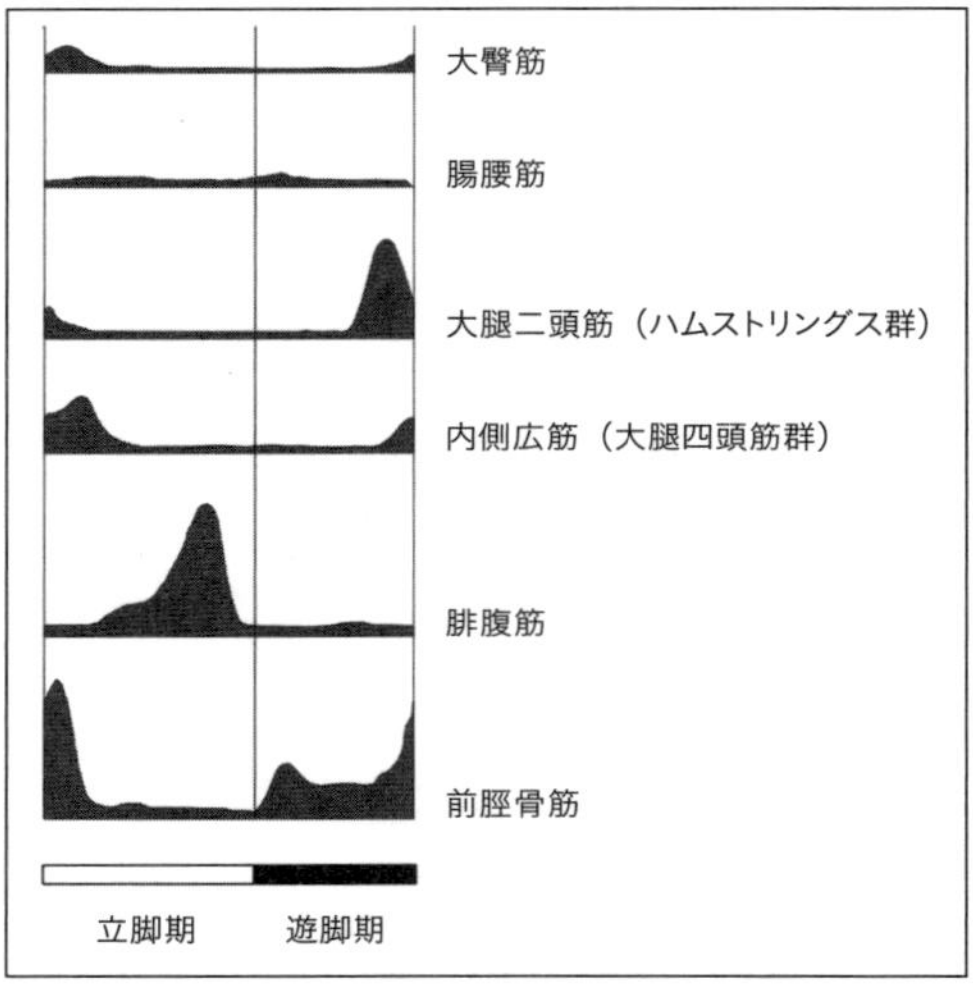

［図1-5］筋電図に示された、歩行時における人間の脚の代表的な伸筋と屈筋。

運動を始める、というわけだ。

この振り子に似たエネルギー交換が意味しているのは、わたしたちの脚の筋肉は歩行にそれほど関係ないということだ。図1－5は、ふつうの1歩行周期における腰、膝、足のいくつかの屈筋と伸筋の運動を筋電図に出力したものだ。ふくらはぎの筋肉［腓腹筋］と低部の前脛骨筋だけが仕事をしているようだが、それもわずかな量に過ぎない。ふくらはぎの筋肉は、立脚期に足首が崩れ折れるのを防ぐために収縮し、つま足が地面から離れる（専門用語では足趾離地（そくし））以前に押す力を与え、反対側の脚が踵接地するときに動きを止めようとする力を相殺している。前脛骨筋は、つま足を持ち上げるために足首を曲げる、という一見あまり重要ではない仕事をしている。前脛骨筋は立脚期の初期と遊脚期全体で活動している(このあとでその理由を見ていこう)。大きな筋肉である腰と膝の伸筋の動きは軽いひと押しをしているだけで、腰の屈筋はほとんど何にもしていない。立脚期後半に脚から発生する位置エネルギーだけによって、脚はなすがままに前に振り出される。じっさい歩いているときは、振り出す脚は典型的な振り子の動きを、身体のほかの部位は逆さまにした振り子の動きを繰り返しているのだ。

もっとも意外なのは、遊脚期の始め、膝の屈筋がまったく使われていないという点かもしれない。このときに脚を曲げているのは誰でも知っている。地面から脚を離そうとすればそうしなければならないからだ。膝が自然と曲がるのは、立脚期の終わりに太腿の動きが遅くなるせいだ。足趾離地が適切なタイミングで起これば、下腿［膝から足首にかけての部分］は動き続け、脚は曲がる。歩く速度が遅すぎると、これがうまくいかなくなる。振り出し脚の速度が落ちると、膝が十分曲がらない。これを埋め合わせるためにハムストリングスの働きが必要で、さもないと足を地面の上で引きずって歩くことになる（不機嫌なティーンエイジャーがよくこうやって歩いている）。反対に歩く速度が大きすぎると、脚本来の振り子の動きがついていけず転びそうになるので、ここでも筋肉に余分な負担がかかる。じっさいにやってみて感覚をつかんでみよう。省エネルギーで動くコツは、身体が求める最適の速度で動くことだ。

ロボット技術者たちは、歩行する身体の力学的原理を解明することで得られる省エネルギー効果を利用し始めている。ブリティッシュ・コロンビア州（カナダ）のサイモン・フレーザー大学で１９８０年代にタッド・マクギアが行った研究が、その先駆けとなった。マクギアは、緩やかな斜面の上を、まったく電力を使わずにゆっくりと歩くことができる「受動歩行装置」を数多く設計した。現代のロボット設計者たちもマクギアの歩行装置を研究し、ヒントを得ている。オランダのデルフト工科大学では、「空気圧」で作動する、その名も楽しい「デニス君」や「フレームちゃん」などの受動歩行装置が数種類製作された。身体のあちこちに作動装置が付けられて、下り坂でないところも歩けるような設計になっている。

ＡＳＩＭＯやその同類などの桁違いに高価なロボットのように格好よい動きはしないものの、操作に限界があるわりには（いや、限界があるからこそ）、同大学のロボットの歩き方には、より人間味が感じられる。

人間の運動装置は、役には立つが完璧ではない。なぜなら運動エネルギーと位置エネルギーの交換がいつでも１００％効率的ではないからだ。ロスは熱として発生する。ほとんどが踵が地面についたときの衝撃によるもので、このときにはそれを吸収するため伸筋が働かなければならない。しかし、エネルギーのロスはそれほど過剰ではない。わたしたちは振り出し脚側の腰を落とすことで、重心の上下動を最小限に抑えているからだ。これによって、行程のいちばん高い地点で重心がやや下がるので、滑らかに歩行を続けることができる［＊］。例によってこれも自動的に行われている。片脚で身体を支えると、重心は身体の内側にぶら下がったままになり、自然と腰が傾く。わたしたちは通常、つまずく心配をせず歩いているが、それは太腿が内側に向かって生えているからだ。大腿骨の終わりあたりが少し屈曲しているおかげで、下腿がまっすぐ地面に下ろされる。これは外反膝（がいはんしつ）と呼ばれる形態で、いわゆるＸ脚のことである。なぜここでこれをとりあげるかというと、外反膝は骨格機能の１つとして、絶滅したわたしたちの先祖の歩き方についての手がかりをくれるからだ。より詳しくは2章で見ていこう。

多くの身体活動に当てはまるのだが、腰の自然な傾斜運動はほどほどに使ってこそ、その長所を発揮する。この仕組みに頼りきりになってしまうと、腰が傾きすぎて、トレンデレンブルグ歩行［歩くときに軸足側と反対の骨盤が下がる状態］になってしまう。重心を内側に寄らせすぎずに（さもないと転んでしまう）、支持脚の上に保つために、上半身を片脚からもう片脚へ危なっかしく傾けるか、背骨を左右にくねらせてモデルのようなキャットウォークをしなければならない。こうした歩き方はどちらも大きなエネルギーのロスになる。トレンデレンブルグ歩行を防いでくれるおもな筋肉は、大腿骨の上部から腰骨にかけて走る中臀筋だ［†］。歩きながら両手を腰の下あたりに置くと、それぞれの脚の立脚期に中臀筋が発火［筋肉が神経系統の命令を受けて動き出すこと］しているのが感じられるだろう。

エネルギー効率化のための最後の裏技は、最高に複雑だ。クモの巣状に張りめぐらされた靭帯と腱に包まれた26本の骨から成る人間の足は、生物工学上の驚異である。一歩踏み出すごとに、足は異なる3つの仕事をこなさなければならない。踵接地時の衝撃を吸収し、身体が上方で弧を描いている最中に立脚のために安定した土台を提供し、最後に足趾離地が行われるときにはてことなって押し上げなければならないのだ。それほど無茶な要求には聞こえないかもしれないが、それぞれのタスクに必要な解剖学的条件はもどかしいほど異なっている。最初の2つの動きでは、足にはある程度の弾力性が必要だ。衝撃力がピークになったときにこれをやわらげ、地面に足をぴったりと添わせるためである。しかし3つ目の仕事のときには、足はできる限り硬直していなければならない。こんなわけで、足はそれぞれをなんとか無難にこなせるような妥協の産物として設計されていると思うかもしれない。しかし驚くべきことに、人間の足は進化を経た結果、立脚期の全体を通して機能を自在に変えることができるようになり、わたしたちは2つの機能をこの上なくうまく使えるようになったのだ。

足の持つ二面性は、じっさいには、2つの微妙に異なる形態によるものである。緩く柔軟性の高い状態

［＊］立脚中期で膝を曲げても効果的だろう。ただしこの動きの目的を達するためには筋肉をもっと使わなければならない。

［†］中臀筋もまた、歩く動作を開始するのに大切な役割を担っている。中臀筋は収縮すると地面に向かってやや横向きに押す力が起こり、反対側の足へ体重を移す。それから前脛骨筋が身体を少し前方に引き上げる。あとは重力に任せられる。

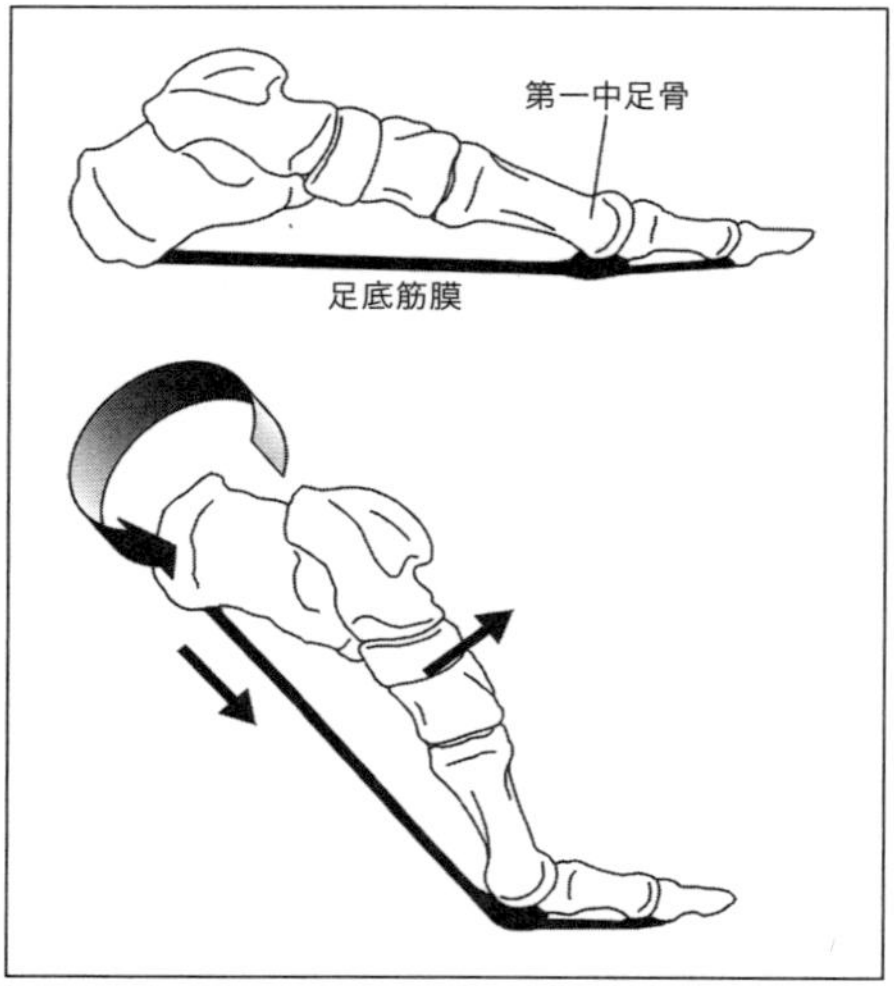

［図1-6］ヒトの足の巻き上げ機構。踵が上がるとき、足底腱膜は第一中足骨の前部に巻き付きながら締まり、踵骨を前方に引き上げ、足の甲のアーチを持ち上げ、足を長軸方向にねじっている。この一連の動きによって足は固定され、しっかりとしたてことなって足趾離地を促す。

と、圧縮されて硬くなった状態だ。ここでも、受動機構が働いて2つの状態が交代に現れる。この機構は、「巻き上げ機構［足裏をバネのようにして蹴りだす運動］」という古風な名前がついている。その名は、クランクで動く円筒の周囲に綱などを巻き付け、それを垂らして重い荷物を引き上げた、古代の方法にちなんでいる。足で「綱」の役割を担っているのは、足底腱膜と呼ばれる、足裏の踵から中足骨(足指を支える長い骨)に沿って扇状に走る強靭な縦走繊維束だ。中足骨頭、なかでも足の拇指の基底となる骨が、ここでは円筒としての役割を果たしている。さて、立脚期のあいだはほとんどずっと足は中立的な状態にあり、衝撃吸収／地面着地の仕事を完璧にこなすために構えの姿勢をとっている。しかし立脚期の終盤にかかると、踵がふくらはぎの筋肉によって引き上げられると同時に、つま先が反り返り、足底腱膜が中足骨頭を巻き上げて伸張し、踵骨の先を前のほうへ持ち上げる。巻き上げ作業にたとえるなら、ふくらはぎの筋肉は、その伸筋機能の副産物として、こうしたクランク動作を行っているといえる。踵骨と中足骨を結ぶさまざまな骨の構造のおかげで、この動きは足の骨をしっかりと固定し、足趾離地の準備段階では硬いてこになる。

わたしたちの両足は驚くべき複雑な機能を備えている。それなのに現代の文明世界では靴を履くことが文化なのだと丸め込まれて、このすばらしい身体器官を粗悪で役に立たない靴に押し込んで、本来の複雑な働きを発揮できないようにしているのは恥ずべきことかもしれない。歩くときに両足へかかる力は比較的穏やかなので、靴の有無はそれほど影響しない。ところが走るとなると話は別だ。そろそろ読者の多くが、トールキン［ジョン・ロナルド・ロウエル・トールキン。『指輪物語』『ホビットの冒険』で知られる英国の作家。1892－1973］の物語に出てくるホビット族［『ホビットの冒険』の主人公である種族。どこでも裸足でいる］は正しかったのかどうか、わたしたちも裸足になれば運動機能をもっと生かせるのではないかと、気になり始めたことだろう。この話題についてはあとで取り上げる。まずは、ヒトの移動運動の高機能性に注目してみよう。

歩くことと走ることの違いは何か

歩く速度といってもその範囲は広い。ヘビのように足を引きずって歩くことも、時速8キロ（秒速2・3メートル）以上出して早歩きすることもできる。とはいえ、大人の典型的な歩行速度は時速4・8キロ（秒速1・4メートル）である。これはわたしたちの身体に備わっている動力がもっとも効率よく使われているときの速度だ。燃料単位当たりの歩行距離が最大になる場合と考えていいだろう。しかし、わたしたちは恐ろしい弱肉強食の世界で進化を遂げてきた。この世界ではのろまな者は飢えるか天敵の餌食になるかもしれず、時速8キロではとてもではないが生き延びられない。そこで自然選択と物理が手を組んで、人間にセカンドギア、つまり走る能力を与えてくれたのだった。しかし、なぜ、走るという別の動作をするのか。どんどん速度を上げて歩けばよいのではないだろうか？　車が速度を上げていくのは、基本的にそういうことで、毎分の回転数がひたすら増えていく（ギアによる動力伝達の複雑な仕組みは無視しよう）。

脚のある動物が速度を上げる方法には2つある。歩幅を大きくする（次に出る脚をもっと遠くに置く）か、歩みを速める（一定時間内の歩数を増やす）かだ。あるいはこの2つを併用してもいい。歩行の条件が、どちらかの足がかならず地面についていなければならないことだとすると、歩幅は脚の長さによってかなり制限される。踵接地するたびに大股を広げて、足の長さの2倍ほどの歩幅で進めばいいんだといわれても、結局重心が上下にひどく揺れてしまうので、エネルギー効率（そして安全性）の点から現実的ではない。じっさいには、歩幅を少しだけ大きくすることだけが、歩行時に可能なスピードアップ法なのである。では、歩みを速めるというのはどうだろう？　これも同様に、多少は増やせるかもしれないが、先ほど見たように、足を本来の振り子の動き以上に動かさなければならず、エネルギー効率は悪い。

もっと厄介な問題もある。どうあがいたところで、人間はある一定の速度以上に速く歩けないのだ。平均的な成人男性の場合、上限速度は秒速3メートル（時速10・8キロ）を少し超えるくらい。限界の原因は、動く物体のまっすぐ動こうとする普遍的な傾向だ。円または円の一部に沿って動くことは不自然なことなのだ。そのためには進行方向に対して直角の力を強制的に加えなければならない。この力を求心力（中心へ向かう力）といい、物体はこれによって中心軸に向かって加速されて、結果として曲線軌道を描いて動く。軌道上の宇宙船と同じだ。宇宙船は本当は遠い宇宙に飛び出そうとしている（ニュートンの運動の第一法則によれば）のだが、重力が与える求心力に抑制されて、地球の周りをぐるぐると回っている。実質的には、絶え間なく地球へ向かって落下しているのだ。しかしこの惑星自体が球状をしているため、宇宙船は決して地球表面に近づかない［＊］。量で表すなら、求心加速度（a）は円運動する物体の速度（v）の2乗を円運動の半径（r）で割ればよい。つまり$a=v^2 \div r$。求心力はこの値に物体の質量を掛ければ求められる（$F=ma$を思い出そう）。

ところでこんな計算が歩行と何の関係があるのかって？　それはこういうわけだ。立脚期に来るたびに、重心は支持脚を乗り越えながら曲線軌道を描き、その曲線の半径はこの脚の長さにほぼ等しい。重力によって起こる必要な向心加速度［求心加速度ともいう］は、つねにおよそ9・8メートル／S^2だ。しかし、前進速度が増大すると、重力による加速だけでは、この曲線の半径を抑制しきれず、わたしたちは地面を離れる。この時点ではもちろん、わたしたちはもはや歩いていない。成人男性の平均的な足の長さを約90センチとすると、限界速度は（0・9×9・8）の平方根、つまり秒速3メートル足らずとなる。証明終わり。さて、これにちょっとズルしてみよう。振り出し脚側の腰を落とす動作を大きくすると、重心の軌道が描く曲線の半径が増加し、速度が上がるにつれて必要になる求心力が減少する。競歩の選手の腰を揺らす奇妙な歩き方は、このせいだ。競歩の選手はまた、腰を前に振り出すことで、それぞれの脚を軸とする回転の角度を増やし、上手に脚の長さを出しているのである。この技法は消費エネルギーが大きいが効果的でも

［＊］この永遠に続く落下によって、宇宙飛行士は無重力状態を感じる。もしこの「落下」の効果がない場合、地球表面から（平均して）300キロ程度の上空であれば十分に地球の重力圏内にいるので、体重は地上にいるときと変わらない。

ある。この本を書いている現在、競歩の世界記録（ロシア人選手ミハイル・シチェンニコフが保持）は秒速約4・6メートルという信じられない速度だ。つまり時速16キロ以上である。

しかし、世界チャンピオンであろうとなかろうと、誰でも速度を上げ続ければいつかは制限速度を超えてしまう。もっと速く進みたいのなら、ギアをチェンジするしかない。走ることと歩くことの違いは、歩行周期に足が地についていない瞬間、つまり空間期があるという点にとどまらない。あらゆる瞬間において、身体の運動エネルギーと位置エネルギーの関係が、歩きと走りでは違うのだ。思い出してほしい。歩いているときのわたしたちのエネルギーは、交互に運動エネルギーと位置エネルギーに入れ替わっていた。走るときはこうはならない。支持脚の上を通るときの重心は、歩くときと同様に減速するが、同時に高度を下げる。これは地面に着いたときに膝をしっかりと曲げるためである（衝撃吸収という膝の重要な働きだ）。このように運動エネルギーと位置エネルギーは同時に変化している。これら2つのエネルギーが交換されているわけではないのだ。

嫌な予感がするかもしれない。運動エネルギーが減少するときに同時に位置エネルギーが増加していないと、エネルギーが衝撃で発生する熱となって無駄に消えてしまうのではないか。しかも筋肉は、離地の前に足りないエネルギーを補給しなければならないというのに。しかし、かならずしもそうでないことが、1960年代、ランナーの代謝率［活動や動作の強度を表す］が測定されたときに判明した。再注入エネルギーに必要な代謝率は、推定値の65％に過ぎなかった。何か別の要素（高さ以外の）が衝撃によるエネルギーを貯蔵していたと考えるしかない。何が起きているのかは、そのあとすぐ解明された。わたしたちの腱は、たんに筋肉と骨を結びつけているだけではない。腱はバネとしての機能も持っており、バネを伸ばすのに使われた運動エネルギーを弾性エネルギーとして貯蔵し、腱が弛緩するときには再び運動エネルギーへと変換されるのだ。走っているとき、アキレス腱は最大のエネルギー貯蔵場所となるが、衝撃によって足首が曲がると、アキレス腱は伸張し、エネルギーを発生する。このエネルギーによって、ふくらはぎの筋肉の動きに助けられながら、足首が伸びて足趾離地が行われる。裸足で走っているときには、足底筋膜と土踏まずの靭帯が同様の働きをする。立脚期には土踏まずのアーチはやや平らになり、足趾離地が近づくと元のアーチ型に戻る。

これはすばらしい方法であるように思えるし、事実そうなのだが、腱を弾性エネルギーの貯蔵場所として使うときには代償が伴う。腱はただゴム紐のように2本の骨をつないでいるわけではないからだ。腱の端にはかならず筋肉がついており、弾性エネルギー貯蔵機能が働くためには、この筋肉は収縮状態になければならない。たとえばアキレス腱がバネとして機能できるのは、ふくらはぎの筋肉が作動しているときに限る。こうした隠れ費用を抱えてはいるものの、弾性エネルギーの貯蔵は全速力で走るときには不可欠だ。じっさい、歩行の最大速度よりも遅い、最低速度の走りのときでさえ、弾性エネルギー交換は、ゆっくり歩くときの振り子機構よりもエネルギー効率はよいとかつては考えられていた。だからわたしたちは、だいたいいつも、歩行に可能な最高速度よりだいぶ遅い、秒速2メートル弱あたりでギアチェンジするのだ、と。少なくとも、これが本当ならば、理に適っているように聞こえる。しかし最近行われた実験では、これくらい低速で走りに切り替えてもエネルギー節約の効果はないことが証明されている。

それではなぜわたしたちは走り出すのか。ここまでありふれた行動でありながら、妙な話だが、いまだに確たる答えは出ていない。要因の1つとして考えられるのが、前脛骨筋（足首に働く最大の屈筋）への、見た目にもわかる圧迫である。覚えているだろうか、歩いているときにもっとも活躍するあの筋肉だ。前脛骨筋の機能は2つある。踵接地のときに発火し、足が地面に叩きつけられるのを防ぐ役目と、先に見たように、遊脚期の始めにつま先が地面を引きずらないようにする役目だ。最高速度で歩くと、この小さな筋肉にかかる負担がどんどん大きくなるので、これを楽にするために走りにギアチェンジするのではないだろうか。前脛骨筋用の人工補助具をつけたら（つま先から膝にかけてストラップをかけてみればいい）、走りに切り替えるタイミングはもっと遅くなる傾向がある。

走りに切り替えるタイミングが、なぜそのタイミングなのかという理由はどうであれ、わたしたちのセカンドギア、つまり走りの持つ総合的なメリットははっきりしている。空間期のおかげで歩幅は驚くほど広がり、最大3・5メートルにもなる（通常の場合、約2メートル）。最高速度は秒速10・4メートル、つまり時速37キロにまで上げることができるのだ（ウサイン・ボルトなら［*］）。力学的に、このギアチェンジは驚くほど簡単だ。走りにおける一連の筋発火は、歩いているときとほとんど変わらない。お察しの通り、筋肉、とくに腰の筋肉が収縮する時間と強さは増加するけれど。走るときに大きく違うのはただ1つ、ふくらはぎの筋肉の作動タイミングだ。1ストライド行うあいだに、ふくらはぎの筋肉はかなり早く筋発火して、接地するときにはすでに稼働状態にある。これによってアキレス腱のバネ荷重が作動する。足のボール部分［足の親指の付け根の関節部分。母趾球］を使って走ると、作動タイミングが早まり、ふくらはぎの筋肉が踵部脂肪体［踵骨下に存在するクッション］の代わりに着地時の大きな衝撃力を吸収してくれる。この副次的な衝撃力減衰効果は、走りの速度が上がるにつれてどんどん大きくなる。デューティ比が低く（空中にいる時間が長く、地についている時間が短い）なり、それにつれてピーク力［床反力の最大値］も高まるからである。身体に作用する時間自体は短くなっても、時間平均床反力はつねに体重と釣り合おうとするわけだ。

走っているとき、踵の衝撃吸収機能だけに頼るのは身体によくない、という実例はたくさんある。裸足で走る人びとは踵接地を避けるが、これはたんに踵が痛いからだ。もちろん底の厚みがあるエアクッションのついた靴があれば痛みは感じない。しかしこうした靴はわたしたちに誤った安心感を与えているだけで、じつは脚や背骨がひどい衝撃を受けているのに気づかないだけではないだろうか？　進化人類学者で裸足のランナーでもあるダン・リーバーマンとそのチームがハーバード大学で行った実験によると、なんとこれは事実なのだった。地質学的にはそう昔でないころ、わたしたちの祖先はみな裸足で歩き回っていたのだし、もっと最近（１９７０年代くらいまで）になってからでさえ、サンダルやモカシンのように底の薄い、ミニマルな造りの、機械的強度はほとんどない靴を履いて走るのがふつうだった。したがって結論はこうだ。人間の運動機能は決して底の分厚いハイテクスポーツシューズで足をがんじがらめにして動くようには「できていない」のだから、そんな不格好な装飾品はできるだけ早く捨てるべきである。じっさい、昨今ではランニングでケガをする人が絶えない。これは身体に余分なストレスがかかることが多いからだと思われる。とはいえ、現代の西欧諸国に住む人間は、一般的に小さいころからこのようなタイプの靴ばかり履いて、生涯を通して身体がそれに適応（進化論的な意味ではなく）させられてきた。その証拠に、裸足ランニングの初心者はよく身体を痛めるのだが、これは踵やふくらはぎが新しい運動動作に対処できるほど強くないからだ。もちろん、正しい走り方のトレーニングプログラムを実践すればこのような移行期の問題は避けられる。ランニングシューズが必要かどうか、最終的な答えが出るまでには、もっと研究が必要だ。数年後にはよりよい解決法が出ることを望んでいる。

次の話題に移る前に１つ忘れてはならないことがある。わたしたちの移動運動方法は歩くことと走るこ

［＊］本書の執筆時、ジャマイカ出身の短距離走者ウサイン・ボルトは１００メートル走（９・58秒）と２００メートル走（19・19秒）の世界記録を保持している。

とだけではなく、スキップもある。スキップは、歩きや走りよりも複雑である。歩きの位置／運動エネルギー交換と走りの弾性エネルギー貯蔵の組み合わせによって成り立っているからだ。じっさい、スキップのエネルギーを分析すると、それはギャロップと同じで、ふつうのギャロップは4本足のところを、わたしたちは2本足を使っているだけだ。とはいうものの、スキップはもっとも効率性の低い方法だ。上下に跳ねるせいで重心の垂直方向の振動が歩きや走りよりも大きくなるというのが原因の1つである。それに、スキップで動き回ると周囲の人に訝(いぶか)しまれかねない。少なくとも大人の場合は（スキップが好きな子どもは多いようだが、その理由は謎である）。

しかしスキップも状況によってはメリットがある。たとえば、月のような低重力環境では、スキップは断トツに効率のよい移動方法である。月面が歩きにくいのはわけがある。おなじみの、運動エネルギーと重力による位置エネルギーの効率的な交換は、地球上の質量と体重の関係がなくては発生しないからだ(月面上でのわたしたちの質量は変わらない。下へ向かうのは体重だけである)。月面で走るのはもっと大変だ。体重が軽すぎると摩擦も減り、滑ってしまうからである。スキップは地球上でも役に立つことがある。たとえば、わたしもそうだが、階段をすばやく下りるためにスキップする人は多い。この現象はまだ科学的に検証されていない（わたしの知る限りでは）。走り降りるよりスキップのほうが早い理由が見つかるかもしれないから、時間のあるときにでもこの謎について取り組んでみてほしい。くれぐれも首の骨を折ったりしないように！

人間にとって歩行・走行はなぜ重要だったのか

ここまでで、人間の身体がいかに並外れて移動運動向きの「デザイン」か、実感してもらえたならうれしい。腰からつま先にかけて、わたしたちの下肢の機能や使用方法について、推進力の観点から説明できないものはほとんどない。関節の形状やサイズであれ、筋肉の収縮のタイミングであれ、すべてはできるだけ速く安全で低燃費な移動を可能にするためだけに存在しているかのようだ。これはまた下半身だけに限った現象ではない。脚が前方に振り出されるたび、残りの身体全体にはひねり動作が生まれる。このとき、反対側の腕が同時に振り出されなかったら（ちなみにこれはほとんどが受動動作だ）、ひねりから元に戻るのに大きなエネルギーを消費するだろう。この動作自体を行うのにも、肩と腰を反対の方向にひねることができる胴部の柔軟さが求められる。だから肋骨と骨盤が離れているのは好都合なのだ。しかしひねり動作が頭にまで伝達しては困る。もしそんなことになったら、視線が永遠に左右をうろついたまま安定しないだろう。わたしたちが比較的細い首を持ち、研ぎ澄まされた姿勢反射［姿勢を保持したり平衡を保つ反射］があるのは、視線を一定に保つためだ。また、胴体も、歩くたびに慣性のせいで前によろめいて顔面から倒れてしまわないよう、柔らかすぎてはいけない。こんな余計な動きを防いでくれるのが、背骨の両脇を骨盤から走る脊柱起立筋で、１歩ごとに収縮して胴体を後方にぐっと引いてくれる（腰の付け根あたりに手を置いて歩いてみると、この筋肉が緊張しているのがわかるだろう）。

移動運動するために人間はさまざまな適応を重ねてきた。わたしたちの祖先にとって、移動が歴史的に重要な意味を持っていたことに疑いの余地はない。現在わたしたちの身体が移動にとても向いているとしたら、それは、遠い昔にいく度となく繰り返し、優れた移動能力を可能にするような突然変異遺伝子を運よく持つ人間が、最終的には高い生存率、あるいは多くの子孫、またはその両方を得たからにほかならない。有利な突然変異遺伝子とその恩恵である機能的な動作は、人間界に広がり、遺伝的に適応していない個は淘汰されていった。これが無慈悲な自然選択のやり方である。しかし、「なぜ移動運動がわたしたちの祖先にとってそれほど重要だったのか」。この謎は別問題だ。より速く移動できたら飢えた天敵から逃げられる、というのは一見して当たり前のように思われる。とはいえ、それも祖先が現実には何に直面していたのかを知るまでの話だが。昨今のアスリートたちが、数秒間維持できるスピードは時速30キロ以上。アフリカのサバンナに生きたわたしたちの祖先が競わなければならなかったのは、この2倍以上の速さで走るハイエナやライオンだった。古いことわざには、「天敵よりも速く走る必要はない。仲間よりも速く走れればいい」とあるけれど、人間の祖先が肉食動物によって死に絶えずにすんだのは、速く走れたからではない。ほぼ疑いなく、人海戦術を用いたからだ。

謎への答えが食物連鎖の上位をあたっても見つからないなら、より下位の被食者に目を向ける必要があるのかもしれない。しかしここに位置するのは、全力疾走の追いかけっこでは人間に簡単に勝てるシカやアンテロープなどだ。こうした動物たちが数秒どころか何分間も維持できる最高速度は、人間のそれをはるかにしのぐ。というわけで、高速で移動することを求めて進化してきたという観点はあまり使えなさそうだ。それでは、もっと速度が緩やかな、歩行という領域についてはどうだろうか？　燃費の低さが自然選択を生き延びる条件だったと結論づけていいのか？　偶然にも、わたしたちが歩くときのエネルギー消費量は、このサイズの動物にしては極度に少ない。現在のサバンナの捕食者たちが繰り広げる生死を賭けたゲームほど強烈な魅力はないかもしれないが、低コストで長距離を歩き続ける能力もまた、自然選択を生き残るためには大切なのである。とくに広大な土地に住んでいる場合には、まともな食糧を得ようとするならかなりの距離を歩かなければならないが、朝昼晩の食糧を得るために消費するエネルギーを抑えられれば抑えられるほど、火急の用件である生殖行為に、より多くのエネルギーが注ぎ込めるというわけだ。

だが、ちょっと待ってほしい。ユタ大学のデニス・ブランブルと前述のダン・リーバーマンが指摘しているように、わたしたちの運動器官の構造は多くの面で、走ること以外の前進運動に適しているとはいえないのだ。よく発達したアキレス腱のエネルギー貯蔵機能は、歩いているときにはほとんど使われない。同じことが土踏まずのバネ運動についてもいえる。腕を振る技術も、ブラブラ歩きにも少しは役に立つが、走っているときには絶対欠かせない。走っているとき、勢いよく振り出される脚が不要な回転運動を発生させるとき、反対脚の腰の筋肉だけではバランスが取れないからである。なにしろ反対脚は宙に浮いているのだ。そして、わたしたちの尻は大きすぎる。人間の大臀筋は類人猿に比べると巨大なのだが、歩いているときにはほんの少し動くだけだ。大臀筋は走っているときにだけ活躍し、足趾離地のときには脚に強く蹴る力を与え、そして脊柱起立筋が胴体を安定させられるよう支えとなってくれる。

それにもかかわらず、総合的に見ると、人間は短距離走者としてあまり才能に恵まれているとはいえない。しかし走る方法はほかにもある。わたしたちの素質が輝くのは、全速力を出さないときだ。今の時代のトップ長距離走者は時速約23キロ、アマチュア選手でさえ時速約11〜15キロというペースを維持できる。たいした速度に聞こえないかもしれないが、ある程度の高いレベルの有酸素運動に適した身体なら（祖先たちはそうだったに違いない）、このスピードで何時間も走り続けられる。長時間の走行という点から評価すれば、わたしたちの走りは、被食者となりそうな哺乳類と比べても、そう悪くはない（全力疾走してくる天敵との競走では、持久走者に勝ち目がないことはいうまでもないが）。ターゲットの獲物を追跡できる状況下で、人間がそれなりに本気を出しさえすれば、アンテロープだって捕らえることができるのである。

とはいえ、獲物に追いつくことと、それにとどめをさすことは別問題である。専用の歯と鉤爪が生まれつき備わっていなければならない。鋭い刃を持つ石器があれば十分だと思われるかもしれない。こうした石器は、持久走に適した身体をもつ個体が先祖の系譜に表れだしたころには使われていた。そのような特徴を備えた最古のヒト属の化石はホモ・エルガステルで、180万年前から130万年前にかけてアフリカ東部と南部に生きていた手足の長い（成人男性は身長188センチかそれ以上高かった）種である。ちなみに最初期の石器は340万年前から使われ始めたとされている。しかしこうした石器は、動物の死肉を解体するために使われたようで、動物を攻撃するための武器としての使用に耐えうるものではなかった。槍の先に取り付けて初めて武器として活用できるのだが、それがようやく登場するのは今から数十万年前である。

武器をもたないため能動的な狩猟が不可能なら、落ちている肉を漁るという行為が現実的な代替案なのではないだろうか？　持久走が得意ならその点は有利かもしれない。サバンナで死肉を漁る動物はいつも、ハゲタカが殺せそうな（または自然死した）動物の上を旋回しているのを合図にする。ここからが時間との戦いだ。誰かに死骸を盗まれる前に目的地に着かなければならない。セント・アンドルーズ大学のグレーム・ラクストンとリバプール大学のデイヴィッド・ウィルキンソンが作成したサバンナの日常生活を再現した数理モデルによると、30分が勝敗を分ける時間枠だそうだ。肉を手に入れるのにこれ以上の時間がかかるなら、やるだけ時間の無駄だ。残念ながら、人間の持久走の能力で相手をリードするには、この時間枠では短すぎる。もっと長距離のレースにおいてのみ、わたしたち人間は勝てるのである。だとすると、あとに残るのはどんな理由だろうか？　能動的狩猟もスカベンジャー〔腐肉食動物〕的狩猟も、人間が持久力走に適応できるような進化を遂げるために必要な自然選択の誘発原因としては不十分なら、何がわたしたちを長距離ランナーにしたのだろう？

そこで第3の選択肢の登場だ。動物を追い立てて、完全な消耗か心臓まひによって死ぬまで長時間走らせる、という行動である。コツはもちろん、疲労や心臓まひで先に死んでしまわないこと。さっそく、人間が持つ2つの奇妙な機能が果たす役割について考えてみよう。汗をかいて身体を冷却できるのは、ほぼわたしたち人間しかいない。ほとんどの哺乳類は汗をかかない。これは毛皮に含まれている脂が水分の通過を妨げるからだが［*］、それほど多くの体毛に覆われていない人間にとって、これは問題にならない。この生理的特徴の重要性は侮れない。走っているときのわたしたちのエネルギー効率は、哺乳類の基準では低いほうである。持久モードにあるときでさえ、同体重の典型的な4つ足の哺乳類よりも使用エネルギーは50％も多い。しかし、走って死ぬのは「動物たち」のほうなのだ。わたしたちの、抜きんでて優秀な冷却システムのおかげである。

玉に瑕なのは、ある重要な運動機能が、走りに向いた構造を持っていない点だ。アスリートタイプの陸生動物のほとんどは、立っているときも動いているときもつねにつま先立ちをしている（そのせいで馬の膝が逆方向に曲がっているという通説が生まれた。膝に見えるのはじつは踵である）。鳥も同じようなものだ。そのわけは簡単だ。歩幅を伸ばし速度を上げやすい方法だからである。多くの種族はこの傾向を保ち、長い足をしている。わたしたち人間は頑固にも足裏全体を使うことに固執しているのだが、もし本気

［*］馬は例外である。皮脂を分解する洗剤のような役割を持つ物質（ラセリンというタンパク質）を分泌して、汗をかいて身体を冷却できる。

で本物のランナーになりたいのならおかしな話ではある。しかし、わたしたちが好んでとる姿勢を歩行という観点から見ると、深く納得できる。これはユタ大学のクリストファー・カニンガムとそのチームが、トレッドミルを使った実験で最近発見したのだが、ボランティアの被験者たちがつま先立ちで歩いたとき、通常の歩き方をしたときよりも消費エネルギーが50％大きかったのだ（ぜひあなたも試してほしい）。ところがこれとは対照的に、つま先で走っても消費エネルギーの量は変わらなかった。結局のところ、人間が走ることと歩くことのどちらにより適応するようになったのか、という議論は無益だということになる。自然選択には歩くことも走ることも大切な条件だったのだろう。

ある一連の運動機能の適応化を取り上げて、その選択要因をすべてあきらかにするのはもちろん容易ではない。いえるのは、人間の現在の形質の多くは、移動できる人間を自然が選んだそのやり方に起因している、ということだ。とはいえ、その詳しい相関関係についてはこれから解明されなければならない。わたしたちの祖先がハンターであろうとスカベンジャーであろうと、食生活において大量の肉の消費が可能だったのは、それを手に入れるための移動手段があったからだ。それが人間と類人猿の違いである。類人猿はほぼ果物、木の実、そして植物の葉だけで生きている（比較的血に飢えたチンパンジーでさえ、ごくたまのごちそうとしてサルを食べるくらいである）。この食生活の変化の大きさは、いくら強調しても足りないくらいだ。肉が食事に取り入れられると、摂取栄養価は急激に高くなった。菜食中心の祖先が持っていた長い腸は必要なくなり、容量の大きな腸の成長と維持に必要だった栄養はすべてほかの器官に使われるようになった。その器官とはおもに、エネルギー消費量の多い脳だ。脳のサイズは、２００万年前に飛躍的に大きくなった。まさに、わたしたちは食べもので形成されているのだ。そして、わたしたちの祖先は自分で捕まえられるものだけしか食べられなかったのだから、わたしたちを作っているのは移動運動であるといっても大げさではないのである。

とはいえ、これだけで自分自身を知る方法が手に入ったと早とちりしてはいけない。どうしてわたしたちは今ある姿になったのかをあきらかにしようとするとき、人類に近い動物たちにちらっと目をやっただけでは、まだ全体の表面をなでただけに過ぎない。哺乳類一族の多くは、わたしたち人間が経てきたように、移動運動のための選択圧に動かされてきた。それなのに進化的には根本から違う方向へと進んだ。いちばんわかりやすいのは、人間が2本の脚で移動するのに対して、人間以外のチャンピオン走者たちは4本の脚を使うことだろう。4本脚を使うことで、一般的には前肢を左／右に交互に動かすと同時に後ろ足を右／左に動かすという速足(トロット)をセカンドギアとして使えるだけでなく、アクセルを全開にして全力疾走もできるようになった。後肢と前肢が歩を進めるあいだの空間期には、全力疾走によって（似たような動きである人間のスキップとは違って）背中の柔軟性が引き出されて移動運動の効率性を高めている。なかには、信じられないようなスピードを出せる哺乳類もいる。チータは陸上のチャンピオン走者だが、走っている最中の背中のしなり具合がとても大きいため歩幅が7メートルかそれ以上にもなる。つまり時速１００キロも出せるのだ。わたしたちの祖先はなぜ、このすばらしい高性能オプションを見限って、二足歩行を選んだのだろうか？　その答えを得るためには、たった２００万年前ではなく、さらに過去へとさかのぼらなければならない。次章で、わたしたちにもっとも近い類縁の生き物たちに会いにいこう。木から木へと伝って生活することがどんなに重大な影響を与えたか、彼らが教えてくれるだろう。

2 人間の直立二足歩行の起源

木登りが得意だった祖先から、現在のわたしたちになるまで

はるかに立派な姿がすっくと立ちあがった
神のような背の高いその姿は生まれながらの威厳を持っている
裸体ながらも尊厳を備え、
あらゆる種の主人としての価値があるように見える
なぜなら神々しい姿をしているからだ
彼らの偉大なる創造主の姿にも似て

——ジョン・ミルトン［イギリスの詩人。1608－1674］『失楽園』第4巻・54～56節より

進化の過程を簡潔に表した図といえば、と聞かれたら（読者のみなさんも今すぐ考えてほしい）、ほとんどの人たちが『人類進化の行進図』か、その後続作品を思い浮かべるといっても見当違いではないだろ

う。自然史画家ルドルフ・ザリンガー［ロシア生まれのアメリカ人画家。1919－1995］が1965年に、F・クラーク・ハウエル［アメリカの人類学者。1925－2007］の著書『原始人』のために描いた絵だ。ここには新人［現生のヒトと同種と考えられる化石人類］の類縁である、今は絶滅した14の種が登場する。左から右に進むにつれ、はじめのよろよろ歩きから重たげな足取りを経て大股で歩くようになり、サルに似た姿が次第に人間らしい様子になっていく。サルから猿人、そして現在のわたしたちの姿になるまで、進化の結果である否応ない進歩のありさまを余すところなくとらえているこの図は、だからこそ誤解を招きやすい。

進化とはこういうものではないのだ。「現生人類（ホモ・サピエンス）」は、生命という芸術的な創作活動における無数の試みの1つに過ぎず、40億年かけた適応変化の輝ける頂点に鎮座しているわけではない。生命の歴史を樹形図にたとえるなら、それはアメリカスギのようにまっすぐに伸びた高木（こうぼく）ではなく、幹と枝の区別がなく根本からいくつも枝が出ている低木のような樹形だ。公正を期すために言い添えるなら、ザリンガーもハウエルも意図したところは同じで（本のタイトル選びはまずかったが）、このイラストに描かれている人間の祖先のほとんどは、本文中に、わたしたちの祖先の系譜上の分派である、と正確に記されている。つまり何世代も離れたいとこであって、曽祖父母のそのまた曽祖父母のそのまた曽祖父母……に該当するものではないのだ、と。しかしこのメッセージは、直線的進化を示唆するようなイラストのイメージ、そしてとくに進化がその性質上持っている、ある強烈な側面の前では無力だ。イラストの時系列上では3番目のメンバー、ドリオピテクス（1200万年前から900万年前に生きていた絶滅した類人猿）は、今ではナックル歩行［指背歩行ともいう。地面に前の拳をつけるようにして半直立で歩く方法］するチンパンジーにより近い種として区別されている［かつては人類の祖先とみなすむきもあった］。『人類進化の行進図』がこれほど象徴的な画像になった理由は、このドリオピテクスにあるのだ。それは多くの類似した後続作品にも共通して登場する、ある表現からわかる。それは背中を丸めた四足歩行のチンパンジーのような類人猿から、まっすぐに立った二足歩行の人間への変化、すなわち姿勢の変化だ。

獣のような四足歩行に始まって、文字通りの進「歩」を遂げ、現在のわたしたちになったという見方は、もちろん自尊心を満たしてくれる。しかしそれ以上に、わたしたちの二足歩行にはあきらかに独特の深い意味がある。二足歩行の習性をもつ生き物はほかにもいる。まず思い浮かぶのが鳥類（およびその絶滅した恐竜の祖先）。そしてカンガルー、センザンコウ（ウロコに覆われたアリクイの一種）、また数種の齧歯類だ。それでも直立姿勢をとるのは、わたしたち人間だけである［＊］。さらに、二本足で歩く術（すべ）を身につけたことで、大きな変化が起こった。もっともわかりやすい例は、移動に使う必要がなくなった手でものをつかめるようになったことだ。解放された手は、きわめて巧みに動く機能を備えた器官となり、人間が進歩を遂げて地球を支配するまでになった最大の要因となったのである。もちろん、身体の変化による移動運動そのものの改善を軽視しているわけではない。1章で見たように、わたしたち人間の長距離歩行と持久走の能力は、突出した体温調節機能（これもまた二足歩行の姿勢のおかげである）の点からも、ほかの動物の追随を許さない。身体能力の向上のおかげで、採集・狩猟技術も磨かれた。こうした技術は人間の社会能力や認知能力の進化に寄与しただろう。つねに二足歩行する生き物となったのは、疑いなく人間の歴史においてもっとも意義深い変化だった。この変化がもし起こっていなかったら、わたしたちは今ここでこんな話をしてはいないだろう。『人類進化の行進図』がこれほどまでに心を揺さぶるのも当然なのだ。

［＊］ペンギンも直立歩行をするが、脚が小さすぎて、陸上では人間と比較にならないほどゆっくりとしか前進できない。もちろん、水中では断然本領を発揮する。

二足歩行への移行が持つ意義は大きく、この移行がどのように、そしてなぜ発生したのか、多くの進化生物学者による精力的な研究が続けられているのもうなずける。さて、以上に挙げた二足歩行の数々の利点から、この命題への答えは出たも同然だと考えるかもしれない。2本の脚での移動はこんなに便利なのだから、当然、自然選択はそのために働き、人間は二足歩行となった、としか説明のしようがないのではないか？　わたしはそうは思わない。わかりにくい進化のプロセスが見通せるような気持ちになるかもしれないが、短絡的だからだ。進化によって身体が獲得した適応性が結果的に大きなメリットになったとしても、変化が起きている時点では、そのメリットは適応性とはまったく関係がない。ある特徴が集団内に行き渡るためには、その特徴を備えた個体が、そうでない個体より多く生き残っていなければならないからだ。それ以外の方法はあり得ない。そう考えると、両手が空くこと（『人間の由来』のなかでダーウィンが支持している自然選択の動因）によって得られた実用効果のほとんどは、人間がつねに2本の脚で歩くようになって初めて活用された可能性がある。したがって、両手の自由は変化の誘発要因ではなく、変化のおまけだったというべきなのだ。同様に、四足歩行だった祖先が直立歩行になってかなりの時間を経てからでなければ、何キロも走ってアンテロープを追いつめる能力は獲得できなかっただろう。二足歩行を始めて間もないころの成果は、微妙なものだったに違いない。わたしたちの祖先が人間になるまでの道を開いた生命選択のカギを見つけるためには、初期の二足歩行が移動運動の効率性にどのような影響を与えたかを検証する必要がある。

チンパンジーはなぜ歩くのが下手なのか

チンパンジーとボノボは、現生する、人間にもっとも近い生き物で、後ろ足で立って歩くことができる。とはいえ、めったに二足歩行はしない。これにはちゃんとしたわけがある。チンパンジーの身体は、頭のてっぺんからつま先まで、二足歩行するようにはまったくできていないのだ。まず、チンパンジーには、ヒトの脊柱の際立った特徴である腰椎部のはっきりとした湾曲がない。骨盤が縦に長いのがおもな理由だ（腰に手を当てたときに触れる骨、つまり腸骨がとくに長い）。チンパンジーが二本足で歩こうとすると、身体の重心を腰の真上に据えることができず、つんのめらないようにするために膝を曲げなければならない。また、腸骨は背中に対して平行に位置しており、人間の腸骨［背中の向きに対して斜めに位置し、内臓を受け止めるように前後に広がった形をしている］のように側面が湾曲していない。その結果、チンパンジーの中臀筋［骨盤の側面、大臀筋の上方にある臀筋］が腰部の伸筋として働くのに対し、人間の中臀筋は支持脚の上に載っている骨盤を安定させる役割を持つ、という大きな違いが生まれる。チンパンジーがわたしたちと同じように歩こうとすれば、胴体が軸足の上に安定せず、どうしても横に傾い（かし）でしまうだろう。バランスをとるためには、よろよろとトレンデレンブルグ歩行で進むしかない。しかも両脚が外側に曲がったガニ股だから、歩きにくさはさらに増す。人間のように膝同士がくっつかないため、胴の真下に両肢を揃えて立つことが不可能なのである。加えて、チンパンジーの足はもともと柔らかくできている。わたしたちが歩くときに行っている巻き上げ機構に必要な解剖学的特徴（アーチ、つまり土踏まずなど）が、彼らの足にはないのである。足の力を補強するそのような機能があったとしても、チンパンジーにとってはたいして役に立たない。人間の歩行のように足趾離地しようものなら、チンパンジーの長い足指は折れてしまうだろう。さらには、チンパンジーの足の拇指はほかの指から大きく離れてついている。以上のような理由から、チンパンジーは歩くとき、推進力として足指ではなく足の中央部を使わなければならない。

これらの身体的特徴が移動効率にどのような影響を与えているかを知るには、ためしにチンパンジーのような歩き方をしてみればよい（家の中でこっそりとやることをおすすめする）。膝を曲げ、両脚を大きくガニ股に開いたまま、背骨を前に傾けて歩いてみよう。中臀筋には力を入れず、足の内側と拇指には重心をかけないようにするのも忘れずに。わたしたち人間に生来備わっている歩行動作を封印してみると、歩くという単純な動きは、身体（そして精神状態）にとって思いがけないほどきついものであることがわかる。これにはいくつかの理由がある。

まず、この歩き方には、体力ばかりを使い、前進するためには役に立たない無駄な動きが多すぎる（たとえば、左右に揺れながらのっしのっしとトレンデレンブルグ歩行をすることなど）。さらに、中腰になっているため、床反力の作用線が股関節よりもかなり前に位置している（図2－1）。この体勢が歩行に与える影響の大きさは、誰もが知っている単純なてこの原理を考えればわかる。てこによって得られる力は、てこに与えた力がそのまま返ってきたものではない。ペンキの缶のフタをマイナスドライバーの先で開けたことがある人なら合点がいくだろうが、力点［力を加える点］から支点までの長さと、作用点［力が働く点］から支点までの長さの比によって、得られる力はかなり変わる。言い換えるなら、力点と支点、作用点と支点、それぞれを結ぶ力の作用線の距離によって決まるということだ。たとえば、力点から支点までの距離が、作用点から支点までの距離より20倍長ければ（ペンキ缶とマイナスドライバーの例のように）、得られる力は加えた力の20倍になる。理論的には、力点から支点までの距離が長いほど、得られる力「トルク［力のモーメントとも呼ばれる、物体を回転させる力］も増加する。トルクの量は、てこの棒の長さに比例しているというわけだ。話を戻すと、チンパンジーのように腰をかがめて立つと、直立の場合に比べて、床反力の力点と腰とのあいだの距離が長くなる。するとトルク、つまり腰にかかる力も増加するので、上体が腰の部分で折れ曲がらないようにするためには、ハムストリングス筋や脊柱起立筋などからなる腰部伸筋に大きな負担をかけなければならない［*］。

姿勢が原因で起こる問題はほかにもある。膝を曲げたままにしておくと大腿四頭筋が発達しすぎて、身

［*］余談であるが、ヒトの膝蓋骨のおもな働きは、大腿四頭筋のトルクを高めることにある。つまり、膝蓋腱の方向を変えて、大腿四頭筋の収縮力の作用線と膝関節の蝶番運動軸との距離を延長し、大腿四頭筋の機械的有効性を増大させるのだ。

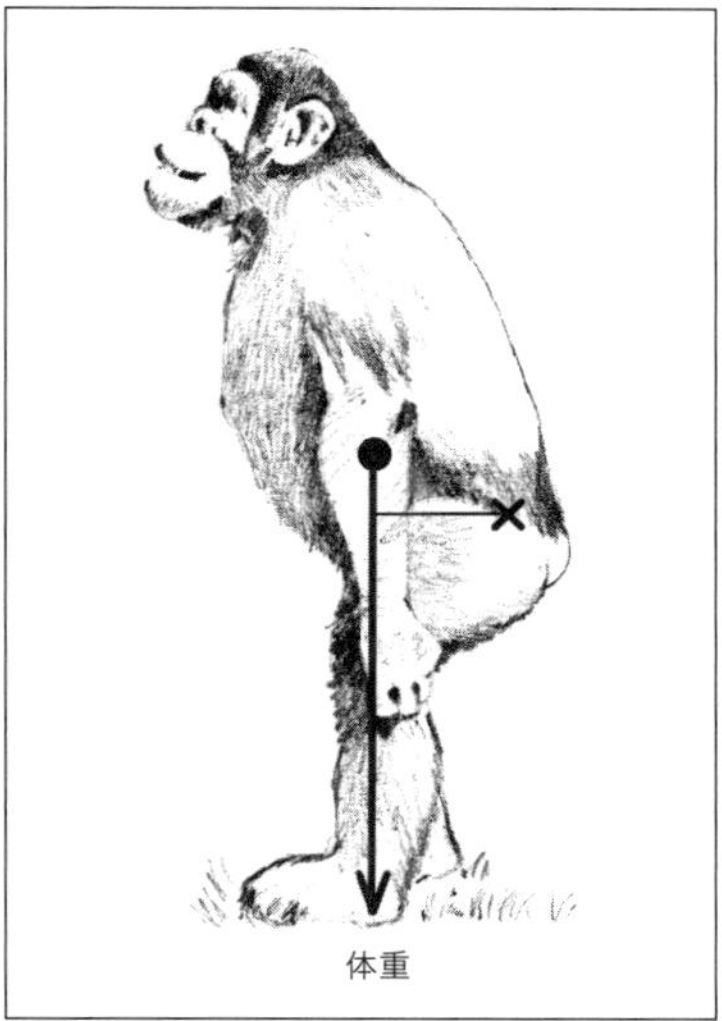

［図2-1］チンパンジーの腰部は固くまっすぐで、直立したり直立歩行したりするのには向いていない。重心を支持多角形［体重を支える面のことで、接地している足の輪郭をつなげた範囲］の上に維持するには、前屈姿勢をとらなければならないのだ。荷重ベクトルが股関節（x）よりもだいぶ前にあるチンパンジーの場合、腰にかかる体重のトルクが大きく、股関節から崩れ折れないように身体を支える腰部伸筋への負担も大きい。ヒトの場合、重心はもっと股関節の近くにあるので、二足歩行による負担はより軽い。

体はさらに多くのエネルギーを消費しなければならなくなる。もしつま先ではなく中足部で蹴って歩いたなら、わたしたちのすばらしい足が備えているてこの力が十分に生かされないだろう。さらに、膝と腰を曲げたままで歩いているときには、元来、身体に備わっている省エネルギーのメカニズムが発動しない。しっかり伸ばした脚を振り子のように動かさなければ、重力ポテンシャル［重力による位置エネルギー］と運動エネルギーの交換が、首尾よく行われない。こうした要因すべてが合わさって、運動コストは大きく増加する。音を立てて踵から接地しなくてすむというよい面もあるにはあるが、無駄に消費されるエネルギーのことを考えるとたいした見返りとは思えない。

以上を踏まえてみれば、カリフォルニア大学デイビス校のマイケル・ソッコルによる最近の実験の結果を見ても、そう意外には思わないだろう。この実験では、5匹のチンパンジーが訓練を受け、酸素消費量測定用のマスクを顔に着けてルームランナーの上で二足歩行を行った。体重差を補正すると、チンパンジーの平均運動コストはヒトの運動コストよりも75％高かった。意外なのはむしろ、ソッコルが同じチンパンジーを使って、いつもの四足歩行で同様のテストをした結果、エネルギーコストの高さが二足歩行とそれほど変わらなかったことだ。平均するとたった10％低いだけで、5匹のうち2匹の個体にかんしていえば、四つ足より二足歩行のときのほうがエネルギー効率がよかった。四足歩行で安定性は高まっても、使われる筋肉量は増えるため、その省エネルギー効果はほぼ帳消しになったのだろう。長い腕を持つチンパンジーは、四つ足で移動するときも体重の80％を後ろ足に預けたままなので、なおのことエネルギー効率は悪くなる。

チンパンジーの四足歩行は、1章で少し触れたネコ科やウマ科の優雅で無駄のない足取りとは大違いである。とはいえ、二足歩行への移行がどのように起きたかを解明しようとするとき、チンパンジーの歩行の非効率性が有用な手がかりになる。なぜなら、変化の過程にあると思われた自然選択の障壁のいくつかは、思ったほど重要ではないことがわかるからだ。人間の移動運動はきわめて効率的になったが、無駄の多い初期の歩行動作に加えられたわずかな修正すら、じつは役に立っていたかもしれないのだ。じっさい、単純な数学モデルによっても証明されている通り、チンパンジーの体型から脚と筋肉の長さをたった10%伸ばすだけで、二足歩行の消費エネルギーが四足歩行よりも低くなる。しかし、ここで厄介な問題が発生する。創造説論者［インテリジェントデザイン説の支持者］が得意げに語る、「それなら、なぜいまだに四足歩行のチンパンジーがいるのか？」という問いである。

この難癖は簡単に退けられる。第一に、移動運動の低燃費化は大切であるとはいえ、これだけに特化した自然選択はきわめてまれである。野生の状態では、速く、または確実に移動できる能力のほうが重要なのだ。じっさい、チンパンジーは森のなかの濃い下ばえの上を、うらやましいようなペースを保ったまま移動できる（ただし、何も生えていないところでは、チンパンジーが手足の両方を使っても人間のランナーが圧勝するだろう）。さらに、チンパンジーは厳密にいえば日がな一日地上で過ごしているわけではない。場所から場所への移動はおもに地面の上だが、エサを食べるときはたいてい木の上にいる。チンパンジーくらいの大きさの動物にとって、樹上生活では移動に大変な困難が伴うため（一歩踏み外したら命取りだ）、基本的にチンパンジーの身体構造は、樹上生活のための運動機能が地上生活向けの運動機能よりも優先的に備わっている。長く力強い腕と手は広げるとかなりの幅になり、最小限の筋力で、木の幹をしっかりとつかんでよじ登ることができる。木に登るとき、長い腕は短い腕よりも垂直方向に向けやすく、曲げている状態よりも伸ばしている状態でより大きい荷重に耐えられるのだ。

このときの伸長力の一部に対しては、関節靭帯が受動的に抵抗する。もし腕が曲げ荷重［ものを曲げる荷重］

を受けている場合は、筋肉が能動的に抵抗する。ためしに、地面の上で垂直に伸ばした腕立ての姿勢で身体を支えてみよう。次に横向きになって、片腕で身体を支えてみれば、筋肉の感覚の違いを感じるだろう。チンパンジーの手足の構造を見てみよう。もともと柔らかい足を持っているが、人間の手のように、同じ方向に生えている長く曲がった4本の指に対向して拇指がついている。もちろん木の上で本領を発揮し、幹や枝をしっかりとつかむためだ。腰骨は長く平らで、それに呼応して腰の筋肉も長いため、膝を完全に曲げた状態から太腿を力強く伸ばすことができる。わたしたちの奥行きのない湾曲した骨盤には、こんな動作は向いていない。以上から、チンパンジーはわたしたちよりずっとスクワットスラスト［両手を床につけて腕をまっすぐ伸ばしたまま、両足を屈伸させる運動］が上手で、もっと得意なのが木登りだ。

人間の祖先が二足歩行を始めたきっかけとは

チンパンジーの身体的な特質のうちのどれかを、地上での歩行に便利なように多少変化させて人間に近づけたなら、樹上での動きはきっと悪くなるだろう。しかし木がない状態では、こんな副産物のデメリットはどうでもよくなる。人間の二足歩行にかんする従来の説明によれば、まさにこれが起きたのだという。中新世と鮮新世の期間（2300万年前〜250万年前）、地球は長期にわたる寒冷・乾燥期にあり、アフリカ大陸（人間の祖先は当時ここに住んでいた）全土から森林が消え、代わりに草原が現れていた。人間とチンパンジーのもっとも近い共通祖先はこのとき、後退していく森林に住み続けるか、サバンナに出ていくかという「決断」を迫られたといわれている。チンパンジーの種族は前者の道を選び、人間の種族つまりヒト族［*］は後者の道を選んで地上二足歩行に適した身体に変化していった。

ここで最初の難問にぶつかる。地上での生活が必然的に二足歩行を伴う理由とは何だったのか？　それまでの四足歩行モードに改良を加えるだけではだめだったのだろうか？　現生類人猿の近縁者である「旧世界ザル」の多くの種（ヒヒがその代表である）が四足歩行で地上生活を営んでいる点に注目すると、この疑問はさらに深まるばかりだ。旧世界ザルは、細長い脚と比較的堅固な足を持ち、つねに足のつま先と手指を使って立ち歩く。典型的な陸生哺乳類の形質を持っているのだ。じっさい、陸上生活の特徴がこのグループで見られることが多いため、今では現生するすべての旧世界ザルのもっとも近い共通祖先は陸上生活動物だったという見解が支配的だ。

　こうした異論もあり、二足歩行への転換は本当に移動の必要性から始まったのだろうか、という疑問を持つ人もいる。結局のところ、二足歩行のサバンナ生活におけるメリットはほかにもある。まず、まっすぐ立てば遠くの方まで見渡すことができる。さらに、二足歩行には性的魅力を増す効果も期待できそうだ。いつも膨らんでいるメスの胸と異様に大きい男性性器という、際立って人間的な特徴の由来はここにあるのかもしれない。しかし残念なことに、適応化の筋道としては妥当であるこれらの意見には、選択圧の必要条件を満たしていないという弱みがありそうだ。二本足で立って見張りすることで有名なミーアキャット［アフリカのサバンナに住むマングースの一種］でさえ、歩き回るときは四つ足なのだ。

　さらに説得力があるのは、二足歩行は体温調節が必要だったために進化した、という説だ。広大なサバ

［＊］ヒト／チンパンジーの分岐における、人類の同系統の祖先すべてを表すのには、「ヒト族」(*hominin*)という用語を使いたい。「ヒト科」(*hominid*)という用語もよく聞かれるが、これは現在もっと広い意味で使われており、すべての大型類人猿も含んでいる［ヒト族(*hominin*)は分類上では Hominini で、ヒト亜族(アウストラロピテクスとホモ)とチンパンジーを含む。ヒト科(*hominid*)は分類上では Hominidae で、ヒト亜科(ヒト族とゴリラ)とオランウータンを含む］。

ンナでは、どんな動物にとっても、灼熱の熱帯の太陽にさらされて体温が過剰に上昇する危険がある。直射日光に当たる体表面を減らせば、このリスクは少なくなる。直立姿勢と直立歩行はこれにうってつけであるうえ、同時に冷えた空気の流れに体表面を当てやすい（地面と空気のあいだの摩擦によって、風速は通常、地表近くで低くなる）。わたしたちの体毛の少なさや発汗機能、そしてのちに登場する持久戦に持ち込む狩猟テクニックの出現も、体温調節機能の点から見れば合点がいく。しかし、体温調節という側面がそれほど重要なら、サバンナに生きるほかの動物もまた二足歩行に変化していたはずである、という反論が出てきそうだ。しかし、初期の二足歩行の特徴からしても（チンパンジーの四足歩行の燃費の悪さを思い出してほしい）、こうした環境的な圧力がヒト族を、いうなれば、二足歩行へ追いつめるのに十分だったという可能性もある。この時点で、移動運動が自然選択の主導権を握ったかもしれないというわけだ。ダーウィンを引用すると、「少なくともこれは検討してみるべき理論ではある」。しかしわたしたちはまだ現生動物についてしか検討していない。化石記録を調べて、絶滅した類縁者たちの意見も聞いてみよう。

化石に残された直立二足歩行の証拠

惜しいことに、ヒトの化石記録はまだまだ充実しているとはいえない。標本はきわめて少なく、あっても断片ばかりだ。とはいえ、ほぼ全身の骨が発掘されて、太古に生きたヒト族に明るい光をあててくれるときもある。なかでも有名なのが、１９７４年、大地溝帯［アフリカ大陸を南北に縦断する巨大な谷］にあるアファール地域のエチオピアのハダール村の近くで、当時クリーブランド自然史博物館の学芸員だったドナルド・ジョハンソンによって発見された化石だ。ジョハンソンは、ヒト族の存在の手がかりをつかむために同地で発掘作業を実施するために結成された国際調査隊の一員だった。この有名な発掘秘話は、心して仕事に取り組む者には幸運がもたらされるという典型的なエピソードだ。

11月24日の朝、ジョハンソンはふと思い立って小さな谷川の底をあらためて見てみた。その場を立ち去ろうとしたまさにそのとき、斜面に砕けた骨の一部が転がっているのが目に飛び込んできた。一帯をざっと調べてみたところ、骨の破片がさらに見つかったので、午後に調査隊全員とともに現場に戻った。それから3週間の発掘作業で、数百の骨が発見された。驚くべきことに、すべての骨は一体の人骨からのものだった。その個体は、３２０万年前に生きていた、身長約１１０センチ（骨盤の幅から推測した数値）のアウストラロピテクス・アファレンシス（アファール猿人）の女性で、人間の祖先と考えられている[*]。ＡＬ２８８−１という公式整理番号がつけられたこの化石は、ルーシーというニックネームによってよく知られている。キャンプでこの発見を祝っていたときに、ラジオから流れていたのがビートルズのヒット曲『ルーシー・イン・ザ・スカイ・ウィズ・ダイヤモンズ』だったからだ。

発見された時点ではルーシーはヒト族最古の化石で、しかも全身の骨の40%が出土していた。あえていうなら、ルーシーこそが人間の二足歩行の進化の秘密を解明する大いなる可能性を秘めていたのだ。ルー

[*]発見された化石を現生種の直接の祖先だとする見解（マスメディアが大好きな「ミッシングリンクが発見される」的な話）には常々、大きな疑いを持っている。こうした話には、種族の系統は簡単には消滅しない、という仮定が暗黙のうちに含まれている。進化の終焉を見せつける化石記録によって、こうした見解は誤っていることがはっきりとわかる。最近の例では、５５００万年前の霊長類が人間の直接の祖先であるという、バカバカしいインチキ話があった。とはいえ、化石の年代が新しければ新しいほど、その子孫が現在に連なっている可能性は高くなる。少なくともアウストラロピテクス・アファレンシスがヒトの祖先である可能性に思いを巡らせるときに、３２０万年前の化石は十分すぎるほど新しいものといえる。

シーは常習的な二足歩行者で、歩き方はチンパンジーよりも人間に近かったことはすぐに指摘された。骨盤は横長で浅く、類人猿の縦長の腸骨翼［腸骨の扁平に広がる部位で、中央が薄い皿状をしている］とはかなり異なる形状だったのだ。したがって、彼女の中臀筋はすでに、ヒトと同様、骨盤の安定を図るための位置に移っていたことになる。

しかし矛盾も発見された。脚が人間に比べて短すぎるし、腕はチンパンジーと人間の中間とやや長めで、手指の骨は長く湾曲している。これは奇妙だ。彼女のような長い腕は樹上生活にこそ向いていて、木登り用の長い腕を持つ陸上生活者というのは意外である。なにしろ、直立歩行は森林からの脱出に起源を持つとされているのだ。2つの形質の奇妙な同居には3つの可能性が考えられる。(1)ルーシーの腕の長さをその機能面だけで解説しようとするのは間違っている。彼女は、ヒト族系統の動物の腕が徐々に短くなっていく途中の段階に生まれたのかもしれない。(2)ルーシーは二足歩行が得意ではなく、四つ足も直立歩行も

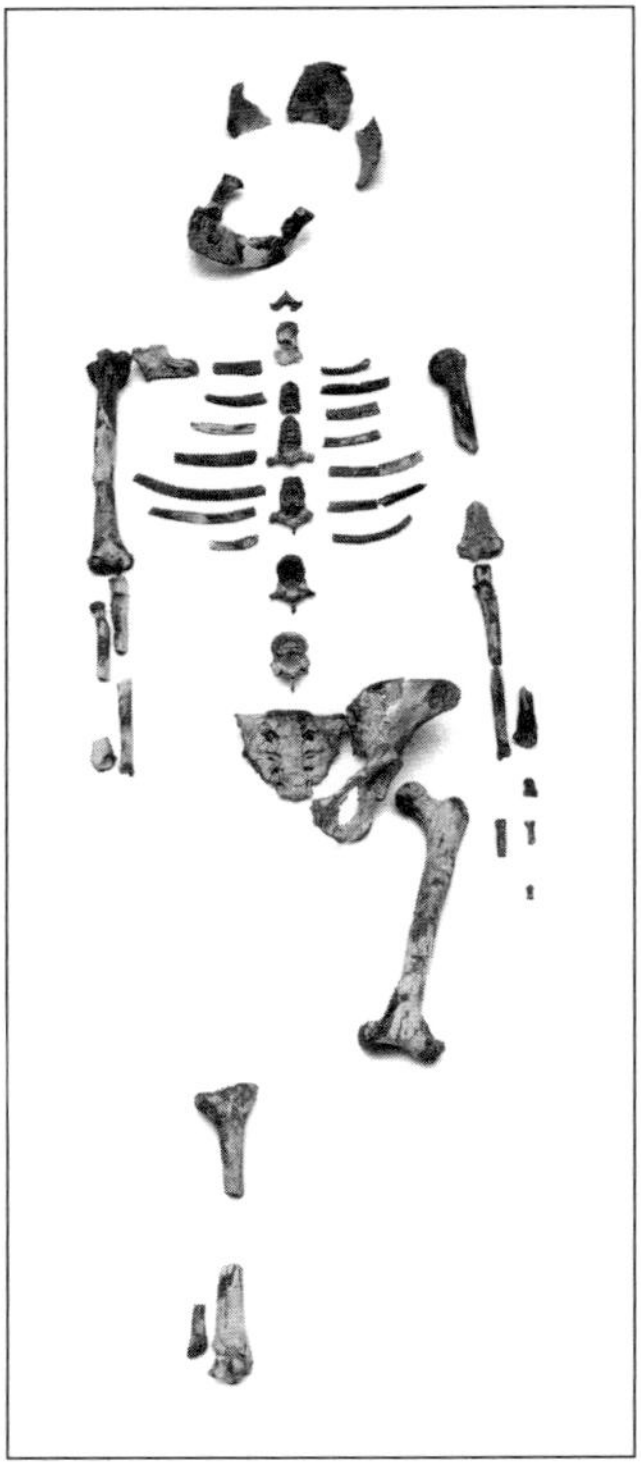

［図2-2］ルーシー――もっとも有名なアウストラロピテクス・アファレンシス。

できた。そしてどちらかというとチンパンジーに近く、まだ森のなかで暮らしていた。(3)「(1)」も「(2)」も立証できない場合は、二足歩行の起源を森林からサバンナへの移住に求める説を根本から見直さなければならない。

ルーシーにかんしては、惜しいことに、移動運動機能の特徴を決定するために不可欠な足の部分が見つかっていなかった。ところが、まさにルーシーが全世界に紹介された1976年、ほとんど偶然発見された化石は、この欠落を補ってあまりあるものだった。タンザニアのラエトリ地方で化石発掘調査を行っていたふたりの古人類学者が、キャンプへ帰る道すがら、ゾウのフンを投げつけ合って遊んでいた（よほど娯楽に飢えていたのだろう）ときのことだった。フンを拾おうとしていたひとりが、火山灰の堆積の上に何個かの窪みがあるのに気づいた。よく見てみるとそれは動物の足跡だった。発見当初はそれほどの興奮は引き起こさなかったこの遺跡は、翌年の徹底的な周辺調査の結果、動物が通った形跡が数カ所見つかり、そのうちのいくつかは驚くほど人間の足跡に似ていた。それだけなら大事件ではないのだが、炭素年代測定法と火山灰の層から出た哺乳類化石から、なんとこの足跡は360万年以上前につけられていたことが判明したのだ。

足跡化石と聞くと感慨深いものがある。数年前、わたしは南仏のクレサックで、ラエトリよりはるかに古い、同じような発掘現場を見る幸運に恵まれた。この場所で、ジュラ紀の海岸を縦横無尽に動き回っていた翼竜の足跡が発見されたのだ。太古に生きた生物がつけた足跡の残る地を踏みしめて歩くときのあの感動は、うまく言葉では表せない。絶滅して久しいこれらの生き物たちが、もしかしたら自分たちの祖先だったかもしれないと思うと、まさに奇跡体験としかいいようがない。

ラエトリの遺跡で発見された痕跡が、ふたりの人間が並んで歩いた足跡だったという事実には、ただ心を打たれるばかりだ。しかも3人目の足跡がこれに続いており、まるで『慈しみ深き王ウェンセスラス』[クリスマス・キャロルの1つ。貧しい人のために出かけた王様が、困難な雪道に遭遇したとき小姓に、「わたしが先に歩いて道を歩こう。そなたは余の足跡を踏んで進めば歩きやすいだろう」と語る歌詞内容がある]に登場する小姓さながらだ。つつましい家族が、泉か何かを目指して歩いている光景が目に浮かぶ。父さんと母さんが手をつないで先を歩き、子どもが懸命にそのあとをついていく。もちろん、この3人が家族だったかどうかはわからない。それでも彼らがどの種に属するのかを知ろうとする試みは、無謀ではないだろう。時代だけで考えると、存在が判明しているヒト族のなかではアウストラロピテクス・アファレンシスが最有力候補である。ハダールのヒト属化石とラエトリ遺跡で見つかった骨の欠片の類似性もこの仮説を強化している。足跡が途切れるあたりで足跡の主の化石が見つからない限り、確信はできないのだが、今のところハダールで見つかったルーシーとラエトリ遺跡の足跡の主たちは、同じ種に属していたと結論づけてほぼ間違いないと思われる。

ラエトリの足跡は衝撃的なまでに現代人の足跡に似ている。専門家でなければヒトの足跡だと見間違えそうだ。子細に調べてみれば、拇指が足の中心軸に対してやや斜めについているところが現代人とは違うが、それでも類人猿のように残りの4本の指と大きく離れてついた拇指対向性らしき傾向はまったく認められない。ラエトリにある形跡からすべての情報を引き出すには、やはり21世紀のテクノロジーを多少なりとも用いる必要があった。アリゾナ大学のデイヴィッド・レイチュレンとそのチームは、三次元レーザー・スキャナーを用いて足跡を精密に復元した。次に、ボランティアの人たちに裸足で砂の上を歩いてもらった。使用された特注の湿った細かい砂は、古代のラエトリに降った、湿った火山灰の代用品としては妥当だ。そしてボランティアたちの足跡がスキャンされる。厳密にいうと彼らは二通りの歩き方をするよう指示されていた。いつも通り、直立姿勢で脚をまっすぐ伸ばした歩き方と、チンパンジーのように腰と膝を曲げたよろよろ歩きだ。人間方式とチンパンジー方式の違いは砂の上にもくっきりとした証拠を残した。脚を曲げて歩いたときにはつま先部分の力を用いる時間が長く、足先の部分の跡が深くなった。脚を伸ばして歩いたときには、踵と足先の足跡の深さはほぼ同じか、踵部分のほうがやや深かった。違いはわずかながらもはっきりとしており、砂の水分含有量を変えても同じ違いが検出された。ラエトリの足跡はあきらかに直立歩行のそれと合致した。この実験の結果は、何体も作成されたルーシーの歩行スタイルの復元によって裏付けられた［*］。復元から、ルーシーの筋骨格系は効率よく直立歩行するのに向いていたということがわかったのだ。というわけで、アウストラロピテクス・アファレンシスがわたしたちと同じような歩き方をしていたのにほぼ間違いはない。この結論が確証へと変わったのは、長らく期待されていた足の骨片が発見されたときだった。この足には人間のような土踏まずが認められたからだ。

ルーシーとその仲間たちの樹上生活面については、確たる証拠を見つけるのは困難だ。もちろん木登りでは足跡がつかないし、木々のあいだの移動はあまりにも複雑で、有用なコンピュータモデルが作れないのだ。したがって、残されたのは、化石を観察して生物力学的なヒントを探すという伝統的な方法だけである。残念ながら、前述したような長い腕と湾曲した指以外の有益な情報はなく、あとは、足指の拇指対向性の退行と短小化した骨盤から、ルーシーはチンパンジーほど木登りが得意ではなかったという単純な推測しかできない。わかっているのは、猿人［約400万年前から150万年前に生息した最古の化石人類］の形態は、およそ200万年のあいだ、ヒト属［ヒト科の属の1つで、現代人ホモ・サピエンスとホモ・サピエンスにつながる種を含む］が出現する

［*］おもなものを挙げると、リバプール大学のロビン・クロンプトン、マンチェスター大学のビル・セラーズ、ダンディー大学のウェイジェ・ワン（その他）による複数の共同プロジェクト、およびアリゾナ州立大学の長野明紀とそのチームによる自主研究などがある。

まで、ほとんど変わらないままだったということだ。これは長かった腕が徐々に短くなっていく途中だった、という仮説と矛盾する。これほど長期にわたって長い腕を持っていたということは、長い腕が何かの役に立っていたに違いない。アウストラロピテクスは、夜間、安全な寝床を確保するために林冠に移動するときにだけ木登りをしていたのではないか、という意見もある。

もちろん、登るところもないのによじ登る能力を持っていても意味がないので、生息場所に木があったという痕跡があれば、証拠固めになる。木化石は発見されていないが、ハダール、ラエトリ、そのほかのアウストラロピテクス・アファレンシスの発掘現場で見つかった同じ時期の哺乳類化石によって、生息環境のなかには中密度の森林地帯もあったこと、そしてそれが次第に樹木の生えた広い草原へと変化していったことがわかっている。アウストラロピテクスの樹上生活能力はさておき、これはわたしたちにとって寝耳に水ではないか。アウストラロピテクス・アファレンシスひいてはヒト族の系統全体が常習的に二足歩行になっていったのは、サバンナではなく森林地帯だったということになるからだ。サバンナを生息地としたのは、ここからさらに進化を経てやがて出現した、超低燃費のホモ・エルガステルに属する個体群だ。わたしたちの最初の筋書きはだいぶ間違っていたようだ。

地上での二足歩行が森林環境で進化したらしいという仮説について、多くの人びとが説明を試みてきた。最近、インディアナ大学のケヴィン・ハントが打ち出した説得力のある意見は、二足歩行はもともと食糧確保に向けた適応化であったというものだ。ハントはチンパンジーとボノボが頭上に生っている果物をとるためにしょっちゅう起立するのに気づき、この動作が日常的になったとすると、自然選択によって猿人のような形質が獲得されていったのだろう、と説明している。着目したのはルーシーの骨盤の浅さで、これを歩行ではなく起立への適応化の結果であると解釈したのだ。この理論、わからなくもないが、猿人にはっきりと見られるいくつかの特徴が説明できていない。たとえば、起立できる個体が淘汰の末に残ったとしても、どうしてわたしたちの祖先はとても役に立つ足の拇指対向性を手放してしまったのだろうか？何であれ、起立が目的だったのであれば、拇指は対向したままのほうがよかったであろうに。

もう1つの面白い説は、ベルリン自由大学の人類生物学人類学研究所のカールステン・ニーミッツが最近唱えたもので、これもやはりチンパンジーの観察に基づいている。ニーミッツは、二足歩行の常態化は水中歩行への適応化によるものだとして、これを裏付ける大量の証拠を収集している。まず、チンパンジーとボノボはよく水の中を二本足で歩く。さらに状況証拠もある。現存する霊長類のほぼ半数は、少なくともときどきは水辺に住むし、ルーシーを含めた初期のヒト族の多くが居住していたとされる場所には湖や川があったことを古生態学が裏付けている。通常、熱帯の淡水地では一年中、良質な食物がたっぷり採れる。これが生活習慣のシフトのきっかけだ。おそらく森林の後退によってそれまでの果物を主食とする生活様式が続けられなくなったころに起きた変化である。力学的な観点からいうと、水中歩行は消費エネルギーも大きく時間もかかるが、つまずいてもあまり危険ではなく、水に浸かっている身体は両脚でしっかり支えられている。

ニーミッツの説は、近年エレイン・モーガン［ウェールズの作家。『人は海辺で進化した——人類進化の新理論』など。1920－2013］が支持して賛否両論を呼んだあの水生類人猿説［ヒトが進化の過程で一時期、水生生活に適応することで、直立歩行などほかの霊長類には見られない特徴を獲得したとする仮説］とは、はっきりと異なっている。ニーミッツの考えは確固とした科学的基盤の上に成り立っており、すべての証拠が揃っているとしているが、モーガンの場合は自説の論拠に矛盾する情報をほぼ公開していないからだ。これを踏まえた上で言わせてもらえば、ニーミッツの理論にも欠点がないわけではない。たとえば、水中歩行生活を送るうちに、移動運動面または視覚面（視点が上にあるほど水中のものを見つけやすい）で有利な長い脚の個体が残り、前肢と後肢のバランスが悪くなったため、最終的には「陸上」四足歩行の能力が低下した、という主張だ。この考え方は、わたしたちの類縁である類人猿がみな脚よりも長い腕を持っている事実と矛盾する。また、脚が多少長くなったとしても四足歩行は楽になりこそすれ、難しくなったはずはない。とはいえ、こうした反論も、半水生活動が移動運動の進化にとって重要な意味を持ったという考え方を打ち砕きはしない。じっさい、この考えはたいそう魅力的な仮説として証明される見込みがあった。直立歩行の半水生活動起源説を水底ならぬ根底からくつがえす、驚くべき化石さえ発見されなければ。

ついに見つかったルーシー以前のヒト族化石

３２０万年前に生きたルーシーは、ヒトとチンパンジーが枝分かれしたと考えられる時期と現代との、ほぼ中間地点に位置する。ルーシーの時代以降、わたしたちの系統の歴史は比較的よくわかっており、約20の種が確認されている。そのほとんどがアウストラロピテクス属とホモ属に属している。しかしヒト族の進化の前半部に何が起こったのかは解明されていない。最近までごくわずかの化石標本しかなく、断片的な化石をつなぎ合わせて4つか5つの種が確認されていたに過ぎなかった。ルーシーの二足歩行はかなり進んだものであるとわかっているだけに、この状況はなおさら苛立たしい。直立歩行への重要な移行はすべて、３２０万年前よりも前、つまり化石記録がほとんど存在しない時代にほぼ完結してしまったということだからだ。初期のヒト族の化石片には、常習的な二足歩行を暗示している面白い要素がたっぷり見られるのだが、そのすべてに対して反論が出ている。たとえば、６００万年前のケニアの化石人類オロリン・トゥゲネンシスの大腿骨をＣＴスキャンしたところ、大腿骨頸（球形の骨頭と大腿骨の骨幹のあいだの骨）下部の骨の肥大化が認められた。これは脚がつねに支えていた体重の割合が比較的高かったことを示唆している。この結果は二足歩行の歩き方と矛盾はしないのだが、スキャンの信頼性にかんして疑問が持たれている。

このような不明瞭な手がかりだけでは、決して二足歩行の起源は解明できなかっただろう。喉から手が出るほど欲しかったのは、もうひとりのルーシー、つまりもう一体の部分的な骨格だった。絶望的な試みに思えたが、古人類学者たちができるのは粘り強い発掘作業だけだった。あらゆる予想をくつがえし、1992年に金脈は掘り当てられた。例によって、目の肥えた化石発掘者が発見した小さな欠片がすべての始まりだった。その欠片（かけら）は、カリフォルニア大学バークレー校のティム・Ｄ・ホワイト率いる調査隊のメンバーである諏訪元が、ルーシーの発掘場所から70キロほどしか離れていないアラミス村のそばで発見した大臼歯だった。諏訪はすぐにこれがヒト族の歯であると気づいた。この歯の持ち主の化石をできるだけ多く発掘するため、現地で長期にわたる調査が始まった。発掘チームには非常に優秀なメンバーが揃っており（ケント州立大学のオーウェン・ラブジョイによれば、彼らはまるで「土の中から化石を吸い上げていた」かのようだったらしい）、おかげで骨格のなんと45％が発見された。このなかには手と足の骨ほぼ全部が含まれており、ルーシーの骨格を上回る揃いようだった。化石はアルディピテクス・ラミダス、愛称アルディと名付けられた（たまたまこのときも、人骨は女性のものだった）。ヒト族の家系図における元祖である彼女に敬意を表し、現地の言葉で地上を意味するアルディと、ルーツを意味するラミッドを取り入れた命名である。

これは信じられないくらい幸運な発見だったが、１つ難点があった。化石が非常に脆（もろ）かったのである。

触れただけで文字通り粉々になり、骨格のなかには100以上もの欠片に分かれてしまった部分もあった。発掘自体も、凝固剤を流し込みつつ周囲の土砂ごと引き上げるという、莫大な作業を要した。そして発掘後、オーウェン・ラブジョイとそのチームによる、アルディの姿を復元するための、骨の折れる綿密な準備と最先端のコンピュータ技術を駆使した作業には15年が費やされた。2009年、アルディはついに『サイエンス』誌の特別号で公表され、科学関係者たちの前に姿を現した。

何よりも重要なのは、アルディが約440万年前に生きていた、と推測されたことだ。つまり、彼女はチンパンジーと人間の分岐のすぐあとに出現した人類なのである。この事実から、アルディが、時代を下ったヒト族であるルーシーよりもチンパンジーに似ているのではと予想する人もいるだろう。多くの点ではその通りである。突き出た鼻、ルーシーに比べるとやや長い腕、そして特徴的な足を持つヒト族の中では唯一、ものをつかめるような対向性の拇指を持っている。しかしアルディの身体にはチンパンジーとはまったく違う部分もある。現生種のチンパンジーには3~4本しかない腰椎を、アルディは人間と同じく6本持っており、これは背中の可動性が高かったことを示す。大きな手をしているが、身体との割合はチンパンジーよりもむしろ人間に近い。とりわけ注目したいのは中手骨（手首から指までの骨）だ。チンパンジーの中手骨は長いが、アルディのそれは人間よりも短く、拇指は類人猿の細くて矮小な拇指に比べるとしっかりとした造りである。把握器として使える拇指のついた足も、類人猿の拇指とは異なり、人間の拇指ほどではないが硬めである。アルディの骨盤はさらに謎だ。股関節から下はチンパンジーの骨盤に似ているが、そのほかはどう見てもヒト族の骨盤そのもので、腸骨翼も短くて向き合っている。

アルディのキメラ的な腰は、彼女の骨格全体の特徴を象徴している。長い腕、拇指対向性、チンパンジーに似た下に長い骨盤などから、木登りが得意だったようで、ルーシーよりも樹上で自由に動き回れたと

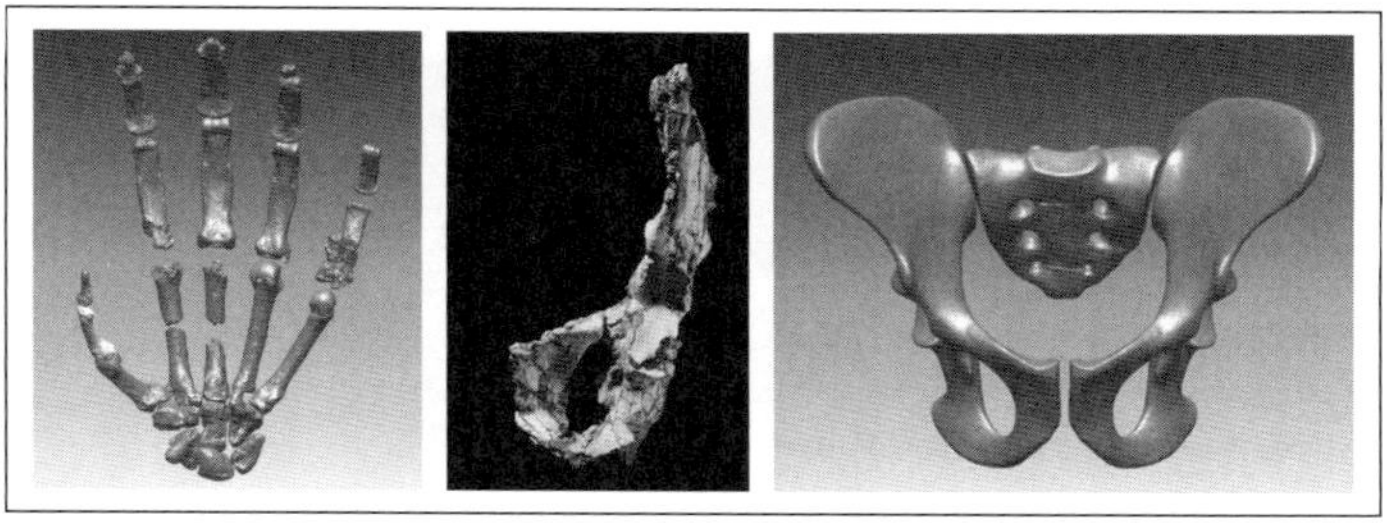

［図2-3］アルディピテクス・ラミダス、通称アルディの手（左）と骨盤（中央）の化石、および復元された骨盤（右）。

思われる。しかし人間に似ている腸骨翼を持つことから、中臀筋が人間と同様、骨盤を安定させる役割を担っていたようだ。したがって、チンパンジーよりずっと上手に二足歩行できたかもしれない。これはアルディの比較的堅固な足の構造を見れば納得できる。堅固な足が推進力を生むてことして十分に機能したことは、まず間違いない（とはいえ足の拇指の力を使えなかっただろうから、地上でルーシーとかけっこをしても勝つことはできなかっただろうけど）。もっとも重要な意味を持つのは、アルディの柔軟な腰だ。短い腸骨翼のおかげで制約を受けずに背骨を湾曲させられるので、二本足で立つときには重心が直接腰の上に載る。歩いているときに膝を曲げたり背中を前に傾けたりする必要はなかったのである。

森のなかで直立二足歩行が進化した理由

視点を変えてみれば、アルディのキメラ的な身体的特徴に不自然な点は全然ない。彼女を類人猿と人間の中間として扱うなら、身体構造において人間に似ている部分も類人猿に似ている部分もあって当然だ。しかし、仮にここでアルディの中間的位置づけを脇において、彼女のありのままの姿にのみ着目すると、やや異なる結論に帰着するのである。あらゆる証拠から見て、アルディは二足歩行と樹上移動の「2つの状態」を巧みに使い分けていたとされる。チンパンジーの生態を知っているわたしたちにとっては、意外な推論ではある。頭が混乱してくる前に、ちょっと一休みして、東南アジアの類人猿の類縁、テナガザルとオランウータンに目を向けてみよう。テナガザルはご存知の通り、熱帯雨林の林冠を、曲芸のように全身を揺らしながら腕を使って（「腕渡り」と呼ばれる）猛烈なスピードで移動するが、現生の類人猿のなかでもっとも二足歩行に長けている。この二足モードを歩行と走行に自由自在に切り替えて、木の上や平地を移動するのだ。

オランウータンはさらに多くのヒントを与えてくれる。オランウータンもまた樹上生活者であり、複雑で臨機応変なやり方で林冠を移動する。直立姿勢の木登りからナマケモノのように四つ足でぶら下がる状態まで、幅広い移動方法を使うことができるのだ。しかし二足歩行するだけにとどまらず、現生類人猿のなかでは唯一、歩くときには直立してまっすぐに脚を伸ばすのである。これは人間と同じく、振り子のような重力位置エネルギーと運動エネルギーの交換を生かした歩行だ。バーミンガム大学のスザンナ・ソープによるスマトラでの現地調査によると、オランウータンはめったに直立歩行はせず、移動運動時間全体のわずか7％だけらしい。しかし、細くしなる枝の上を歩くときには好んでこの方法を使う。採りたい果物（大好物だ）の大部分は細い枝の上に生っているし、林冠部分の木から木への移動もしなければならない。こうした環境に生きる動物にとって、歩行方法は生死を分ける問題なのである。この状況下では、二足歩行での移動は四足歩行よりもメリットが大きい。体重を両脚で支えつつ、少なくとも片腕はみずみずしい果物や揺れる枝をつかむために空けておけるからだ。

アルディは基本的に440万年前のオランウータンのようなものだ、とか、アジアの大型類人猿はヒト以前の共通祖先以来変わっていない、などと言う人はいないだろう。オランウータンは、樹上で自在に移動するための長い腕など、はっきりとした多くの特有な形態を備えている。しかし彼らを見ていると、十分に効率的な二足歩行能力と樹上生活能力は両立できることがわかる。リバプール大学の、ヒトおよび霊長類の進化の専門家であるロビン・クロンプトンが指摘するように、いくらか二足歩行をしながら樹上で生活するのが、おそらく類人猿にとってもっとも一般的なライフスタイルだったのだろう。そのわけは、人間であれ類人猿であれ、わたしたちはみな背骨を水平ではなく垂直に伸ばす傾向にあるからだ。専門用語では、わたしたちはつねに直立型（オーソグレード）（ギリシャ語で「直立」を意味するorthosより）で、この対立概念は水平型（プロノグレード）（ラテン語で「前に傾ける」を意味するpronusより）となる。もちろん、わたしたち人間は直立姿勢で歩いたり走ったりするし、類人猿は腕を使ってぶら下がったりよじ登ったりするときに直立姿勢をとっている。サル［類人猿を含まない］はこれとは違い、木々のあいだをすばやく動き回ったりするときなど、移動時の典型的な姿勢は水平型だ。

　類人猿が、自分たちの祖先であるサルよりもまっすぐな姿勢をとるようになったのはなぜだろうか？化石記録にそのヒントが隠されている。今の時代に生きる子孫たちの遺伝子のあきらかな違いから推定して、現生の類人猿のもっとも最近の共通祖先はおそらく１７００万年前に存在していたとされている。その生物は決して見つからないとは思うが、代わりに最近スペインで発見された１３００万年前の類人猿ピエロラピテクスに登場してもらおう。この標本（ルーシーやアルディは女性だったが、初の雄の標本だ）は、広く浅い肋骨と椎骨のいくつかの特徴から直立姿勢をとっていたとわかるが、これはわたしたちにとってはすでに予測ずみである。特筆すべきは、樹上で生活するサルと比べると巨大なその体格で、30キログラムに少し足りないくらいの体重だったと推定されることだ。このような大柄な動物にとって、木々の枝の上でサルのような四足歩行を行うのはかなり危険だ。体重を支える四肢の輪郭をつなげた表面積、つまり支持多角形が狭すぎて不安定だからだ。樹上生活をするサルがこれほど大きくならないのはそのためである。直立姿勢をとって重心を足の真上に載せた初期の類人猿は、木の梢のほうへよじ登るときには両腕を大きく広げられたので、落下する危険も大幅に減った。そして、二足歩行はほぼ必然だった。

それだけではない。わたしたちの古い友人であるこの類人猿は、サイズや姿勢にとどまらない、ほかの手がかりも隠し持っている。ただ、彼の秘密を解明する前に、まず「把握」しておきたいのは、把握機能についてである。ピエロラピテクスの手は全体のプロポーションという面ではアルディの手に近い。直立型の場合、このような手があれば申し分ない。しかし、直立型の大きなメリットの1つに、何かにぶら下がりながらの移動運動がある。長い中手骨と湾曲した指骨を備えた鉤状の手、そして特別に長い腕がある場合、ぶら下がる動作が得意になる。ただ、拇指が大きいのは邪魔になるから、これは小さければ小さいほどよい。懸垂向きの身体構造路線は、それこそ保守系のゴリラから過激派のテナガザルまで、程度の差はあれどすべての現生類人猿に見られる。

これだけではない。類人猿が懸垂能力を高めたもう1つの小さな進化がある。手を鉤の形に保つための、短い手指の屈筋だ。筋肉が引っ張るときの力の大きさはその断面積によって変わるが、そのときのエネルギー消費量は筋肉の体積、ここでは長さに左右される。したがって手指の屈筋が短い類人猿が木の枝からぶら下がるときの燃費は低めで、筋肉疲労を起こしにくい。しかしマイナス要素もある。手指の屈筋が短いと指関節が反対側に反らなくなる。つまり懸垂が得意になると、サルのように手のひらを地面につけた四足歩行ができなくなるのだ。したがって、木にぶら下がって暮らす類人猿が、短時間だけでも地上で四足歩行をしようとすれば、必然的に別の方法で地面に手を当てることになる。たとえば、そんな場合にチンパンジー、ゴリラ、そしてオランウータンが行うのがナックル歩行だ（テナガザルは決して四足歩行をしない。手が長すぎるからだ)。

懸垂移動への適応化がすべての現生類人猿に見られるという事実から、彼らのもっとも近い共通祖先もまたぶら下がるのが得意だったかもしれない、という考えがすぐに浮かぶ。しかし、その点においては控えめなピエロラピテクスやアルディの手を見れば、それは違うとわかる。両者の中手骨はつねに木からぶら下がって暮らすにはどちらかというと短いだけでなく、指関節の接合面の配置から、サルや人間のように指を反らせることもできたらしい。つまり、手指の屈筋が比較的長かった。ものを上から引き上げるより、下から押し上げるほうに向いているような指の構造は、長い時間、何かにぶら下がるのは苦手だったかもしれないが、ナックル歩行をする必要もなかったかもしれない。ナックル歩行者の手に見られる、指と手首に非常に大きな負荷がかかるときに役立つ骨突出部の痕跡が、彼らの手には見られないということも、この推論を支持している。こういうと、絶滅した類人猿である彼らに見られる特徴は先祖返り、つまり懸垂移動以前の過去にさかのぼった形質なのではないかという意見も出るだろう。しかしピエロラピテクスもアルディも、ヒト系統図のなかでは古い時代に位置している。前者は「現生種の類人猿＋ヒト族」の、後者は「チンパンジー＋ヒト亜族」の、もっとも近い共通祖先の時代のほぼ直後に生きていた。進化がものすごい速さで何かのいかさまでもしたのでなければ、これらの共通祖先もまた、現生種の類人猿が得意な懸垂移動には向いていない、しかし、ふつう程度の木登りには使われた、古い型の手を持っていたと考えてよい。

したがって、懸垂移動への適応化はテナガザル、オランウータン、ゴリラ、そしてチンパンジーの系統だけに、それぞれ独立に起こったように思われる。意外かもしれないが、このことは、現生種の類人猿はそれぞれ異なるやり方で木にぶら下がる暮らし方を営んでいることとつじつまが合う。テナガザルは身体のサイズを小さくして腕渡りをするようになったし、オランウータンは臨機応変な樹上生活を選んだ。チンパンジーとゴリラは、垂直木登りに重点を置き、それぞれ腰の形が変化して力強く脚を伸ばせるようになったが、このせいで直立二足歩行への可能性は断たれた。アフリカ類人猿たちは、こうした変化を経るとともに、木から木へ移動するためにより長い時間、地上を歩くようになり（木の幹を垂直に上る能力が役に立った理由もここにあるに違いない）、ナックル歩行が達者になったのである。

ようやく、アルディの真の重要性を本当に理解する準備が整った。アルディのケースからわかるのは、簡潔にいえば、ヒト族が特別な存在となったのは、最終的に常習的な二足歩行者になるための特性を持っていたからであるが、その特性とはかならずしも二足歩行機能そのものにあったわけではないということだ。なぜなら、アルディが誕生する前に、二本足で歩行する直立型の姿勢をした樹上性の類人猿が存在していたからだ[*]。ヒト族が特別な存在になったのはむしろ、木にぶら下がる生活を営む連中に本気で仲間入りしようとしなかったからだ。その代わり、アルディとその仲間たちは、先祖から受け継いださまざまな移動運動の能力のなかから、二足歩行という側面を選んで強化したのである。アルディがいた分岐点のあとに続いた個体たちは、次第に樹上生活能力を低下させ、二足歩行の効率性をどんどん高めていった。腰は短くなって二足歩行用に形を変え、大腿部は正中線［動物体を左右に等分する縦の線］のほうに向かって角度を変え、土踏まずが形成され始め、下部脊椎の湾曲は固定された。ルーシーはこの段階にいる。そのあと、腕は短くなり、脚は長くなり、類人猿の脚ではとるに足らない部分だったアキレス腱が長く厚みを持ち、甲周りのアーチによる巻き上げ機構が改良された。こうしてホモ・エルガステルとその子孫の、完成された2段ギアによる地上二足歩行が現れたのである。

さまざまな類人猿の系統において、さまざまな身体構造上の変化が起きているが、そのタイミングと発生場所の理由はまだよくわかっていない。確実なのは、中新世のアフリカで森林面積が減少したために、アフリカ類人猿とヒト族が多くの時間を陸上で過ごすようになったことくらいだ。一方、テナガザルのとった方向は、東南アジアという土地で起こった何らかの契機に対する、サル独自の対応だったのかもしれない（これについては3章で学ぼう）。さらにもう1つ、これまでの仮説と決して矛盾しない、非常に興味深い説がある。それは、類人猿のさまざまな進化的変化の誘発要因が、旧世界ザルに由来するというものだ。先に学んだ通り、旧世界ザルはかなり早くに地上生活を始めた。彼らは約3000万年前に2つのグループに分岐した直後に森を去り、近縁の類人猿たちがあとに残ったと考えられる。ところがしばらくして、思い直したらしいサルの個体群が再び森林生活に戻った。森に戻ったサルたちは類人猿をほぼ全滅させてしまった、というのが通説だ。おそらくサルのほうが身体が小さかったため（そして繁殖率も高い）か、類人猿より食べ物の選択肢が広かったせいだろう。現在、類人猿の種類は、中新世当時のわずか一握りでしかない一方、旧世界ザルはかつてないほどに繁栄している。この筋書き通りなら、生き残りの類人猿は、サルの猛攻によって周辺の生態的地位に追いやられた異端者ということになる。

この、裏切りと刷新と大胆な立ち直りの物語の真偽はともかくとして（類人猿は、何かほかの未知の原因によって減少して生態的地位を去り、そのあとを埋めたのがサルだったのかもしれない）、『人類進化の行進図』は、その象徴的な魅力にもかかわらず、あきらかに大きな間違いを犯している。チンパンジーとヒトのもっとも最近の共通祖先は、チンパンジーに非常に似ているというわけでは全然なかったのである。

［＊］直立二足歩行がチンパンジーとヒトの分岐よりはるか昔に進化していたというのであれば、オロリンに代表される初期のヒト族が二足歩行していたかどうか議論する必要もなくなる。

ダーウィンがすでに『人間の由来』において、この可能性について注意を促したが、これはいくら称賛しても足りないほどだ。いずれにしても、生き延びた類人猿たちは真の革新者だった。ヒト族は自分たちの祖先が少なくとも1000万年にわたって使ってきた何らかの能力に磨きをかけたに過ぎない。以来、身体のサイズが大きくなるにつれて、サルのように跳ね回る動作には文字通り背を向けたのである。

樹上で進化した拇指と歩き方

もちろん、これらの主張のうちの大半は暫定的なものと見なさなければならない。アルディが示しているように、たった1つの化石がわたしたちをつまずかせたりするからだ。とはいえ、今のところ喜ぶべき成果は多いというべきだろう。ただ、わたしたちが今のような人間になった経緯の説明については、本当にまだその表面をなぞっただけに過ぎない。ここまででわかったのは、霊長類の祖先を常習的二足歩行へ向かわせるきっかけとなった2つの出来事、つまり、初期の類人猿に起こった身体のサイズの増加と、その結果としての直立型木登りへの転換だ。しかし霊長類の把握器としての手と足がなかったら、扉は決して開かなかっただろう。人間特有の装具であるかのように無頓着に扱われがちな拇指対向性であるが、人間からもっとも遠い類縁であるキツネザルなどの原猿も含めて、大半の霊長類がこれを持っている。つまり拇指対向性は、霊長類の適応放散［同類の生物が、さまざまな環境に適応して多様に分化し、別系統になること］のまさに根底部分で進化してきたものに違いない。わたしたちが今の姿になるためにはこの形質がきわめて重要だったのだから、まずはお祝いのシャンペンを楽しもう。そのあとで、拇指対向性の起源について模索し始めても遅くはない。

一見したところ、その説明は簡単そうだ。わたしたち霊長類は本質的には森林生活者であり、長いあいだ、霊長類の証である物をつかめる手と足は木々のあいだを安全に移動するための適応化の結果だと考えられ、それがあまりに当然だったために、それ以上ほとんど論は展開されなかった。この考えに唯一の問題があるとすれば、それはボストン大学のマット・カートミルが1970年代に最初に指摘したように、霊長類ではない森林動物の多くにははっきりとした拇指対向性が見られないという点である。たとえば、リスやヒヨケザル（「飛ぶキツネザル」などと呼ばれる霊長類に近い生き物。しかしサルではなく、厳密にいうと飛ぶのではなく滑空する）などである。こうした動物たちは、滑ったり落ちたりしないようにするための把握器を持たないが、アイゼン、つまり鉤爪ならある。鉤爪の歴史はじつに古く、少なくとも約3億2000万年前に生きていた初期の爬虫類にまでさかのぼるが、そのずっと前から進化を続けてきた可能性も大きい。では、霊長類はなぜこの旧式な引っかけフックをやめて平爪を持つようになり、新しいすべり止めつきの把握器で一からやり直すことにしたのだろうか？

この疑問の答えを探るにあたって、今回ばかりは霊長類だけに頼る必要はない。幸い、手足を把握器にするという霊長類的な対策をある程度取り入れた非霊長類が現存していて、適応化の意義についてわかりやすい比較証明となってくれる。アマガエル、カメレオン（二股に分かれた指を持つ）などの爬虫類、南米大陸の長毛のオポッサムやオーストラリア大陸のポッサムなどに代表されるさまざまな有袋類などがそれだ。これらの動物集団には共通して見られるもので非把握性の動物には見られない移動運動の特性を知り、相関関係を力学的に解明したとき、霊長類が拇指対向性と大きな足拇指を持つ理由がやっとわかるだろう。

わかっている生態的証拠は、まず、把握能力を持つ非霊長類はみな樹上生活者だということだ。これは意外でも何でもない。しかし彼らの生態には、もう1つ共通の傾向がある。比較的細い枝の上を動き回るのを好むという点だ。樹上性の霊長類も同様であるが、リスなどはそうではない。この文脈において、つかむ機能の適応化は完全につじつまが合う。関節の接合部分がうまい具合にできていて、枝が小さいほど手や足を巻き付けやすくなるからだ。どんな動物にとっても、これには多くの大切なメリットがある。第一に、鉤爪は広い面積の上ではうまく使えるが、細い枝の上を歩いていて、重心が支持多角形の左右どちらかにすぐぶれてしまうときには、落下の防止にはほとんど役に立たない。だが巻き付けることのできる手や足があれば、摩擦によって比較的容易に安定性を保てる。これは重要だ。細い枝から枝へと安全に歩く能力があれば、樹冠の端のほうにまで行って、たっぷりと生っている果物を手に入れられるし、花の蜜やそれに集まる虫を常食とすることもできる。

細い枝のあいだを移動するのに、把握能力が役に立っているかどうかは、最近行われた、アルバータ大学のピエール・ルムランとデューク大学のダニエル・シュミットによる実験で確認ずみだ。巧妙でやや意地の悪いこの実験では、実験室に樹上を再現した障害物コースを作って、そこで長毛のオポッサム（把握性）とその近縁種である短尾のオポッサム（非把握性で林床に住む）を比較した。ゴールに無事たどり着くために、オポッサムは木から木へと渡らなければならない。またすべての個体は林冠部に放たれたため、オポッサムたちはゴールへの近道の途中にある細い枝と枝のあいだの30センチほどの隔たりをうまく切り抜けなければならない。長毛のオポッサムは枝と枝のあいだを軽々と渡って、2本目の木の最上部の端を観察し、実験者が仕込んでおいたおいしい果物の切れ端を見つけることができた。しかし非把握性のオポッサムは、そうはいかなかった。4匹の被験個体はみな少なくとも一度は木から落ち、総じて必死で細い枝にしがみつくような姿勢をとり、腕を足場の周りに巻き付けていた。そしてしょっちゅう木の幹に直行して、幹を伝いおりては林床の上を横切るという回り道をしたのだった。

　把握能力のある有袋類と霊長類との相似は驚愕的である。ただ、ここにはいくつかの重要な差異がある。有袋類の場合、足の拇指にしか平爪が生えていない。ほかの指には古来の鉤爪がついている。もっと厄介なのは、通常これらの動物の手の拇指が離開していない点だ。足の拇指が大きいだけで十分なようなのだ。奇妙ではあるが、生活に把握能力を積極的に取り入れようとしない姿勢は、霊長類の近縁種の2つのグループにも見られる。ツパイ［*］（英語では「木に住むトガリネズミ」という名がついているが、トガリネズミではない。少し似ているだけだ）と、6500万年前から5500万年前に全盛期を迎えて絶滅したプレシアダピス類だ。偽霊長類［霊長類様哺乳類とも呼ばれる］の行動様式がどのようなものであったかを想像させてくれる把握性の有袋類には、意外にも大きな存在意義があるのだった。

　長毛のオポッサムたちは、霊長類のような完璧に適応化した手足をもたなくても、樹上の細い枝の上の生態的地位をうまく確保している。だとすれば、わたしたちは何かを見落としているのだ。鉤爪がすべて平爪になり、手の拇指は完全に対向するようになった要因を作った選択圧がまだほかにあるに違いない。ロンドンの国立歴史博物館のクリストフ・ソリーゴとシカゴのフィールド博物館のロバート・マーティンが、さらに決定的な要因を解明したようだ。ふたりは霊長類と近縁種の系図を注意深く分析し、人間の祖先の系統に質量の増加傾向があることを認めた。この傾向は、現生霊長類のもっとも近い共通祖先では、概算すると約1340グラム増加するところでピークを迎えている（不確定要素があるため、約227

［*］マレーシアのハネオツパイは、ブルタムという椰子の花の蜜が発酵したもの、つまりアルコール（度数は3・8％）を常習的に大量に摂取する、野生の哺乳動物のなかでは珍しい酒飲みとして、ありがたくない評判を持つ。

〜362８グラムという大幅な不確実性が生じているが）。類人猿のところで見たように、身体のサイズは重要である。しかしこの場合、身体が大きければ大きいほど、さまざまな太さの枝をつかめるようになり、把握能力がより大切になってくる。すでに把握機能が備わった足に加えて、手にも把握機能を与える、このような状況下でまさに自然選択がやりそうなことだ。摩擦を増加させるために指先とつま先が平たく広がっていったのも、同じ淘汰の力が働いたものと思われる。これは見逃せない点だ。なぜなら指の骨が広いと、鉤爪を支えられないからである。したがって平爪は、把握力改善の進化の副産物に過ぎないのかもしれない。

ソリーゴとマーティンが正しいなら、夜行性原猿、ガラゴ（別名ブッシュベイビー）、そしてメガネザルなどの小型霊長類は、より大きな祖先から進化してきたに違いない。メガネザルが異様に長い指や奇妙に曲がった指を持っていたり、ガラゴには自分の手や足の上に尿をかける愉快な習慣（ガラゴを飼おうと考えている人はこの点に要注意である）があるのもうなずける。こうした特徴はみな、小さな霊長類たちが、自分たちの祖先が鉤爪を平爪に変化させたように、摩擦を増やして比較的広い足場でも動けるようにしようという戦略だったのだ［*］。ところで、わたしはしばしば読者のみなさんにほかの動物の移動運動戦略を試してみるようすすめてはいるが、手におしっこをかけて湿らせてから木登りするのだけは、やめておこうと言いたい！

把握性の有袋類と霊長類にはさらにもう１つ、言及すべき類似性がある。しかしこれは本当にかすかなしるしなので、よく探してみないと見落とすに違いない。霊長類の歩き方のなかで、もっとも異端なのは二足歩行だが、四足歩行の霊長類の歩き方も少々変わっている。哺乳類の大半は「ラテラル・シークエンス歩行」と呼ばれる方法で歩いている。これは前肢が左右交互に出るタイミングがわずかに後肢に遅れ、一続き(シークエンス)の接地が、右後肢、右前肢、左後肢、左前肢の順に行われるものだ。支持多角形が大きな三角形になって歩行周期のあいだじゅう維持されるため、安定性という点ではきわめて優れている（図2－4）。一方、霊長類と把握能力のある有袋類はダイアゴナル・シークエンス歩行をする。つまり、後肢の左／右を交互に出すのに少し遅れて、前肢が右／左の順で出される歩き方だ。右後肢、「左」前肢、左後肢、「右」前肢が、一続きになる。これは一見、理解に苦しむシークエンスである。支持多角形の面積がほんのわずかに減ってしまうからだ。しかし、細い枝の上という環境では、ラテラル・シークエンス歩行をするための広い支持多角形を作るスペースがない。さらに、ラテラル・シークエンスだと、立脚期の始めに手で枝に触れるとき、反対側の支持脚が完全に伸びてしまうので、もしその枝が折れてしまったら動物は思い切りバランスを崩してしまうという不都合もある。これに対してダイアゴナル・シークエンス歩行では、支持脚はずっと前のほう、つまりちゃんと重心の近くにある。だから、つかんだ枝が見かけより脆かったとしても、動物は簡単に体勢を立て直せるので、落下しないで済むのである。

安定と安全のために取り入れられたダイアゴナル・シークエンス歩行は、霊長類に起こったすべての出来事のカギを握っている。接地の順番の切り替えによって、後肢が歩行周期を通して支える体重の割合が、ラテラル・シークエンス歩行よりずっと増えたのは、簡単な幾何学を援用すればわかる。この体重支持の負担における変化が、多くの重要な進化上の結果を生み出した。1つには、適切な選択圧（例：身体がさ

[＊]新世界ザルである小さなマーモセットやタマリンは、同じ課題に直面したとき、メガネザルやガラゴの場合と違う道を選んだ。彼らは足の拇指を除いたすべての指に鉤爪を持つという、はっきりとわかる再進化を経たのだ。これは一風変わった食生活（傷ついた木の幹から滲み出る樹液を食す）とも関係があるようだ。比較的広い垂直面を足場とするために、こんな手足が必要になったのだ。

らに大きくなること）のもとでは、後ろ脚にやや多めの体重をかけ始めたら、そのうちすぐ直立型の姿勢になることが考えられる。ところで、これは何も類人猿だけに限った話ではない。原猿は出現以来ずっと、直立姿勢をとるものが多く、地面の上で直立して二本足でスキップするマダガスカルのベローシファカ〔霊長類。キツネザルに近縁の原始的サル〕など、人間には馴染みのある移動動作をする動物が存在する。

直立歩行傾向に劣らず重要なのが、体重負荷をほぼすべて担うようになった後肢だ。霊長類の前肢はこ

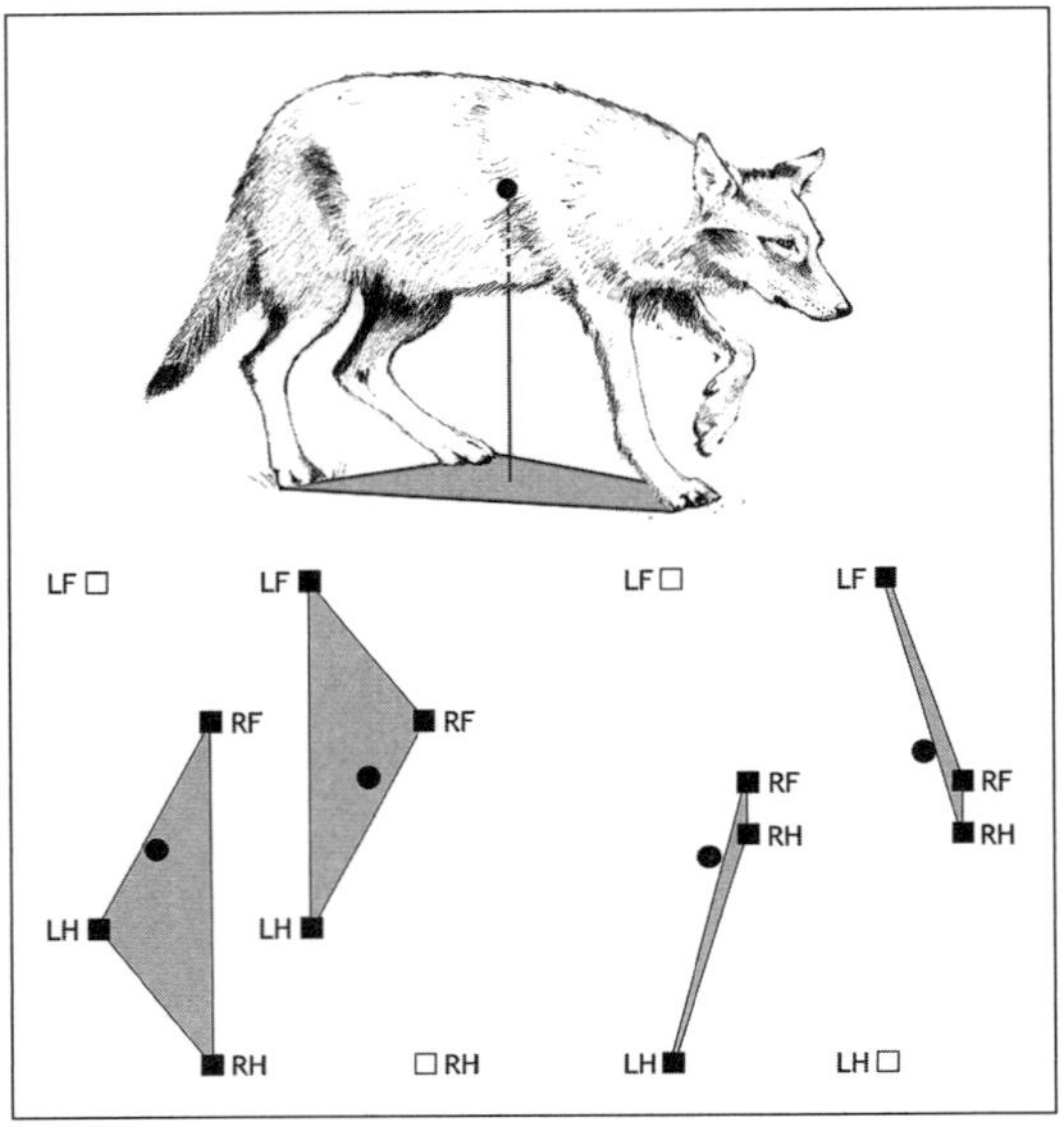

［図2-4］狼（図上）のような四足歩行動物の大半は、左後肢（LH）、左前肢（LF）、右後肢（RH）、右前肢（RF）というように、ラテラル・シークエンス歩行をする。図の左下（左前肢の接地の前と後の足の運びの図解）に示すように、このシークエンスでは歩行周期のあいだじゅうほとんど、支持多角形は大きな三角形だ（重心の位置は黒丸の部分）。これとは反対に、類人猿はダイアゴナル・シークエンス歩行（図の右下）をする。支持多角形はずっと小さくなるものの、反対側の前肢（LF）を接地させるとき、中心となる支持脚（ここではRH）が重心の近くにある。その結果、頼りない足場の上でも類人猿は楽に落下を防ぐことができる。

れに拇指対向性が加わり、手でものを扱ったり食糧を採集したりという、独特の特性を持つようになった。鼻と口ではなく手と目を使った新しい採集方法は、始まりに過ぎなかった。ほとんどすべての霊長類は複雑な社会生活を営んでおり、その社会でうまくやる秘訣は自分の居場所を知り、誰が自分の仲間なのかを見きわめる能力だ。毛づくろいは霊長類が仲間意識を育むための、普遍的な社会の「絆づくり」であるのもうなずける。霊長類の器用な手はシラミやノミなどの寄生虫を取り除くのに便利な道具になっているからだ。器用な手先のおかげで、霊長類の集団力学はますます複雑化していった。これは見逃せない事実だ。昔から知られているが、霊長類の集団の大きさは相対的な脳の容量と緊密に連動している。霊長類の脳が大きくなったのは、誰が誰なのか、誰が誰の友だちあるいは敵なのか、権力の階層において誰がどこに位置しているのか、誰が誰のお気に入りなのか、等々を思い出さなければならなかったからだ。言語能力や物理的な問題の解決能力など、そのほかの特筆すべき認知能力は、この社会知能指数の副産物なのかもしれない。それで足りないなら拇指対向性を挙げればいい。太古から現代にいたるまで人間の技術の基軸となっている身体的特性だからだ。こうした事象すべてのきっかけを作ったのは、1匹のツパイに似た動物だった。冒険心に満ちたこの生き物は、足取りのタイミングをほんの少しだけ変えて、大胆にも危険を冒して乗り出した。後期白亜紀の森に茂る、細く頼りない枝の上で。人間の仲間たちの秘密を探求する旅は、これでほぼ終わりだ。

しかし旅の別れにさいして、わたしたちは霊長類からさらなる宿題を与えられている。樹上生活を好む動物が多いなか、霊長類には滑空する種がまったく存在しないのは、とても奇妙な話ではないか。滑空性リス類そして滑空性トカゲやカエルは何度も独自の進化を経てきている。ヘビのなかにさえ滑空する種がある。有袋類ではチビフクロモモンガ、フクロモモンガ、そしてフクロムササビらを始め、ほかにも滑空性の種が存在する。とりわけ不思議なのは、わたしたち霊長類にもっとも近いヒヨケザルが現生動物のなかで、おそらくもっとも熟練したグライダーであるということだ。翼のある生活のメリットは大きかっただろうに、霊長類の何かが空中生活への扉を閉ざしたようだ。次章では、その「何か」を探しにいこう。この旅の途中で多くの発見をもたらしてくれそうなのは、移動運動の進化上もっともうらやましい出来事、そう「飛行のはじまり」である。

3

鳥はどのように飛び始めたか

飛行の進化は、なぜこんなにまで厄介なのか

思い切って飛んでみた少年は歓喜に包まれた
父の元を離れて、気分のおもむくままに高い空へと飛んで行った
太陽に近づくにつれ、翼を貼りつけていたロウは
香りを放ちながら柔らかくなりついには溶けてしまった
翼を失った少年は空しく両手をばたばたさせて
お父さん！　と叫びながら、海のなかへ吸い込まれていった

――オウィディウス『変身物語』

空を飛べたのもつかの間、こうしてイカルスはエーゲ海に墜落し海の藻屑と消えた。たまには父親の忠告を聞いたほうがいいぞという、傲慢な若者への警告である。またこれは、「機織りのアラクネ［ギリシャ神話。

機織りの名手アラクネは慢心して女神アテナに機織りの勝負を挑んで怒りを買い自殺するが、その後、アテナは彼女を蜘蛛として生き返らせた〕」や「バベルの塔〔旧約聖書・創世記。天にも届く塔を建てようとした人間の傲慢に神は怒り、それまで1つだった言語を混乱させ互いに通じなくさせた〕」などに代表される、行き過ぎた行為が招く危険についての寓話でもあり、古代文学や民話のなかで異彩を放っている。しかし、こんなに短い話（ギリシャ神話では数行記述があるだけで、オウィディウスがそれをもとにして話を膨らませた）にしては、イカルスの悲運は今でも並々ならぬ影響力を持っている。つい最近までは不可能だった人間の究極の夢がここに集約されているからにほかならない、とわたしは思う。地面に縛りつけられたこの身の枷を振りほどいて空を飛びたい。そんな夢だ。空を飛ぶ野望を暗示する話は、イカルスだけにとどまらない。ほとんどの文化圏の神話において、空を飛ぶという妄想が好まれた証拠はたくさんあって、天使から魔女にいたるまで、重力に逆らうことのできる多種多様な人間の姿をした存在が登場する［*］。天国や各文化圏の天国に相当する場所は、伝統的に「空の上のほうにある」と考えられてきた。わたしたち人間の憧れである空中飛行には、神々しさすら漂っている。

　こうした夢や妄想や伝説はみな、「ないものねだり」が生み出したのだろう。おもな移動運動のなかで、人間の身体の力だけでは実行できないのが、飛ぶことだからである。しかし、それだけではない。思うままに空を飛び回る無限の力を与えられるとすればそれは誰にとっても幸運な機会であり、ワクワクするようなスリルが味わえるからだ。この種の話題は10章でとりあげることにして、この章では、ダーウィン的適応化の厳しい現実に焦点をあてよう。適応化という観点からすると、飛行は単純な話だ。飛行は単位時間あたりの消費エネルギーは多少高くつくが、移動のコストという観点から考えると、徒歩での移動運動に比べれば、同じ距離なら飛行移動のエネルギー消費量のほうが格段に少ない。しかも飛行が歩行よりも速いのはあきらかだから、同じエサのありかを目指して競争しなければならない場合には、飛べるかどうかは重大な問題になる。さらに、飛行はより安全な移動手段だ。地上を行くしかない捕食者は、空という次元の異なる逃げ道がある飛行性の獲物には手も足も出ない。さらに、長距離を飛ぶ能力があれば世界はどんどん広がる。1年のうちに北極と南極を行き来するキョクアジサシは、冬の厳しい寒さに耐えなくてすむ。そこまで長距離ではなくても、たとえば最速のランナーでさえ川に突き当たったらそこで行き止まりだが、飛行船に乗れば空気がある限りどこまでも行ける。

以上を踏まえてみると、飛行の進化にまつわる最大の不思議は、なぜ運のよい少数の生き物だけが飛べるのかではなく、なぜほかの生物が飛べないのか、なのだ。水生動物だけが、これに完璧に答えられる。水生動物の多くが大気へは決して近寄らないという事実は別にしても、一般的に遊泳は飛行よりも移動コストが低いので、水に住む生き物が空中を飛ぼうとしたところで何のメリットもない。例外はトビウオとアカイカで、水中の捕食者からうまく逃げるために、ひれや触腕を使って滑空する。とはいえ、陸生動物にも前述のような飛行の恩恵にあずかる権利があるはずだ。それなのに、本格的な動力飛行能力を獲得した陸生動物は、昆虫、鳥、コウモリ、そして絶滅した翼竜の4種類だけだ。たしかに、滑空性動物はこれよりも多いし、気流を利用して受動的飛行を行う小さな生き物もいる。それでも多くの動物が相変わらず地上に縛りつけられている。これほどまでに多くの利便をもたらしてくれる飛行は、進化上、とんでもない難関なのである。その理由を見つけるために、まずは風に乗るために必要な動力について調べてみる必

[＊]イギリス人の端くれとしてはブラドッド王の伝説についても述べておかなければなるまい。彼はライ病に罹ったが、飼っていた豚たちに倣って効能あらたかな泥風呂に浸かって病を治し、その場所にバースの町を建設した。のちに怪しい魔術を用いて背中に翼を生やし、飛んで国を横断しようとしたが、ロンドンで墜落して身体がばらばらに砕けたという。ブラドッドの息子、それは父より有名なシェークスピアのリア王である。

要がある。

「終端速度」で落下していく生き物たち

重力場にある物質はすべて、つねに地面に向かって加速する宿命を背負う。宿命から逃れるためには、質量に等しい上方向への力がなければならない。飛行のための最大の課題は、この力を空中でどうやって生み出すかだ。空気より軽い気体を充塡したものを何袋分か持っているのであれば、なんら問題はない。しかし、このような空気静力学［密度の異なる静的な気体の間の浮力の釣り合いや、それによって生じる運動の物理学］的なトリックで飛行する方法はまだ自然界には存在していないので、流体動力学［空気に対して動いている翼に与える力、おもに抗力と揚力にかんする物理学。空気力学とも言う］に頼るしかない。空気力学的な力、つまり空気力とは、空気に対して動いているときにのみ現れる力のことである。

この力は通常2つの成分に分けて考えられている。1つは抗力で、運動に平行な方向に働く（したがってその運動とは逆向きに働く）。もう1つは揚力で、運動に垂直に働く成分だ。抗力だけに頼ろうとすると、空気の抵抗を受けながら降下する。パラシュートの原理がこれだ。しかし、体重と釣り合う揚力と、抗力と釣り合う推力を発生させることができれば、運動は水平方向のみとなり、高度は下がらない。これが動力飛行の仕組みだ（図3－1のa）。揚力は出せるが推力は出せないときは、運動は水平方向だけでなく垂直方向下向きの成分を含むものになる。つまり水平面に対して、ある角度を保って滑空しなければならない。このときの滑空の傾きは揚抗比［飛行中の物体に働いている揚力と抗力の比］によって決まる（図3－1のb、c）。この場合、「揚力と抗力のベクトルの和（合力）」は物体の重さ（生物の体重）と釣り合っている［＊］。シ

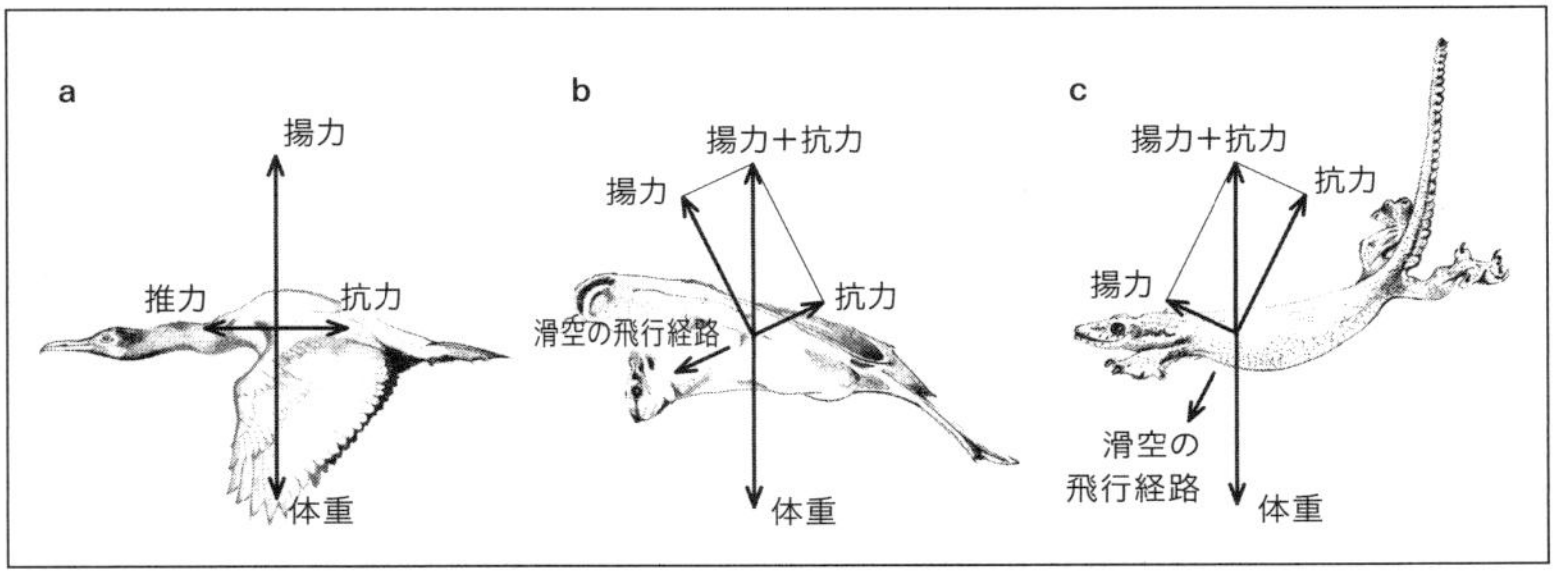

［図3-1］動力飛行と滑空飛行における力のバランス：動力飛行（a）では、揚力（つねに対気速度ベクトルに垂直な向きに働く）が体重と等しく、推力はつねに抗力（対気速度ベクトルに平行な向きに働く）に等しい。滑空（b、c）では、飛行経路は斜めであり、空気力の和、つまり揚力と抗力の和は、飛行する動物の体重に等しい。揚抗比が高いとき（b）、滑空の飛行経路の角度は浅いが、揚抗比が低いときには（c）、経路は必然的に鋭角になる。揚力がなければ、抗力のみが体重との釣り合いをとらねばならず、動物は空気中を真下に落ちていく。

ンプルな、抗力だけを使ったパラシュートを例にとってみよう。

ニュートンの運動の第二法則を思い出せば、さまざまな状況下での抗力の大きさについて感じがつかめる。この法則によれば、物体に与えられた力（F）は物体の質量（m）に加速度（a）を掛けた値に等しい。動く流体（空気も含む）にかんしては、質量の定義は難しい。そこで質量という言葉の代わりに、密度（ρ〔ギリシャ文字「ロー」〕）に物体の体積（V）を掛けた値を用いることにしよう。これは、移動方向の長さ（l〔移動距離〕）に、この方向に垂直な投影面積（A〔移動方向から見た物体の影の面積〕）を掛けた値で差し替えられる。同様に、加速度は速度（v）を時間（t）で割った値に差し替えてもよい。したがって、

［*］「ベクトルの和」とは、これらの力の大きさだけでなく力の方向も足し合せるという意味である。ベクトルを足し合わせるというのは、別々のほうに向いているのをまとめて近道を見つけるのに似ている。たとえば、北西方向に5キロ進んでから北東方向に5キロ進めと言われたら、そのかわりに北向きに7キロ（と少し）進めば早く目的地に着く。この北へ向かう7キロがベクトルの和である。

空気の質量が落下する物体によって下方に受ける力は、ニュートンの運動の第三法則によれば物体が受ける抗力に等しく反対向きであり、以下のように表される。

$$F = \rho \times A \times v \times \frac{l}{t}$$

l/tは速度なので、これを簡略化すると、

$$F = \rho \times A \times v^2$$

となる。これはニュートン自身の考えた式だ。しかし、この値はとてつもなく大きくなってしまう。なぜなら、この式は落下する物体の先にある空気は、物体をよけることなく、動かないまま物体が進む先にずっと溜まっていると仮定したものだからだ。アイスクリームをスプーンで掘って食べ進んでいくような感じだ。じっさいには、空気は落下していく物体の縁の横を流れて、物体が落ちたあとにできる空間を埋める。とはいえ、基本的な相関関係に変わりはない。抗力は、空気密度に投影面積と速度の2乗をかけた値と比例関係にある。この比例関係の係数は「抗力係数」と呼ばれ、物体の方向と形、とくに形がどれほど流線状かによって変わる。つまり、

$$D = \rho \times A \times v^2 \times C_D$$

となる。

Dは抗力、C_Dは抗力係数である。さて、自由落下する物体は、上方向の抗力が、物体の下向きの重力と等しく(向きは反対)なるまで、地面に向かって加速し続ける。この時点から、物体は変わらない速度で落下する。これがいわゆる終端速度で、上記の等式に抗力の代わりに物体の重量(W)で置き換えれば求められる。

$$v = \sqrt{\frac{W}{\rho \times A \times C_D}}$$

したがって、もし密度と抗力係数が不変であるなら、物体の終端速度を決めるのは物体の重量と投影面積だけである。

さてここで、地上を離れた空の世界の厳しい現実についてあらためて見てみよう。生き物はある程度の高さから落下するのがふつうだから、終端速度は小さくしたい。終端速度はできるだけ抑えてケガを避けるために、自然選択が行われる。つまり、投影面積を最大限にし、体重を最小限に抑えた身体構造の個体が選ばれるのだ。小さな生命体は、それだけで有利である。身体の表面積の大きさがあるわりには体重が少ないからだ。身体のサイズが大きくなるにつれ、表面積は(投影面積も)体長の2乗、体重は体長の3乗に比例して増加する。すべての条件が同じなら、終端速度はサイズの増加とともに大きくなる。そして衝突による大きな運動エネルギーは、質量に速度の2乗を掛けた値によって決まる。大型の生物は最初期の飛行生物の仲間にさえ入れてもらえないというわけだ。大きな生き物には、落下してしまわないためにさらに多くの投影面積が必要だ[*]。1個体に起きた突然変異にいきなりそんな安全機能がついてくる可能性はきわめて低い。しかし逆にいえば、非常に小さい生物の場合、衝突の運動エネルギーが小さすぎてダメージも受けないため、身体を変化させようという進化上の動機付けはほとんどなくなる。

わたしたちは、そう思いがちである。ところが終端速度の低減は、小動物にとってじつは無用どころかありがたい話なのだ。思い出してみよう。空気中を落下していくとき空気が静止していることはめったにない。空気中を落下する生物よりも速いスピードで空気が上昇していたら、生物は高度を上昇させることになる。上にあがること自体にはたいした意味はない。まっすぐ上がっていくのは、周りの風景が下に動いていくのが見えるくらいの意味しかないからだ。しかし水平方向の空気の動きをここに重ね合わせれば、場所から場所へ飛んで移動するための、不確実ながらもすばらしく低コストの手段が手に入る。小さな生き物であれば、この自然界のベルトコンベアを、まるごと活用できる。たとえば真菌の胞子などがそうだ。もう少しだけ身体が大きい生物なら、投影面積の追加がありがたいだろう。身体が適度に小さければ、投影面積が驚くほど小さくてもやっていける。さまざまな種類のクモの子は、絹のような細い糸（クモの糸）で風に乗って引っ張られて高く上がり、空中に散っていく。

脊椎動物のサイズになると、糸くらいでは終端速度を落とすことはできない。これくらいの大きさの生物にとって役に立つのは、本物のパラシュートに似た薄い膜だ。これなら面積は増えても体重は少ししか増えない。骨と骨のあいだにピンと張りつめた膜があれば、申し分ない。だから、動力飛行性脊椎動物3種のうち2種、そして滑空性脊椎動物30種類のうちほぼすべてが、自分の体重の平衡を保つ手段として、皮膚の一部を飛膜に変化させてきたのも驚くにはあたらない。身体がとても小さいなら、それほど大げさな装備は必要ない。たとえば、アメリカやアジアの熱帯に生息するトビガエルは前後肢の指のあいだについた水かきで飛ぶ。

こうしたシンプルな空気動力学活用の装備はひどく原始的なようだが、この水かきには秘密がある。自由落下中のトビガエルが自前のミニ・パラシュートを完全に水平に保とうとするなら、パラシュートから引き出せる唯一の仕事は抗力で、これは今まで見てきたように決して悪いものではない。ただ、生息地である熱帯雨林の木々のあいだの暑くて重たい空気の中でさえも、下降速度を落とすくらいでは水平方向の移動距離を延ばすことはできなさそうだ。かといって、頭から落ちていこうとするなら、水かきは何の役にも立たない。この中間の向き、つまり空気の流れに対して平行と垂直の中間でこそ、驚くべきことが起きるのだ。空気の流れと水かきがなす角度が大きすぎなければ、抗力とは垂直に作用する力が発生する。もちろんこれが揚力だ。揚力の登場によって、舞台は滑空へと移る。

揚力はどのように発生するか

揚力は、メソスケールの物理学（相対性原理や量子力学を考慮に入れない物理学）において、誤解されがちな現象の1つだ。揚力が多くの場面で利用されている昨今でも、物理学的にいって揚力がどこから発生しているのか、専門家のあいだでさえ見解が一致していない。総体的に、数式上ではすばらしくうまく表されているが、それは空気の流れとその周囲の力の「描写」であって、真の説明とはいえない。関係式

[＊]J・B・S・ホールデン［イギリスの生物学者。1892－1964］は、1928年に出版したエッセー集『On Being the Right Size』のなかでこの状況をかつてないほど見事に要約している。「900メートルほどの深さの炭鉱立坑のなかにネズミを落としてみたまえ。地底についたネズミはちょっとショックを受けるが立ち直って歩き出すだろう。これがラットなら死んでしまい、人間なら砕けてしまい、馬なら飛び散るところだろう」。

の上では、原因と結果の区別がまったくつけられていないからだ。うっかりしていると、原因と結果を簡単に取り違えてしまう。揚力を説明しようとして、ベルヌーイの定理を間違って用いているケースがそのよい例だ。これにかんしてはまたあとで取り上げよう。

それはさておき、まずは、物理的特性を理解しなければならない。ベルヌーイの定理は基本的に、エネルギー保存の法則を流体の挙動において表現しようとするもので、動く流体の運動エネルギーと位置エネルギーの和はつねに一定であるとする。運動エネルギーは流体の速度によって決まり、位置エネルギーは流体の圧力によって決まる[*]。どちらか一方の値が変わると、もう一方の値は、同じ大きさで逆方向に変わる。これは考えればすぐにわかる。流体が圧力の高いほうから低いほうへと流れていくことは簡単に想像できるだろう。言い換えるなら、圧力が下がると、速度は大きくなるということだ。

ここまで何の問題もない。ところが、ごく一般的な揚力の説明では、このわかりやすい理屈が逆になっている。それは通常こんな感じだ。空気は翼の下よりも翼の上を速く流れるので、これが上部の「圧力を低下させ」(ベルヌーイがそう言っているからだ)、その結果起こった圧力差が翼を持ち上げる。おそらく暇つぶしに頭のなかでこねくり回した机上の空論だろう。細長い紙切れに息を吹きかければ当然舞い上がるのだから。誰も呼気を吹きかけていないのに「なぜ」空気の流れが翼の上側のほうで速くなるのか、という面倒な疑問を無視するなら、説得力も生まれるのかもしれない[†]。しかし、呼気を使ったとしても、この説明の矛盾点はすぐにわかる。もう一度、紙切れの空中浮揚実験をやってみよう。ただし今回は紙切れの片端を口のすぐそばでつまむのではなく、紙が平らのまま曲がらないように指で支えてみよう。ここには揚力は発生しない。そして呼気による空気の流れの圧力を計れば、周囲の圧力とそれほどの差がないことがわかる。

では、いったい何が起きているのだろう？　論理的に考えれば、揚力の発生には紙の湾曲が関係しているはずだ。この点だけが前述の二通りのテストにおける違いだったのだから。じつはその通りなのだが、その理由を確かめるには、とても注意深い観察が必要だ。この細長い紙切れの上に立てるくらい身体がうんと縮んで、空気が横から吹いてきたときに、空気の分子が1つひとつ見えるようになった、と想像してみよう。ゴツゴツした紙の分子の上に立つと、そこは最高の見晴らしだ。頭上を行く空気の流れがまるで大規模な空中戦のように見える。全体的な風の向きはよくわかるものの、空気の分子は衝突を続け、互いにぶつかりあって紙のほうへ近づくものもあれば遠ざかるものもある。紙の表面が平ら（肉眼の世界での平ら、だけれど）なとき、これらの分子が紙に近づいたり遠ざかったりする動きに偏りはない。しかし紙が曲がっているところまで行ってみると、ほとんどの空気分子の軌道が紙の表面から逸れていることがわかる。通常の規模では、この局所的な空気分子の減少は圧力の減少として現れる。これが、揚力の源なのだ[‡]。

以上のようなベルヌーイ抜きの揚力の説明のほうが、教科書に載っている標準的な解説よりもはるかに

[＊]これをとくに「静圧」と呼ぶ。空気が顔面に吹き付けられるときに感じるのが「動圧」で、これは流体の運動エネルギーのもう1つの表現方法である。

[†]この現象についてとりわけ悪質な偽理論が、いまだに怪しげな教科書のなかで紹介されている。空気の分子は翼の前縁にぶつかって上下に分かれ、後縁に同時に着くというものだ。翼の上面の距離が長い場合は、空気の流れはより速くなる、ということらしい。これはナンセンスである。風洞実験で、空気の流れの中に一定時間ごとに規則的に色煙を流せば、上面の空気のほうが下面よりも先に到着することがすぐに判明する。

[‡]翼の上面の圧力が小さいことにより空気の流れに求心加速度が加わり、空気の流れを下の方向に逸らせる。揚力はまた、この空気の下方偏向に対する反作用としても説明される。ニュートンの運動の第三法則［作用・反作用の法則］を思い出そう。

理解しやすいと思う。空気動力学の身近な現象についてもこれならよくわかる。さて、空気がなぜ翼の上面でより速く流れるのか説明できるようになった。上面の圧力低下によって局所的な空気の流れが速くなるだけなのだ（ベルヌーイの定理を思い出そう。ここでは正しい解釈で用いている）。飛行速度を全体的に上げると、表面近くの空気が減少する割合が増え、圧力が下がって揚力は増える。具体的にいえば、揚力は空気の相対速度の2乗に比例して大きくなり、同時に抗力も同じ割合で大きくなる。翼の湾曲（そり）を大きくしても、翼と接近してくる空気とのあいだの角度（迎え角）を大きくしても、あるところまでは同じような効果が得られる。なぜなら空気分子の軌道が翼の表面から逸れる度合いが増えるからだ。このような形状／角度がもたらす効果は、抗力係数と似た「揚力係数」として数値化される。揚力係数には最大限界値（最大揚力係数）があるが、これは、迎え角が大きすぎると表面近くの空気の下向きの流れが低い圧力の領域を埋めるために逆流するのを止められなくなるからだ。この現象はストール（失速）といっ

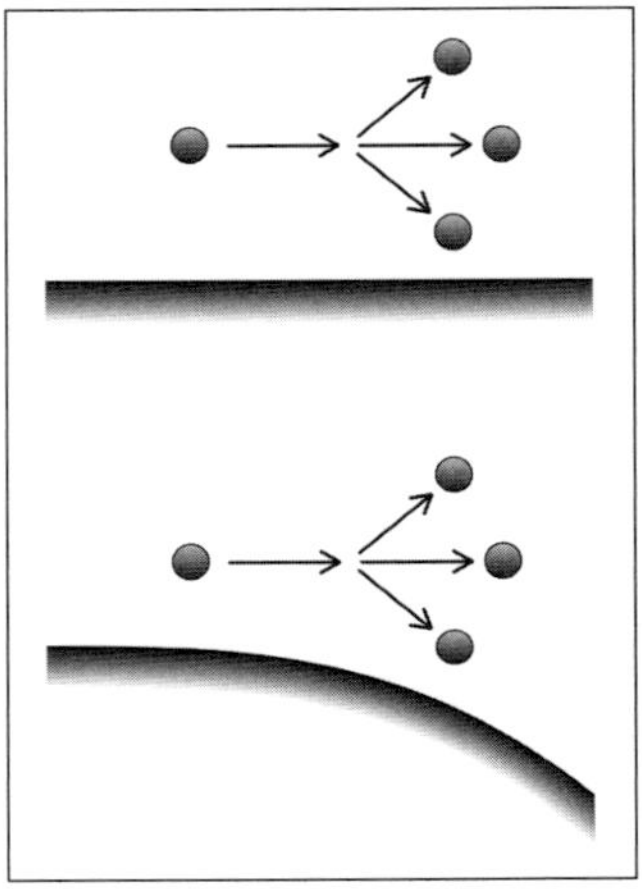

［図3-2］固体表面の近くで衝突する空気の分子の軌道。表面が平らで相対風向と平行なとき（図上）には、境界層の方へ叩き落されるのと同じ数だけの空気分子が境界層の外へはじき出される。しかし表面が空気全体の流れから離れるように湾曲しているとき（図下）には、表面近くから離れる空気分子の数のほうが多くなるので、圧力が下がる。

て、抗力が増大し揚力が減少する。

そもそもなぜ動物たちは滑空するのか

こうした理論は、動物の飛行スキルにとってどんな意味を持つのだろう？　トビガエルの例でも見たように、ちっぽけな飛膜の翼によって発生した揚力でも、小さめの動物にとってはありがたい恩恵の数々を与えてくれる。ただ、重力による位置エネルギーを十分に蓄えていることが必要条件だ。現実的にいうなら、飛びたければ木の上からスタートしなければならない。横風がなくても、こうすれば下降時にいくらかの水平距離が加わり、ちょっとした揚力のおかげで動物は森のなかをすばやく動き回ることができる。捕食者がうようよしている地面に降りて歩き回り、目的の木に一番下から再び登ったりしなくてもすむのだ。しかもこの能力にはさらなる改善の余地がある。たとえば、滑空の角度を少し浅くすれば、水平飛行における高度のロスが減り、高度を取り戻すためのエネルギーと時間を節約できるだろう。逆にいえば、高度が落ちるまでの時間が長くなるのだ。

滑空しようとする動物が、滑空角度を平らに近づけていくには、揚抗比（図3－1）を上げなければならない。とりあえず、その原始的な翼を大きく広げるだけで大丈夫だ。この飛行の正確な仕組みは、翼が身体のどこについているか、翼がどんなものでできているかで決まる。滑空性のカエルのなかには異様に長い手足の指と大きく広がる飛膜を持つものがいるし、トビトカゲ属という滑空性のトカゲの場合は伸張した肋骨に飛膜がついている。この「デザイン」は絶滅した滑空性爬虫類の多くにも見られた。滑空性哺乳類は、四肢のあいだにピンと張られた、皮膚が変化した飛膜を広げて飛ぶ。2章でちょっと顔を見せてくれた滑空性リス、フクロモモンガ、そしてヒヨケザルたちがこの仲間だ。彼らの飛膜は腕と脚だけではなく、尾や長い指や爪先にもついている。グループごとに特徴的な、さまざまなタイプの翼があることを覚えておこう。肋骨で飛膜を支えているのは爬虫類だけだし、手脚のあいだの飛膜がつば状に張り出しているのは哺乳類の特徴だ。滑空を目指す動物たちの原始的な翼がどう生えてくるかは、祖先によって決まる。それをもっともよく体現しているのがトビヘビ属の空飛ぶヘビ（悪夢のような動物！）だ。その無駄をとことんそぎ落とした形態は、これまで見てきた飛行オプションのすべてを無意味にしてしまうほどである。このヘビたちは、肋骨を広げて身体を平らにする。それだけだ。祖先の身体条件がその後の進化の可能性に与える影響の大きさは、あとで動力飛行性生物の起源について考察するときに実感してもらえるだろう。

翼面積の拡張がもたらす効果は揚抗比の増加だけではない。わかりやすい結果としては、速度と揚力係数が同じでもより大きな揚「力」が生まれ、その生物の体重をより小さな空気速度で支えられるというものがある（これはパラシュートの抗力と終端速度との関係に、細部にいたるまで似ている）。スピードを落とせば安全な着地ができるようになる。しかし、肝心なのはここからだ。離陸のすぐ後、一瞬加速し、空気動力学的な力が体重と等しくなるところまで高まる。ここで本格的な滑空が始まる。高度のロスを最小限にしたいのなら、定常滑空速度をできるだけ低く抑えなければならない。この速度が小さければ小さいほど、滑空状態になるまでの時間は短い。

ここまでで、滑空それ自体は簡単にできるように聞こえるだろう。木の上に登れて、原始的な、小ぶりな翼で空気動力学的な力を生じさせて自分の体重を十分に支えられるくらい身体が小さければ、そのうちすぐ滑空できそうな感じがするからだ。しかし現実は違う。もしそうなら、地球上に存在するそれほど大

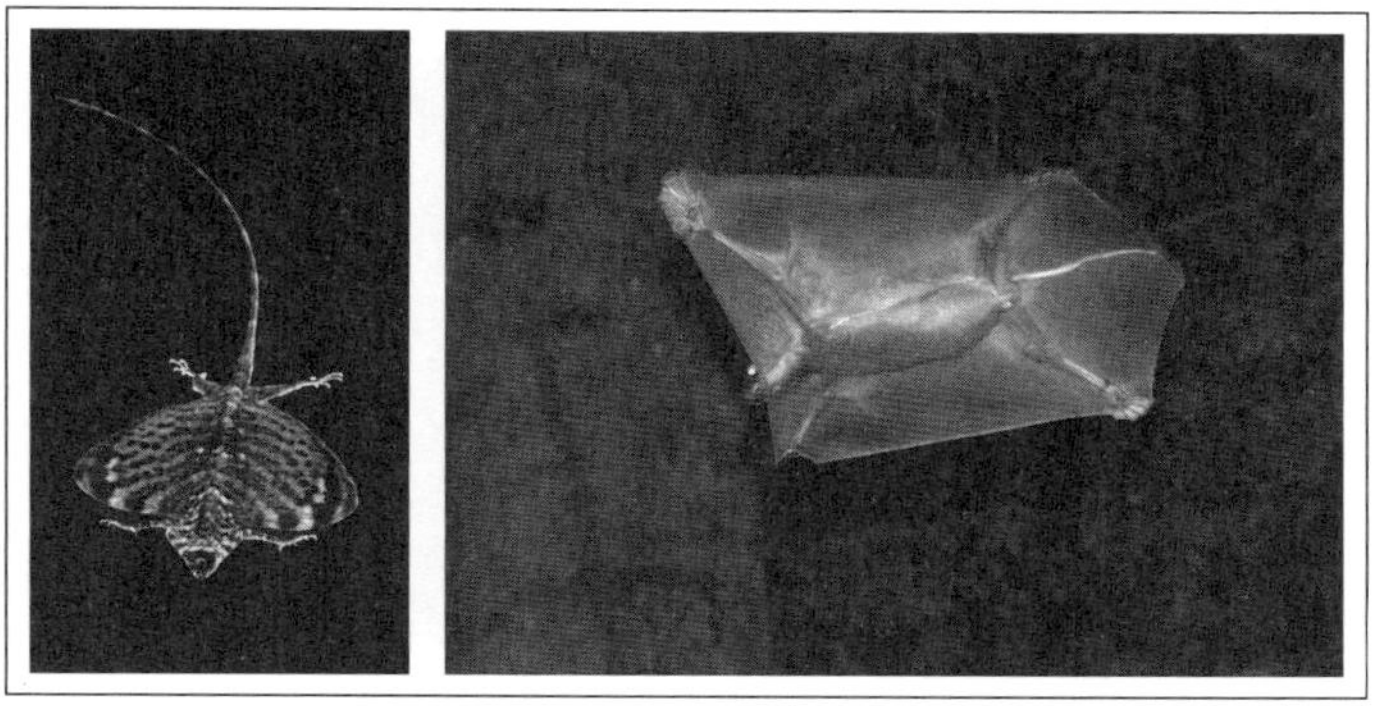

［図3-3］爬虫類と哺乳類の飛行適応化の違い。滑空性トカゲのトビトカゲ（左）とヒヨケザル（右）。

きくない樹上生活動物は、ほぼすべて滑空飛行者になっているはずだ。2章でも指摘したように、この滑空しない動物のなかには多くの霊長類も含まれる。どういうことかというと（2章で述べた長毛のオポッサムを使った実験がはっきりと示しているように）、木から木へと渡りたいときは、かならずしも滑空に頼らなくてもいいからだ。隣の木のいちばん近い枝に歩いたりジャンプして渡ったほうが、遠くの木の幹まで危険を冒しコストをかけて飛んでみるより楽に決まっている。この才能のおかげで、林冠部でのスムーズな移動能力にかんしては霊長類がトップの座を占めている。原始的な翼がかなり大きくなるその日まで、滑空というのはかなり不安定な移動方法なのだ。霊長類に限らず、滑空後にまた木に登るというのは、より多くのエネルギーを使う。林冠部の高架道路（ハイロード）を使ったほうがどれだけ体力の温存になるかしれない。自然選択がこのように無駄に疲れるライフスタイルを推奨するわけがない。

　意外かもしれないが、移動運動のエネルギー節減は、滑空の動機づけにはならない。削減の見込みが薄すぎるせいだ。自然選択の要因として、捕食者が存在する。ここでは地上に住む捕食者ではなく、同じ樹上生活者ですぐそばに住む敵だ。敵の牙にかからないようにするにはとりあえず木の上から飛び去るべきだが、逃げてすぐに地上に落っこちるのは危険だ。地面に激突したり、地上で待ち構えていた捕食者につかまったり、運よく命を落とさずにすんだとしても、再び巣に戻るまでに長い距離を歩かなければならない。こんなとき、ほんの少し揚力があればどんなに便利だろう。木から降りるときに、特別な技術を必要とせず、ただ滑り落ちるだけでいいのならなお簡単だ。このような状況下であれば、まともに水平移動距離を稼げなくても問題はない。原始的な滑空性動物が必要としているのは、降下軌道を少し変えられるだけの空気力を生じさせて、もといた木に舞い降りることなのだ。見たところ、このメリットのおかげで多くの動物が滑空能力の獲得に乗り出したらしい。たとえば、ユタ大学のシャロン・エマーソンとカリフォルニア大学バークレー校のミミ・コールがトビガエルのモデルの風洞実験を行ったとき、じっさいの動物たちは自前の飛行装備で望みうる最適な揚抗比を得ることなく飛んでいるという、驚くべき発見をした。手脚をピンと伸ばした形のモデルの滑空角度は、じっさいに動物が行っている手脚を折りたたんだ形のモデルの滑空角度よりも浅かったが〔滑空角度が浅いほうが遠くまで飛べる〕、飛行の制御機能においては劣っていた。トビガエルにとっては、水平飛行距離よりも降下の制御のほうが大切なのに違いない。

空気力制御のどんな面が進化上最重視されるのかを教えてくれる証拠がまだある。とても小さな翼しかないのに、簡単に姿勢の調整をするだけで降下軌道を変更してしまう小型の樹上生活動物を観察してみればよいのだ。たとえば、熱帯生物学者のスティーブン・ヤノヴィアックが最近、パナマの熱帯雨林での研究中に発見したところでは、林冠部に住むアリはしょっちゅう木から落ちるのだが、地面に墜落することはめったにないそうだ。アリたちは翼のない身体を使って空気力を発生させ、降下しながらもといた木の上に戻ることができるのだという。もっと大きなトカゲやカエルのなかにも、同じような行動をとるものがいる。原始的な翼が生えてきたり大きくなったりするにつれて、このような能力が徐々に向上するのかもしれない。機能が強化されると、エネルギー効率が上がり、よい結果を生む。そして最終的には、滑空初心者の動物も、木から木への飛行移動がもたらすエネルギー節減効果の実際的な恩恵を享受することができるのだ。そして、ここでわたしたちは、最初の問いに戻ることができる。自然選択はなぜ、翼のない生き物のうちのほんの一部にだけ原始的な翼を与え、上手に滑空できる動物への進化の扉を開いたのだろうか？

この手ごわい謎への手がかりとして考えられるのは、滑空性動物の分布が示している独特の傾向である。大部分は東南アジアのジャングルに、第二の主要グループはおもにオーストラリア東部のユーカリの森に住んでいる有袋類である。これらの森の特徴は木々の背が高く、高い林冠部の下にカテドラルの造りにも似た開かれた空間があることだ。この点は非常に重要だ。なぜならどんなに熟練した滑空性動物でも、急降下の初め、最小定常滑空速度に達するための加速中には、高度がかなり下がるからである。木の幹から別の木の幹への滑空移動が、エネルギー効率の面で這って地上や幹を移動するよりも優れているためには、滑空の水平飛行距離が比較的長くなければならない。林冠下の空間の多い東南アジアやオーストラリアの森林は滑空に最適なのである。比較的長い落下時間をとるような状況では、空中での制御能力の改善が進みやすい。また、広々とした空間と木々の高さのおかげで、滑空する動物は優れた飛行能力を生かして飛行の恩恵を存分に受けられる。結局のところ、以上のように場所とタイミングさえ最適であれば、進化して滑空動物になる道が開けるのだ。ただ、霊長類は別である。これ以上ないほどのお膳立てをしてくれる東南アジアの熱帯雨林のなかでさえ、霊長類は空中飛行を断固として嫌ってきた。鮮やかな腕渡りをするテナガザルにだけ、うっすらとした滑空志向が垣間見えるくらいだ（彼らが東南アジアを生息地とするのもうなずける）。おそらく、わたしたち霊長類は細い枝の上を移動するのが得意すぎて、滑空の練習に励む必要がなかったのだろう。また、霊長類が原始的な滑空をするときに発生するトラブルについては言わずもがなだ。鉤爪なしで、しかも両手をピンと広げたままで、木の幹や細い枝の上にどうやって止まればいいのか。拇指対向性も、こんなときには痛し痒しだ。

羽ばたき飛行できる生物が限られる理由

滑空は、できるだけ高度を失わないのが理想だ。高度沈下をゼロにするのが最大の望みだが、じっさいにはうんざりするほど制約があって、実現は難しい。世界一無駄のない流線形でも、抗力をゼロにするのは絶対に不可能だ。したがって空気力の合力はつねに翼の進行方向に対して後ろに傾いている。滑空するときはこれを相殺するために飛翔軌道を傾けなければならず、頭部はどうしても下向きになる。しかし抜け道もある。空気力の合力は空中の「身体」の進行方向に対しては、かならずしも後方に傾いているとは限らないからだ。もし気流が飛翔軌道の下から翼にぶつかるなら、合力は前傾し、体重と釣り合った揚力と抗力全体に対抗する推力が生まれる。見たところ、これはすばらしくシンプルで、うまくいきそうな技だ。飛ぶときに翼をただ下に向かって動かせばよいのだから。動物の身体の前向きの速度と、翼の下向きの速度が合わさって、斜めの気流が発生する。これがすなわち、動力を使った飛行、羽ばたきの基本である（図3－4）。

次の問題はご想像の通りだ。もしそんなに簡単なら、これほど多くの滑空性動物がいるにもかかわらず、

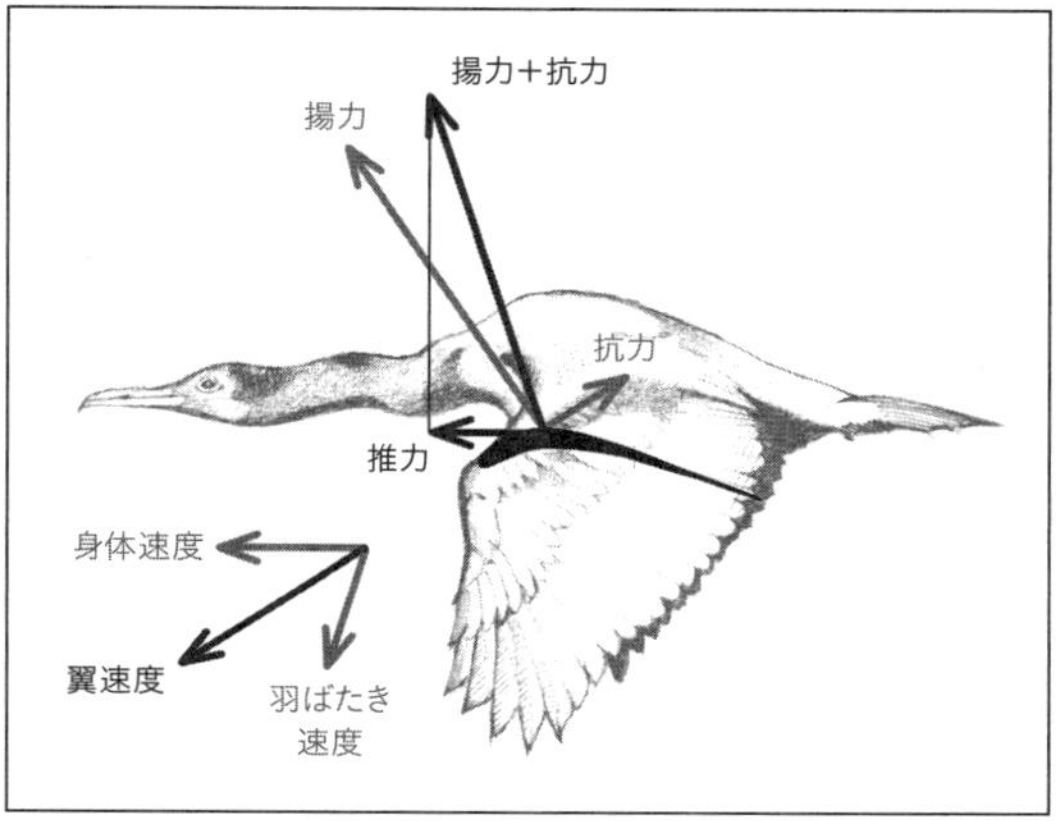

［図3-4］羽ばたきが推力を発生させる仕組み。ダウンストローク期間、翼の総速度（身体の速度と羽ばたきの速度の和）の方向は飛行進路に対して傾き、揚力と抗力のベクトルもまったく同じ角度に傾く。揚抗比が十分高ければ、空気力の合力は前に傾き推力を発生させる。

どうして飛行移動は4つのグループにおいてしか進化しなかったのだろうか。第一、翼で飛べれば餌場の範囲が広がるのに、なぜ羽ばたきにエネルギーを消費せずに滑空軌道を水平にするメリットを選んだのか。これには簡単に答えられそうだ。

ここで忘れてはならないのは、じっさいの羽ばたきが、前述のような描写ほどには簡単ではないことだ。翼は永遠にダウンストローク（打ち下ろし）を続けるわけにはいかない。ある時点で翼を上にあげてリセットし、次のダウンストロークに備えるのだ。しかし、アップストローク（打ち上げ）がダウンストロークの真逆の動作に過ぎないのなら、ダウンストロークの動作はすべて無駄になる。アップストローク時、気流は身体の飛翔軌道の「上」からぶつかる。すると空気力の合力がますます後ろに傾いてしまい、ダウンストロークによって生まれた推力を相殺してしまうからだ。効率よく羽ばたくには、リセット期間に翼を変形させてアップストローク期間に生まれる合力を減少させなければならない。通常、これは迎え角を小さくすることで実現されている。これが想像以上に難しい。翼の迎え角だけを大きく変える、つまり身体の方向から独立して翼の角度を変えるには、自由に転回できるような翼でなければならない。このときに翼の付け根の面積が広いと難しいのだが、滑空性動物のほとんどがこれに当てはまる。そして、そもそも揚抗比が高くない場合には、動物は推力を生み出すダウンストローク時に、前へと進むのに十分なだけの合力を引き出すために、必死で羽ばたかなければならない。この事実から、滑空から羽ばたき飛行への転換は面倒が多すぎて、やるだけの価値がないということがわかる。

これは大きな問題だ。なぜなら、揚抗比をそこまで高くするのは至難の業だからだ。最初は翼を広くするだけで十分でも、ある程度以上の大きさの翼は、長く薄くなければならない（4章で、なぜ長く薄い翼がよいのかを学ぶ）。翼が身体の向きとは無関係に迎え角を調整するためにも、この形状変化は必要だ。翼の支持構造と筋肉も、飛行に必要な動力を生み出すために激しい上下運動を行い続けなければならない。それはさておき、滑空から羽ばたきへの転換が可能かどうかは、翼に、飛行に必要な延長におよぶ構造物が通っているかで決まる。これに加えてさらに、支持構造と筋肉は動力飛行に必要な活発な往復運動に耐えて力を伝えられなければならないという事実がある。現存する滑空性動物はほとんどみなこの基準を満たしていない。たとえば、トビトカゲの肋骨で支えられている飛膜が、羽ばたき飛行へ向けた次の段階に進むための動作と筋力を手に入れられるだろうか。トビトカゲの身体構造では進化上見込みはない。しかしここが自然選択によくある難点なのだ。自然選択は今この時点の状況だけを反映して行われ、未来に目を向けはしない。動力飛行できる4グループの動物たちは、たまたま祖先がゆくゆくは羽ばたくことのできる翼を持っていただけの、ほんの一握りの幸せ者だ。

では、飛行性動物たちの秘密は何なのだろう？　もしもあなたに秘密を解き明かす証拠を読み取る能力があれば、動物たちの現在の身体構造にそのヒントを見つけるだろう。たとえば、コウモリは長い指で翼を支えている（拇指だけは鉤爪がついていて、ふつうの指として自由に使える）。彼らの祖先は滑空性動物で、典型的な哺乳類タイプの飛膜に加えて、水かき状の手を持っていたに違いない。とすると、コウモリの前身は現在のヒヨケザルに似ていたのではないかと見当がつく。キツネザルにも近いけれど、滑空のための飛膜が身体全体についているところが違うようだ。翼の中に埋め込まれたようになっている指のおかげで、揚抗比を上げるために必要な翼長を少しずつ獲得しながらも、翼の支持構造が脆弱化したり飛膜が制御不可能になったりはしなかった。それどころか、コウモリが持つ翼の小刻みなコントロール機能は精緻だ。その結果、反響定位（音波探知）を利用した、高い飛行操縦能力を持つようになったのだ。なかでも食虫性の「ココウモリ」は別格である。空中を自在に飛ぶ虫を好物にしているからだ。

2億2000万年前、空を飛んだ最初の脊椎動物である翼竜は、コウモリとは明確な対比を見せてくれる。飛膜状の翼を持っていたために一見するとコウモリに似ているが、コウモリが5本ある指のうち4本で飛膜を支えているのに対し、翼竜はたった1本の指、つまりグロテスクなほど長い第4指（小指はすでになかったと考えられる）で飛膜状の翼を支えていた。したがって、滑空性だった翼竜の祖先にはヒヨケザルのような水かきがついていなかったと推測できる。その代わり、飛膜は第4指にだけついていたに違いない。翼が長くなったころ、自然選択によってこの指だけが長くなった。これは、のちの翼竜グループの生き物たちの飛行技能に重要な影響を与えている。コウモリのようにほかの指でも飛膜を支えているわけではないので、翼竜の翼は制御が難しかったが、ほぼ間違いなく、現在のアホウドリやグンカンドリの持つ極端に細長い翼形を目指すことはできただろう。敏捷に翼を使えない翼竜は、その欠点を空気力学的な効率を向上させることと、翼のサイズだけを大きくすることで補った。翼の大きいものでは、広げると約12メートルもあった。

第3のグループ、どの脊椎動物よりもずっと早く飛び始めた昆虫は、飛行性生物の大先輩だ。3億年前の石炭紀、石炭を産出する大森林には、広げると50センチ近くもある羽を持つ巨大なトンボなど、多くの種類の昆虫が住んでいた。そして、スコットランドで発見された4億1000万年前のデボン紀の石には、現在の有翅昆虫が持っているような口器［昆虫の口部にある、エサを捕らえて咀嚼するための器官の総称］の化石が確認されている。昆虫の飛行方法は、これまで見てきたコウモリや翼竜たちとはかなり違う。身体が小さいからという理由もあるが、節足動物である昆虫の翼は、脚とは直接的な関係がなく、外骨格のヒダが変化したものだからだ。昆虫の翅はもともと独特で完成された構造を持ち、飛膜のようにピンと伸ばす必要はなかったので、自然選択によってさらに長くなり簡単に制御できるようになった。

といっても、原始的な昆虫にとって、羽ばたき飛行が進化上容易にたどり着けるゴールだったと考えてはいけない。たしかに、小さな身体の生き物なら（体重に対して）かなりの大きさの空気力学的な力を生むのは簡単だ（木から落ちるパナマのアリの話を覚えているだろうか）。しかしここに問題が潜んでいる。翅がなくても降下を完璧に制御できるのなら、負担が大きく扱いにくい付属器官である翅などいらないではないか？　そのうえ、小さな飛行性生物は高い揚抗比を生み出しにくい（その理由については9章で打ち明ける）ので、長距離滑空に移行することは難しく、このことも意欲を低下させそうである。仮に最初に飛行を試みた昆虫が、現在の昆虫の基準でいって大きめだったら、以上の2つの問題は軽くクリアできたかもしれない。モデル実験によれば、小ぶりで短い翼でも10センチほどの体長であれば、滑空角度は非常に小さく、翼を長くしていくと角度がさらに小さくなっていく、ということがわかっている。初期の昆虫の化石証拠は極端に少ないが、大きめの昆虫だった可能性もある。
もっと困るのは、有翅昆虫が木よりも前に存在していたらしいということだ。前述の、口器の化石の昆虫が出現したデボン紀初期、もっとも背の高い植物でも90センチ以下のひょろりとした低木だった。そんなに小さな発射台から、飛行移動の進化が始まったとは考えにくい。ところがその当時、植物以外にも高低差を誇るものがあったのだ。信じられないかもしれないが、存在が確認されているもっとも背の高い当時の生命体はプロトタキシーテスという菌類で、約8メートルかそれ以上という目のくらむような高さにまで成長した。みなさんの空想が飛躍する前に教えておこう。プロトタキシーテスは単純な柱のような形をしていて、巨大なキノコ型だったわけではない。とはいえ、あたかも滅亡した文明の巨石群のようにほかの植物群を見下ろしてそびえ立っているのは、強烈な眺めだっただろう。ひょっとしたら、プロトタキシーテスや同類の生命体は、原始的な昆虫が空中飛行実験を始めるための足場を提供していたのかもしれない。

昆虫の翅がコウモリや翼竜の羽と異なる大切な理由がもう1つある。脊椎動物の羽は今も昔も1匹につき2枚ついているのに対して、飛行性の昆虫のほとんどすべてに4枚の翅がついている（そして多くの場合、前翅もしくは後翅の翅1組には見る影もないほどの変化がみられる）。昆虫の飛行装備にはいくらかの余剰部分があり、適切な選択圧の下では、翅1組に微調整が加えられたとしても身体全体に悪影響を及ぼさないで済んだのかもしれない。そういう手直しのような現象は例に事欠かない。たとえばカブトムシの前翅は硬い保護具に変化して、変わらなかった後翅がその下にしまい込まれている。ハエの後翅は退化してドラムスティック状のジャイロスコープ装置（平均棍［棍棒状の可動体で、平衡器官などの機能がある］）になり、飛行中の細かい動作データを提供している。ハエを叩こうとしてもうまく逃げられてしまうのは、この器官があるからだ。2組目の翅の変化は進化上の自由をもたらした。これは疑いなく、昆虫の驚くべき多様性を生み出した要因の1つだ。この仕掛けを忘れないように。あとでまた登場することになるから。

わたしたちにわかる範囲では、コウモリ、翼竜、そして昆虫の祖先が始めた羽ばたき飛行は、出発点が根本的に異なるにもかかわらず、同じような方法で展開してきた。制御しながら降下する段階、徐々に改良されていった滑空の段階、そして推力発生という大躍進。すべて、究極的には重力による位置エネルギーによって発生している。しかし羽ばたき飛行性生物の最後のグループについてはどうだろう？　鳥たちも同じような道のりで羽ばたきを手に入れたのだろうか？

恐竜からどのように鳥が進化したのか

恐竜が変化して鳥になったという考えは、映画『ジュラシック・パーク』の大ヒットのおかげもあって、今では大変よく知られている。しかしこの意見はとても古くからあった。ダーウィンの忠実な支持者であったトーマス・ヘンリー・ハクスリー〔イギリスの生物学者。1825－1895〕は、1870年に恐竜と鳥の類似を指摘して注目を集めた。彼の発想は20世紀初頭の社会では受け入れられなかったが、1960年代から70年代にかけて、イエール大学のジョン・オストロムによって再評価された。オストロムはジュラ紀後期の有名な始祖鳥と白亜紀の恐竜であるデイノニクス（ジュラシック・パークに登場したが、映画のなかではこれよりももっと小さいヴェロキラプトルの名前が使われている）を比較し、手首と手を始めとする多くの共通点を発見した。中国北東部で始祖鳥などの羽毛の痕跡を含んだおびただしい数の恐竜化石が発見され、ハクスリーの指摘はほぼ全面的に正しいと証明された。現在、鳥類は、デイノニクスやヴェロキラプトル、およびその類縁を含むデイノニコサウルス類の姉妹群（つまり、もっとも近いいとこ）にあたるということで意見が一致している。鳥とデイノニコサウルス類は、共に原鳥類として知られる。鳥のやや離れた類縁には、ダチョウに似たオルニトミモサウルスと永遠の人気者ティラノサウルスがいる。今ある手がかりからすると、以上のグループの生き物には多かれ少なかれ羽毛が生えていたのではないかと考えられるが、『ジュラシック・パーク』ファンにとってはショックかもしれない。

動力飛行、つまり羽ばたき飛行への典型的な道のりといえば、その途中にはかならず滑空飛行段階がある。羽ばたき飛行が可能になる前段階では、とにかく重力による位置エネルギーを十分に得られる場所にいなければならない。つまり、樹上性であることが条件なのだ。ところが鳥の近縁者をよく見てみると、揃いもそろって地上を縦横無尽に駆け回る捕食者ばかりで樹上生活者は見当たらない。ジョン・オストロムはこのジレンマをよく理解しており、唯一の打開策を思いついた。それは、鳥の動力飛行は地上から始まったというものだ。祖先が樹上生活者であったわけでもなく、パラシュート下降や滑空飛行という準備段階を経たわけでもない。走りから羽ばたきへと直接変化を遂げたのだという。

ここで、コウモリと翼竜を思い出してみよう。彼らが地上からスタートして飛び始めたというのは論外だ。飛行時に飛膜を十分に伸長させておくためには脚の力が必要で、助走するのはほぼ不可能だ（った）からである。とすると、コウモリが地面から飛び立つには起立姿勢のまま跳び上がるしかない。しかし鳥はそんなことをしなくても大丈夫だ。昆虫と同様、鳥の脚は翼とは独立して動かせるし、比較的堅固な翼は空気力を起こすためにピンと張る必要もないからである。というわけで、鳥は翼の動きとは無関係に脚を自分の好きなように駆使できる。大半の鳥は走りながら羽ばたくことができ、地面から飛び立つのに苦労はしない。もちろん、これは翼がじっさいに適切な進化を遂げてからの話だ。コウモリのように木の上から飛び立つ生物には、空中飛行能力の改善に向けた自然選択が作用し、原始的な翼は発達のきっかけを受けて、徐々に滑空に適した形に伸長していくものだ。しかし地上から飛び立つ生き物にとってはそうはいかない。これから鳥になろうとする生き物が飛ぶ夢に少しでも近づくには、飛行とは関係のないメリットのために自然選択が働き、翼が適切なサイズにまで大きくならなければならない。

飛行と関係のない状況で翼が進化するなどという考えは、バカげているように聞こえるかもしれない。しかし、広義でいう翼とはきわめて単純な構造物で、いうなればシーツに毛が生えたようなものだ。そんな付属品が進化を始める理由はいろいろある。とりわけ既存の移動方法に与える影響が最小限にとどまる場合はそうで、二足歩行の鳥の祖先、恐竜はそれにあてはまる。じっさい、このような機能の移行は驚くほどよく起きていて、本書でもさまざまな例を取り上げていく。これらの例を見ていると、進化には予知能力があって、ある子孫が遠い未来に初めて実現する、ある動作の準備をあらかじめさせているかのような印象を受ける。この過程が前適応と呼ばれるときもある。もちろん進化が本当に未来を予測しながら起きているわけではない。前適応は、ごくふつうの適応と同様、有利な突然変異が代々積み重なった結果に過ぎない。たまたま、この過程が新しい運動機能の可能性へつながり、しばらくたつと自然選択における高い優先順位を得るのだ。

鳥の翼の機能にあとから加わったのが飛行機能だとするなら、翼の当初の役割とは何だったのか？　オストロムが最初に唱えていたのは、羽毛の生えた翼は初め、飛んでいる虫を捕まえる網のような役目を果たしていた、という説だ。オストロムはのちに、この発想は強引すぎたとして撤回している。羽の何か別の使用法を思いついたなら、少なくとも関係する生物グループの現存する個体が実演している場面が見たいものだ。しかし羽毛で虫を捕まえるケースはない。捕食に結びついている翼の機能はほかにもあるし、それは「現代でも見ること」ができる。たとえば、被覆（獲物を翼で覆って競争者の目から隠す行為）や獲物を抑えつけるときにバランスをとる役目などだ。しかし、いずれの行為にしても、翼がかなり大きくないと無理だ。

翼の起源について、人気のあるもう1つの理論は、翼は元来、異性を惹きつけるか優位を主張するための示威用の旗のように使われていたというものだ。これによって交尾の成功率が上がり、翼を大きくするために必要な選択圧が発生する。今も多くの鳥がそういう目的で翼を使っているのだから、この理論で一件落着なのでは？ 派手な羽毛を持つゴクラクチョウはその点では世界一だが、地味な翼の持ち主でも堂々と見せびらかしているのはよく見かける。鳥の祖先がこの目的で翼を使っていたという直接的な証拠が欲しいものだ。目立つ色をしていたなら、翼を何らかの誇示の目的で使っていたとわかるのだろうが（かならずしもほかの可能性を排斥するものではない）、1億年前の羽毛の色素を発見できる見込みはまずない。いや、じつはあるのか？ 偶然にも、羽毛恐竜の化石を電子顕微鏡で分析したところ、ナノスケールの球体に近い小片が発見されている。これは鳥の色を決定するうえで重要な要素となるメラニンで満たされた細胞内区画、つまりメラノソームであるとされている。白亜紀初期のデイノニコサウルス類、ミクロラプトル（このあとすぐ登場する）のメラノソームは整然と並んでいることから、羽は玉虫色に輝いていたと考えられる。

ここまでは順調だ。しかし、樹上性の動物にとっては、動力飛行の実現には翼さえあればよいが、地上性の動物の場合にはやるべきことがもっと多い。翼を使って空気力学的な力をうまく利用して飛ぶには、地上に住む恐竜は翼を羽ばたかせなければならないのだ。ここで羽ばたきといっているのは、カモメのようなのんびりとしたストロークではない。カモメがこのように飛ぶことができるのは、カモメの定常飛行速度が比較的速いからだ。その速度は、鳥の祖先が地面を走るスピードを凌駕する［*］。そのような高速での前進運動によって揚力の大部分を発生させることができないなら、地上から飛び立つには翼を力強く羽ばたかせなければならない。そう、「力強く」だ。半端な羽ばたきでは通用しない。飛ぶのに必要な速度で羽ばたけなければ、そんな翼は無用の長物、いやそれ以下かもしれない。なぜなら羽毛の生えた腕を広げるとそれだけで抗力がかなり大きくなるからだ。無駄に羽ばたいて消費するエネルギーについてはいうに及ばない。鳥の祖先がそんな無益なことをするだろうか？　これは大問題だ。自然選択は優れた「職人」ではあるけれど、進化の途中で適応性が低下すると、最終的にどれほど有益な結果をもたらすであろう変化であっても、途中で仕事をやめてしまう。そうでなければ、あらゆる地上性動物が飛べるようになっていただろう。したがって地上に住む生き物が、鳥になる望みをかなえる唯一の方法は、飛行のための完璧なストロークを一夜にして手に入れることだったのではないか。

そんなことは到底起こりそうにないと思うだろう。しかし勝負はこれからだ。2003年、モンタナ大学のケネス・ダイアルはイワシャコの若鳥が貧弱な翼を羽ばたかせているのをよく見かけた。イワシャコは離陸しようとしていたのではなく（若鳥の翼は小さすぎる）、急な斜面を駆け上がるときに、レーシングカーのスポイラーのように負の揚力［下向きに押さえつける力］を発生させて、地面との摩擦力を強めていたのだ。ダイアルは、有翼恐竜はこんなふうにして飛行を習得していったのではないかと示唆している。たしかにこんな小型の鳥たちが短翼を使って飛行に役立つ空気力を得ていることは印象的であるけれど、そのためには猛烈な力で羽ばたかなければならない。イワシャコの羽ばたきの回数は毎秒10回で、1回の羽ばたきごとに翼は130度の範囲で動いているのだ。起立状態から飛び立つときほど条件は厳しくないにしても、飛んだことのない恐竜がいきなりこのような動作をするのは、まるでピアノを一度も習ったことがない人が初めてピアノの前に座ってモーツァルトの協奏曲を超絶技巧で弾くようなものだ。あまりに大きな飛躍である。

袋小路に入ってしまったようだ。この章の始めで見たように、樹上から飛行能力を進化させてきた動物の場合、動力飛行に到達するまでのそれぞれの段階で、状況に合わせた選択的優位が生じる。ところが地上から飛行を始めようとする場合、事情はまったく異なる。とんでもなく運のいい行動の変化がたった1世代のうちに起きる、などという不可能としか思えないようなことが起きなければならないからだ。シャーロック・ホームズが言ったように「最後に残ったものが、いかに奇妙であっても、それが真実なのだ」とすると、この場合、最後に残るのは、恐竜は鳥になる過程の途中で樹上生活をしたことがある、という概念だ。しかしそれが本当なら、樹上生活を示してくれる化石はどこにあるのだろうか？

鳥は当初、脚を開いて滑空していた

ミクロラプトルは、その名が示すように、現在知られている恐竜のなかでもっとも小さく、全長は約85センチである（そのほとんどが尾の部分だ）。最初の標本は中国北東部で発見された、関節でつながっていた美しい骨格の一部で、2000年に中国の古生物学者、徐星（シュー・シン）によって命名された。徐はこの恐竜が小型のデイノニコサウルス類（ヴェロキラプトルもその仲間だ）であることに気づいた。しかし近縁の恐

［＊］たとえば、鳥類飛行の専門家であるジェレミー・レイナーによると、始祖鳥の最大走行速度は秒速2メートルほどでしかなかったという。カモメは一般的に秒速10メートルで飛ぶ。

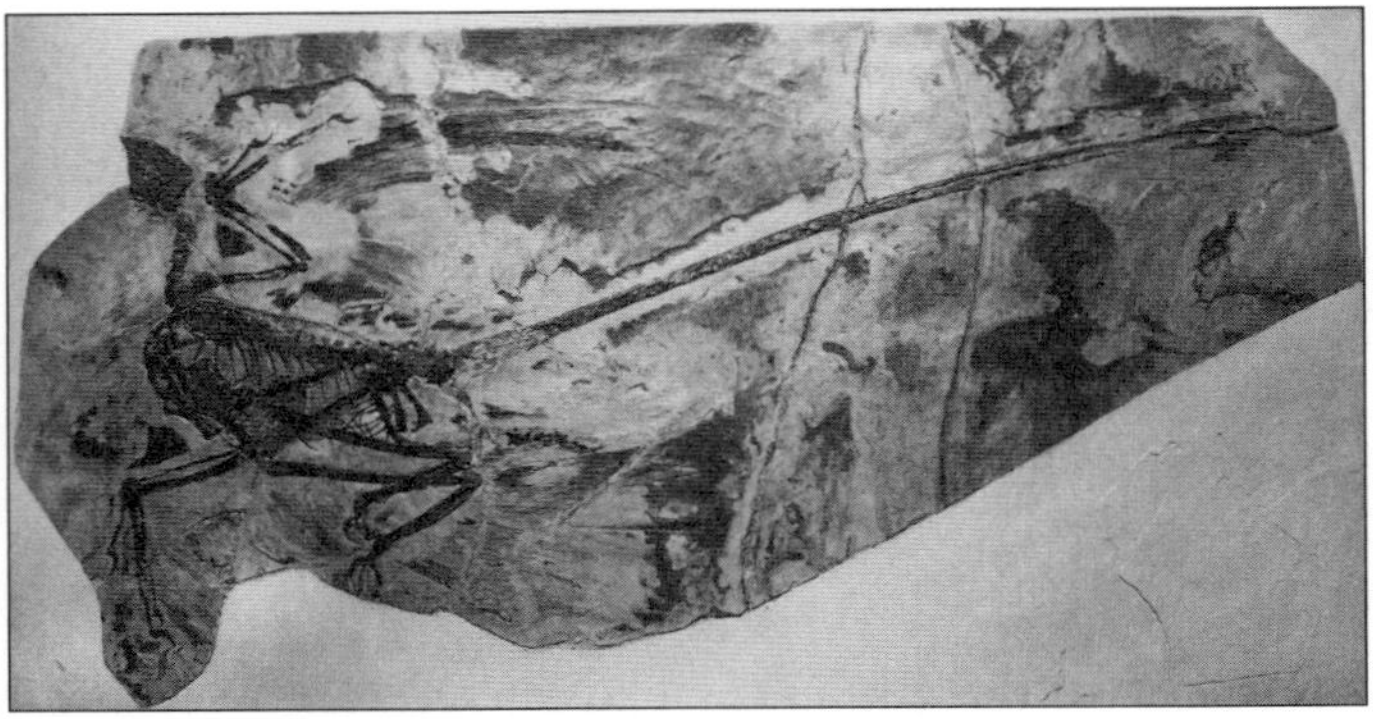

［図3-5］ 腕と脚に主翼羽を持つ恐竜ミクロラプトル・グイ。

竜たちとは違って、ミクロラプトルの鉤爪は「すべて」不自然なほど強く湾曲している。よく知られている凶器のような鉤爪であるだけではないのだ。そのためミクロラプトルの足は、足の速い捕食者の足よりも、木登りをする動物の足により近かったと推測された。しかし徐がその描写の最後に指摘したように、「この仮説を証明するにはさらに証拠が必要」だった。

2年ほど状況は変わらなかったが、2003年、徐は新たなミクロラプトルの標本についての記述を『ナショナル・ジオグラフィック』誌に掲載した。最初とは違って、今回はほぼ完全な標本だったが、抜きんでていた点はそこではなかった。始祖鳥同様、この化石にも主翼羽［飛行のための羽］がついていたが、それが腕の部分だけではなかったのだ。サイズと全体的な外観が主翼羽と同様の羽が、脚から鉤爪近くにもついていたのである。この生き物は4枚の翼を持っていたということだ。

ミクロラプトルが後肢翼を持っていたという衝撃的なニュースは古生物学界を席巻した。興味深いことに、4枚の翼を持つ鳥の祖先の存在は1915年、アメリカの生態学者ウィリアム・ビーブがその鋭い洞察力で予言していた。若いハトの足に沿って羽柄がついているのを見てひらめいたという。ビーブはこの羽柄を、かつて存在した4枚翼の時代の最後の名残であると考えたのだ。進化鳥類学者のリチャード・プラムが述べたように、ミクロラプトルは「ビーブのノートのページのあいだから直接滑空してきたのかもしれない」。プラムが「羽ばたいて」ではなく「滑空して」と言ったのに注目したい。ミクロラプトルが腕で羽ばたけなかったという証拠はないのだが、徐は後肢の羽毛は地上を走り回る生活と両立するものではないと主張、ミクロラプトルが樹上性であったというかねてからの持論をさらに推し進めた。つまり体重を支えるのに十分な揚力を得るために羽ばたく必要はなかったということになる。木から滑空した鳥類飛行の祖として申し分ない位置づけを与えられたのだ。地上からの直接飛行の起源説には多くの無理があることを考えると、鳥が動力飛行を始めるようになるまでの道のりは、ほとんどの点においてほかの生物と同じだったらしいということがついにわかった。

2003年以降、アンキオルニス、シャオディンキア、ペドペンナなど後肢翼を持つ恐竜の化石が発見され、飛翔の起源の樹上説を裏付ける証拠が次々と現れた。これらの種は原鳥類の系図のそこかしこに点在し、この3種を始めとするいくつかの種は始祖鳥と同じくらいかもっと古い。じっさい、おなじみの始祖鳥でさえ、その脚にミクロラプトルよりも小さい主翼羽がついていたことがわかっている。2014年に発表された新しい標本は、まだ11体目だが、はっきりと主翼羽の痕跡をとどめている。ほかの標本で見落とされてきたのは、化石のプレパレーター［化石のクリーニングや修復などを行う技術者］が、骨がよく見えるようにと羽毛を削り落としてしまっていたからだ。これらはみな、後肢翼がすべての鳥類のもっとも最近の共通祖先にあったということを示唆している。ここで、ヴェロキラプトルやデイノニクスの仲間たちは、二次的に飛翔能力を退化させたのではないかという挑発的な仮説が生まれる。

ここまで議論が展開されてきたにもかかわらず、長く親しまれてきた説は今でも根強く支持されているし、地上起源説の支持者たちはこれからも論争を続けようとするだろう。ただ、よいこともある。重箱の隅をつついて論拠の欠点をとりあげてくれる反対派のほうが、ときには頼りになるからだ。ミクロラプトルとその仲間たちについても、後肢翼に空中を飛ぶ機能があったという結論を出すのは短絡的ではないかという指摘がある。たしかにかれらの後肢翼が、標準的な翼のように水平だった可能性は低い。開脚など、恐竜にあるまじき姿勢だからだ。しかし、翼が完全に水平でなくても揚力は生み出せる。中くらいに大腿部を広げるだけで十分だ。分析によれば、ミクロラプトルの股関節は大腿部の外転可動域が標準的な恐竜よりも広い。さらに、カンザス大学のデイヴィッド・アレクサンダーのチームが行ったミクロラプトルの模型を使った飛行テストでは、後肢翼が飛行に必要不可欠な空気力を発生させていたことが証明された。鳥のような小さな胴部を持たないミクロラプトルの重心は、比較的細い前肢翼が生み出す揚力中心［揚力が働く中心］よりもかなり後方に位置している。全体的に後方よりの揚力中心を維持するためには身体後部からの揚力が必要で、さもなければミクロラプトルは飛び立って数秒後に宙返りして失速してしまうだろう。ほかの飛行動物の祖先にとってこれは問題ではなかった。彼らの翼は飛膜であって羽毛でできた翼ではなかったので、離陸と同時に広げることができたからだ。

反証がこれだけ多く出揃った今、地上起源説は間違った仮説とみなされなければならない。鳥類は、コウモリや翼竜と同じように、森林で飛び方を習得したのだ。それでも鳥類の独自性に変わりはない。羽ばたき飛行への道のり全体は、ほかの飛行性動物たちと変わらなかったが、その翼をつくるアプローチは後にも先にも例のないものだ。とても不思議に聞こえるが、他の動力飛行する動物にとっての開かずの扉を、鳥はその羽毛のおかげで開けることができたのだ［*］。

鳥の羽は固い板のように見えるが、じっさいは全然違う。ケラチン（わたしたちの爪や髪の毛、そして爬虫類のウロコを形成している物質）でできている一般的な主翼羽には、中心またはやや中心から離れた場所に羽軸がある。ここから羽枝と呼ばれる繊維状物質が生えている。羽枝の1本1本には微細な鉤状突起がついており、隣り合った羽枝が互いに絡み合っている。この鉤状突起のおかげで、集められた羽毛の束は密できわめて軽い飛行面を形成する。この面は空気も通さないくらいしっかり押し固められ、大きな空気力を受けても形を保っていられるくらい丈夫だ。ここで1つ疑問が生まれる。もしこの小さな鉤状突起がなければ、翼は飛翔にはほぼ使えなくなってしまう。羽枝を1つの面にまとめるものがないからだ。しかし、もし羽毛の機能がこんなに微細な構造に左右されるなら、羽毛が進化できた理由は何だろうか？言い換えれば、羽毛はほかにも役割があるのではないだろうか？

この難問を解き明かすために2つの仮説が出されている。最初の1つは、その大部分をリチャード・プラムの研究をもとにしている。空中飛行には役立たない綿毛にも[†]、原始的な羽毛のような形質があるとする、前適応のシナリオである。もとはばらばらだった羽枝が、おそらく羽を誇示するという状況下で、そのうち互いに絡み合うようになったというものだ。裏付けもある。恐竜化石のなかには毛皮に似た原始的な羽毛を持っていた形跡が見られるものがいくつかあるからだ。たとえば小型のティラノサウルス科の

---

[*] 異なる進化を遂げる可能性だってあった。最近中国で発見されたジュラ紀の原鳥類は繊維状の羽毛を持っていたが、奇妙なことに、手首と関節でつながっている棒状の骨についている飛膜も発見された。イ・キと呼ばれるこの生き物は、羽毛恐竜がコウモリに似た動物に進化しかけていたことを教えてくれる。

[†] じつはまったく役立たないというわけではない。グリーンランドのカオジロガンの幼鳥は、かわいそうに、孵化したてのときに険しい崖から身を投げて餌場であるギザギザした岩の上に飛び降りなければならない。柔らかな綿毛は降下速度を緩めるだけでなく、着地のときの衝撃から身を守るための必需品だ。

恐竜ディロング（T・レックスの人気についてどう思っているのだろう？）の羽毛はあきらかに保温のためであったと考えられている［*］。しかし、シアガーテン・リンガム＝ソリアーとアラン・フェドゥーシアなどのように、この解釈に反論する科学者もいる。化石として残っている繊維状のものは、じつは背中のほうまで生えていた襟毛の、体内にある根元部分だったという。彼らは、羽毛は爬虫類の細長いウロコが進化したものであり、ウロコが徐々に薄くなっていき最後には極薄の篩状になって鳥の翼を美しく飾るようになった、という説を主張している。この仮説はある意味、羽毛の形成についてわかっていることと矛盾していない。ケラチンを分泌する細胞が巻き上がった板状になり、細胞剥離プロセスが働くことによってこれが繊維束として分離し羽枝を形成する。細胞の束が分離するきっかけがなければ、羽弁［羽枝およびそこから生える小羽枝のこと］はケラチン質でできた1枚の板になっていたはずだ。このような羽は、重たいけれど、飛行には有利であっただろう。中国のいくつかの標本にはこれと同じような羽がある。原鳥類のエピデクシプテリクスがその一例だが、ややこしいことに、こうした羽は尾の部分についていた。おそらく飛ぶためではなく誇示するためのものだったのだろう。

今のところ、羽の起源をめぐる謎がまだいくらかあることを認めなければならない。しかし羽のおかげでそれまで夢にも見なかったような進化上の選択肢を鳥が享受したのはたしかだ。なぜなら、羽はもともと固いので鳥の翼は自力で緊張させなくてもよく、ほかの飛行性脊椎動物の翼のような制限だらけの形状とはまったく違う。コウモリの翼はどれもだいたい似通っているのに、鳥の翼にはあらゆる形状のものが見られる。そして、それぞれの翼は異なる移動生態に適したものになっている。地上から上昇気流に乗って飛び立つのに好都合なのはコンドルの広く長方形の翼だ。また、長く先の細い三角旗のようなアホウドリの翼があれば、突出した高い揚抗比が出せるが、これは南極海の荒波の上を突風に乗って飛ぶ大型の海鳥が、何時間も滞空するためには欠かせない。翼の相対的な大きさもまたさまざまである。極端なのは1章でも取り上げたグンカンドリだ。その対極がペンギンで、その矮小化した翼のおかげで流体密度が800倍高い水中で遊泳できる。そのほかにもあらゆる種類のカスタマイズの選択肢がある。羽の先端がギザギザになっている、ある種のフクロウは、音を立てずに獲物に忍び寄る。ハチドリの翼はとても固く、上下を逆に羽ばたいてアップストローク時にダウンストローク時と同じくらいの揚力を得る。身体のサイズが小さいことも手伝って、ハチドリは昆虫のようにホバリングして空中で静止できる。鳥の主翼羽は重なっているので、翼の面積を意のままに変えることができ、必要であれば完全に折り込んでしまえる。すべては翼のおかげで可能なのだ。羽によって翼と脚が別々に機能するようになると、鳥のなかには飛翔しなくなったものも現れた。この現象は、コウモリ、そしてわかっている範囲では翼竜にも決して起こらなかった。飛ぶのをやめた鳥、とりわけダチョウの俊足はチータに匹敵するほどで、これはペンギンの遊泳能力が魚にも負けないのと同じだ。

鳥類は、進化が行った思わぬ幸運の企てだ。移動運動にかんして、鳥たちは驚くべき成功をおさめてきたが、これは適応化のさいに運が何度か味方してくれたからだ。祖先である恐竜たちが前適応として備えていた木登り能力。樹上性の祖先たちが好条件の森林に住み、たまたま滑空性を獲得する道が開けていたこと。独特の羽毛ベースの原始的な翼の構造のおかげで、ふつうなら難関である羽ばたき飛行を手に入れただけでなく、空中やそのほかの場でのあらゆる可能性を開拓できたこと（鳥類が習得できなかった移動

[＊]これらの恐竜は保温が効くように大量の体熱を発生させていたに違いないが、それはまた別の話だ。

運動は穴堀りだけだ)。しかしこのすばらしい進化の冒険の、どの段階を見ても、基盤は同じ基礎的な物理法則である。すべての生物グループのなかで、鳥こそが自然選択と移動運動のダンスが作り上げた最高傑作なのだ。

空中、樹上、そして地上に生活するさまざまな動物群から、進化がどのように最適な移動運動を引き出してきたか、これまでの話でかなりよくつかめたと思う。しかし、もうお気づきかもしれないが、1章から3章で取り上げてきた生物のほとんどにはいくつかの共通する特徴がある。これがなければ、これまで見てきた事象のほとんどが起こらなかっただろう。その特徴とは、2組の肢とすべてを支える背骨という形質だ。地上における自然選択にきわめて豊かな移動運動の選択肢が存在したのは、この形質があったからだ。しかし、このよくできた構造がどこから来たのかを知るためには、水の世界に飛び込まなければならない。進化の旅の次の行き先はここだ。

4

背骨は泳ぐために

水中のくねくね運動が得意だったおかげで、脊椎動物が進化の最前線に躍り出た顛末について

風にそよぐ蘆のようなしなやかさ。それが真の強さである。
——老子『道徳経』

紀元前348年、生物学の潮流を根本から変えてしまった出来事が起きた。マケドニア王のフィリッポス2世がギリシャの都市オリュントスを略奪し、住民全員を奴隷として売り払ってしまったのだ。科学史の年表に書き加える事件には見えないかもしれない。たしかに、フィリッポスの行為は表面上、古代史によくある残虐行為の1つだった。しかし、オリュントスの破壊がもたらした一見小さな変化が、のちに『種の起源』が書かれるきっかけを作ったのだ。オリュントスが攻撃されるまで、アリストテレスはアテナイにあるプラトンのアカデメイアで、最初は生徒として学び、のちに同校で教えながら、20年間、平穏に暮らしていた。フィリッポスのとった行動はそんなアリストテレスの立場をきわめて危ういものにした。

というのも、オリュントスはアテナイと同盟しており、アリストテレスはマケドニア人だったうえに王室と深い結びつきのある一家の出だったからだ（彼の父親はフィリッポスの父親の侍医だった）。ここにいては、プラトンの師ソクラテスと同じ運命をたどることになるかもしれないと危惧したアリストテレスは、アテナイを去った[*]。そしてエーゲ海を渡って、小アジア（現在のトルコ）の西岸の町アタルネウスに住み、のちにアッソスの近くに学校を創設した。

ダーウィンがビーグル号で世界周遊したときのように、アリストテレスの旅は生物学における大改革の種を蒔いた。数週間に及ぶ航海のあいだじゅう、亡命哲学者アリストテレスは、共に旅した漁師たちのおかげで海の世界のさまざまな驚異を目の当たりにした。漁のたびに船のデッキに水揚げされるおびただしい種類の生き物にはもちろん驚嘆しただろうが、表面的な多様性以上に基本的な秩序の徴（しるし）がそこにあると彼は気づいた。生き物は共通の特徴にしたがって集団に分けられる、ということを発見したのだ。共通の祖先を持つものには共通の特徴があることは、今では誰でも知っている。しかしアリストテレスは、何人かの知の先達とは違い、生物の変化を信じていなかった。彼にとって、世界は今までもこれからも、永遠に変わらない状態を保ち続けるのだった。永遠の安定性という発想こそ、哲学者アリストテレスが自然界に魅かれてやまなかった理由だったのかもしれない。当時の政治的混乱を思えば、変わることのない美しい世界に慰めを見出そうとした彼をどうして非難できようか。人間界の大騒ぎなど、自然界に比べたらちっぽけなものだ。

エーゲ海横断はアリストテレスに啓示を与えた。アッソスに無事、落ち着くと、彼は自然界について記録し、その秩序がどのような法則のもとに成立しているのか解明しようと決心した。この目的のもと、教え子たちとともに植物や動物を観察、収集、解剖する作業に取り組んだ。同時に地元の農民、羊飼い、漁師たちから断片的な情報を聞き出して、生物集団のそれぞれの特徴を分類し解説しようとした。今の時代の視点からするとアリストテレスの説明の多くは珍妙に聞こえるかもしれないが、驚くにはあたらないだろう。当時の抽象的な理念以外に役立つような知識はほとんどなかったし、解剖用の道具一式だけで全作業をまかなっていたのだから。生きている有機体の体内の仕組みを観察する手立てなど、もちろんなかった。たとえば、アリストテレスは、脳は一種の冷却装置で心臓の熱と釣り合いがとれていると考えた。またサメの出っ張った「鼻」は身体の安全装置で、わざとエサを食べにくくして、この貪欲な魚が過食によって死ぬのを防止しているとした。男のほうが女より歯の数が多いという主張も、理解に苦しむ説だろう。しかしときには完全に正しい説も唱えている。喉頭蓋の役目は窒息を防ぐためであるという推測や、毛髪は根元から成長するのであって毛先からではない、などがそれだ。

生命体の形質と機能についての説明には誤謬も多いが、彼の大事業が与えた影響は大きく、その価値は今も変わらない。アリストテレスの先駆的な試みは、目が眩むほど多様で複雑な自然界も「必ず解明できる」ということを教えてくれた。自然界には道理があり、それは情熱と洞察力をもってすれば理解が可能なのだ。そのうえ、こうした試みに取り掛かるときの最適な方法も伝授してくれた。アリストテレスによれば、生命の秘密を理解するには、まずは関係に従って分類しなければならない。ダーウィンによって生命界における秩序の存在理由が解き明かされる2000年以上も前、アリストテレスはすでに驚くほど正確で、今でも通用する分類体系の土台作りをしたのだった。哺乳類、甲殻類、頭足類（タコ、イカ、およびその仲間）、軟骨魚類（エイも正しくここに区分されている）、そしてクジラ類（哺乳類とはされてい

[＊]アテナイを去ったのは、プラトンの他界後、その甥がアカデメイアを牛耳り始めたから、という説もある。

ないが、ほかの魚類とは区別されている）など、生物の区分の多くが現在も用いられている。

アリストテレスはまた、動物のグループを枝分かれ式の分類体系に組み込むというはっきりとした理論を打ち出した。この分類体系では、より基本的な特徴が階層の上位にくる。たとえば彼は、魚類という集団には硬骨魚類と軟骨魚類が属していると知っていた。動物の分類ではまず、有血動物（もちろん赤い血を持つ生き物だ）と無血動物（現実には、はっきりと有血かどうかわからない動物）の2つの集団に大別し、下位集団がこのどちらかに属していると体系づけた。有血動物には、筋骨と心臓と肝臓と脳があり、体肢とひれは4個以下しかない。無血動物には通常、有血動物のような体内機能が存在せず、体肢は4つ以上ある。さらに、有血動物には背骨があるのが特徴だ。この背骨という属性に注目したアリストテレスの分類は、脊椎動物と無脊椎動物という分類に相当するだろう。ちなみに脊椎・無脊椎という用語は1794年、ダーウィンの知的先駆者ともいえるジャン＝バティスト・ド・モネ・ド・ラマルク［1744－1829。フランスの博物学者。「生物学」という言葉を創出した］によって導入されたものだ。

昨今、動物を脊椎動物か無脊椎動物かで類別する考え方は、人類中心的な優越主義に聞こえなくもない。なぜなら、無脊椎動物はこの図式に表れている以上の多様性を持っているからだ。しかし、脊椎動物にはあきらかに特別な何かがある。だからこそアリストテレスの目を引いたのだ。わたしたち脊椎動物という集団には、膨大な数の種があるわけではない（種類の多さという点では昆虫がその王者だ）。しかし、基本的な身体構造の成り立ちには驚異的な適応性があるため、今や深海から空にいたるまで地球上のほぼあらゆる生態系において、脊椎動物は主役級の存在となっている。また、動物界の他集団に比べて、体のサイズがとびぬけて大きくなったおかげで、ほとんどの無脊椎動物には踏み込めないような物理的環境で行動できるようになった。そして数種類の頭足動物を除けば、高いレベルの知能を発達させてきたのは脊椎動物だけであり、知能を使って自分以外の世界を認識することができるようになったのだ。脊椎動物という集団が、これほど多くの進化の扉を開けてきたのはいったいなぜなのか？　成功の秘密は何だろう？

こうした疑問に答えるのは、不可能ではないにしても難しい。なぜなら、生命の進化で起こる行ったり来たりは多くの要素によって決定するからだ。それでもわたしは、ある生物学的側面が、脊椎動物を優勢的な立場にまで押し上げるのに重要な役割を果たしたと、論拠を持って主張できる。アリストテレスもこの主要な特徴に注目していたが、敬意を込めた名称を与えて、その重要性を十分強調したのはラマルクだった。この特徴とはもちろん、「脊椎」である。わたしたちの背骨の起源をたどるには、虫けらじみたちっぽけな生き物が急に世界のトップに躍り出た経緯を知らなければならない。ところが皮肉なことに、この身体構造が与えた最初の特権的恩恵によってできるようになったある動作は、アリストテレスの時代から19世紀末まで、科学者たちからはほぼ無視されてきた。脚は（ふつう）歩くためにあり、翼は飛ぶためにある。そして背骨は、遊泳にまつわる身体的諸問題に対して脊椎動物が出した答えだ。

背骨がある場合とない場合で動きはどう変わるか

有名な思考実験がある。わたしはこれを学校で初めて習った。その思考実験とは、人間の身体からすべての骨を取り去ったらどんなふうになるか、というものだった。今でもありありと思い出すのは、教科書に載っていた骨抜き人間のイラストだ。目をそむけたくなるようなミカン状のぐにゃっとした塊だった（筋肉のない人間の絵はもっとひどかった。ピンク色の皮膚が気泡のようになっていて、その上に頭が乗っかっている。骨という骨があちこちを向いて積み重なっているのが肌を透かして見えるのだ）。ちょっとした想像力の訓練の話ではあるが、ここで心に留めておいてほしいのは、わたしたちが人間としての身体の形を維持し動き回るためには、骨格が絶対に必要だということだ。もちろん、もっと広い生物の世界に目を向けてみれば、全生物にかんして当てはまるわけではない。たとえば、ミミズのように、硬い物質が体内になくても大丈夫な生物は身近にたくさんいる［*］。ただ、そんな生き物がどうやって動いているのかはあまり知られていない。1章で、筋肉には収縮後の再伸張を担う拮抗筋の存在が欠かせないということを見た。これは、1つの筋肉の収縮をもう1つの筋肉の伸張に変えてくれる固いてこがあれば簡単なことだ。それなら、てこのないミミズはどのように動いているのだろう？

この問いへの答えは、「骨格」の定義を常識の範囲以上に広げればすぐにわかる。ミミズのような典型的な蠕虫(ぜんちゅう)の場合、基本的な筋肉組織は同心円状の2層になっていて身体中を覆っている。外側の層は皮膚のすぐ下にあり、環状筋がついている。同心円状の繊維質が身体の外周に平行に走っていることから環状筋という名前がつけられた。内側の層には縦走筋がついていて、身体の前方から後方へ、環状筋の繊維に対して垂直に走っている。筋肉層の内側は液体で満たされた「体腔」（coelom：ギリシャ語の「空洞」から来た言葉）と呼ばれる隙間で、その内側に内臓がある。標準的な蠕虫は、基本的には筒の中に入った筒だと考えればよい。体腔は動物の身体的特徴としてはごく一般的で大昔から存在している（脊椎動物にもある。内臓と体壁のあいだのすき間だ）。そして信じられないかもしれないが、これが蠕虫にとっての骨格として機能している。

環状筋が収縮すると蠕虫は細くなるが、もちろんその余波は発生する。体腔は完全に密閉されているので、蠕虫の筋肉がスーパーヒーローのようなものすごい力を生み出しでもしない限り体積は増えない。身体の直径が小さくなるのは、体長が同時に伸びているときだけだ。身体が伸びるとき、縦走筋も伸びる。

これとは反対に、縦走筋が収縮して直径が増えれば、体長は短くなる。直径が増えると、環状筋が伸張する。言い換えると、蠕虫の縦走筋と環状筋は互いに拮抗しており、これはどちらかの筋肉が収縮するときに体腔の液体内で圧力が高まることにより引き起こされる。この拮抗動作によって蠕虫は動き回っている[†]。この移動運動は蠕動と呼ばれ、とくに土中に潜り込むときに便利だが、地表を這うときにも使われる。環状筋を使って身体を長く伸ばすと、身体の先端が押され、次に縦走筋が働くときに身体全体がこれに追いつく[‡]。このプロセス全体は観察によってすぐ理解できる。ミミズを見れば、環状筋と縦走筋が交互に収縮して、体節が周期的に伸びたり縮んだりするのがわかるだろう。

蠕虫については以上だ。脊椎動物は、ウナギのようにもっとも単純で蠕虫に近いような姿をしているものでも、これとはまったく異なる方法で動いている。蠕虫と同様、筒に入っている筒のような身体構造のウナギの体壁もまた蠕虫と同じように先端から末端まで筋肉の束で埋め尽くされている。しかしこの筋肉はすべて縦走筋だ。じっさい、体壁に環状筋を持つ脊椎動物はいない。環状筋がなくてもちゃんと動けるのは、きわめて重要な構造物、脊椎があるからだ。背骨の剛性は高く、身体が縮むのを防いでくれる。だから、縦走筋がすべて同時に収縮してしまっても何も起こらない。せいぜいヘルニアくらいだろう。それでも、右側の縦走筋だけが収縮するときは身体は右側に曲がる。背骨は圧縮抵抗性という本来の性質とは

[*]じっさいにはミミズは、短くて硬い、引っ込められる毛を持っている。しかしこれは運動力学的にはあまり関係がない。

[†]体腔のない蠕虫もいる。扁形動物などの身体は緩く結びついた組織である充塡用繊維(柔組織)で満たされている。しかし柔組織は体腔のように体積が不変で、一方向への収縮を多方向への伸張に変換することができる。

[‡]この動きを正確に行うには、蠕動周期のある時点でイカリのように固定するもの(*の注に記した「硬い毛」)が必要になる。さもなければ、同じ場所で伸び縮みを繰り返すだけになってしまう。

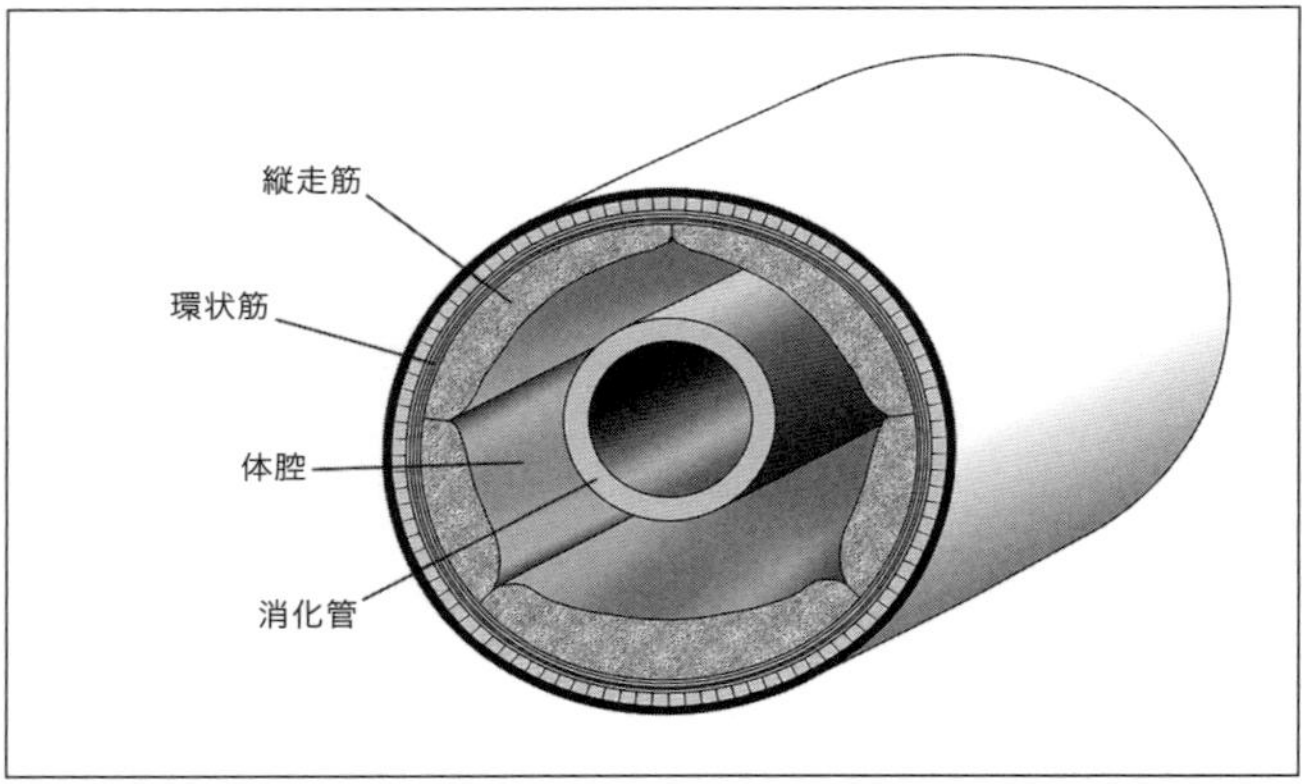

［図4-1］典型的な蠕虫の身体の横断面。環状筋と縦走筋の同心円状層およびその中に含まれる体腔が示されている。

別に、椎骨という小さく分断された節のおかげで十分な柔軟性をも備えているからだ。つまり、脊椎がある場合、身体は目に見えて縮んだりはしないが、その代わり片側へ身体が曲がるときに反対側の縦走筋は伸びている。筋肉の拮抗関係がここで発生している。

背骨の圧縮抵抗性を備えた屈曲性をうまく利用する方法はたくさんある。じっさい、3章で多くの例を見てきた。しかし、ほぼすべての魚（ウナギを含む）、トカゲ類、ヘビ類、サンショウウオ類などがじっさいに使っている基本的な方法は、身体の片側から反対側へと波状に収縮を繰り返しながら、先端から末端までの筋肉の節を順々に動かしていくものだ。この活動パターンによって身体にS字状のうねりが生まれる。平面上で移動するときにはこの動きが有効であることは、ヘビを見れば一目瞭然だ。しかし多くの魚も同様に身体をうねらせているのだから、うねり運動は遊泳にも文句なく適している。この点が重要なのは、蠕虫の蠕動は、地上や地底ではすばらしく効率のよい動作であるが、もちろん遊泳には何の役にも立たないことが浮き彫りにされるからだ。屈曲性と圧縮抵抗性を完備した背骨の誕生の意義深さはここにある。鳥が翼を持ったように、際立って効率的で効果的な移動方法を取り入れる道が新たに見つかるとき、かならずそこには進化の好機がたっぷりと用意されている。そんな命運を左右するような段階をこれから見ていくことにしよう。

しかしその前に大きな疑問が1つ、立ちはだかっている。本格的な水中生活のはじまりが進化においてどれほど大事件であったかは容易に理解できるとして、その扉を開けたうねり運動パターンについてわたしたちはどれくらい知っているだろうか？　身体を左右にくねらせる動きがなぜ水の中を動くのにこんなにも適しているのだろうか？

「魚はなぜ泳げるか」をよく考えてみる

アリストテレスは動物の運動に魅せられて、これを『動物誌』という優れた博物学論文の主題にした。さらに、『運動動物論』や『運動進行論』という動物の運動に特化した書も著した。より一般的な意味での運動という概念は、まさにアリストテレス哲学の要石の1つであり、因果関係、倫理、そして生理学にかんする考察において活用されている。しかし移動運動そのものを説明しようという試みにおいては、アリストテレスは致命的な誤りを犯した。動物が動きを始めるためには「その動物に付帯していない、何か動かないものが必要だ……なぜなら、（ネズミにとって穀物の粒の中のように、人間にとっては砂の上のように）進む道に何もないと前進できないからである」というのが彼の理論だ。歩くことと走ることにかんしては、この主張はたしかに正しい。しかし遊泳にかんしては無理である。水はつねに動いているので、ネズミが穀物の粒の中を行くようには、魚は水中で移動運動ができないことになる。

アリストテレスの分析に致命的に欠けていたのは運動量という概念だった。このあまりに重要な概念が最初に認識されたのは西暦500年ごろ、ビザンチンの哲学者ヨハネス・ピロポノス［490－570］が運動にかんする古来のパラダイムがはらむ問題に気づいたあたりだ。1章で紹介したように、アリストテレスは活発な運動にはつねに力が働いていなければならないと信じていたが、これは投射物の存在と矛盾する。もし彼の説が本当なら、投げられたボールは、投げた人の手を離れた瞬間に地面に落下しなければならない。ここでアリストテレスは矛盾の解決策を考え出した。空を飛ぶ球の後ろには一時的に真空が生まれ、空気がここに侵入して真空を埋めるというものだ（自然は真空を忌み嫌うと格言のように言われていた）。アリストテレスによれば、その空気が気流となって球に衝突し、その力が球を前に押し出しているのだという。しかしピロポノスは、空気抵抗がさらにそこに加わったら、空気は球の速度を落としながら動かし続けることになってしまうので、それはおかしいと指摘した。ピロポノスは、投げられたものには、動きを維持するための何かが内在しているに違いないと考えた。物理学によってこの問題が完全に解決されるまでに時間はかかったが、わたしたちは運動量というものがそれだと知っている。

運動量は、質量×速度（たんなる「速さ」とは違う。進行の向きという重要な要素を含むのは「速度」だけだ）で表わされる。つまり速く動いている小さな物体は、ゆっくり動いている大きな物体と同じ運動量を持っている。熱量と同様、閉鎖系（外の世界とは何も交換せず、外部からの力に影響を受けない物理系）内での運動量は保存される。大きさは同じで反対向きの運動量を持つ2つの物体が衝突し静止すると、運動量の総和はもちろんゼロになる。2つの物体は動くことをやめているからだ。わかりにくいけれど、運動量の総和は衝突の前にもゼロになっている。それぞれの物体が互いに反対方向に動いていて、一方の物体の正の運動量はもう片方の負の運動量に等しいからだ。運動量の総和は変わらないのだ。

水中での移動運動を理解しようとするとき、この単純な保存の法則はきわめて重要だ。魚は水に後ろ向きの速度を加えることによって泳ぐ。すなわち、水に逆向きの運動量を与えている。そして自然の法則上、運動量の総和は不変なので、魚自身は前向きの運動量を得て進むことができる（ニュートンの運動の第三法則である作用・反作用の法則は、基本的に運動量保存の法則を力の概念を使って表現したものである）。とはいえ、これが遊泳にだけ見られる現象であるとは限らない。この法則はあらゆる移動運動に当てはまる。たとえば、歩き出すとき、わたしたちは地球に後ろ向きの運動量を与えている。東に向いて歩く人は、感知できないほどごくわずかだけ地球の自転を遅らせていることになる（西向きに歩いているなら、地球の自転速度を上げているというわけだ）。人間に比べて地球の大きさは桁外れに大きいので、速度の変化は微弱であるし、どちらにしても運動量は歩行を止めた瞬間に地球へ戻される（制動には必然的に地球を前向きに動かす運動量の発生が伴う）。だから、もしこの技を使って1日を長くしようとか短くしようと企んでいるなら、考え直したほうがいい。飛行にも同様の説明が当てはまる。推力は運動量を「後方」放出し、揚力は運動量を「下方」へ放出し、力の総和は、後流へ移される時間あたりの運動量と同等で逆向きになる。

ここまではいいとしよう。しかし、脊椎動物のうねり運動パターンはどのようにして、水に後方への運動量を与えているのだろうか？　この謎を解明するまでには恐ろしく時間がかかっている。初めて厳密な説明を試みたのはジョヴァンニ・ボレリ［1608-1679］である。ガリレオの弟子であり、のちにみずからの業績でルネッサンス期の著名な生理学者かつ物理学者となった人物だ。ボレリは生涯を通して動物の運動、とりわけ水中動物の運動に関心を持っていた。世界初の自給式呼吸器やバラスト［重量を調節するための重り］を搭載した潜水艦も設計している。とはいえ、レオナルド・ダ・ヴィンチのヘリコプター同様、これらの装置が実際に製作されることはなかった。

ボレリは、魚は尾ひれをオールのように使い、パワーストロークとリカバリーストロークを繰り返して泳いでいると考えた。これはわたしたち自身が水泳中に行っている動作と一致する。腕と手で直接、水を後ろ方向に押して、水に後ろ向きの運動量を与えると、わたしたちの身体は前に押し出される。これが泳いでいるときの動きだ。おなじみの用語を使うなら、パワーストローク段階で腕は後ろに動いて前向きの流体抗力を発生させる。リカバリーストローク時(腕の位置をリセットするために腕を前に動かすとき)に起こる後ろ向きの流体抗力によって相殺されない限り、進むのに必要な推力が得られる。リカバリーストロークのさいにストロークの軌道を変えるか腕の向きを変えるかすればうまく進める。腕を水の中からすっかり出してしまうという手もある。

流体抗力を用いた舟漕ぎ式モデルは、魚体運動の説明として約250年間権勢をふるったが、結局、理論の綻びが現れた。大きな問題は、魚が尾ひれを打ち振る往復運動が左右対称に見えるということだった。一方の向きはパワーストロークでもう片方の向きのときはリカバリーストロークをしていると実証するのは不可能だった。左側への振りのほうが右側よりやや速い、あるいはその反対だというように、左右の違いがわかると主張する人間もいるにはいたのだが。1874年、スコットランドの博物学者ジェイムズ・ベル・ペティグルー〔1834-1908〕はさらに、魚はリカバリーストロークのとき身体の側面をねじって尾ひれを水平に戻していると述べた。船の漕ぎ手によってオールにひねりが入るのと同じである。

この手の発想は、論争に加わったわれらが旧友マレー〔エティエンヌ=ジュール・マレー。1章を参照〕が論破してくれている。地上での運動の分析と同じく、技術的には課題を残しつつも、クロノフォトグラフィが魚の秘密を解き明かす最適な方法だとマレーは察した。どちらにせよ、魚の撮影ならば、疾走する馬をトラック

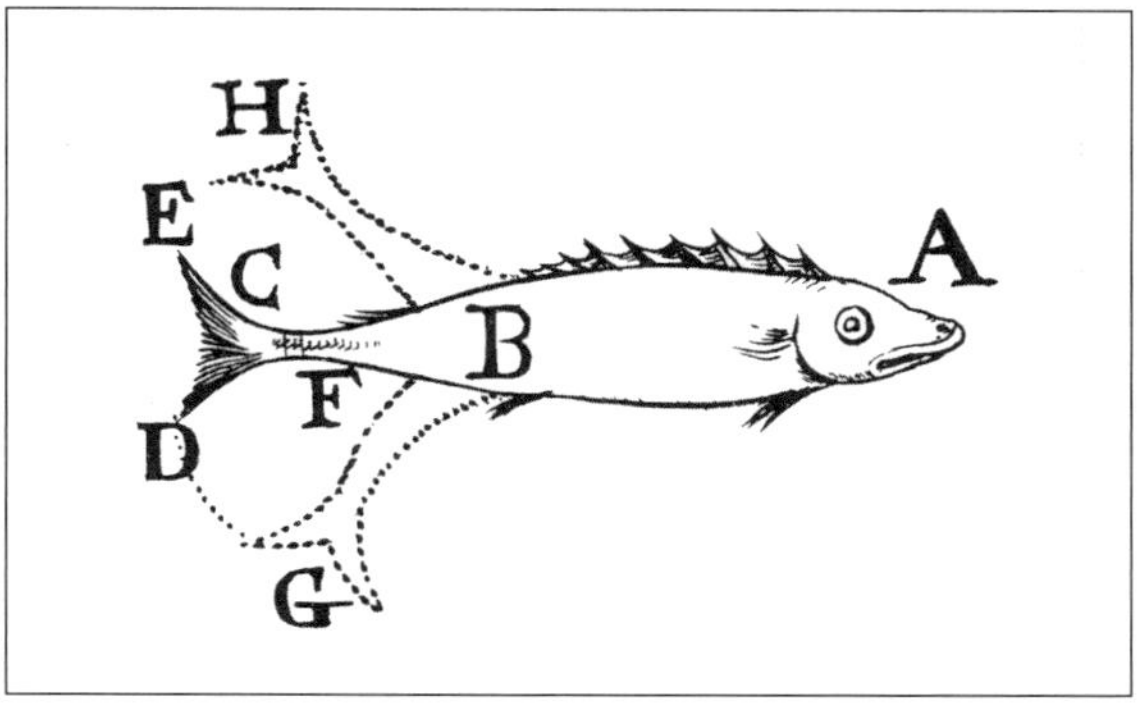

［図4-2］ボレリによる魚の泳動の再現図。〈出典：『動物の運動 De Motu Animalium』（1680）〉

で撮影するほどの大仕掛けはいらない。マレーらしい独創的な解決法は、特注の楕円形水槽の製作だった。基本的には魚の競技用トラックといってよい。最上部には斜めに鏡を取り付け、上から魚を撮影できるようにする。マレーによる、最初の被験者であるウナギの連続写真によって、尾ひれのひねりやそのほかの尾ひれの往復運動の非対称性を主張する理論は即座に除外された。尾ひれの動きは右方向も左方向もまったく同じだったのだ。つまり、尾ひれのパワーストロークとリカバリーストロークで魚は泳ぐという、抗力に基づく古来のモデルは使えないことがわかった。その代わりマレーが発見したのは、ウナギの身体が起こす波状運動の後方への動きは、ウナギが前進する速さよりもわずかに速いということだ。このため、ウナギの泳ぎは、見た目はそっくりなヘビが地面を這う運動とは大いに異なる。ヘビの身体の波状運動では、後方へ動くスピードは、身体が前方へ動く速さと同じだからだ。

ウナギの身体の波状運動は比較的速度が大きいために、ウナギはつねに水を後ろに押しながら進んでいるように見える。しかしこれは錯覚だ。身をくねらせて泳ぐ魚の起こす波は後ろへ後ろへと動いているかもしれないが、じっさいには身体のどの部分も横揺れを行っている。マレーが先鞭をつけたこの研究は、その後も多くの科学者によって理論や実験が展開され、なぜこのような横揺れ運動が水の後方への運動量を発生させるのか考察が深められた。ここでわたしの古巣、ケンブリッジ大学動物学部で行われた研究を紹介しておきたい。１９５０年代、この場所でリチャード・ベインブリッジが作ったのは直径１８０センチほどの円形の水槽で、彼が「魚のメリーゴーランド」と呼んだこの装置は、メリーゴーランドというより巨大で透明なタイヤに似ていた。当時かなりの悪評を買ったこの装置、一種の魚用ルームランナーとして用いられたのである。電動で水流が起こり、その速度は最大時速で約32キロになった。水に放たれた不幸な魚はいつまでも同じ場所で泳ぎ続け、これを人間が一定の場所から観察し写真に撮ったのだ。４分の１トンの水が渦を巻く装置のなかで泳がなければならないなんて、ちょっとやそっとの覚悟では務まらない仕事だ！

魚は揚力を使って泳いでいる

こうした初期の実験はすばらしいものだったけれど、肝心な情報はいつまでたっても手に入らなかった。魚がどうやって動いているのか本当に知りたいのなら、魚が水に対して及ぼす作用を見る必要がある。これはなかなか大変だ。水は透明だからだ。アメリカの技術者モー・ウィリアム・ローゼンは１９５９年、初めてこの問題に取り組んだ。彼は魚の後流を可視化する方法を編み出したのだ。それは牛乳の浅い層の上に水を静かに注いで2つの液体が混ざらないようにするというものだった。魚が水と牛乳の接触面の上を泳ぐと、牛乳の層が乱れて、規則正しい渦巻き状（専門用語では渦〔ボルテックス〕という）の後流が現れる。のちに、牛乳の代わりに微粒子を水に入れて実験が行われ、高難度の技を使わなくても（あるいはイライラすることもなく）、同じ現象を観察できた。しかし、牛乳でも粒子でも、水中で何が起きているのかについては漠然としかわからず、細かい部分については未解決のままだった。

行き詰まりをついに打開したのはハーバード大学の魚類学教授ジョージ・ローダーだった。工学分野からレーザーを使用した方法を取り入れ、文字通りに、そして比喩的にも魚の起こす後流に「光を当てた」のである。本書の執筆を始めて間もないころ、とてもうれしいことにローダー教授の研究室を訪れる機会を得た。装置、コンピュータ、そして機材で溢れかえり、ケーブル類はいたるところに伸びており、無事に見える目玉がまだあるならレーザーを直視するなと警告する不穏な看板があらゆるところに貼られている。ルーブ・ゴールドバーグの描く漫画［ゴールドバーグはアメリカの漫画家で、簡単にできることを膨大な機械や装置でわざと複雑化する漫画を描いた］に、これ以上そっくりな研究室はないだろう。レーザーは青色で、オレンジ色のゴーグルをかけて入室するのが決まりとなっている。研究室の中央には、高速ビデオカメラに囲まれた流水槽が鎮座している。ベインブリッジの装置が直進式に（そしてより安全に）なった「魚のメリーゴーランド」の現代版だ。魚たちは水の流れのなかを気持ちよさそうに泳いでいる。実験時には、水流速度を調節することによってビデオカメラとレーザーでとらえやすい位置に留まらせておけるようになっている。後流の可視化の発想はローゼンの牛乳方式と同じだ。回流槽には数千もの微小なプラスチック粒子が撒かれていて、これが後流を見えるようにしてくれる。レーザーはこれらの粒子の動きを明瞭にするために用いられる。ここでよく行われる実験では、レーザーシート［流れの断面を可視化するためにシート状に照射するレーザー光］を後流に当てて立体写真を撮影する。粒子が動いてレーザーシートを通過すると明るく光るので、コンピュータによってビデオ映像から簡単に抽出することができる。粒子が流水槽の端から端までどんな動きをするかを追跡すると、後流（または少なくとも光っている後流の断面）を詳細に再構成し、液体の速度、そして何よりも大事な運動量を正確に測定することができる。この技術はデジタル粒子画像流速測定法（ＤＰＩＶ：digital particle image velocimetry）と呼ばれる。レーザーシートは後流の一部分の情報しか提供しないが、水槽の端から端まで後流をスキャンすれば完全な三次元画像が作成できる。さらに近年の技術進歩によって、大量の水の中の粒子の同時追跡ができるようになった。画像がさらに詳細になるというわけだ。

ジョージ・ローダーの画期的な方法のおかげで、魚が水中でどのように動いているのかがかなりよくわかってきた。図４－３は、ローダーお気に入りのブルーギルサンフィッシュが泳いだあとの水に何が起こ

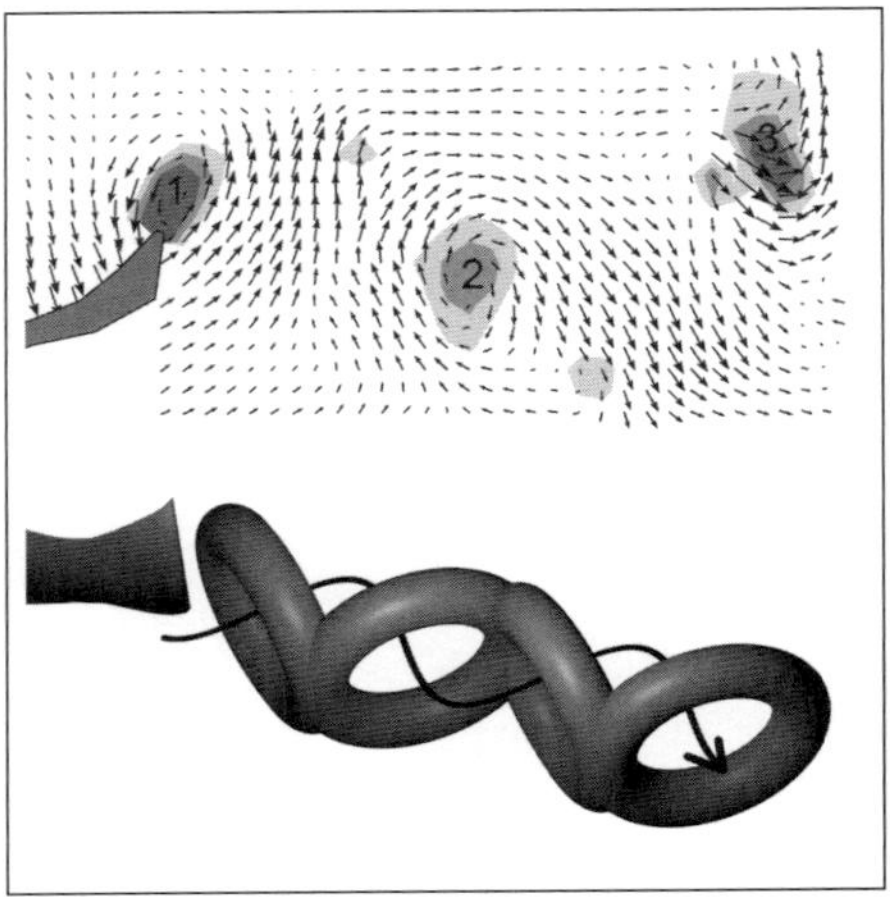

［図4-3］ブルーギルサンフィッシュの後流。上の図は尾の後ろの水の水平方向の断面にみる水の流れのパターンで、粒子画像流速測定法によって解明されたもの。濃い色の部分が渦で、尾が向きを変えるたびにはじき出される。完全三次元画像による再現（下図）では、渦の鎖はじっさいにはつながった渦輪の断面であることが示されている。この輪のあいだを噴流が蛇行して通り抜ける。

っているかを表したものだ。断面を見ると、水の渦によって、後流にジグザグ模様ができるのがわかる。これは尾ひれが次のストローク前に向きを変えるたび、尾ひれからはじかれてできるものだ。それぞれの渦はすぐ隣の渦とは反対方向に回転するので、これが続くと、回転方向は時計回りと反時計回りを交互に繰り返す。ローゼンもここまでは解明していた。しかし新技術が可能にした完全三次元画像をもとにした解釈では、交互に起こる渦は連鎖する渦輪であることがわかっている。絶え間ない後方への噴流が、滑らかなジグザグの経路を蛇行するのに伴って渦輪の連鎖が起きているのだ。この噴流の運動量が魚の推力の源である。

以上すべてを念頭に置いたうえで、オランダのグロニンゲン大学でウルリケ・ミュラーのチームが再現した泳ぐウナギの後流（図4－4）を見ると、驚くかもしれない。渦輪はあるものの、ジグザグした鎖の連結ではなく放り投げられたように横に散らばっており、後ろ向きの噴流はどこを見てもない。ジョージ・ローダーの元同僚で、現在はマサチューセッツ州のタフツ大学に研究室を持つエリック・タイテルは、このどう見ても奇妙な現象について巧妙な説明を試みている。一定速度で遊泳中の魚は、水の抗力に対抗するのに十分なだけの運動量を水に与えさえすればよいのである。運動量が過剰になると、加速がつくので制動できなくなる。前方への推力を得るにはかならず後方への噴流が伴わなければならない、という説明のほうがわかりやすい。なぜならわたしたちはボートの仕組みに慣れ親しんでいるからだ。ボートの推力はプロペラかオールから生まれ、抗力の大部分は船体から生まれる。よってプロペラは運動量転移の仕事を応分以上にこなさなければならない。プロペラ自体の抗力だけでなく船体全体の抗力にも抵抗しなければならないからだ。

サンフィッシュ（および典型的な魚の形をした魚）には、大まかにいってこの仕組みが当てはまる。尾は推力の大部分を受け持ち、身体部分はもっぱら抗力を担当している。ウナギや、ウナギのような形状をした魚の場合、これとは異なり、「身体全体」がプロペラの働きをしており、推力と抗力の両方を担っている。したがって、一定速度で遊泳中のウナギの後流に噴流は期待できない。なぜならウナギの尾までの間で運動量の相殺が済んでいるからだ。うねる身体が水に加える後ろ向きの加速は、身体に対して相対的に後ろに動く周囲の水が抗力により減速されるのと、大きさが正確に同じなのである。あとに残るのは横向きの運動量だが、このため後流は横向きの噴流とこれに伴って生まれる渦輪を形成し、これらは徐々に外側へ動いていく[*]。

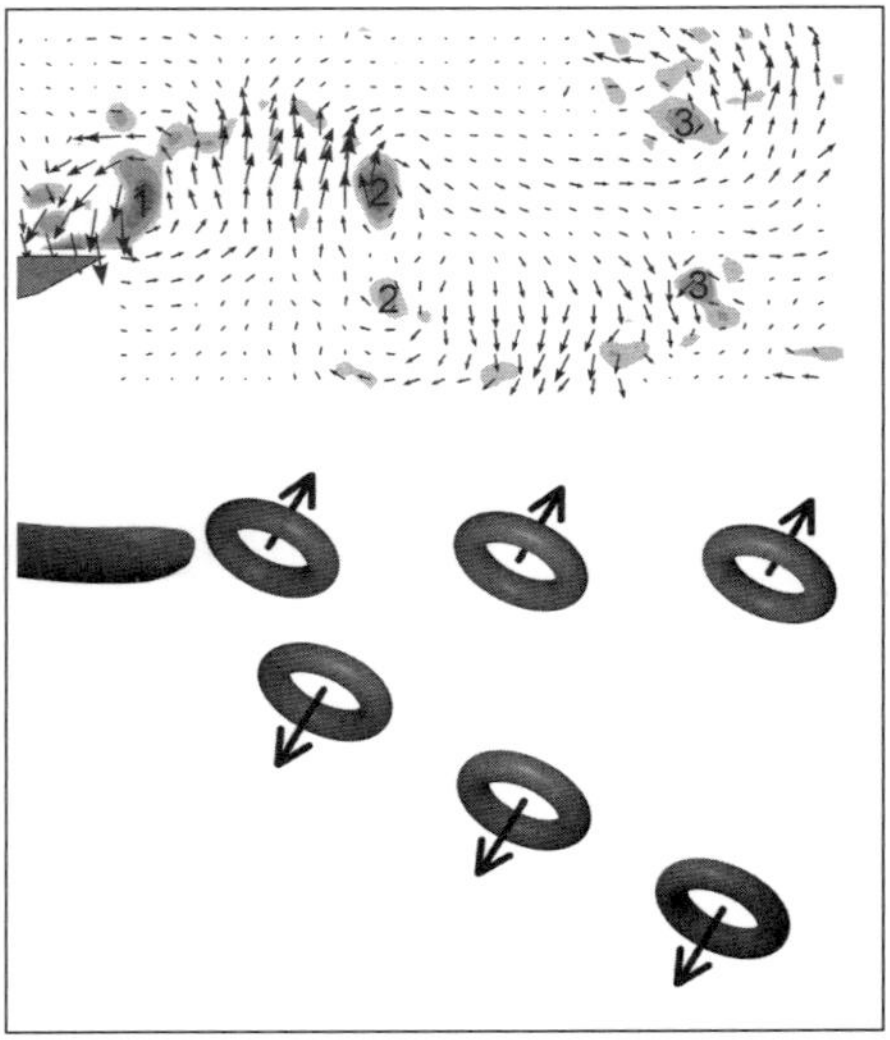

[図4-4] 二次元画像（上）と三次元画像（下）に見るウナギの後流。独立した渦輪と横向きの噴流が見える。

ここまではまったく問題ないように見える。とはいえ、大きな疑問は手つかずのままだ。うねり運動によって、身体はどうやって水に速度を加えるのだろう？　怯む必要はない。身体のすぐそばの水流の分析は後流の分析よりも難しいとはいえ、タイテルとローダーがこれをやってのけてくれたからだ。ここでもウナギが被験者である。DPIV分析によれば、ウナギが身体を左右にうねらせるとき、波状になった身体の谷部が、ウナギの頭部から尾部へと移動するにつれて、水はその谷の中に（おもに隣接する頂上の部分から）吸い込まれる。なぜなら、ウナギが前に進むより、身体が起こす波が後ろ向きに動く速さのほうが速いため、谷の中に吸い込まれた水は横向きだけではなく後ろ向きにも加速するからだ。うねりの谷部が尾まで到達すると、加速した水の塊が後流へと投じられる。

うねり運動するウナギが負圧を利用して運動量を移動させるやり方は、飛行動物のそれを強く思い起こさせる。つまり、実質的には揚力に頼って推力を発生させる方法なのだ（魚は身体を横に動かすため、揚力のベクトルは水平面内にあるが）。これは抗力に頼った推力発生よりもずっと効率的な方法である。なぜなら、尾の大きな横振幅を水の後ろ向きの加速へと転換しながら、大きな力が後流へ投入されるからだ。抗力に頼る場合、転換はどうしても直接的になり、身体のなかで後ろ向きに動く部分だけが、少量の水だけで推力を生み出さなければならない。このことは大きな問題には感じられないかもしれない。これを補うために水をかく速度はいつでも増やせるからだ。しかし、運動エネルギーは動く物体の質量にその物体の速度の「2乗」を掛けて、さらに2で割ったもの、つまり$1/2mv^2$であるから、後流の運動量は、小さな体積の物質に加速してたくさん速度を上げるより、大きな体積の物質に加速して少し速度を上げるほう

[＊]とはいえ、ウナギが水に対して加速するときの後流は、サンフィッシュの後流にとてもよく似ている。

が、ずっと楽に手に入る。たとえば、10キログラムの物体を秒速2メートルで動かすときの運動エネルギーは20ジュール（1ジュールはふつうの大きさのリンゴ1個を地上から1メートル持ち上げるのに必要なエネルギー）だが、2キログラムの物体を秒速10メートルで動かすとき、運動量は等しくても、運動エネルギーは100ジュールになる[*]。こうしたエネルギー問題によって、なぜほとんどの魚が大きな尾ひれを持っているのかがわかるだろう。尾が大きいほど、ひと振りするたびにより多くの水が後方に加速され、少ないエネルギーで進むことができるのだ。

運動量の効率のよさから、多くの水生脊椎動物がうねり泳動するのもうなずける。それは認めるとして、この泳ぎ方には欠点もある。第一に、同じ形状で固い身体を持つ生物が同じ速さで動いているときに比べて、身体表面近くの水の速度が大きく、抗力が増加してしまう。それだけではない。これまでの説明から、身体が引き起こす1つひとつの波は、頭部から尾の方に向かって動く、ピストン式の水銃のようなものだと思うかもしれない。しかしジョージ・ローダーのＤＰＩＶ実験が示したように、身体からの波1回分で生まれる谷が水を引き込むのはその前の山からだけではない。身体の波は、後に来る山から水を「前に送る」ときもあるのだ。尾の近くの部分だけがスムーズに、水に後方への速度を加えている。つまり、うねり運動が有効な加速装置となるのは、身体の後ろの部分においてのみで、身体のほかの部分は、いうなれば、たんにバシャバシャやっているだけなのだ。それでは、ウナギやウナギに似た形状の魚はなぜ、うねり運動を身体の前部から始めるのだろうか？　波状運動を頭部から始めて徐々に大きくしていき、最後に尾の部分で大きくひと振りするには、このやり方がいちばん簡単なのではないかというのが、わたしの推測だ。

身体の前部によるうねり運動は流体力学的にはそれほど役に立っていない。そして自然選択はこの点を見逃さなかった。送水にいちばん貢献しているのが尾であるため、多くの魚は振動をすべて身体の後部だけで行っている。超高速で泳ぐマグロほどこの泳法を忠実に活用している魚はいない。マグロの胴体はとても固く、うねり運動はほとんどすべて尾だけでまかなっている。力は大きな筋肉組織から直接腱を通して伝えられる。尾ひれそのものは大きいが驚くほど細く、きわめて細い尾柄には流線形の竜骨がついており、これが横方向の振動からくる抗力を最小限にとどめる役割を果たしている。基本的にマグロは、爆発的な運動量を最小限のエネルギーを使って後流に送る技の究極の達人だ。この無駄をそぎ落としたうねり運動を見れば、泳動が揚力中心であることが簡単にわかる。マグロの遊泳の真髄はその長く薄い尾を使った水中飛行だ。その翼は垂直についているのだけれど。これを念頭に置けば、アホウドリのように長く薄い翼を持った飛行性動物が軽々と空を行くわけも理解できる。身体に比べて非常に長い翼が、大量の空気を加速するのだが、その速度は遅いので、揚力を生み出すのに必要な空気の下向きの運動量をエネルギー効率よく発生させられるからだ。原理は同じなのである。

魚はもう1つ、運動量を生み出す巧妙な技を持っているが、それには渦輪が絡んでいる。高速流体塊が低速流体塊を通り過ぎながら流体を引きずるとき、かならず渦ができる。同様に、緩慢な流れのなかを噴流が突進すると、摩擦によって周囲の低速流体の分子の一部が引きずられていく。低速流体が持って行かれることで、局所的な液体の減少が引き起こり、噴流周囲の流体に向心加速度が与えられるので、結果として流体が輪状の渦になるわけだが、さて、この渦の生成、美しいとはいえあまり意味のない流体力学上

[*] 何かに後方への運動量を与えるとき、歩くときのようにそれが惑星級の大きさだったら、このプロセスのためにエネルギーを消費する必要はほとんどない。

の珍現象と片付けられてしまうかもしれない。しかし、魚は非常に注意深く渦を作ったり捨てたりしているのだ。

まず、渦の形成プロセスは噴流による低速流体の分子の取り込みに始まると覚えておこう。周囲の流体は渦の中に巻き込まれていく。周囲の流体に着色したら、渦輪はまさに噴流と周囲の流体とが交互に層になったロールケーキ状をしていることがわかるだろう。渦輪は思うよりもずっと大きな構造を持っているのだ。そしてこれまでの議論からわかるように、後流が大きいのはよいことである。ただ大切なのはそのタイミングだ。成長してこれ以上力を受け取れなくなった渦輪は、切り離されて下流へと漂っていく。放出されていく流体はみな、絶え間なく並ぶ小さな渦となり、新しく放出される輪のあとに続く。こうした流れは周囲の水を巻き込むことはできない。だから、渦輪の形成プロセスをあまりに長く引き延ばそうとするのは、推力の発生において根本的に非効率的な方法なのだ。ところが、魚が、渦輪の切り離しを妨げたくないのと同じくらい、小さくて出来損ないの渦輪で終わらせたくもない。渦の恩恵を最大限に手に入れるためには、スイート・スポットをとらえなければならないのだ。

意外なことに、身体の一部の振動を利用して流体の運動量を伝える生命体は、渦輪の形成にかんしてはみな同じ原理を用いている。そしてこれは水中を泳ぐ動物に限った話ではない。動物飛行の専門家であるオックスフォード大学のグラハム・テイラーとそのチームは、さまざまな種類の遊泳性脊椎動物と飛行性脊椎動物、そして飛翔性昆虫の移動運動のデータを調査した。これらの生物の翼や尾による振動数に、振幅を掛けて、それぞれの生物の通常の速度で割った値である「ストローハル数」には、身体のサイズの差がとても大きいにもかかわらず、水の中であろうと空中であろうと、大きな差が見られないことを発見した。カリフォルニア工科大学のジョン・ダビリは、この驚くべき不変性は、最適な渦を形成するうえでの物理的制約のせいだと考える。渦の形成プロセスを左右する主要なパラメーター、つまり所要時間と渦を大きくする噴流の相対速度が、ストローハル数のパラメーターに直接関係しているからである。心臓の中で、血液が心室から心室へ最大限の効率で送られるときにも、同じ原理が当てはまる。

背骨ができる前は何で背中を支えたか

うねり運動のパターンがどのように働いているかはわかった。ここからはうねり運動を可能にしている背骨に戻って考えてみよう。このすばらしい道具はどのような経緯で進化してきたのだろう？　この問題、気が遠くなるほど掘り下げていかなければならないように思える。背骨には長い長い進化上の適応化と性能向上の歴史があり、現存する背骨の型は無数にあり、途方に暮れてしまうほど複雑な構造をしている。ここまで過剰な道具をただ見つめるだけでは、脊椎の特質がどこからやってきたのかを理解することはできそうにない。しかし、数々の変遷の積み重なった層をはぎ取ってくれる便利な方法が自然界にはあった。動物が、受精卵から成長していくとき、進化の歴史のある局面を反復することはよくあるが、脊椎もその一例だ。脊椎が形作られる前、胎芽の長軸に沿って1本の繊維が生じる。ここがこのあと背骨ができる予定の場所で、発達中の臓器のすぐ上である。この繊維が一種のマスターテンプレートとして作用し、脊髄(脊柱と混同しないように。脊髄は神経組織から成る管で脊柱に沿って走っている)、筋肉、そして椎骨の形成をつかさどる。この構造は脊索と呼ばれ、わたしたちの背骨の原型となる。

脊椎が発達して、脊索の仕事の領域に侵入し、これにとって代わるが、脊索がまったくなくなるわけではない。脊索は成人の脊柱の中にも、「椎骨と椎骨のあいだ」に隠れている椎間板として残っている。椎間板はクッションのような円板で、圧縮されたゲル状組織で満たされている。メカニカルなたとえでいえば、座り心地のよいゲル入りタイプの自転車のサドルのようなものだ。椎間板は椎骨のあいだの圧縮荷重を一定にして衝撃を吸収し、ケガのリスクを減らしてくれる。残念なことに、椎間板自体はしばしば損傷する。強い衝撃を受けると円板の外側の被膜が破れ、高圧縮されていた中身が押し出されるのだ。これがあの悪名高い椎間板ヘルニアである（英語名の「slipped disk（ずれた円板）」は正しい呼び名ではない。円板の位置は動いてはいないからだ）。椎間板は脊髄近くに位置しているため、はみ出した中身が神経を圧迫してひどい痛みを起こす可能性がある。

厄介な症状ではあるが、椎間板ヘルニアのおかげで背骨の仕組みが学べる。すでに示唆したように、大昔、進化の段階では、わたしたちの脊柱は脊索だけから成っていた。しかし現在、ほかの生物に残っている脊索の性能はさらによくなっている。現存する原始的な魚［*］は、終生にわたって立派な脊索を保持している。たとえばヤツメウナギ（英国王ヘンリー1世の死因はこの魚の「食べすぎ」だったといわれている）や、ヌタウナギがそうだ。ヌタウナギは、身体で結び目を作ったり、ストレスを感じるとわずか数秒でバケツいっぱいのスライム状の粘液を放出する、ウナギに似た愉快な深海の住人だ。これらの生き物の脊索はわたしたちの椎間板に似ていて、圧縮ゲルが詰まった繊維質の管なのである。

注目したいのは、脊索が「無」脊椎動物の2つの集団にも見られることだ。最初の集団はナメクジウオで、この魚に似た生物は約20種を数える。体長は5センチ以下で、現在は使われていない学名*amphioxus*は「両端が尖った」という意味を持つ。原初の脊椎動物がどんな様子をしていたか想像してみよう。きっとナメクジウオに似ている。細長くて透明な生き物で、原始的な感覚器を持ち、顎はないが、背中には脊髄が走っている。鰓孔（さいこう）に似た器官（ここでエサをろ過しながら摂る）から身体の中に穴が通っており、魚の筋肉組織の簡易版のような、対になったV字型の筋肉の塊が身体の両脇についている。そして脊髄のすぐ下［腹側］には、頭の先から末端まで脊索が走っていて、これはわたしたちの背骨と脊髄との位置関係とちょうど同じだ。

脊索を持つ無脊椎動物の次の集団は、絶対想像できないような意外な生き物たちだ。世界中の多くの海岸で干潮時に見られるホヤは、単純な袋状をしたろ過摂食動物で、はっきりとした形質的な特徴は2つの水管しかない。水管の1つは入水孔、もう1つはエサをろ過したあとの出水孔だ。生態には単体と群体の両方があり、1つの場所に固着している。サルパ［プランクトン性の尾索動物で樽型の寒天状の身体を持つ、ホヤの仲間］のように進んだ形質を持つ種は、水管を身体の両端に動かすことによってジェット推進を行い、プランクトンのいるあたりを遊泳する［†］。ホヤは幼生だけが脊椎に似たものを持っている。この脊椎はオタマジャクシのような形をしていて、その尾の部分に脊髄、細長い筋肉、そして大切な脊索が含まれている。ホヤの典型的な生活環においては、幼生の時期に少しのあいだ遊泳したのち、海底に着いて1つの場所に固着する。そして、脊髄、脊索などすべてが含まれている尾を消失する。

以上の2つの無脊椎動物集団の生物が、脊索とそれに付随する分節筋肉を持っているのは偶然ではない。ホヤとナメクジウオは無脊椎動物のなかでもっとも脊椎動物に近縁の集団であり、これは『種の起源』出

［＊］「原始的な」という言葉を、わたしたちと同じ時代に生きる生物に用いるのは抵抗がある。脊索だけからなる背骨を保持しているために、これらの生物は原始的と呼ばれるのだ。ほかの点では、脊椎動物の家系図の本家筋から離れて以来、彼らは大きな変化を遂げてきた。脊椎動物の気を悪くするつもりはないけれど！

［†］群生するサルパもいる。ヒカリボヤは暗闇で光る円柱状の集団を形成する、驚愕的な生き物だ。円柱の1つの端が開いていて、全個体が引き起こす水の流れが集まって1つの推進ジェットになる。種によってはその集団の全長が9メートル強になるものもある。

［図4-5］脊椎動物にもっとも近い2つの無脊椎動物。ナメクジウオ（ブランキオストマ・ランセオラツム）（上）とホヤ（下）。

版のわずか7年後の1866年、ロシアの博物学者アレクサンダー・コヴァレフスキー［1840－1901］が最初に指摘した通りだ。3つのグループは、そのトレードマークである脊索から、総称して脊索動物という。

ここまではっきりとした根源的特徴が、どのようにして動きを起こすのか、興味をそそられる。脊索は背骨と同じような働きをする。身体が縮まないようにしたり、反らせる動きを可能にする。前述した、背骨のない脊索動物はみな、典型的な脊椎動物と同じようにうねることができ、その体壁には環状筋がない。しかし、堅固な圧縮抵抗性物質を含まない脊索は、どのように働いているのだろうか？　わたしたちの椎間板には圧力がかかっているということを思い出そう。そのために断裂が起きる危険性があり、円板が裂けると中身が飛び出す。脊索も同じで、繊維でできた管の中のゲル状物質に高い圧力がかかっているのである。風船やタイヤで誰もが経験しているように、高圧のかかった液体は皮が破れない限り見事に圧縮に耐える。閉じ込められた液体が発揮する圧縮への抵抗力があってこそ、蠕虫の体腔はその役目を果たすことができるのだ。じっさい、典型的な蠕虫と脊索動物のただ1つの力学的な違い（内圧は別にして）は、後者の体壁が円周方向に伸びないという点だけだ。そのため脊索動物は身体を縮めることができないのである［*］。

脊索が、機能的には同じような脊椎に取って代わられた理由はおそらく2つある。第一に、脊椎はその拡張性の大きさを生かして、複数の筋肉の塊をより効果的に動かせるようにする。ヤツメウナギの例から考えると、脊椎の主要構造よりも拡張部分の進化のほうが先だった。ヤツメウナギの背骨は脊索そのものであり、脊索に沿って並んでいる軟骨状の小さな塊が、いわゆる椎弓にあたるといってもいいだろう。椎弓は人の背中を上から下になでおろすときに触る部分だ。次に、背骨の大きな部分、つまり椎体［椎骨の腹側にある楕円形の部分］が加わって、すでにあった脊索の圧縮抵抗性機能をさらに改良し、その結果筋肉の塊がより強く収縮できるようになって力強い泳ぎが可能になったのだ［†］。

---

［*］線形動物である回虫は、さらに進んでいる。回虫の身体には高い圧力が加わっており、皮膚に伸縮性はなく、独立した脊索そのもののようだ（ただし外側ではなく内部に筋肉組織を持つ）。蠕虫とは異なり、回虫はうねり運動によって移動する。

［†］脊椎動物の集団間での椎体の成長方式におけるおもな違いから、椎体は少なくとも、サメとエイ、硬骨魚類、そして陸生脊椎動物の3回、独自に進化したとわかる。

脊索・脊椎の起源や進化を探る

大局的に見ると、脊椎は脊索に毛が生えたようなもので、おもな役割は圧力に頼っていた脊索の機能が強化されたくらいだ。真に革新的だったのは脊索だ。つまり、進化史における脊椎の成功を理解するために、まずは脊索の出現について解明しなければならない。手がかりは、脊索動物にもっとも近い現生の類縁生物にありそうだ。しかし残念ながら、彼らの情報はあまり役に立たない。近縁種はとても変わった生き物ばかりで、ほとんどが棘皮(きょくひ)動物に属している。頭も脳もない、ヒトデ、クモヒトデ、ウニ、ウミユリ、ナマコなどだ。みな、独特の五放射相称の身体を持っている。棘皮動物に脊索動物と比較できる側面はそう多くないが、棘皮動物の化石記録は役に立つかもしれない。絶滅した棘皮動物の中には、少なくともはっきりとした頭部や尾部がある種が存在したからだ。とはいえ脊索動物の起源を明かしてくれそうな情報はほとんどない。

棘皮動物にもっとも近い類縁である半索動物のほうがもっと期待が持てそうだ。基本形には2種類ある。細長い身体に、鰓孔(えらあな)と口から突き出たヒョウタンを思わせる吻(ふん)を持つギボシムシ(腸鰓類(ちょうさいるい))と、固着性で群体を作る翼鰓類(よくさいるい)だ。半「索」という名前が示すように、これらの生物はかつてわたしたちにもっとも近い類縁だと考えられていた。じっさい、海洋生物学者のウォルター・ガースタング〔1868-1949〕が、脊索動物は群生翼鰓類に起源を持つとして、その綿密な理論を提唱したこともあった。ガースタングは、これらの固着半索動物がやはり固着性のホヤの祖先で、オタマジャクシに似たホヤの幼生がナメクジウオや脊椎動物の原型であるとした。このプロセスは幼形進化として知られている。幼形進化は、成長のタイミングに異変が起きて生物が幼体のまま性的に成熟するときに起こる。簡単にいえば、ガースタングの考えでは、わたしたち脊椎動物は成長しそこなったホヤであるということだ。この筋書きは当時、奇妙なほど人気を博した。固着動物としての困難な生活に背を向けて、活力にあふれ自由な生活を享受する運命という発想に、人間の内なる英雄願望が飛びついたのかもしれない。しかし悲しいことに、DNA鑑定によって、この説の誤りが判明してしまった。半索動物は棘皮類に近く、半索動物も棘皮動物も脊索動物にはそこまでは近くない。翼鰓類はおそらくギボシムシの特別な分派だ。さらに衝撃的なのは、脊椎動物により似ているナメクジウオより、ホヤのほうが脊椎動物に近い生物であるという新事実だ。したがってナメクジウオはほかの動物から「分岐したあと」にろ過摂食用の袋を捨て去ったということになる。結局、固着性動物の祖先が、脊椎動物が打ち捨てなければならなかった過去、つまり脊索動物の樹形図の最初に隠れているという証拠はないのだ。

ここまできても、わたしたちはまだ何の情報もつかんではいない。もし現存する類縁の生物に手がかりを求められないのだとしたら、絶滅した類縁の生物にもう少し可能性があるのではないだろうか。骨があるおかげで、脊椎動物には優れた化石記録がある。しかしこれは、今のところあまり役に立たない。脊索動物の起源について解明するためには、わたしたちの骨に具合よくカルシウムが沈着するようになる前の時代にさかのぼらなければならない。

数少ない化石化堆積物のおかげで、わたしたちは太古の時代の詳細な状況を思い描くことができる。古生物学者チャールズ・ウォルコットによって１９０９年に発見されたブリティッシュ・コロンビア州のバージェス頁岩がその１つだ。カンブリア紀中期（5億５００万年前）にできたこの名高い地層から、驚くほど多種類の動物の化石が、ほかに類を見ない良好な状態で発掘された。硬い甲殻や骨格だけでなく、

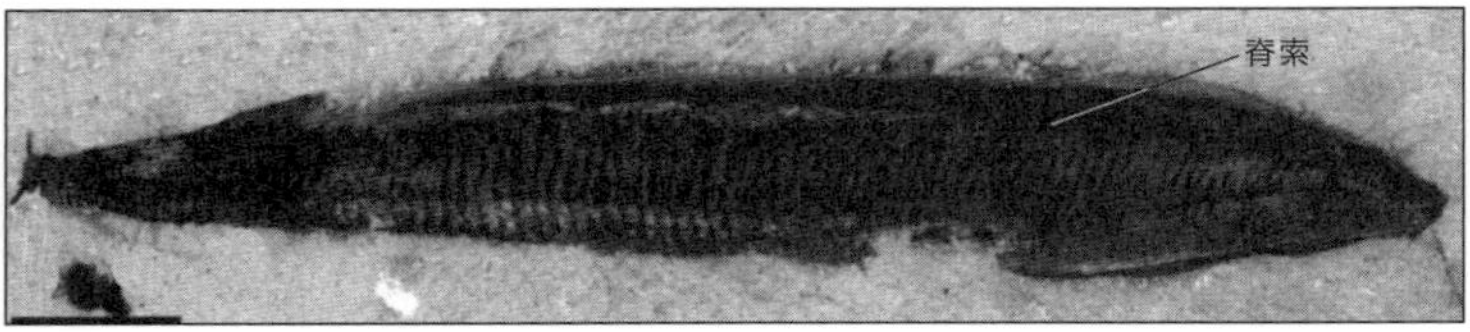

［図4-6］バージェス頁岩で発見された脊索動物または脊索動物に近いと考えられるピカイア。

身体の柔らかい部分もはっきり判別できる。2体の脊索動物または脊索動物に近いと思われる化石、ピカイアとメタスプリッギナもここで発見されている。このうち、より原始的な形質を持つピカイア発見の意義は非常に大きい。ピカイアはナメクジウオに似た小さな頭と典型的な筋節を持っているが、筋肉の区画の境目の角度は浅く、ナメクジウオのようにはっきりとした山形にはなっていない。もしかしたら脊索を持っていたかもしれない（古い化石はよく言われるように、どうとでも解釈できるものだ）が、たとえそうだとしてもその脊索は、現生動物のそれよりかなり細かっただろう。ピカイアの背中には、独特の組成不明の細長い構造が走っているが、これは脊索の圧縮抵抗機能を補強していたのかもしれないし、もしかしたら脊索よりも前に存在していた可能性さえある。

わたしたちの目的からして、ピカイアは、そのあきらかに補助的な脊索の役目のせいで興味をそそる。機能しているらしい脊索を持たない身体なのに、典型的な脊索動物の筋肉がある程度ついている。これはつまり、うねり運動を発生させると考えられている身体構造が完成するより前に、うねり運動そのものが進化したということを示しているのではないか。意外かもしれないが、考えてみてほしい。ふつうの蠕虫がうねり運動をやっていけないという決まりはない。ただひたすら、縦走筋が動いているときに身体が縮まないようにすればいいだけだ。それには少しだけ環状筋の筋緊張を高めればよい。覚えているだろうか、直径を大きくできないときには身体は収縮しない。ミミズの仲間であるヒル類は生物力学界においてこの能力の高さでよく知られている。

無敵の脊索の輝きが急に失われてしまったようだ。しかし悲観するのは早い。うねり運動をする蠕虫は、ある重要な力学的側面において脊索動物とは異なる。固く締まる体幹がないので、這う蠕虫の縦走筋は屈曲するために直接、体壁に働きかけなければならず、ふつうの体腔に物理的な力を生じさせて圧縮に抵抗できるようにする必要がある。脊索動物との大きな違いはここだ。魚の場合、筋節の収縮は筋間中隔と呼ばれる筋節を仕切る層を通して脊索か背骨に伝えられる。筋間中隔が複雑な形状をしていることが多いのはそのためだ。たんに身体を横断する層であったなら、縦走筋の繊維で背骨を曲げる仕事がひどく非効率的になるはずだ。現存する動物の脊索の筋間中隔は斜めになっていて、ピカイアよりも付着している筋肉繊維の作用線にさらに沿って並んでおり、これによって筋肉は背骨をより直接的に引っ張ることができる。ピカイアが教えてくれるのは、うねり運動に特化していこうとする独特の原初的な傾向である。

脊索動物がこの道のりをたどった理由ははっきりわかっていない。カナダのヴィクトリア大学のナメクジウオ専門家であるサーストン・ラカーリの説では、脊索の基本機能は消化管を固くして、うねり運動が消化管の運動を妨げないようにすることだという。身体革命のスタートにしてはパッとしないけれど、ラカーリの理論は発生学的には意味が通っている。ナメクジウオの脊索は発生初期段階の消化器官の突起として現れたものだからである。しかし、どのように発生したにせよ、脊索を持つようになった動物は、古い移動運動を刷新するのにぴったりの新しい方法を得たのである。ヒル類もなんとかうねり運動を行えるが、蠕虫の体型はうねり運動には向いていない。縦走筋が屈曲できるくらいに体壁を薄く保たなければならないからだ。かつては力の伝達は固くした体幹に向けられていた——この制限は完全に撤廃される。脊索動物は、無理のない範囲で、うねり運動に必要な動きを妨げられることなく、身体を使って好きな動きを行える。

脊索動物についてほんの少し知るだけで、彼らが脊索という贈り物を喜んで受け入れたことがわかる。脊索動物の適応拡散はまさに息をのむほどで、変形に次ぐ変形を何重にも経て、あらゆる種類の形態的冒険をしてきている。力強い顎を備えているものもいれば、抗力を最小限にするために流線形の魚雷のような体型になったものもいる。反対に、エイやヒラメやカレイに別々に起こったように、海底に住むのに便利な平らな身体を持つこともできた。先に見たように、脊椎動物には、これに加えて大きな筋力が与えられ、脊索の持つ圧縮抵抗性機能が高まり、より大きな身体になって推力も増大した。大きな尾ひれは推力を増やしたが、その極端な例がキタカワカマスのような待ち伏せ型捕獲者だ。身体の後部に集中してついている面積の広いひれが生み出す加速度は驚異的だ。さらに細かい点を挙げれば、脊椎動物の形状とサイズは微調整されて、背骨の尾のほうに行くにつれて硬さの強弱をつけられるようになったり、筋間中隔を束ねて腱にすることによって動力伝達を変化させるようにもなった。このようにして身体前部の力強い筋肉が尾を遠隔操作し始めたのだ。これらの幸運をすべて手中に収めたのがマグロだ。胸びれと腹びれは移動運動時の制御を簡単にしたが、種族によってはこのひれを転用して通常の推進動作に使い、身体と尾の役割を奪ってしまった。そう、形態学的にはほとんど空想の世界の生き物のような、タツノオトシゴやマンボウといった驚異の海の生き物を生み出したのだ。皮肉なことに、蠕虫のような形状への回帰はよく起こった。流線形の祖先を持つ生き物が、ウナギのような体型になるという進化は何度も繰り返された。典型的な魚の身体に比べて、ウナギ型の魚は力強い推力を生まないが、緩い速度で泳ぐウナギは低燃費での移動を享受している。

レースカーのボディには、前から後ろに1本線か2本線のストライプが描かれることがある。脊椎は、まるでこのレースカーのストライプのようだ。脊椎動物は、脊椎のおかげで、水中推進の熟達者となり、ほかのどんな集団よりも水の中での活動に順応した。多様な進化を見せた脊椎動物は、多くの驚くべき紆余曲折を経てきた。しかし、突飛さでいえば、ほかの何よりも注目すべき事件がこれから起こる。波の下での成功にもかかわらず、脊椎動物たちは陸の征服に乗り出したのである。次の章では、移動運動の長い歴史の中でも、信じられないようなこの話を追ってみよう。

［図4-7］スズキの切り身。筋間中隔の複雑な形状がよくわかる。

5 ひれはいかにして肢になったか

魚だった祖先たちが深呼吸して考えた末、とうとう水から這い出した経緯について

生まれで土地が持てないなら、頭で取ってやる。
どんな手段を使おうと、うまくいくならおれはなんでもいい。

——ウィリアム・シェークスピア『リア王』[第1幕・第2場]

「かわいい」は、ふつうサメのために使われる形容詞ではない。「凶暴」「人殺し」「脅威的」、あるいはこれらに似たような同義語がすぐ頭に浮かぶ。これは、映画『ジョーズ』とその類似作品（加えて、さらに興奮をかきたてる自然ドキュメンタリー映画）の力によるところが大きい。長年マスメディアで悪者扱いされてきたサメの、本当の姿は違うと思っている人たちだけが、「流線形」「優美」という言葉を使ったりする。しかし騙されたと思って、マモンツキテンジクザメ（エポーレットシャーク）のたたずまいを見てほしい。心和まない人はいまい。この愛らしい魚はサメの一種で、ニューギニアとオーストラリア北部沿

岸の浅瀬に住んでいる。胸びれ（前部）の上に濃い色の紋があることから、エポーレット［肩章］という名前がついた。こちらが無防備になってしまうほど小柄で、体長は90センチを超えることはめったにない。マモンツキテンジクザメを怖がっているのは、エサとなる小さな甲殻類や虫や魚たちだけである。何よりもかわいらしいのはその動作だ。泳ぐことは「一応できる」のだが、緊急事態が発生したときだけに限られ、場所を移動するときにはもっぱら海底を這って進む。

　マモンツキテンジクザメを間近で見たら、速く進もうとする気配を一向に見せないのに気がつくだろう。それもそのはず。肢を持たないこの魚は、ひれを使って水底に推進力を与えなければ進めないのだ。この付属器は、ほかのサメのひれの形状と大差はない。肢のあるべき場所に代わりに扇子がついていると想像してもらえれば、マモンツキテンジクザメが直面している問題が理解できると思う。前進できるかどうかは、この小さく短いひれを補うだけの巧みな移動技術を持っているかどうかにかかっているのだ。じっさい、この小さなひれだけでは前向きの推進力はほんの少ししか生じない。ひれはただの支え（この分野では「ポワン・ダピュイ［てこの支点］」という趣（おもむき）ある名称を使う）なのだ。前方への動きを担うのは身体で、片側のひれのあたりで身体を大きく弓なりに曲げながら、反対側のひれを前に出す。この動きを引き起こす力はおもに、前章で見た体壁の筋肉だ。身体の片側の筋肉が収縮するとき、同じ側の胸びれと腹びれが近づき、反対側の胸びれと腹びれは遠ざかる。収縮している側の胸びれと伸長している側の腹びれがしっかりと固定されてこの動きが起これば、前進動作が続いて発生する。その結果、速足（トロット）で歩いているような動きが生まれる。複雑に聞こえるが、筋肉収縮によって身体を左右にくねらせる能力があればいい。前章で見たように、これはサメにとってわけないことだ。うねり運動的な動きは、わたしたち脊椎動物の身体にぴったりだからだ。

［図5-1］散歩中のマモンツキテンジクザメ（ヘミッシュリウム・オセラツム）。

というわけで、マモンツキテンジクザメはまさに海底を歩く生き物として前適応していたのであり、オーストラリアのサンゴ礁で、最小限の努力でエサにありつける。それはよいのだが、生命の偉大な進化上の変成の1つにランク入りするほどではないだろう。ではなぜ、この地味な生物をこんなに真剣に観察しているのか。たしかに地味ではある。しかしマモンツキテンジクザメを見ていると非常によくわかることがある。それは、遊泳のように見える移動運動がシームレスに歩行へと切り替わったときに起こった、長い移動運動の歴史上もっとも驚異的な出来事だ。ほかのどの動物より水中生活に適していた脊椎動物が、移住を決意して陸に上った、という事件である。

陸へ出たがる魚はじつは多い

このあきらかな逆説に対する答えはすでに用意されているように思える。海底や川底や湖底を歩き回っていた生き物が、同じ動作を陸上で行っても、それは多くの意味で文字通り、ほんの小さな「一歩」に過ぎない。水があろうとなかろうと、しっかりとした表面の上を動くことに変わりはないのだ。そうはいっても、陸上移動の見習い中である生き物たちは大きな障害にぶつかる。空気の密度は水の密度より

800倍薄いので、陸上に出てきた動物たちの見かけ重量はあっという間に大幅に増えてしまう。地面から身体を持ち上げるさいに動物は（筋肉と骨格の）強度を試されることになるのだが、早々に身体を持ち上げることをあきらめて、地表で身体を引きずるようになったものはみな、かわりに大きな摩擦力と戦わなければならなくなった。

こうした事情を考えると、マモンツキテンジクザメがなぜ海底でしか歩かないのかも合点がいく。サメやエイはみなそうだが、マモンツキテンジクザメの全身の骨格も軟骨で形成されている。軟骨は比較的柔らかい物質で、わたしたちの骨の末端を覆い、耳や鼻を形作っている。軟骨は水中では申し分のない働きをするが、陸上で身体を支えるのは無理だ。何か非常に珍しい現象が起きでもしない限り、サメやその類縁生物たちはほぼ確実に水の中でしか生きられない。ところが堅固な内部構造を持つ硬骨魚の場合は、軟骨魚ほどの制約を受けない。ハゼのなかでも潮間帯に活動する種類であるトビハゼは、おそらくもっとも有名な水陸両棲魚だが、ヒレナマズや数種のウナギなどほかにも多くの例がある。

陸上で動き回るための方法は種類によってさまざまだ。たとえば、実質上ひれを持たないウナギはヘビのように動く。ヒレナマズも身体を左右に（それも激しく）くねらせるが、歩幅を広げるために胸びれを使うので、むしろ腹びれを使わないマモンツキテンジクザメのようでもある。飛ぶのが得意な小型の魚もいて、尾を使って水の中から空中に勢いよく飛び出す。彼らは、水たまりから水たまりへ、川から川へ移動するときの移動手段として、ときどき陸上に現れるだけだ。潮間帯生物のトビハゼの場合は、もっと頻繁に陸地で活動する。トビハゼはとても不思議な歩き方をする。まったく身体をうねらせず、胸びれを左右対称に使って推進するのだ。

硬骨魚が陸上で活動するときの動作に著しく欠けているのは、マモンツキテンジクザメのような速足（トロット）である。ただし、この言い方は正確ではない。硬骨魚のある集団は、実質上この歩行スタイルを「取り入れた」からだ。しかし彼らはもはや魚とは呼ばれていない。四肢動物という名前がついているのだ。四肢といわれたのは、陸上で対になった「四」枚のひれを使うことと、新たな使用目的のために変化したひれが「肢」と呼ばれるようになったからだ。四肢動物はもちろん脊椎動物のなかの一集団だ。四肢動物と呼ばれるのは、わたしたち人間を始めとするすべての哺乳類、鳥類、爬虫類、そして両生類である。

　四肢動物はあきらかに独自路線を通って陸性になった。もっとも陸上生活に馴染んでいる、非四肢動物である脊椎動物のトビハゼでさえ、結局は今も魚であり、効率よく水陸生活を送ってはいるものの生息環境は限られている。かたや四肢動物は、とうの昔に魚としての制約のほとんどから逃れて拡散し、陸上で脊椎動物レベルの大きさの動物が住めそうな場所ならどこにでも住みついた。追い打ちをかけるように、四肢動物たちは何度も水の中に戻っては、うまく立ち回って適応した。つまり、近縁種である魚類をやっつけてそのあとに居座ったのだ。四肢動物による陸の制覇は、地球上の生命の歴史においてもっとも重要な事件だったのだ。これに比べると半陸生の魚たちがみせた陸上進出は中途半端なもので、せいぜい進化の歴史の記録にちょっとした脚注を加える程度のことでしかなかった。四肢動物の大きな特徴である体肢に、何かその秘密が隠されているに違いない。さらに、もう1つ不明な点がある。度重なる脊椎動物の圧勝にもかかわらず、ひれから四肢への進化はなぜ一度しか起こらなかったのか。トビハゼも今ごろ後悔のあまり自分のことを叩いているに違いない。いや、叩く手があるのかどうかは……ご想像の通りだ。

肢とひれの関係の証拠となった魚の発見

半陸生の魚たちにあまり手厳しくすべきではないのだろう。なんといっても、ひれと四肢の造りは全然違うのだから。あまりに見た目が違うので、長いあいだ、これら2種類の末端器官に相似性を見出す人間はいなかった。アリストテレスは、陸生であれ水生であれ、ほぼすべての脊椎動物（彼のいう「有血」動物）に2対の付属器を発見していたが、彼はひれと四肢の類似性の理由を、有血動物の運動には4つの末端器官が必要で、無血動物（無脊椎動物）は4つ以上の末端器官を使うからだ、と考えていた。こういった根拠の薄い言説を打破するには、めったにないような状況下で、めったに見つからないような種類の魚が発見されるまで待たねばならない。

1797年8月、勝利を収めたイタリア遠征から戻って間もないナポレオン・ボナパルトは、総裁政府にエジプト侵攻を進言した。総裁政府はこの野心に満ちた人気のある司令官を首都パリからなるべく遠ざけておきたかったため、この不可解な要求をのんだ［*］。政府の許可を受けたナポレオンは1798年5月19日、トゥーロンの港から5万の軍を率いて出兵した。しかしこれは通常の武力侵攻ではなかった。ナポレオンは、類まれなる自軍とともに、みずから選んだ167人の数学者、歴史学者、博物学者、物理学者、天文学者などから構成される学術調査団も率いたのである。学者たちはこれから侵攻する異国の地のあらゆる側面について研究するという任務を帯びていた。メンバーのひとりに、エティエンヌ・ジョフロワ・サンティレール［フランス生まれ。国立自然史博物館教授。1772－1844］という26歳の動物学者がいた。

ジョフロワ（これが彼の通称だ）は、進化生物学における影の英雄だ。ダーウィンがもっぱら生命体がどのように変遷するかに関心を寄せていたのに対し、ジョフロワは形態の統一性という考え方に傾倒していた。生命体のあいだに見られる多くの共通点を観察したとき、彼が発見したのは、生命体の型である原型が1つあり、ここからすべての種がさまざまな形態を帯びつつ派生しているという徴(しるし)だ。こうしてジョフロワは、のちにイギリスの解剖学者で進化論否定論者のリチャード・オーウェン〔1804-1892〕が1843年に名付けた相同性(ホモロジー)という概念の先駆け的な提唱者となった。

相同性とは、「同じ器官が、異なる動物の間に、あらゆる異なった形態と機能をもって存在すること」を意味する。よく挙げられる例としては、コウモリの翼、ヒトの腕、アシカのひれ足、そしてネコの手がある。みな、表面上の違いとは裏腹に、明確に同じ系列のもとに作られている。どの器官にも、肩帯と接合している基盤となる1本の骨(上腕骨)に、肘の第一関節で接合している2本の骨(橈骨(とうこつ)と尺骨)が続き、短い骨の集まりである手根骨、そしてさまざまな形の手指が最大5本(変異で多指症にならない限りは)までついている。進化上、異なる種のあいだで見られるこのような相同性は、彼らの共通の祖先の存在を示唆する重要な証拠である。

ジョフロワほどやる気にあふれた相同性の探求者は、たしかにほかにはいなかっただろうが、その野心はときおり度を超すほどだった。晩年の手紙の中で彼は、橋がかけられそうにない脊椎動物と無脊椎動物のあいだに横たわる断絶に、橋をかけようとしているところだ、と書いている。ここで彼は、節足動物の外骨格は脊椎動物の内骨格と本質的に同じで、唯一の違いは節足動物が背骨の「中」に住んでいる点であ

[*]総裁政府にとってこの措置はたいして役に立たなかった。ナポレオンは1799年に帰国し、クーデタを起こした末にみずからが第一執政におさまった。

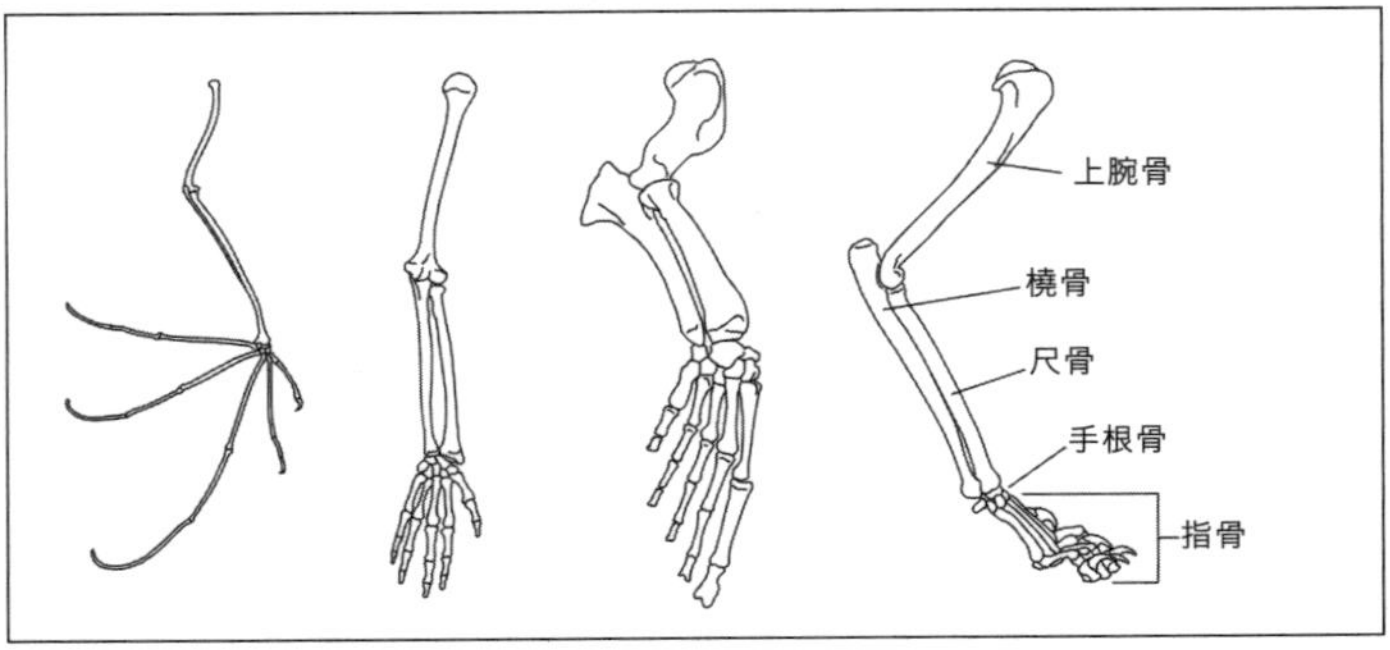

[図5-2] 前肢の骨格。(左から右へ) コウモリ、ヒト、オットセイ、ネコ。全体の見た目はとても違うのに、上腕骨、橈骨、尺骨、手根骨、指骨がそれぞれ相同することははっきりと確認できる。

る、という説を展開している。また、頭足動物(イカ、タコ、コウイカとその仲間)のことを、脊椎動物が腰から後ろ向きにブリッジのように二つ折りになった動物だとみなしていた。相同性を追求するあまり極論に走ってしまったようで、当時の解剖学者たちからは当然ながら非現実的であると片付けられたが、近年の遺伝子解読が示唆するところによると、脊椎の構造は節足動物や蠕虫を裏返してみればわかるというジョフロワの主張には一理あるようだ(詳しくは6章で)。

時をさかのぼった1798年、ナポレオン軍が順調にエジプトに攻め込んでいたころ、若きジョフロワの頭にはまだ、このような発想はまったくなかった。すぐに新しい土地の動物にかんする驚くべき事象を書き記す仕事に取り掛かり、やがて地元の漁師や猟師らを集めてみずから小隊を編成し、任務を手伝わせた。ヨーロッパでは知られていない動物も多く、さまざまな種類を次から次へと収集していったときのジョフロワの喜びは想像に難くない。しかしそんな時もすぐに終わってしまった。ナポレオンの圧勝後1カ月も経っていない8月1日、ネルソン総督〔アメリカ独立戦争でも活躍したイギリス海軍提督。1758-1805〕の艦隊がフランス軍に追いつき、指揮官ナポレオンの作戦ミスも手伝って、4艘を除いたすべてのフランス艦船を破壊または占領した。ナポレオンはレバント地方で陸上戦を続行したが、地元民の反乱や腺ペストなどのさまざまな災難に見舞われ、これ以上司令官として戦いを続けることができない状況に追い込まれてしまった。

１７９９年、ナポレオンはエジプトから撤退し、地中海を渡ってフランスへ帰国。ジョフロワを含む残留フランス人たちはエジプトにとどまり、1801年に降伏した。ジョフロワなどの学者たちが3年の在任期間に収集したものは、イギリス船で本国へ護送された。捕虜にかんする協定に基づいて、学者たちが3年の在任期間に収集したものは、伝説的なロゼッタストーンを含めてすべて没収されることになっていた。しかしジョフロワはここで最後の抵抗を示し、自分の収集品をイギリス軍に手渡すぐらいなら火をつけて焼くと言って脅したのである。収集品はパリに持ち帰ることが許された（とはいえロゼッタストーンは現在、大英国博物館の特等席に鎮座している）。

イギリス軍の手を逃れてジョフロワが無事持ち帰った標本のなかに、ナイル川で捕獲した奇妙な形の魚がいた。１８０９年にジョフロワはこう断言している。たとえエジプトでの発見がこの魚1匹だけだったとしても、あの不運な軍事行動下での恐怖や苦難を乗り越えたかいがあったと。この魚の体長は約50センチ、細い円柱状の身体は分厚いウロコで覆われており、背中には小さな背びれがたくさん並んでいる。背びれの数の多さから、ジョフロワはこれをポリプテール（多くのひれ）と名付けたが、この名はのちにラテン語化してポリプテルスとなった。特異なえらの形状のほかにも、際立った特徴が2つあった。1つめは、食道に接続している空気で満たされた一対の袋で、ジョフロワの見立てでは鰾（うきぶくろ）であった。浮力調節の器官は硬骨魚に見られるが、ふつう鰾は単独で存在し、対になってはいない。青年動物学者の注目をもっと引いた器官は、肉質の付け根から生えている胸びれだった。ジョフロワ自身の言葉（フランス語からの翻訳であるが）を引用するなら、ひれの付け根は「まさに腕そのものだ。その内部にある小さな骨は哺

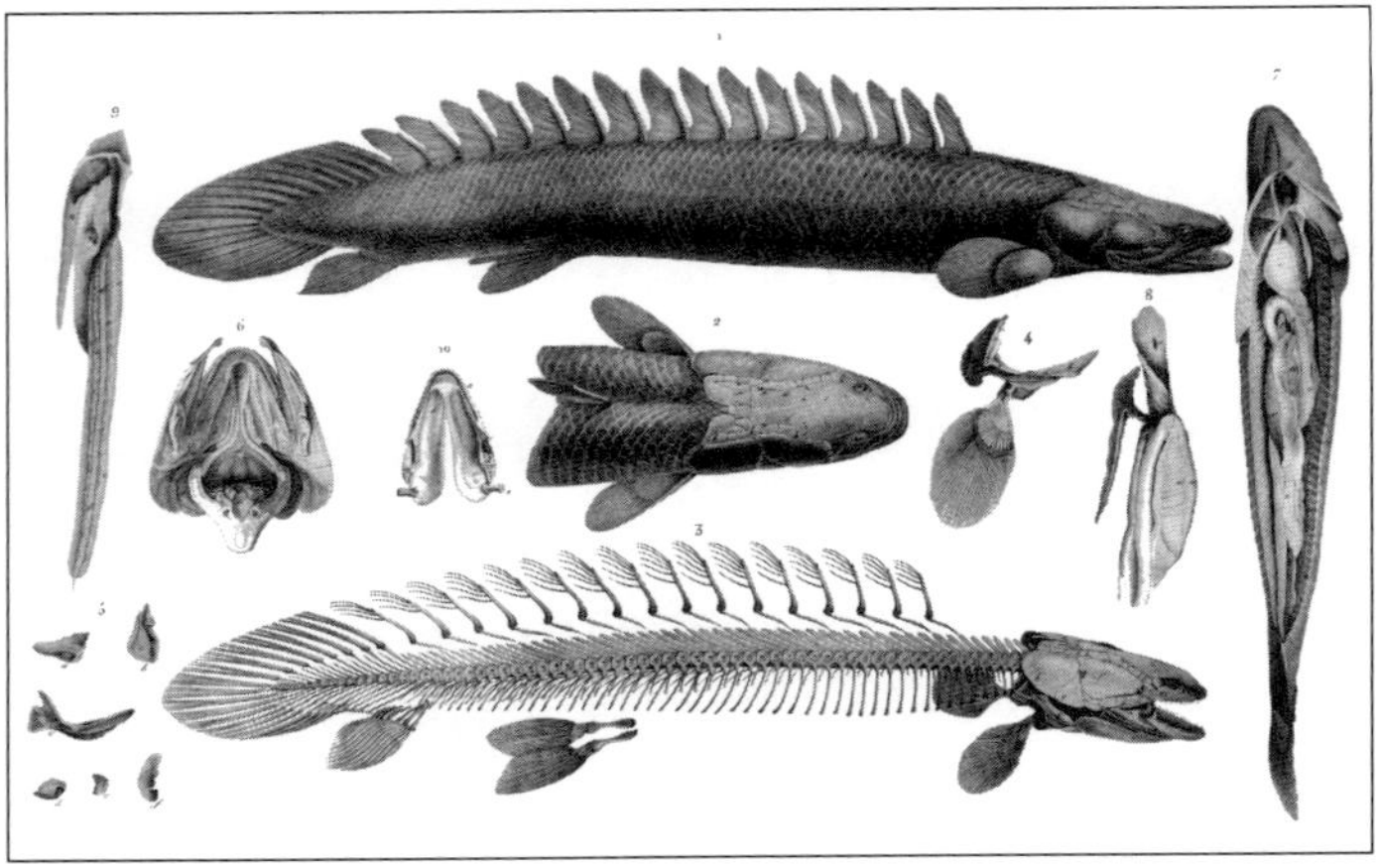

［図5-3］エティエンヌ・ジョフロワ・サンティレールによる「ポリプテルス・ビキール」のスケッチ。

乳類に見られるものと同じとみなしてよいほどなのだから」［*］。

　これは特筆に値する推論だ。あと数年待たなければダーウィンが生まれてこないような時代に、ジョフロワは、外見の違いにもかかわらず、魚のひれは哺乳類の体肢に相当していると気づいたのだ。彼の見解の意義深さが評価されるようになるまでには何年もの歳月が必要だったが、ポリプテルスを世に知らしめて、ひれと体肢にはそれほど違いはないのではと考えるきっかけを作ったのである。このナイル川の宝石が例外的な生き物ではないことはその後すぐにあきらかになった。19世紀には絶滅した魚の化石が数多く発掘されたのだが、これらのひれはポリプテルス同様に肉厚だったのだ。この生物集団は1861年、トーマス・ヘンリー・ハクスリーによって総鰭類（*Crossopterygii*）と命名された（*Crossopterygii*は「房飾りのようなひれ」という意味。ひれの葉状部分の周囲に鰭条［ひれの先の細い骨］が房のようについていることに由来する）。

　絶滅した総鰭類のなかでもっともよく知られている

のは、カナダ・ケベック州のミグアシャ層で1881年に発掘された、キタカワカマスに似たデボン紀末期のエウステノプテロンだろう。総鰭類の典型的なひれの付け根はどうなっているのか、わかりやすい例を示してくれる。総鰭類のひれは、付け根のところで1本の骨によって胸帯または腰帯に接合している。これはほとんどの硬骨魚が、たくさんの小さな骨によってひれを支えているのとは対照的だ。その胸帯または腰帯につながる1本の骨の先に、短い骨が長い骨を支える形で一対の骨が並んでおり、同様のパターンがもう一度繰り返される。これら骨の長さはひれの葉状部分の長さに等しい。骨の先には房飾りのように鰭条がきちんとならんで伸びている。ここで重要なのは、ひれの付け根で1本の骨に2本の骨が接合して1組になっているという点だ。これは四肢動物の体肢に見られる構造と同じである。前肢には上腕骨、尺骨（前部）、橈骨（後部）、後肢には大腿骨、脛骨、腓骨がある。相同の配列は、四肢動物の祖先は総鰭類の一種であるという確固たる証拠だ。

エウステノプテロンの特徴である、付け根に1本の骨があるひれ骨格と同種の骨格は、さまざまな総鰭類の魚に見出せる。これだけの数が揃っている事実から、このひれ骨格は総鰭類全体の基本パターンといえるかもしれない。皮肉なことに、仲間はずれなのはおなじみのポリプテルスだ。ひれの葉状部分の内部の骨格はエウステノプテロンとは大きく異なり、2本の分岐した骨が帯と接合しており、その隙間を扇状に広がる軟骨が埋めている。そのため、ある意味、総鰭類の元祖であるにもかかわらず、ポリプテルスは結局その集団から追放されてしまったのだ。

［＊］その後、ポリプテルスが、身体のうねり運動と連動させて肉厚のひれを使い、陸の上を動き回るということが判明した。ヒレナマズの歩き方をもう少しだけ優雅にした動作である。

ポリプテルスが総鰭類の集団から抜け、四肢動物が総鰭類の末裔であるという認識が芽生えた1950年代、名前の変更が適切だとされ、わたしたち（なぜならここには四肢動物も含まれているから）は肉鰭（にくき）綱（こう）と呼ばれるようになった。「肉質のひれ」を持つ生物という意味だ。肉鰭綱に属する魚はほとんど絶滅し、現生種はわずか数種類だけだ。南米、アフリカ、そしてオーストラリアの淡水に生息し空気呼吸する肺魚、そしてもう1種類は本章の最後で紹介することにしよう。一方、スズキ、タラ、金魚、トビハゼなど、そのほかの硬骨魚はみな、「鰭条だけのひれを持つ魚」という意味で条鰭綱（じょうきこう）と呼ばれる。これらの魚は、全部ではないが一般的に肉厚のひれを持たないからだ。肉厚のひれを持てずに落後したポリプテルスは、お察しの通り現存するもっとも古い条鰭綱の魚である。少々複雑だが、肉鰭綱と条鰭綱のもっとも近い共通

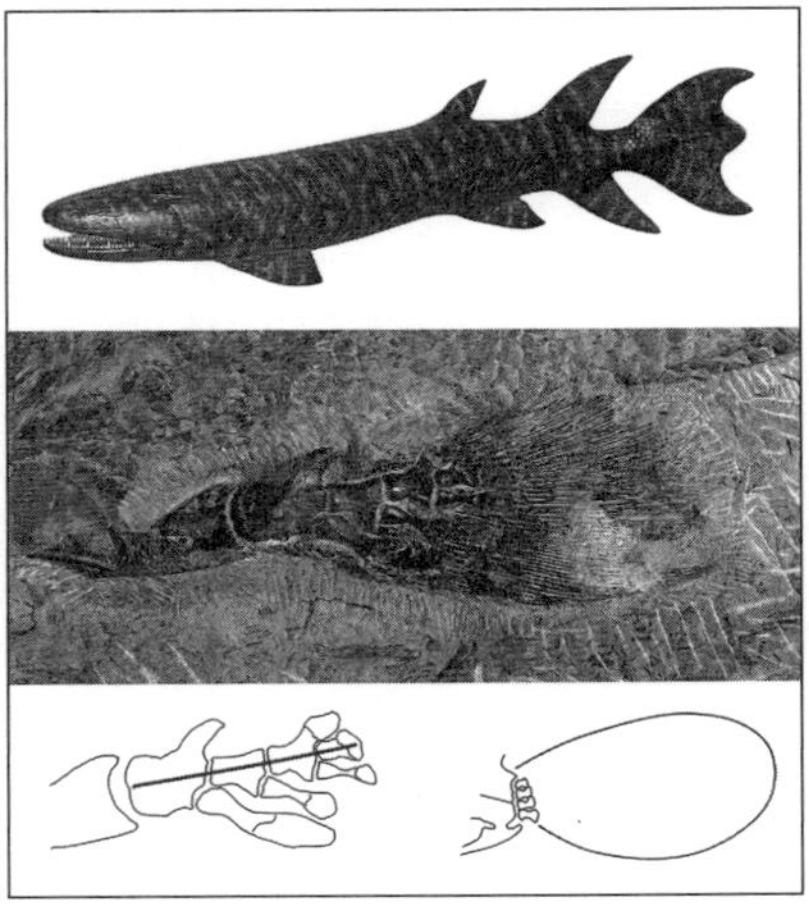

［図5-4］デボン紀の肉鰭綱エウステノプテロン・フォールディの模型（上）と、その胸びれの化石（中）。ひれの後縁が写真の上側になる。ひれの内骨格の主軸を下の図に示した。隣は典型的な条鰭綱のひれ（鰭褶（きしゅう）の大きさに注目）で、内骨格が著しく後退し、複数の骨が帯と接合している。

祖先は肉厚のひれを持っていた生物に違いなく、条鰭綱の魚が進化するにつれ、肉厚の付け根が次第に消失していった、ということになる。エウステノプテロンに見られるように、それぞれのひれの付け根の骨格は1本の骨で、これが肉鰭綱に際立った特徴だ。肉鰭綱のひれには、肉質であろうとなかろうと、この基本的要素がかならず反映されている。

四肢が進化したのは陸上ではなかった

肉鰭綱と四肢動物をつなぐ鎖が成立したところで、今度はひれから四肢への移行がどのように発生したか、その基本的な仕組みを見てみよう。古生物学者のアルフレッド・シャーウッド・ローマー［アメリカ生まれ。脊椎進化の専門家。1894-1973］は完全な筋書きを組み立てた最初の人間のひとりで、地質学者のジョセフ・バレル［アメリカ生まれ。1869-1919］による先行研究を土台にして理論を展開した。バレルはデボン紀に赤色砂岩が多くの場所に存在していたことに着目した。彼によると赤色砂岩はしばしば干ばつに見舞われていた証拠である。赤い色は酸化鉄によるもので、酸化鉄は砂が空気にさらされたために形成されたと考えたのだ。肉鰭綱の化石がこの旧赤色砂岩の地層で発見されたため、ローマーは魚もこの干ばつ状態を経験したと推測し、住んでいる水場が干上がるたびに、よその水たまりを求めて陸の上を這いつくばって進もうとし、このときに肉厚のひれを使ったのではないか、と論じた。時が経つにつれてひれは徐々に太くたくましくなり、陸上での使用に便利な形状に変化し、これらの肉鰭綱の魚たちは少しずつ水中に滞在する時間を縮めていった。そしてついに、繁殖期にだけ水に戻るようになって両生類になった、というのがローマーの推論だ。

ローマーの発想はきわめて道理に適っていた。ときおり陸上への遠征に乗り出すことで知られる魚は多いが、彼らは葉状のひれを使っているわけではない。四肢に似た付属器を備えた肉鰭綱の魚にとって、陸上を移動するのはもっと簡単だろう。この説は仮説としては優秀だが、優秀な仮説がみなそうであるように反証も可能だ。ローマーの基本的な考えは、ひれから四肢への変化が陸上で起こったというものだ。たとえば既に知られている両生類よりもさらに原始的な両生類の古い化石が発見され、それが水中生活に適応していた多くの特徴を備えながらも、ひれの代わりに四肢を持っていたとしたら、魚が水から出てきてから両生類になったという彼のシナリオはきわめて疑念の余地があるものになるだろう。

ローマーにとっては残念なことに、1987年、まさにこれに当てはまる化石が発見された。化石は、ケンブリッジ大学の動物学博物館で学芸員をしているジェニファー・クラックによって、グリーンランド東部で思いがけなく発見された。以前の地質調査から四肢動物の化石はこの地域では珍しくないと聞いていたクラックは、イチかバチか、デンマークの石油発掘隊に言葉巧みに便乗してグリーンランドに向かったのだった。手短にまとめると、幸運の女神は彼女に微笑んだ。遠征から持ち帰った標本のなかに完璧な保存状態の化石があったのだ。以前に頭部だけが発見されていたアカントステガと呼ばれる生き物のほぼ完全な骨格だった。アカントステガの時代、生息場所であったグリーンランドはひどく蒸し暑い河川流域だった。約3億6500万年前のデボン紀後期に生きたアカントステガは、今のところ最古の四肢動物の1つとされている。化石骨の破片だけでなく骨格のほぼ全体が現れたという点では、文句なくもっとも古い四肢動物だ。

ケンブリッジに戻り、岩に埋まった骨格を丁寧に取り出した結果わかったのは、アカントステガがふつうの四肢動物ではなかったということだ。ぱっと見たところはサンショウウオに似ているが、いくつかの特徴からすると、あきらかに魚以外の何ものでもなかった。尾には鰭条の幅広い房がついている。喉の中には繊細な骨の構造が存在するが、一対のえらであったとしか考えられない。四肢があるものの、陸上歩行には向いていない。前肢と後肢に指が8本もついているのである。四肢動物の場合、一般的に指は1本の肢に多くて5本までだ。この動物は厳密な意味での肘、膝、踵、そして手首の関節は持たず、なんとなく柔軟な部位があるのみだ。肩の可動域は狭すぎて、力強く歩行するには十分ではない。

アカントステガのどこを見ても、水に住む動物であるという徴しか見えない。リボンのような尾は紛れもなく水の中での推進力を起こすために使われるもので、大きな手と足がついた単純な造りの腕と脚には、地表から身体を押し上げつつ前進する能力などなかっただろう。これらはひれ足と呼ぶべきもので、地上を歩くのには向いていない。しかしこれらの事実だけでは、ローマーの筋書きはくつがえせない。なぜなら、現存するサンショウウオの多くと同様アカントステガも二次的水生動物〔陸上生活者が再び水中生活をするようになったもの〕であり、大昔に陸上でひれを四肢に変えた陸生動物をその祖先に持つ、という可能性もあるからだ。とはいえこの説はアカントステガの身体構造における3つの側面と矛盾する。第一に、尾の部分にある鰭条は二次的水生動物には見られない。サンショウウオのように、尾の部分の皮膚が輪縁状に広がっているものであってもだ。第二は指の多さで、これは水中に戻っていった四肢動物には見られない形質である。そして第三の決定的要因はえらだ。両生類の幼生の多くにはえらがあるが、かならず身体の外側についており、喉の部分からピンク色の肉厚の羽が突き出ているように見える。アカントステガは典型的な魚のえらを体内に持つ。このようなことから、たしかにアカントステガの祖先は、あらゆる点でアカントステガ自身と同じ水生動物だった。さらに、ローマーの信念に反して、彼らは水の中に生きて何の不都合もなかった。岩を赤く染める酸化鉄は、何もアカントステガのいる場所で形成されなくてもよいのだ。地

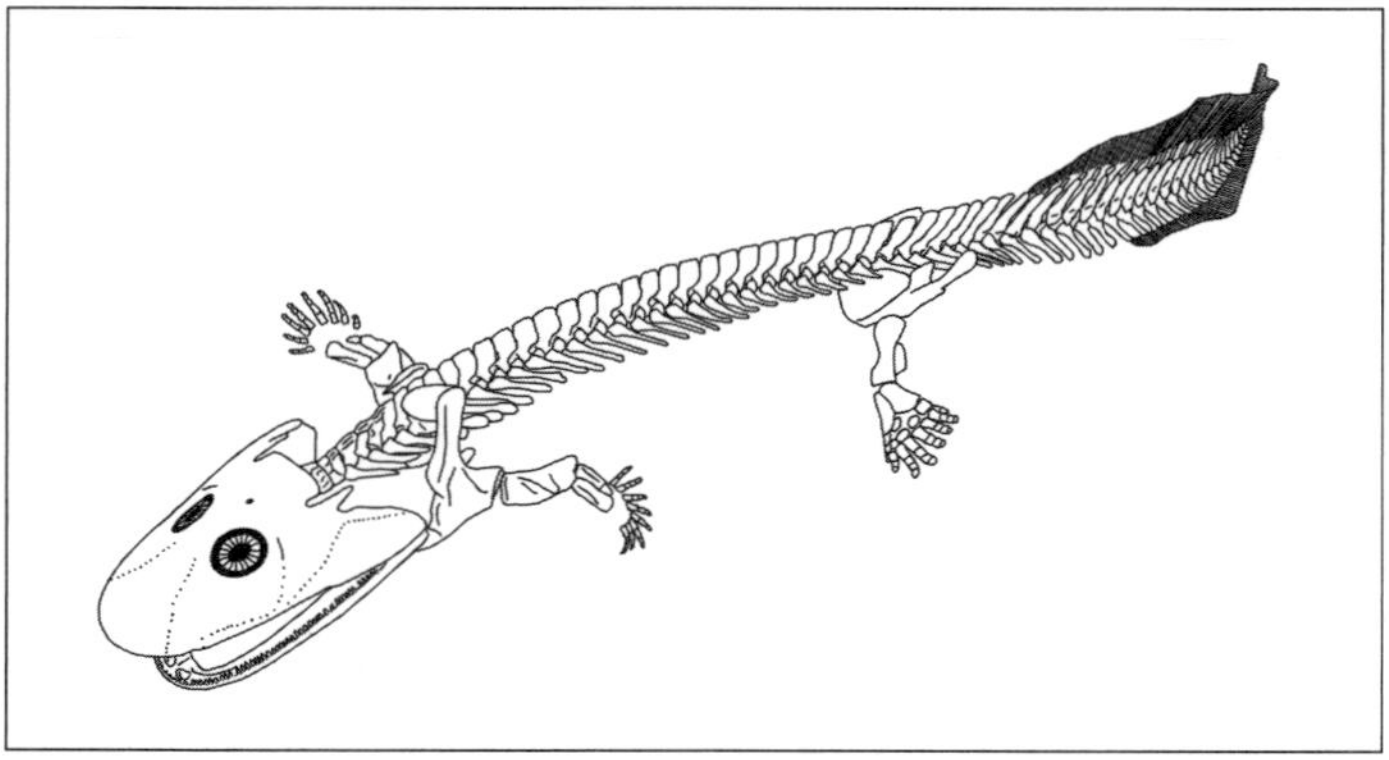

［図5-5］アカントステガ・グンナーリの復元骨格。

上で形成された後、川、河口、湖、沼に洗い流されて注ぎ込まれたのかもしれない。これは現在でも起こりうる現象だ。そして赤い沈殿物は長い年月をかけて岩となり、魚（と奇妙な四肢動物）はその上の水の中で繁栄していたのだ。

アカントステガを完全で原始的な水生動物として再現しようとすると、問題に直面する。陸上で動き回らなくてもいいのなら、なぜ対のひれが四肢に変化したのだろう？　この問題は、じつはそれほど厄介ではない。陸上を移動するのに適しているのは肢だけで、まともな水生動物なら肢ではなくひれを持っている、という思い込みは、わたしたち脊椎動物ばかりを見ているせいではないだろうか。

この憶測がいかに不当であるかは甲殻類に注目すればわかる。イセエビやザリガニは魚と同様完全に水生だが、足を使って歩き回っている。表向きは泳ぎに専念しているようなエビも、腹部にはぎっしり足と足びれがついている。こうした形質の共通項は、生息環境の接触面である。水底にいようと地上にいようと、堅固な肢は柔らかいひれよりも歩行に適している。その理由は明白だ。付属肢を使って底質を押して進むために、底質にできるだけ大きな後ろ向きの押す力を与え、床反力がくれる貴重な推進力をたっぷり得る必要があるからだ。付属肢が折れ曲がって、面を押すかわりに空滑りするような形に変形すれば、力は無駄になる。脊椎動物に限っていえば、これは縁飾りのような鰭条との決別を意味する。しかしそれだけでは理想的な動きは実現しない。付属肢には適度な長さがあって、ほどよいてこの力を生んでもらわなければ困る。また、滑り防止に摩擦がもっと必要だから、末端部分が広いほうが便利だろう。同じ理由から、軽い把握機能も少々欲しい。これで解決だ。鰭条だけを使って動くのはやめにして（肉厚の葉状部分だけは残して）、ひれの内骨格を発達させ、発達パターンをわずかに操作して、その末端面積を大きくしてみるのはどうだろう？

本質的には、これこそがひれから四肢への変化の経過だと思われる。ただ、細かい部分にかんしてはまだはっきりとしない。わかっているのは、内骨格の発達と鰭条を含むひれ本体の発達が、互いに拮抗するような形で、同時進行しているということだ。対になった付属肢の胚発生期間の早い段階、まだ付属肢が小さな塊でしかないときに、それぞれの付属肢の末端の周りを取り囲むように外胚葉性頂提（「外胚葉」は胚のもっとも外側の層）と呼ばれる帯状の組織が形成される。頂提が供給するのは化学伝達分子で線維芽細胞増殖因子（ＦＧＦ）が含まれており、これがひれ／四肢の芽体の中の内骨格形成を行うプログラムのスイッチを入れる。魚の場合、内骨格が構築されているあいだ、頂提はひそかに大量のＦＧＦを生産し、そののち自身も成長し始めて、拡張してひれ本体を形成する。そして最終的に、頂提はＦＧＦの通過を遮断し、内骨格の増殖をやめさせる。進化論的にいえば、初期の内骨格形成段階を延長するような発達上の微調整を何かしら行えば、自動的にひれ本体の成長は切り詰められることになる。つまり一石二鳥というわけである。その逆もまたしかりで、ひれ本体の成長があまりに早く始まると、内骨格の形成が止まり、ひれの葉状部分も大きく成長しなくなる。条鰭類の魚は、こうして肉厚のひれを失ったのだ。

とすると、ひれからアカントステガのような四肢への変化は、思ったよりも単純な進化上の移行だったのかもしれない。わたしたちの祖先が、ひとたび水の底をゆっくりと進む動作を始めると、自然選択によってひれがより堅固で四肢に似た器官になるのは時間の問題だった。そして否応なく次の問題が発生する。祖先の水生動物たちはそもそも、なぜ水底に身体をこすりつけるようにして移動し始めたのだろうか？この問題に取り組む前に、海の底が好きな脊椎動物が、原初的な四肢動物の前にも後にもいたということを覚えておこう。われらが友人マモンツキテンジクザメはその好例だ。ガンギエイ、エイ、そしてカレイ目の魚はおそらくいちばんわかりやすい例だろう。カレイ目の魚は海底を歩きはしないが、ガンギエイやエイの仲間には、腹びれの一部を原始的な足に変化させた魚がいる。しかし、海底を歩く魚のなかでも目立つ存在は、ずんぐりとしたカエルアンコウと、それとは赤の他人のバットフィッシュ［アンコウ目の魚］に違いない。両グループとも、ひれを、衝撃的なほど体肢に似ている付属器に変化させているのだ。カエルアンコウのひれがどれだけ体肢に似ているかというと、手に似たひれの先を広げてつかむことができるほどなのだ。そして水面下の岩や海藻をよじ登ったりする。

水中を歩く魚を見れば、わたしたちの遠い祖先が歩行という手段を選んだ理由を知る貴重な手がかりがつかめる。マモンツキテンジクザメのように、生態環境内に住む生き物をエサにする魚（自分の生態環境内ですべてをまかなう低コスト型の移動運動で、もちろんこれが理想的）を除けば、深海底を這い回る生物たちはみな獲物をこっそり待ち伏せしてとらえるやり方で生きている。とくにバットフィッシュやカエルアンコウは陰湿な行動が得意だ。アンコウと同じように、彼らは口の真上においしそうな、ぴくぴく動く、誘引突起をぶら下げている。そして口を一瞬のうちに大きく広げ、空腹か好奇心に勝てずに絶妙のタイミングで近づいてきた無防備な生き物を飲み込む。こんな状況下では、歩きながら立ち回ったほうがよい。泳ぎながら待ち伏せなどしたら、かならず企みがばれてしまう。海水がかき回されて大きな水の流れが起こるので、待ち伏せしているつもりが、まるで「ばあ！」と大声で叫んで飛び出していくのと変わらなくなってしまうからだ。水ではなくて海底面に推進力を与える、つまり泳いで獲物に襲いかかるのではなく忍び寄る方法のほうが、エサにありつける可能性が高いだろう。これなら従来通りの水中移動能力を放棄する必要はないし、身体にはまだ尾もついているから、その気になれば泳ぐこともできる。これはすばらしい。じっさい、ここまで紹介してきた歩行する魚たちはみな、急いでどこかへ向かわなければならないとき（またはどこかから逃げるべきとき）、地面から離れて泳ぎだす。速度を出したい場合、歩行は遊泳には絶対にかなわないからだ。

デボン紀の浅瀬に戻ろう。かつては広い水域で暮らした祖先たちが、こそこそと獲物を狙う生活様式に転向したことは容易に想像できる。多くの肉鰭綱の魚は、ひれが身体の後方に集中してついている、キタカワカマスに似た高加速が可能な体型を共通形態として持っていることから、待ち伏せ型捕食の生活を中心に送っていたようだ（エウステノプテロンを思い出そう）。デボン紀後期は、わけのわからない恐怖に支配された時代であったに違いない［この時期、寒冷化や海洋無酸素事変などの環境の変化により、多くの海生生物が絶滅した］。そう考えると、あちこちで奇妙な生き物たちが水底を踏みしめてみようとしたのも、この動作にもれなくついてくる特典を思うと納得がいく。植生に恵まれた浅瀬では、水底を押す力だけでなく、そこに生えているアシを押しのける技能が加われば、前進はとてつもなく簡単になる。そして水深がもし非常に浅いなら、胸びれから身体を少し持ち上げれば空気呼吸も楽にできただろう（このあとすぐ紹介するが、水生の四肢動物候補たちは絶対に空気呼吸者だった）。

肉鰭綱のひれだけが上陸に成功した理由

こうして四肢が発生した（たぶん）。そしてアカントステガが魚から分岐したあと、進取の気性に富んだ四肢動物の若者が1匹、沿岸部に住んでいた。陸上のおいしそうな節足動物に誘われたのか、それともたんにほかの待ち伏せ系捕食者とのいさかいに嫌気がさしたのか、この動物はあるときひらめいた。自分が持っている四肢は、水の中を歩くだけのものではない、と。新しい世界への扉を開けるためには、水の上に出ていけばいいだけだ。

ただ、この絶好のチャンスを生かすには、変えなければならないことがいくつかある。先に見たように、アカントステガの付属肢は陸の上を歩くよりも水の中でばたばたさせて進むのに適していた。その理由の1つは、地上で引きずりまわるには労力がいりそうな大きくて重たい手足がついていたせいだ。この問題は簡単に解決する。手指も足指も接触面を確保するのに必要な数だけ残して、指の数を減らせばいいのだから（各肢に5本の指というのが最適な数だが、これは自分の手足を見れば確認できる）。次に、本格的な肘関節と膝関節がない。アカントステガはそのせいでいつまでも大の字で這いつくばったままだった。こういう四肢を持ったらどんなに大変か、実感するために腕立て伏せを、肘を曲げないで両手を横に広げてやってみてほしい（とにかく試してみよう）。できたとしても多大な労力が必要になる。手に作用する床反力が、重心の真下にある、全体重量が生み出す力の作用線から離れているからだ。これら2つの反対方向の力が大きく離れているために発生する大きなトルクを胸びれの筋肉（を始めとするほかの筋肉）を使って釣り合わせて、身体を地表から持ち上げなければならない。したがって、陸生四肢動物は、うまくやって身体を支える拠点となる「ポワン・ダピュイ（支え）」を重心のより近くに持ってきている。四肢を短くするだけで効果があるが、そうすると手足の届く範囲が大幅に減少する。だからといって先に進めなくなるわけではない。ヘビは長い四肢がなくても大丈夫だ。ただ、ここにもう1つ選択肢がある。四肢に関節を取り入れるのだ。そうすれば地面に向かって四肢を曲げることができ、ふつうの腕立て伏せの姿勢がとれる。両者の長所を同時に得られるというわけだ。身体を支える労力が大幅に減り、しかも歩幅を縮めなくてすむ。

なるべく楽に歩けるように四肢を内側に引き入れたのは、初期の四肢動物だけではない。この傾向はずっとあとまで続き、哺乳類の祖先や恐竜はそれぞれ、脚を身体の真下に来るように引き込んで、より直立な姿勢を目指した。人間の脚に見られる症状である外反膝（X脚）も、同じ傾向の続きと考えられる。こうした変化はすべて、身体を支えて動かすときの消費エネルギー節約効果をさらに高めたが、一方で安定性の減少という代償を支払うことになった。四肢動物のなかでも、とくにトカゲ類など一般的に小型で凹凸の多い面を走り回る動物が、昔のままの腹ばい姿勢を続けているのはそのせいだ。

決着はまだついていない。よく見逃がされているが、腹ばい運動は複雑だ。身体を前に押すために、支持腕または脚を曲げながら四肢を身体の下に引き入れるとき、前腕〔肘から手首まで〕と下腿〔膝から足首まで〕は、その骨格軸を中心に回転しなければならない（試してみよう）。1本の骨に2本の骨がついて1組になっている肉鰭綱のひれ／四肢の仕組みが真価を発揮するのはここだ。下腿にある2本の長い骨を使えば、これらの対になった骨をダンスパートナーのように互いに交差させるだけで、骨格軸まわりに回転ができる。すばらしく優雅な方法だ。というのも、この回転は手首、足首、膝、肘が行わなければならないしっかりとした蝶番のような動きを邪魔することなく行われるからだ。

そろそろ、当初の疑問に取り組む準備はできたようだ。さまざまな魚類が小規模ながら何度も陸上に侵出していったのに、なぜ四肢動物だけが地上の覇者となったのだろうか？　四肢動物は上陸を遂げるとすばやく拡散して数を増やし、陸上生活初心者の脊椎動物が住めそうな場所を占領していったのだという考えもある。しかしわたしは、それ以上の何かが起こったのではないかという気がする。わたしたち四肢動物の生態的特徴の何かが、条鰭綱の生物たちとのあいだに不公平な格差をもたらしたのではないだろうか。どちらにせよ、これほど長いあいだ海の世界に君臨していた魚も、四肢動物が力ずくで自分たちのシマ（いや、この場合は「ナミマ」か）に割り込んでくるのを阻止できなかった。そんな四肢動物が持っていた決定的な利点を、肉鰭綱の祖先の身体に見つけてみたい。

具体的には、肉鰭綱特有のひれ骨格だ。それぞれの肢帯と接合している1本の骨の先には2本の回転可能な長い骨がついている。この構造によって四肢動物は、条鰭綱には不可能に違いない、強さと柔らかさの完璧な組み合わせが完成した。条鰭綱は一般的にとても柔軟なひれを持っているが、細身の鰭条を制御し、ひれ本体が薄いことが、その柔軟性の原因だ。頑丈さが求められるとき、トビハゼがそうであるように、優美な柔軟性は失われ、それまではまるでバレエのように美しかったひれの動きは機械的で重苦しい足どりに成り下がってしまう。しかし肉鰭綱の四肢動物にとっては、事態はそこまでひどくなかった。ひれの内骨格の構成要素が維持——じっさいは拡張——されたおかげで、妥協する必要が生じなかったからだ。今、四肢動物の体肢を見ればわかる。わたしたちの手という付属肢は、（習ったことがあれば）ピアノを弾くことができると同時に、ピアノを運ぶこともできる。

つまり、四肢動物の陸上支配を考えるとき、肉鰭綱のひれの誕生はあらゆる点で、そののちに発生したひれから四肢への変化と同じくらい重要なのである。脊椎動物の上陸の秘密を探る冒険は、肉鰭綱のひれの誕生という大昔の出来事を見るまでは終了しない。その最初の誘因が、条鰭綱型のひれの誕生の誘因と同じだったらしいというのは皮肉な話だ。その誘因とは、脊椎動物による空気呼吸の始まりである。

空気呼吸する魚もじつは多い

いくらなんでも言い過ぎに聞こえるかもしれない。空気呼吸は陸上生活と結びつけて考えるのがふつうだからだ。しかし、空気呼吸能力の発達が、脊椎動物におけるまったく別の2タイプのひれの、進化の過程を促したと考えるのはどうだろうか。じっさい、異なる2タイプのひれの進化はともに、最初に陸上の征服を試みた者が水中から陸へ上がるよりもかなり前に起こっている。それなら、なぜ、水中に住む生き物が空気呼吸をするのか？　では聞くけれど、なぜそれをしてはいけないのか？

もちろん陸上では空気が「呼吸できる」唯一の物質である。しかしこの場合、逆も真なりではない。水面近くに住む魚なら、空気か水、どちらかを選んで呼吸できる。そしてじっさい、先に見たような半陸生の魚だけでなく、多くの魚が空気呼吸している。電気ウナギ、ガー、ヨロイナマズ、ボウフィン、ピラルク、マッドミノー、ナギナタナマズ、グーラミ、ドジョウ、肉鰭類の肺魚などは、空気呼吸する魚のほんの一例だ。また、おなじみポリプテルスも空気呼吸する。ジョフロワが一対の鰾だと考えていた器官はじつは肺だったのだ。370種類以上もの空気呼吸魚が存在し、サンディエゴのスクリップス海洋研究所のジェフリー・グラハムによると、空気呼吸が脊椎動物において進化した回数は、38回から67回のあいだと見られている。空気呼吸への移行過程は何回もあったに違いない。なぜなら、おびただしい種類の呼吸器官が存在するからだ。そのなかでもっともなじみ深いのは、典型的な肺だ。トビハゼは鰓室の内膜を原始的な肺に変えた。奇妙なのは電気ウナギの肺で、それは口の中にある（食べられる直前の獲物がそれに驚いたとしても不思議ではないだろう）。ヨロイナマズは腸の中に肺を持つ（そう、息を吐いたら、それはおならだ）。これらの空気呼吸器官はどれも互いに由来する関係にはなく、それぞれゼロから独立に生まれた器官だ。

脊椎動物の空気呼吸方法が何度も進化してきた事実は、空気呼吸への移行がとても簡単だったかメリットが大きかったかのどちらか、あるいはその両方だった証拠だ。空気呼吸の利点は大きい。空気中の酸素は、よくかき混ぜた水の中の酸素より30倍も濃く、1万倍速く拡散する。空気は水よりも800倍比重が軽いことを思い出してほしい。空気呼吸者は水中呼吸者よりも呼吸の頻度が低くて大丈夫（代謝率が同じ場合）なだけではなく、一呼吸ごとの呼吸器のポンプ運動もずっと楽だ。

それではなぜ「すべての」魚が空気呼吸しないのだろうか？　いつものことだが、利点には不便もつきものだ。第一に、何度も水面上まで泳いで上がっていくのはたんに不便である。それに水面に出れば、待ち構えていた羽毛の翼を持つ生き物の、鋭いくちばしと鉤爪で殺される危険もある（初期の空気呼吸する脊椎動物にとっては関係なかったかもしれない。くちばしや鉤爪や翼はみな、もっとずっとあとになってから現れたものだから）。第二に、魚が空気VS水の物理的な特性を考慮するなどということは、そもそも起こり得るはずがない。酸素を取り入れるのがものすごく簡単な伝説の王国があるという噂を聞きつけたから空に向かって発見の旅に出た、というわけではないのだ。魚たちが空気と水の境目にたどり着いたのは偶然だったのである。

これまでの話を総合すれば、空気呼吸魚を見つけるのに最適な場所は、熱帯地方の低地の淡水または河口の浅瀬だといえる。現実にも、現生の空気呼吸魚の大部分がここに生息している。こうした場所では、温かな水はほとんど攪拌されず、腐敗した植物がたくさん浮いているので、とくに深い水域では酸素濃度が薄くなりがちだ。この酸素濃度の薄さがカギだ。底から水面に向かうほど酸素濃度が濃くなっていくので、息切れしてきた魚は当然酸素の濃いほうへ向かい、水面を出る意思があろうとなかろうと、否応なく水の上へと導かれる。浅瀬なので（少なくとも海よりは浅い）、水面までの距離はそれほど遠くない。低酸素状態においては、魚が空気呼吸用の身体構造になっていなかったとしても、呼吸は役に立つ。空気を飲み込むだけでいいからだ［*］。口から肛門まですべての臓器には血管がくまなく通っており、十分な量でないにしろ、飲み込んだ空気からいくらかの酸素を取り入れることができる。もちろん、こうした状況下では、非効率な呼吸法のかわりに、自然選択によって消化器官の小さな部分から新たな空気呼吸用機能が派生するだろう。そしてまさにその通りになったのだ。しかも何回にもわたって。

理由は何であれ、サメとその近縁の魚たちは空気呼吸を始めなかった。しかし硬骨魚は、とても早くからこれを取り入れていた。ほとんどすべての硬骨魚は、口から胃のあいだの消化器官から枝分かれした、なんらかの種類の空気の袋を持っている（消化器官と空気の袋の接続管は胚発生の段階で消失しているが）。わたしたち四肢動物ももちろん肺を持っている。四肢動物に近い肉鰭綱の肺魚にも肺がある。一方、条鰭綱の魚が持っているのは鰾だ。つまり同じ硬骨魚でも、肉鰭綱と条鰭綱は違う呼吸器官を持っているのだ。肉鰭綱の肺は通常、消化管の下部から発達した一対の器官であり、典型的な条鰭綱の鰾は単独で、消化管

---

［*］えらはふつう、空気呼吸器官としてはあまりよい働きをしない。細い繊維のえらは、水の中でないと崩れて互いにくっついてしまう。例外は、淡水に住むウナギの一種である「タウナギ」だ。えらがよい具合に半硬質になるようひとまとまりにくっついているので、えらの繊維が空気中でも水中でも呼吸器として機能する。

の上に位置する。しかし肺も鰾も同じ化学物質で潤滑化され、血液供給方法も似ているので、この2つが相同である可能性は明白に存在する。さらに、もっとも原始的な現生条鰭綱のポリプテルスは、肉鰭綱と同じような肺を持っている。これが一対の、消化管の下部から枝分かれした器官であることはすでに述べた。したがって、判断の根拠として注目すべきなのは、硬骨魚の系譜上においては、肉鰭綱タイプの肺が出現したあとで、肉鰭綱と条鰭綱に分岐したことと、条鰭綱の魚の器官が変わっていった点だ。そうであれば最初の空気呼吸は4億9000万年前に行われたことになる（おそらく硬骨魚の祖先は酸素濃度の低い水中に生息していたのだろう）。その時点で、空気呼吸をしない硬骨魚はみな空気呼吸能力を消失していったのかもしれない。

さて、呼吸器の話が移動運動と何の関係があるのか不思議に思うかもしれない。空気呼吸の身体への影響を見逃してはいけないというのがここでの重要なポイントだ。呼吸の問題だけを話しているのではない。空気の比重は水に比べて非常に軽いため、全体的には水よりもやや比重の高い組織でできた身体の内側に空気を少量取り込むだけで、動物の浮力に大きな違いが起こる。具体的には、魚にとっては身体全体の比重を周囲の環境に合わせるのが楽になり、自身の体重を水の中で安定させて、浮いたり沈んだりしないよう制御できるようになった。この特徴を中立浮力という。中立浮力があるのとないのとでは魚にとってどれくらい大きな違いがあるのか、本章の冒頭で取り上げたサメたちを見ればよくわかる。体内に鰾のないサメは、原則的に負の浮力を持っている（つまり、放っておくと沈む）。じっさいには骨組織が欠如していて、肝臓に比重の軽い脂がつまっているために、それほど沈みはしないのだが。この2つの特性は比重低下への適応化ともいえるだろう［*］。

負の浮力を持つせいで、サメは飛行性動物と同じ問題に直面する。海底に沈んでしまわないために、通常、魚が発生させている推進力だけでなく、揚力も発生させなくてはならないからだ。長年、推測の域を出なかったが、近年になってようやくジョージ・ローダーのレーザー発光回流槽で、揚力の源は尾であることが確認された［†］。尾の基本的な構造は非対称で、上葉［尾ひれの上部］は長く背骨を含み、下葉［尾ひれの下部］は短く鰭条だけで支えられている。このねじれやすい構造がサメの揚力発生の源だ。尾ひれが横に振動するとき、上葉の動きは常に下葉に先行している。これを真後ろから見るとまるで翼の羽ばたきのように見えるが、まさに翼と同じ働きをしているのだ。左右に振れる尾ひれは接近する水と正の迎え角で接するので、その動きは、身体の上面と下面のあいだに極めて重要な圧力差を生む。ご想像の通り、身体の後部に揚力が生まれると、前部の揚力で釣り合いを取らなければ、サメの頭は下のほうを向いてしまう恐れがある。サメの身体が扁平なのはそのためだ。身体全体がまるで水中翼船のように働くようできているのだ。

早い時期に空気呼吸に適応したおかげで、硬骨魚はサメ類の持つ悩みとは無縁だ。まず身体の比重を小さくする差し迫った必要がないので、もともとの軟骨性内骨格が骨化［カルシウムの蓄積によって軟骨が骨になる現象］しても気にならない［*］。サメが軟骨魚と呼ばれる由来はその軟骨でできた骨格にある。硬骨魚には中立浮力があるので、つねに揚力が必要なわけでもないため、肉鰭綱も条鰭綱も尾の非対称性を次第に失って

---

［*］サメが二次的軟骨動物であり、一次的ではないということを示唆している。サメとその近縁の魚が進化上分岐したあと、魚の内骨格は骨化したが、最初の骨は基本的に外骨格［皮膚に付属するように形成される骨格］だった。初期の無顎類［脊椎動物のうち顎を持たないもの。ヤツメウナギとヌタウナギのみが属し、あとは絶滅している］は、ほぼみな身体をこの外骨格で覆われていた。

［†］ガンギエイやエイの場合は異なる。泳ぐとき、彼らは広がった胸びれを振動させて必要な揚力を発生させる。もちろん、海底にいる時間が多いので、ほとんどの種にとっては沈む心配はない。

いった。肉鰭綱の背骨の後部はまっすぐに伸び、新たな鰭条が背面に加わった（エウステノプテロンを見ると、とてもよくわかる）。条鰭綱の背骨は尾から離れて、もともと鰭条だったものが対象的な扇形の尾ひれになった[十]。バランスをとるために身体前方に揚力を発生させる必要がないので、それぞれ異なる選択圧のもとで千差万別の形状に分かれた。

　硬骨魚が獲得した中立浮力はとても便利だったため、空気呼吸機能が消失したあとでも中立浮力だけは残った。とくに海洋性魚類にとって何度も水面まで行き来するのは不便なので、空気呼吸は不必要だろう。こうして、鰾と消化管をつなぐ原始的な連結部分が消失した。そんな鰾を持つ魚にとって、空気を飲み込んで鰾を満たすのは不可能だ。その代わり特殊なガス腺が、血液から酸素を鰾へ分泌するようになった（かつては新鮮な酸素の供給源だった鰾が、今や酸素の行き着く場所になったというのは皮肉な話だ）。鰾が備えていた原始的な呼吸機能の消失は、前述したような多様で魅惑的な空気呼吸器官の、その後の発展に必要な前兆のようなものだった。こうした奇妙ですてきな肺を身につけた魚たちの祖先は、鰾の呼吸機能を軽視したので、おそらく最初の鰾の発生原因となった酸素問題にあらためて直面する羽目になったのだ。困惑させられるような話だが、新しい空気呼吸器官を生み出すほうが、もともとあった肺の呼吸機能を再生するよりも簡単だったのではないかと思われる。

空気呼吸→中立浮力→器用で力強いひれ→陸上へ

　空気呼吸の起源について考察を終えた今、先ほどわたしがそれとなく呈した疑問へと戻ってみよう。空気呼吸への移行が、どのようにして陸へ上がるきっかけとなったのだろうか？　手短にいえば、おまけでついてきた中立浮力がそのカギを握っている。第一に、背骨が骨化し、水中における比重の制約がなくなったので、陸上で身体を支持するという可能性が見えてきた。しかし、対になったひれの進化に中立浮力がどのような影響を与えたかを見れば、最終的に陸上世界を制覇する脊椎動物がどのようにして選ばれたかがわかる。どんなふうだったかを知るために、もう1種類のとても変わったサメをご紹介しよう。

世界中の暖海に住むダルマザメは、この章の冒頭に出てきた愛らしいマモンツキテンジクザメとは似ても似つかないサメだ。分厚いゴムのような唇と、下あごに並ぶ漫画じみた鋭い三角の歯を持っていて、とてもではないが親しみを覚えるようなタイプではない。体長は30センチほどしかないが、小さいからといって侮ってはいけない。ダルマザメはひどく残忍な行為をして生きている。英名の「クッキーカッター・シャーク」は、通りがかった自分より大きな海中生物に吸い付いて、その身体から肉をきれいに丸くくり抜くという、恐ろしい習性を持っていることからつけられた名前だ。ダルマザメより身体が大きい生物はみなその標的になる。脇腹に丸くくり抜かれた傷を持つホホジロザメ［平均体長4〜5メートル］が捕獲されたり、数百個もの丸い噛み傷のあるクジラの死体が打ち上げられたこともある。何よりも驚きなのは原子力潜水艦への攻撃で、この一件でダルマザメは一躍有名になった。1970年代、潜水艦の音波探知機のゴム製カバーをかじって穴をあけて故障させ、その悪名を不動のものにしたのである。

---

［*］硬骨魚は内骨格を骨化しただけではなく、太古からの外骨格も保持した。一方、四肢動物を含め、ほとんどの系統において外骨格は消失している。ただその名残はある。たとえば頭蓋骨はほぼ全体が外骨格である。大昔に体内に沈んで内骨格と結合したのである。

［†］硬骨魚の尾が揚力を生みだせないという意味ではない。揚力で身体を持ち上げることがデフォルト・モードではなくなったというだけだ。ローダーはブルーギルが、身体の後部を持ち上げる必要があるときにはその対称な尾の固さを正確に調節し、サメの非対称な尾のように動かせることを発見した。

外洋性のサメには珍しく、ダルマザメは能動的に獲物を追い回す捕食者ではない。集団で水中に静止して浮かび、不運にして通りがかってしまった魚やクジラ類を待つのである。ほとんどのサメは、この方法を試しても沈んでしまうだろう。しかし脂肪がいっぱい詰まったダルマザメの肝臓は巨大で、中立浮力が保てる。このもっともサメらしからぬ特徴に呼応して、胸びれの形も変形した。基本的にサメのひれは大きく、その付け根部分は広いので、動きの幅には限度がある。このひれの機能は、飛行機の固定されている翼にも似ており、水力によって揚力を発生させ、水中での軌道を調整している[*]。しかし中立浮力を保つダルマザメには、そのような大きくて融通の利かない付属器はいらない。そのため胸びれが矮小化して、狭い付け根から出ているひれ足になったのだ。

わかっている限りでは、硬骨魚が初期に持っていたひれは、サメのひれと似ており、同じように簡単な水中翼機能を備えていたようである。約4億9000万年前に硬骨魚は中立浮力状態になり、このときにひれの改良の機会が与えられた。そして同じことがのちにダルマザメにも起こった。条鰭綱の場合、ひれの内骨格は退化し、鰭条のあるひれは拡張し、条鰭綱の大きな特徴である棘や軟条［柔らかい筋］のついたきわめて柔軟なひれが発達した。肉鰭綱の場合は条鰭綱とは異なり、すべての内骨格の要素を小さくするのではなく、内骨格内のいくつかの部分を消失させる代わりに、残った部分はそれほど変化させなかった。原始的な魚のひれにはいくつかの付け根があって肢帯と接合しているのだが、肉鰭綱の魚は、胸びれには上腕骨、腹びれには大腿骨というように、それぞれのひれに付け根を1つずつしか残さなかった。付け根と接合しているのは遠位の骨［体幹から離れている骨］だ。肉鰭綱が目指したのは、付け根の幅が狭く機動性に優れたひれだったらしい。条鰭類も同じ条件を目指したが、肉鰭綱はひれの内骨格を失わずにいられた。これは中立浮力からの隠されたすばらしい贈り物だ。力強くしかも柔軟なひれの骨格は、最終的にわたしたちの祖先を水の中から外へと連れ出すことになるのだ。

もちろんこれは、純然たる憶測に過ぎない。じっさいに動いている肉鰭綱のひれを見て、条鰭綱と同様、肉鰭綱においても中立浮力とひれの操縦性が両立しているという説に信ぴょう性を持てればいいのだが。残念ながら、わたしたちにもっとも近い魚類である肺魚は、情報を引き出すにはあまりに特殊な存在だ。初期の放散［単一の祖先から多様な種が生まれること］の中から代表的な例を取り上げたいのが本音だが、死者を蘇らせる術でもないと無理だ。

ところが信じられないことに、1938年、そんな奇跡的な出来事が起こった。アフリカとマダガスカルのあいだに位置するコモロ諸島の沖で異形の魚が捕獲されたのは、おあつらえむきにクリスマスの日だった。がっしりとした身体の色は青で、体長は約150センチ。見たこともないような奇妙な尾がついていた。分厚く肉質で、背骨（のちにこれはほとんど脊索そのものであるとわかった）がまっすぐ身体の末端まで走っている。その先には小さな葉っぱのような小型のひれがついている。このような尾はすでに知られていたが、生きている生物にこれがついているのが発見されたのは初めてだった。デボン紀に突然現れて、約6500万年前の化石記録を境に恐竜とともに姿を消した、絶滅種の魚であるシーラカンスの尾とされていたのである。シーラカンスは、ハクスリーの分類による総鰭綱に属する魚で、今では肉鰭綱の放散のなかでももっとも初期に枝分かれした系統の1つとして知られている。本来ならば白亜紀に

［＊］飛行機の翼と違って、サメのひれは連続して浮力を生み出さない（ここでもまたローダーのチームの観察に感謝しなければならない）。飛行機の補助翼［飛行機を横転させるのに使う翼］か潜水艦のバウ・プレーン［船首についている安定舵］のほうが適切なたとえかもしれない。両者とも、本体が動いているときにのみ作動する。

死に絶えていてもおかしくなかった、この太古に栄えた魚の集団の少なくとも1種類が今まで生き延びてきたという事実は、動物学の世界において20世紀最大の事件だった。そして、肉鰭綱の系統樹の根の部分において、シーラカンスの分岐はきわめて重要な位置にあるため、世界中の科学者はそのひれがじっさいにどうやって動くのかどうしても知らなければならなかった。

しかし、それを知るまでには長い時間がかかった。生きているシーラカンスは引きこもって暮らすのが好きで、かなり深い海の洞窟に1日中身を隠しており、水面に出すとすぐに死んでしまうのだ。しかしついに、ハンス・フリッケが専用の潜水艇「ジオ」に乗って1980年代から続けてきた冒険心あふれる仕事のおかげで、わたしたちはシーラカンスが自然な状態でどんな行動をしているか見ることができたのだ。フリッケの撮影した映像を見るまでは、シーラカンスはその肉厚のひれを使って海底を歩いていると考えられていたのだが、それは違った。フリッケの映像で見るシーラカンスは、筋金入りの泳者だ。ゆっくりではあるが、サメには到底真似のできない美しく優雅な泳ぎ方である。回れ右したり、後ろ向きに泳いだり、くるりと上下回転するだけではなく、やすやすと頭立ちまでしてみせる。一言でいえば、シーラカンスは低速遊泳の達人で、これはすべて、幅の狭い付け根から生えている肉厚のひれがさまざまな動きを可能にしていることによる。ほとんどすべての動作において、ひれが使われている。映像を見ると、あたかもひれの1枚1枚に知性が宿っているかのように、すべてのひれのストロークが緊密に連携しており、1枚のひれが不要な加速を起こすと、もう1枚のひれが同時に動いてこれを相殺している。通常、左の胸びれと右の腹びれが同時に引っ込み、つぎに反対側の対のひれが引っ込む。この動きには聞き覚えがある。そう、四足歩行の速足(トロット)と同じなのだ。この思いがけない観察結果が意味するものに興奮しすぎる前に、コモロ諸島のシーラカンスが現生動物であることを思い出そう。わたしたちの祖先の姿を見ているわけではないのだ。それでも、古代から生息してきた系統の魚がひれを交互に動かして移動しているのだから、初期の四肢動物の歩行パターンが最初期の肉鰭綱の時代にまでさかのぼるという可能性は、少なくとも考慮に入れるべきだろう。

とうとう核心となる問題への答えにたどり着いた。ほかの脊椎動物ではなく、四肢動物だけに陸上での運転許可証が与えられたのはなぜか？　簡潔にいえば、適切な前適応が揃っていたからにほかならない。太古の時代から身体のうねり運動能力があった。空気呼吸能力と中立浮力を獲得し、ひれの柔軟性を高め、移動方法の種類を増やす機会に恵まれた。条鰭綱が、陸上活動からは手を引き、ひれの内骨格をうまく消失させつつ独自の進化を遂げていった一方で、肉鰭類は柔軟性と強さを同時に備えたひれを手に入れたため、思いがけなく陸の上にやって来てしまったのだ。安定した移動運動と待ち伏せ捕獲を好んだために、四肢を交互に出すという動作を最初に試してみたらしい肉鰭類にとって、海底面との接触が始まるのは時間の問題だった。そしてひれの内骨格が拡張し、四肢が出現したのである。脊椎が連結して、四肢の関節の機能が改善し、四肢動物は陸上環境の過酷さに耐えて、好機をつかむための準備を整えたのだった。

わたしたちは脊椎動物に囲まれて暮らしているので（わたしたち自身もその一員だ）、陸上生活は脊椎動物の生まれながらの権利だった、つまりわたしたちは最終的には陸に上がる運命だったという印象を持ってしまいがちだ。すると忘れがちなのが、この出来事がじっさいには驚愕的な変化であったことだ。もしシルル紀［4億4370万年前〜4億1600万年前］に戻って、当時の脊椎動物を見たなら、導き出せるまともな結論はただ1つ、彼らは本質的に水生動物であったということだけだろう。前章で見たように、脊索とこれに取って代わった脊椎を持つ集団の特徴は、疑いなく遊泳への適応化だった。仮にシルル紀にマモンツキテンジクザメがいて、対になったひれ（もちろんどう見ても泳ぐための構造だが）があるのだから、うねり運動を歩行にも使えそうだとひらめいたとしても、こんなにささやかな装備で身体が重くなる陸上世界に乗り込むなどという発想自体、バカバカしく感じられるだろう。それなのに、地球上の生命史のもっとも偉大な、まるで物語のように意外な展開を見せた出来事を、わたしたち脊椎動物はやってのけた。窒息しそうになった魚の、最初の必死の一呼吸があったから、そして吸い込んだ空気が脊椎動物の身体に魔法をかけてくれたからだった。息をするたびに、わたしたちはこの魚の経験を再現しているのだ。

6 なぜ動物の多くは左右対称なのか

多彩な移動運動の発達を盛り上げた、綿密な身体づくり構想に迫る

真実は粉々に砕け散った鏡の破片のようなものだ。

――リチャード・バートン［イギリスの作家。1821-1890］『ヤズドのハジ・アブドゥの抒情詩』

「地球上のすべての生き物はわたしたちと類縁関係にある」というダーウィンの主張は、動物の種類によってはすんなりと納得できる。チンパンジー、ゴリラ、そしてオランウータンは、形態的、生理学的、遺伝子的、そして心理的にさえ、人間によく似ている。この類似性をたんなる偶然に過ぎないと言って退ける人がいたら、現実を完全に無視した変人だ。顔は人間より長いし、いつもだいたい四足歩行だけれど、人間以外の哺乳類はわたしたちと同じく温かい血と（たいていは）毛の生えた皮膚を持ち、赤ん坊を乳で育てるので、彼らとの同族関係を認めるのは難しくはない。哺乳類の動物に自分と似通った何かを感じられなかったら、こんなにも多くの人びとがペットを飼いはしない。サバやサメと関係を育むのは難しいが、

心臓の鼓動にしろトレードマークである背骨にしろ、哺乳類と人間には共通点がたくさんある。

さらに遠類にあたる「無」脊椎動物に対して親近の情を奮い起こすためには、一層の努力がいるだろう。蠕虫やクモ、カタツムリやクラゲなど、背骨のない生物群の体制〔諸器官の配置や分化の状態などの構造上の基本形式〕は人間のそれとあまりに違うし、また無脊椎動物間でさえ多くの違いがあるので、親近感の根拠となる共通点を見つけるのには苦労する。これは驚くにはあたらない。なにしろ、昆虫と脊椎動物のもっとも近い共通祖先は6億5000万年前に、脊椎動物とクラゲのもっとも近い共通祖先は7億年も前に存在した生物だったのだから。自然選択はいつでも遅々として進まず、恐ろしく時間がかかるものだ。その長い歳月の間に、共通祖先を持っていたという明確な手がかりは、生き物の身体からあらかた消されてしまう。

と、こう考えてしまいがちなのではないか。しかし、主要な動物集団のあいだに見られる形態的にわかりやすい違いに目がくらんで、目の前にあるものを見落としている可能性がある。膨大な時間によって隔てられてはいるが、わたしたち動物の身体構成の原理は驚くほど似通っている。手始めは、大半の動物の身体できっちり定められている前と後の関係だ。脊椎動物であろうと、節足動物であろうと、軟体動物であろうと、蠕虫であろうと、口は遠隔感覚器〔視覚器、聴覚器、嗅覚器〕と脳（たとえ小さくても）とともに、ほぼかならず身体の前方についており、肛門は身体の後方についている。基本的に、身体の左側と右側はほとんど対称関係にあり、上部（または背側）と下部（または腹側）はかなり異なっていることが多い。外からはよく見えないが、大半の動物の身体、もしくは少なくとも身体の一部の構造は、基本的には繰り返しの構成単位からなっており、これが身体の主軸に沿ってだいたい規則正しく並んでいる。わかりやすい例は脊椎で、このほかにも筋肉（原始的な筋節について思い出してみよう）、神経、歯、そして四肢がこれに当てはまる。無脊椎動物のなかでは、体節と対になった付属肢で構成されている節足動物の基本設計が、繰り返し構造のわかりやすい見本だ。しかし体節を持たないちっぽけな扁形動物でさえ、同じ設計原理に従っている。神経系、分泌系、生殖器系などの体内器官の多くが、鎖状の繰り返し構造となって体内を縦走しているのだ。

動物分類上に「左右相称動物」という集団があるくらい、左右対称性は重要な身体特徴だ。動物の99％が左右相称動物だという事実は、動物の身体の基本設計は揺るぎなく、しかもきわめて順応性が高いということを雄弁に物語っている。この形質は当然すぎて見逃されてしまいがちだ。動物の左右対称性と前後の区別にあまりにも慣れてしまったため、わたしたちはこの構造がなぜこれほどあまねく見られるのか知ろうともしない。しかし、これをあたりまえに思うのも、その答えがある意味で非常に単純であることを知ってしまえば、無理からぬところだろう。わたしたちが心に留めておくべきは、多細胞生物のなかで決まった方向に動くのを好むのは動物だけだという明白な事実だけだ。これだけで、左右相称動物に備わっている身体設計理念の長所はおのずと明らかになるのだ。

生き物はひとたび動き出すと自分の身体を二極化せずにはいられず、ただちに身体を前端と後端に分ける。生き物がつねに決まった方向に進む限り、この構造にはメリットがある。もちろん前端と後端がさまざまな方針に沿って各々の役割を分担していなければならないが。身体の前部は周囲の環境（食べ物を含めて）に最初に接するので、口と遠隔感覚器が位置しているのは合理的だ。反対に、排泄物は後方から出ていくのが望ましい。さもないと動物はつねに自分の糞を乗り越えて進まなければならないからだ。そのため肛門はふつうは後方についている。前後軸に対して対称的な身体は、そうでない場合に比べて容易に進路を保てる。たとえば肢が全部身体の片側についていたら、なすすべもなく同じ場所をぐるぐると回り続けるだけになってしまう。身体の主軸に沿って発達する、繰り返し構造を持つ推進モジュール、つまり脚や足ひれ、あるいはただの筋節（とそれとつながって機能する神経）があれば、バランスを崩すことなく推力を増やしていけるだろう。

これが答えというわけだ。生き物にとって移動運動はいうまでもなく重要で、動物界では、動きのスタイルや動きを実践する環境に関係なく、どんなときも効率的で効果的に動けるような身体づくりを目指す設計が主流なのだ（前段落で述べた特徴は、泳ぐ動物にも、這う動物にも、穴を掘って進む動物にも当てはまる）。しかし、こうした表面的な分析は移動運動現象の表面をかすっただけに過ぎないことは、ちょっと考えてみればわかる。第一に、左右対称システムの重要性を認識することと、左右対称性が生物間の形態の大きな違いを乗り越えていかに根強く動物の身体に現れてきたかを理解することは、別の話だ。第二に、左右対称でない生物が比較的珍しくはあるが存在していて、それが状況をさらに複雑にしている。左右対称でない生物のほとんどは放射相称性の身体を持っている。はっきりとした体軸があるが、左右相称動物のような腹側と背側に相当するものがない。そして繰り返し構造のモジュールは体軸に沿って並んでいるのではなく、体軸の「周り」に並んでいる。ヒトデの5本の腕がその例だ。

標準的な左右相称動物で、のちに移動運動を放棄した種を祖先に持つ非対称性動物もいる。先にも述べた理由から、移動をしないのであれば左右対称性は必要なくなるので、二次的に消失したのも理解できる[*]。しかしそのほかの動物たちは、左右相称動物が進化するずっと前に、独自の進化の道をたどっていた。刺胞動物門のクラゲ、サンゴ、イソギンチャクやその仲間たち、そして見かけは似ているが類縁関係は遠い有櫛（ゆうしつ）動物［クラゲに似た海洋浮遊性動物。クシクラゲなど］がそれだ。放射相称動物のなかにはさらに単純な身体を持つカイメンも含まれる。カイメンには何の対称性もないと思われがちだが、放射相称性の身体を持つ種も多く、はっきりと非対称性のカイメンでさえ放射相称性の繰り返し構造の身体を持っている場合が多い。

彼らのような、左右相称動物が誕生する以前の動物を祖先に持つ動物については謎が多い。なぜなら二次的に放射相称性になった定着性の種も多い一方で、自由に動き回れる種もまた多いからだ。それに、動いてはいけない理由はどこにあろうか？　前述の通り、左右相称動物の移動能力が高いのは、はっきりとした前後の区別と推進モジュールのバランスのとれた配列のせいだ。これは放射相称動物についても当てはまるのである。

だんだん不可解さが増してきたようだ。動物界の基本メンバーのなかで放射相称動物が占める割合は少ないので、この体制は左右相称性の身体を持つ動物よりも原始的であり、後者が前者から発生したに違いない。しかし、両者ともに移動運動の完全に効率的なテンプレートを持っているなら、なぜ転換が必要だったのだろうか？　そして、放射相称性から左右相称性への移行によって、移動運動が多様性と複雑性を急激に増したのはなぜだろうか？　クラゲ類と有櫛類は1種類の動きしかできないが、左右相称動物は遊泳から穴掘り、走行から飛翔まで、ありとあらゆる移動方法を使う。こうしてみると、ある体制から別の体制への転換という現象が、動物界の成立過程そのものだとわかる。そうでなければ、今ごろクラゲが地球上で最高の移動運動方法を獲得した王者として君臨していただろう。しかしなぜ転換が起きたのだろう？　そして最後の（そしてもっとも大切な）疑問はこれだ。左右相称性の身体づくりの設計図は、どのように進化し高度化していったのだろうか？

こうした疑問を解決するためには、今までとは違ったアプローチが必要だ。ある移動運動の変化がなぜ

[＊]もちろんヒトデ、そして大半の棘皮動物（二次的に放射相称性になった左右相称動物）はゆっくりではあるが動き回る。この面白い状況については8章でまた紹介しよう。

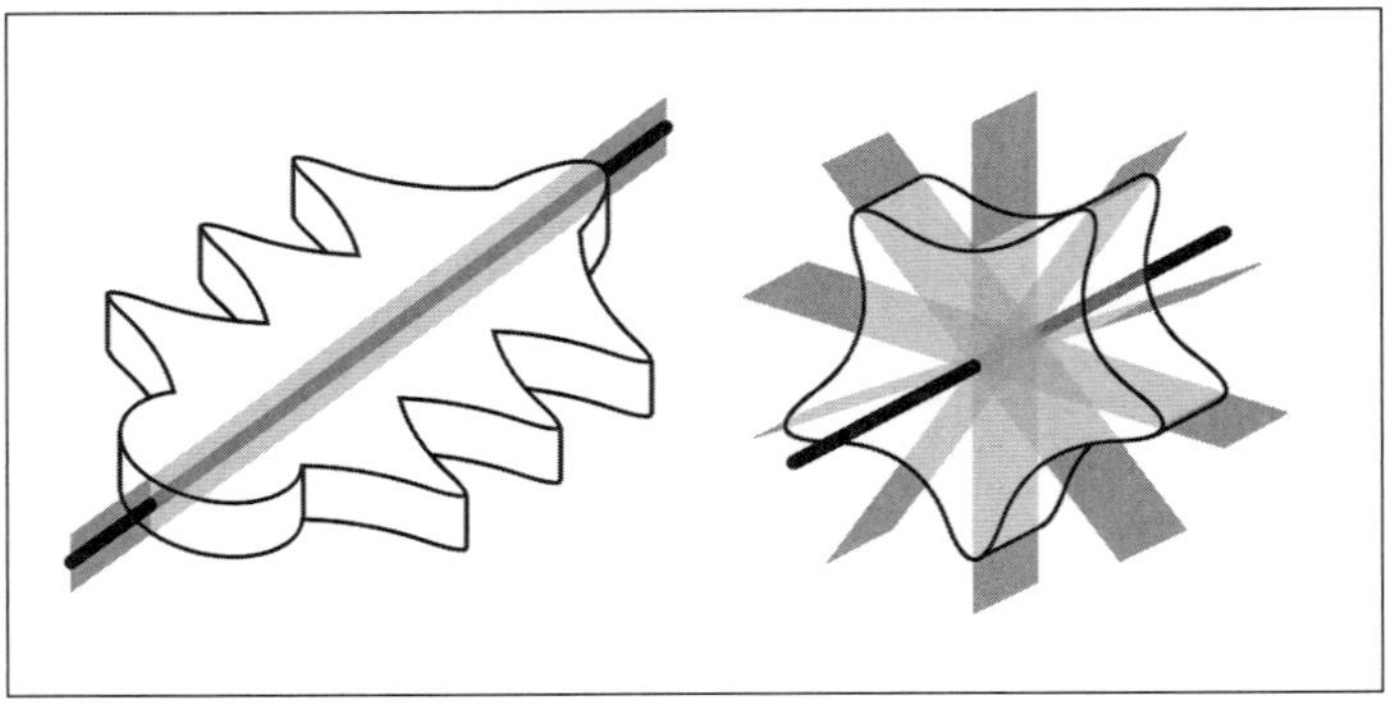

[図6-1] 左右相称性の体制（左）と放射相称性の体制（右）。左右相称動物には身体の主軸に平行に走る対称面が1つだけあり、主軸に「沿って」繰り返し器官が並んでいる。放射相称動物は、主軸に対して垂直方向の対称面をいくつか（ここでは5つ）持ち、繰り返し器官は主軸の「周り」に並ぶ。

どのように起きたかを説明しようとするとき、これまでは翼・拇指対向性・脊椎・四肢などの身体構造の形質の発生が運動に与える物理的影響に焦点を当ててきた。これらの形質は定義しやすい。進化が起きて新しい身体構造が誕生するときには定義しにくいあやふやな状況が起こるけれど（どれくらいの大きさになったら翼を「翼」と呼べるのか、など）、基本的な性質は一目瞭然だからだ。しかし、ある変化が体制に起こった理由そのものを追究するなら、いったん立ち止まって熟考せねばならない。なぜなら、生物学的な意義からすると、体制とは結局何であるのかがあいまいだからだ。設計図や計画についての話もよいが、これらはみなたとえに過ぎない。動物は、部品を使って図面を睨みながら作業台の上で組み立てるものではない。わたしたちは、生きて、呼吸をしている。何よりも動物は成長する存在であり、組み立て家具とは違うのだ。そしてここに手がかりがある。現実には、生物の設計図とは生命体が卵から成体へ成長していく道筋を指している。左右相称性の体制が誕生した経緯と理由を解明し、なぜこれが移動運動改革の豊かな源泉となりえたかを知るために、まず奇妙で美しい、生物の発達の世界について詳しく学んでみよう。

身体の前後上下を決める仕組み

1個の受精卵からの複雑な生命体の成長は、もっともすばらしく、同時にもっとも理解が難しい生物現象の1つである。どういうわけか、胚発生の初期段階に特徴的なほぼ均質の細胞の集まりから、外の世界の手を借りるわけでもないのに、精密な秩序を持つ構造が姿を現すのだ。このプロセス全体がほとんど奇跡のようだ。まるで通常の因果関係の法則が棚上げされているかのようでもある。その根源を解明するのに有史以来の時間がかかったのも驚くにはあたらない。

毎度ながら、生物の発達について真剣に考えた最初の人間のひとりがアリストテレスだった。生みたてのニワトリの卵を観察した彼は、卵の中にひよこのひな型が入っていないのだから、動物の形は徐々に霊魂の導きによって現れ出てくると結論づけた[*]。時を下って18世紀、啓蒙主義の唯物論者たちはアリストテレス的な霊魂論を悪趣味なものとみなした。しかしこのとき彼らは文字通りの意味で、そして比喩的な意味でも「卵が先かニワトリが先か」という問題に直面したのだ。胚がみずからを発達へと導けないの

[*]アリストテレスの霊魂の概念は、キリスト教の霊魂の概念よりも複雑だった。彼によると魂は、段階的により精緻になっていく5つの性質を持っているという。すなわち、すべての生命体には栄養的魂があり、動物はさらに味覚、触覚、運動も持ち、人間だけがこれらすべてに加えて理性を持つとする。

であれば、いったい何がそれを行うのか？　当時、支持を集めていたのは「前成説」。発達上、必然的に起こるのは成長だけであり、すでにできあがった小さな生命が、受精の前に卵子や精子の中に存在するというものだった。

生命が遺伝的基盤の上にあるという20世紀の発見は、生命の段階的発生というアリストテレスの発想と、啓蒙時代の前成説の妥協点である。このころにはもう、精子か卵子の中に小さな生命体が準備を整えて待っていると考える人はさすがにいなかった。生物の身体を作るのに必要な情報はその生物の内側にあるということははっきりわかっていたのだ。しかし大きな謎は未解決だった。細胞が分裂するとき、DNA全体の複製が作られ、それぞれの娘細胞（じょうさいぼう）は性質を複製して受け継ぐ（この「娘」には性差的な意味はまったくない。細胞分裂の結果をこう呼ぶだけだ）。つまり、発達中の胚の各細胞にはすべて同じ遺伝的指令が含まれているということになる。それではどのようにさまざまな種類の細胞を特定したり集めたりして、組織や器官を形成するのだろうか？

多細胞生命体において、すべての遺伝的指令に従う細胞などはない、というのが簡潔な答えだ。たとえばヒトの場合、2万1000個ほどあるタンパク質遺伝子のうち、どの細胞においても発現するのはその約40％だけだ。いわゆるハウスキーピング遺伝子と呼ばれるこの遺伝子は、そのタンパク質ですべての細胞の通常の維持活動と機能を担っている（グルコースを分解してエネルギーの獲得を行うさまざまな酵素――タンパク質でできた触媒――の遺伝子もここに含まれる）。そのほかの遺伝子は、1つの細胞型か数個の細胞型に固有である（たとえば、インシュリンというタンパク質は膵臓細胞にしか作りだせない）。さまざまな細胞のなかの、特定の遺伝子の作動スイッチを入れたり切ったりするためには、何かが働かなければならない。この何かが転写因子というタンパク質の一種で、与えられた遺伝子をメッセンジャー

RNA（mRNA）の相補鎖に転写するかどうかを決定する役割を果たすことからこの名がついている。転写因子が仕事を終えるとmRNAの鎖は細胞の核を離れて分子テンプレートとして働いて、mRNAにコードされたタンパク質を、構成要素であるアミノ酸を組み合わせてつくり出す。転写因子は、ターゲットの遺伝子に結びついたDNAの短い配列――これが遺伝子のスイッチだ――と結合する。そしてmRNAの鎖の組み立てを担うさまざまな酵素と相互に作用しながら、転写を促進したり抑制したりする。遺伝子のスイッチは複雑だ。転写因子の結合サイトが20以上あるものや、「オン」スイッチとして働くもの、「オフ」スイッチとして働くものなどさまざまだ。遺伝子のスイッチを組み合わせ錠のようなものだと考えるとわかりやすい。

細かい説明はおいておくとしても、身体のある部分がほかの部分と異なる形状になる理由について説明するには、たとえば、身体の前方の細胞と後方の細胞の違いについて知りたいなら、転写因子の助けを借りなければならない。しかし、転写因子はタンパク質であり、それは遺伝子によってコードされているということを意味している。すべての細胞にあらゆる遺伝子があるなら、すべての細胞にはあらゆる転写因子を作る可能性があるはずだ。もちろんこれらの転写因子をオンかオフにするために、さらにべつの転写因子を使うことになるかもしれない。しかしこれはまさに卵が先かニワトリが先かという問題のような、袋小路である。

この難問の解決法のきっかけを作ったのは、ドイツの発生学者ハンス・シュペーマン［ノーベル生理学・医学賞。1869－1941］とその博士課程の学生ヒルデ・プレショルト（結婚後の姓はマンゴルト）［1898－1924］だった。ふたりは20世紀の初め、イモリの胚を使った独創的な実験を何度も行った。彼らは成長中の胚の表面の一部にオーガナイザー［動物の発生の途上、ある部分がほかの部位に対して、特定の分化をするように働きかける場所のこと。形成体ともいう〕の性質があり、ほかの胚にこれを移植すると結合双生児の形成を誘導することを発見した。この形成体つまりオーガナイザーは、最初の細胞分裂時にすでに確認できる。シュペーマンはこれを、自分の赤ん坊の髪の毛から作った極小の縄を使ってイモリの受精卵を2つに縛って区切り、人工的に双子を作ったときに発見した。もし半分割された胚が同じオーガナイザーを共有していたら、この2つは2匹の（小さいが）完全に健全な幼生になるが、もし卵割面を割る向きのせいで双子の片方がオーガナイザーをすべて持ち、もう片方がまったく持たないなら、前者は幼生として誕生できるが、後者は未分化の腫瘍のような塊となる。

受精卵からイモリの将来の形状を決定する権利を与えられている、この何の変哲もない部位はいったい何なのか。全貌をあきらかにするまでには長い時間がかかったが、シュペーマンとマンゴルトは、原腸形成として知られるプロセスにおいて、胚の消化器が生まれるサイトがオーガナイザーによって決定されるのを観察した。このときパズル完成の決定的な1ピースが見つかったのだ。カイメン以外のすべての動物に対して起こる、このきわめて重要な現象は、中空のボール状の細胞の塊でしかなかった胚が形態的に興味深い変化を起こす始まりである。この原腸形成の段階で、成長する動物は胚葉を形成していく。刺胞動物と有櫛動物には内胚葉と外胚葉の2つ、左右相称動物にはこれに中胚葉を加えた3つの胚葉がある［*］。内胚葉は消化管とその派生器官（肺と肝臓を含む）の内側のヒダとなり、外胚葉は表皮と神経組織になり、中胚葉はこれらの器官以外のすべておよび筋肉を作る。脊椎動物にはこれに、重要極まる脊索を含む骨格の大部分が加わる。

原腸形成の特質は分類群ごとに異なるが、内胚葉と中胚葉になることが決まっている細胞がかならず内側に移動する。シュペーマンのイモリ（そしてほかの多くの生物）の場合は陥入というプロセスで、この時点まで中空のボール状だった細胞の塊が自身の内側に入り込み、少し萎んだ風船を指で押したときのような状態になる。ここでできあがった筒状の部分、つまり風船のたとえでいうなら押している指をつつんでいる部分は消化器になり、その端の部分は原口（げんこう）と呼ばれる。イモリ（とすべての脊索動物）の場合、原口は肛門になる。原腸形成が進むにつれて胚は原口から大きく成長し、球状だったものがより円柱状に近づいていく。このようにしてオーガナイザー（思い出そう。これが肛門の形成場所を決める）はイモリの前後軸が後方の端から作られるように指示し、生まれて間もないイモリに身体の方向感覚を与え、死ぬまできちんと前進できるように導く。原口はオーガナイザーの中心ではなく端寄りに形成されるので、オーガナイザーは将来肛門になるべき場所の周囲を囲うのではなく、片隅に位置を定めることになる。連結したプロセスである原腸形成と後部の成長が進むにつれて、オーガナイザーは胚の内部へと伸びて、消化器の片側に細長い組織を形成する。こちら側が背になり、この細長い組織はのちにイモリの脊索になる。つまり、オーガナイザーは前後軸だけでなく背腹軸も決定するのだ。移動運動の観点からすると、オーガナイザーは胚が正しい方向に進むよう指示するとともに、すべての肢が将来の脊椎とは反対面である腹側に形成されるように調整する。

オーガナイザーの基本的な役割がはっきりしたところで、次の大きな疑問に目を向けてみよう。何が胚のなかの小さな部分を1つだけ選んで、身体づくりのプロジェクトマネージャーに任命するのだろう？　そしてプロジェクトマネージャー着任後はどのように身体形成の任務を行っているのだろう？　シュペー

[＊]カイメンの場合は内細胞層と外細胞層にはっきり分かれている。しかしこれらがカイメン以外の生物の外胚葉と内胚葉に相同するかどうかは未解決である。

マンとマンゴルトの研究によって、最初の疑問は解明された。イモリのオーガナイザーは恣意的に場所を選んで形成されるのではなく、つねに受精した精細胞が注入した地点と真反対の場所に位置している。化学的性質を帯びた、何らかのメッセージが精子によって伝達されたのではないか、と思いつくだろう。じつはその通りである。この化学信号の正体がわかるまでには何年もかかった。精子の到着によって引き起こされる伝達プロセスは、卵細胞内部の細胞膜の裏打ちをする分子の再配列なども含むため、予想にたがわず複雑で間接的であるが、要点は胚の反対側の領域にWnt（「ウィント」と読む）ファミリーの1つであるタンパク質が集積することである。このタンパク質は周辺の細胞をオーガナイザーに格上げし、オーガナイザーになった細胞は原腸形成の仕事に取り掛かる。

このような働きをするWntタンパク質は化学的性質を帯びた伝達体で、「ここが身体の後ろ側である」と示していると考えられる。将来、後部を形成すべき細胞をはっきり示す役割から、これを転写因子に違いないと思うかもしれないが、そうではない。Wntは違う種類の分子で、大半がタンパク質の、「形態を作るもの」という意味のモルフォゲンと呼ばれる物質だ。転写因子と異なり、モルフォゲンはDNAには結合せず、（通常は）特別な受容体に結合する。鍵と鍵穴の関係のように、それぞれの受容体には決まったモルフォゲンが結合することになっている。モルフォゲンが結合すると、次々に現象が起こりだし、細胞内の1つ以上の転写因子が促進されるか抑制される。無用のお役所仕事のように見えるので、「中間業者Wnt」など廃止すればよい、と思われるかもしれないが、モルフォゲンは発達には不可欠である。なぜならほぼいつでも元の細胞の中に留まっている転写因子には、ほかの細胞の運命を直接操作することはできないからだ。モルフォゲンはもっと活動的で、その大半は分泌源である細胞から放出されると胚の液体の中で拡散し、その過程で標的となる受容体に結合する。標的の受容体の反応、つまり中にあるどの遺伝子のスイッチをオンにするかオフにするかは、結合するモルフォゲンに左右される。また、これらのモルフォゲンの濃度にも影響される。もちろんモルフォゲン濃度は分泌源から離れるにしたがって薄くなる。一言でいえば、モルフォゲンは狭い範囲専用の発達ホルモンで、胚の部位によって濃度を変えて、細胞の転写因子への制御を通じて細胞の分化をもたらすのである。

イモリのオーガナイザーの場合、高濃度のＷｎｔによって後部でスイッチが入る遺伝子のなかには、原腸形成の開始を担当するものがある。そのほかの遺伝子は胚の後部への拡張を促進する。さらにモルフォゲン濃度のもっと高い細胞もあり、これらが活性化するとまるでドミノ倒しのように発達段階の連鎖反応が起こる。たとえば胚の後部は、押し出される過程でＷｎｔを大量生産し、前後軸の後部を決定する。そのほかのモルフォゲンはオーガナイザーの組織で、胚への成長に伴って作られる（このオーガナイザー組織はのちに脊索になる）。このようなモルフォゲンの１つにコーディン（脊索 [notochord] に由来する名前だ）がある。コーディンのもっとも重要な役割は、イモリの背側を形成するのに適切なさまざまな遺伝子のスイッチを入れることで、この部分のコーディン濃度は高くなる。たとえば上部を覆っている外胚葉は神経組織になるように誘導される。このモルフォゲンの一種の役割を確認するのは簡単だ。コーディンを胚の別の部位に注入すれば2番目の脊髄がその場所に形成される。コーディンの働き方は独特で、コーディンは受容体そのものと結合するのではなく、ほかの種類のモルフォゲン分子と結合することによって（専門的にいえば拮抗することによって）、これらの分子が標的と結合するのを阻むのである。ここでは阻害されるモルフォゲンは骨形成タンパク質（ＢＭＰ）の一種だ。ＢＭＰの仲間は中胚葉と外胚葉全体に発現する。これらのモルフォゲンは、適切な細胞を誘導して、コーディン（そしてほかのオーガナイザーのモルフォゲン）が存在しないところに腹側を形成する。

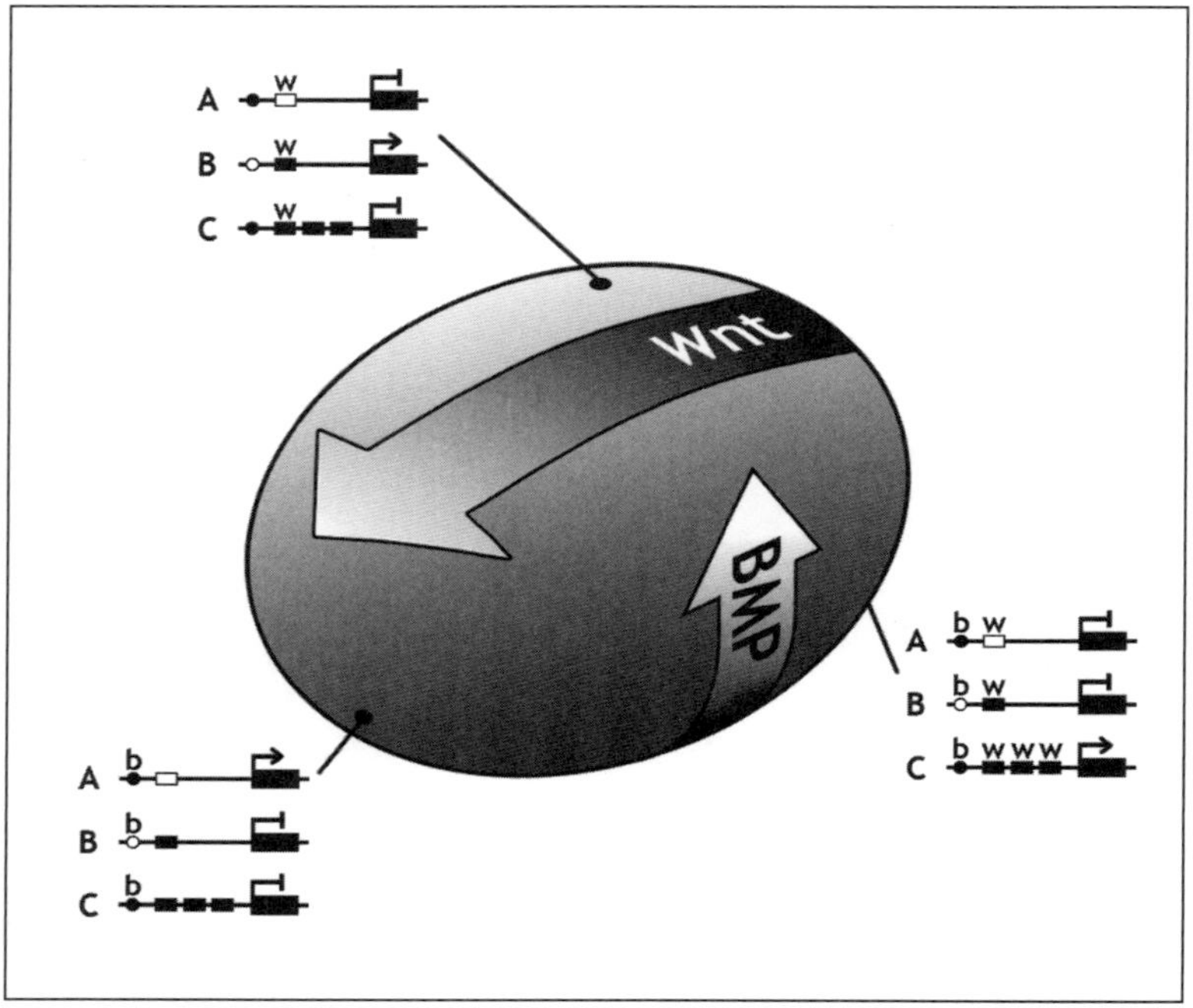

［図6-2］脊椎動物のGPS。前後軸はWntモルフォゲンによって決定される。その濃度は後方で高く前方で低い。背腹軸はBMPによって決定される。その濃度は背側で低く、腹側で高い。3つの遺伝子A、B、Cが、3つの異なる身体の部位で発現するパターンを見ながら、細胞の分化のためにこれらのモルフォゲン濃度勾配がどのように「翻訳」されているか考えてみよう。それぞれの遺伝子には左側に調節スイッチ、右側にコード配列があり、後者はスイッチが入るとメッセンジャーRNAに転写される。3つの遺伝子すべてのスイッチにはBMP（b）とWnt（w）の細胞間転写因子「使者」のための結合部位がある。ここでは前者をマルで、後者を長方形で表している。遺伝子が活性化するためには、黒で示したスイッチの結合部位はすべて、それぞれの転写因子によって占められなければならない。しかし、もし白いサイトに転写因子が来たならば、遺伝子のスイッチはかならずオフになる。遺伝子AはBMPにとっての活性化部位とWntにとっての抑制部位を持つので、BMPが大量にあってWntの存在しない身体の前方腹側部分でのみスイッチが入る。一方遺伝子BはWntにとっての活性化部位とBMPの抑制部位を持つので、動物の後方背側部分でのみスイッチが入る。遺伝子CはBMPの活性化部位を持つので腹側に発現し、Wntの活性化部位を3つ持つ。活性化されるために満たされなければならない部位が3つあり、遺伝子のスイッチがオンになるためには高濃度のWntが必要になる。よって遺伝子Cは動物の後方腹側部分においてのみ発現する。

複雑に聞こえるかもしれないが、そもそもイモリが複雑な生物なのだ。しかし、入り組んだプロセスの中心にあるのは、化学物質による優雅なGPS（グローバル・ポジショニング・システム）だ。このGPSでは、細胞が前後軸と上下軸という身体の主軸のどちらになるかは、互いに垂直に位置するモルフォゲンの2種類の濃度勾配が決定する。そして濃度勾配を最終的に決定するのはオーガナイザーだ。ある部位のWnt濃度はx座標を、BMP濃度はy座標を生み、これらの座標は（モルフォゲン受容体とそのシグナル経路を通じて）その場所に特有の転写因子へと変換され、これが決まった場所で適切な遺伝子の組み合わせ錠を解除する（図6-2）。このようにして、正しい細胞が正しい場所で分化し、イモリは効率的な自己推進力を持つ生命体へと成長するのである。

身体のモジュール構造はどう作られるか

なぜイモリの話にここまで深入りしているのか、不思議に思うかもしれない。わたしたちの遠い祖先の移動運動の源となった古い設計図について、イモリが何か教えてくれるのだろうか？　結局はこういうことだ。分子による教示を受けて、両生類の身体の主軸を特定し、それによって適切な部位がすべて適切な場所に位置するよう仕向ける。そしてこの方法は、生物界で驚くほど広く普及している。扁形動物から人間まであらゆる種類の左右相称動物が、どんなに外見の差があろうとも、前後軸を決定するにはWnt濃度勾配を、上下軸を決定するためにはBMPを用いている。こんなに遠い類縁関係にある生き物が、同じ基本パターンを持つシステムによって形成されているという事実はかなり衝撃的だ。未知の部族の人びとに初めて会ったときに、彼らが自分と同じ言葉を使っていたらどんな感じがするだろうか。主軸特定システムは多くの場合とてもよく似ているので、その関連遺伝子は非常に遠い類縁種の胚にさえも問題なく受け入れられる。たとえば、ミバエのＢＭＰ拮抗因子を作るｍＲＮＡがカエルの胎児の腹に注入されたら、まるでカエルのコーディンが注入されたかのように2個目の（カエルの）神経索がそこに形成される。これが意味しているのは、左右相称動物(バイラテリアン)たちのもっとも近い共通祖先であるウルバイラテリアン(ur-bilaterian、略して「ウルバイ」と呼ばれる）が、同じＷｎｔ／ＢＭＰのＧＰＳを使っていたからにほかならない、ということだ。分岐後何億年もかけて別々の系統種に分かれていったなかで、これらの遺伝子はほとんど変化していないという事実。自然選択は、身体形成にかんしては恐ろしく強い支配力を持っていたに違いない。主軸特定システムが働いた後から活動するさまざまな遺伝子は見分けがつかなくなるほど変化して、わたしたちが親しみ大切にしている左右相称動物の身体に万華鏡のような多様性を提供している一方で、基本的な身体設計遺伝子に長い年月の中で無数に発生してきたに違いない突然変異の大半は生き残ることができなかった。つまり、そのような突然変異を持って生まれた生命体は、自身の複製を残すことができるほど長く生きられなかったのだ。効率的な移動運動設計が左右相称動物にとってどれほど重要だったかがわかる。

とはいえ、一貫性を欠いている例がいくつかあることは認めなければならない。たとえば脊索動物の系統においては、これまでに見たようにＢＭＰが腹側の特質を誘導している。コーディンなどの拮抗因子は、脊椎を始めとする背側の組織を特定する。ところが脊索動物以外の左右相称動物においてはすべてがこの逆になり、ＢＭＰは背側の構造を誘導し、腹側の構造を作るのは「反」ＢＭＰだ。しかしよく見てみると、わたしたちが背側の構造だと思っているものは無脊索動物においては腹側に位置しているのである。いちばんわかりやすいのはその神経索で、もしあるならば、背中ではなく腹に沿って走っている。というわけで、システムはまったく同じで、ＢＭＰ拮抗因子は神経組織の形成を誘導していると思われる。変化のすべて、それは大昔、脊索動物が、なぜかわからない理由から上下逆さまに生きようと決心したことにより起こったのだ［＊］。驚くべきことに、まさにこれと同じ説を19世紀初頭にエティエンヌ・ジョフロワ・サンティレールが提案していた。その考えは当時酷評されたが、21世紀のバイオ技術によって、ついに報われたのである。

身体の主軸についてはこれくらいにしておこう。では、左右相称動物に共通する移動運動に不可欠な特徴である、わたしたちの身体につながっている脚や筋肉の組などの繰り返し構造についてはどうか？ これらの配列もまた共通の発達プロセスに基づいているのだろうか？ この問題に取り組む前に、器官の発達についてもう少し詳しく見ておく必要がある。もっとも単純な動物については、それぞれの構成細胞型に固有に対応する全身座標軸群を特定するだけで、すべてが適切な場所に配置された身体を構築できる。ところが細胞を器官に配列することになると、このようなトップダウン型の細かい管理方法は、よくても厄介、悪くて機能しない。たとえば眼細胞のすべてをＷｎｔ／ＢＭＰの汎用ＧＰＳだけを参考にして決定したら、全身のモルフォゲン勾配にちょっとした混乱が起きただけで器官の正常な発達が妨げられ、ゆがんだ水晶体や、層のずれた網膜や、眼球の正しい場所についていない筋肉などが発生する。これはボクシングのグローブをはめて回路基板を組み立てようとするのと同じくらい、雑なやり方だ。そんなトッ

［＊］じつはこのほかにももう少しある。口は、脊索動物であるなしにかかわらず、「すべての」自由に移動できる左右相称動物の腹側の、水底のほうを向いた側に位置する傾向にある。ということは、脊索動物の口は進化の過程で新しくできあがったもの（古いほうの口は閉じてしまった）か、大昔に背腹軸の反対側へと移動したかのどちらかに違いない。

プダウン型ではなく、器官自身に責任を譲渡して、各器官にそれぞれの器官形成を管理させたほうがよっぽど賢い。

　発生遺伝学の規則の範囲内でこのような責任譲渡を行うのは簡単だ。必要なのは、特定の転写因子の組み合わせをその器官が成長すべき場所で発現させ、必要とされる特定のモルフォゲンのための遺伝子のスイッチをオンにし、その器官の形成を行うことだ。小さな区画に発現した1つの転写因子（これを「同胞抗争（シブリング・ライバルリー）」と名付けよう）が、「*wnt*」のような一次体軸の形成開始にかかわる遺伝子のスイッチをオンにしたとしよう[*]。転写因子「同胞抗争」の結合部位のスイッチが「*wnt*」遺伝子にあれば起こる現象だ。その結果どうなるか？　まるでオーガナイザーがそこに移植されたかのように、二次体軸がこの部分に成長する。もちろん、動物はふつう自分の身体の中に自分のクローンを発生させたいとは思わない（出芽［個体細胞から生じた突起が大きくなり、本体から離れて新個体となること］によって繁殖する場合は除く）。しかしこの理屈は、局部的に活性化した発生プログラム（この分野ではモジュールと呼ばれる）が生み出す結果のすべてに当てはまる。ささやかな突起物は、たとえば、動物のために使いやすい肢になることもあるのだ。

　発生をモジュール的にとらえる考え方は、繰り返し構造が形成されるときにその真価を発揮する。身近な例を挙げるなら、脊椎動物において、身体の両側にある、異なるx座標（前後軸上での位置）と同じのy座標（背腹軸状での位置）によって特定された2つの部位で、線維芽細胞増殖因子（FGF：fibroblast growth factor）モルフォゲン・ファミリーのメンバーが活性化すると、それぞれ対になった前肢と後肢という四肢の伸長が起こる。同じFGF遺伝子がこの2つの場所で活性化される。なぜならこの遺伝子には2つのスイッチがあり、それらスイッチにある結合部分はこれらの場所にしか存在しない特定の転写因子の組み合わせ2つが結合するようにできているからだ（これらの場所のモルフォゲン濃度のおかげだ)。今のところは、対になった前肢と後肢がふつうは異なる形状になるという点については置いておこう。理論的には、体軸モルフォゲン濃度勾配によって望ましい場所を1つだけ特定してくれる情報が得られる限り、モジュールを起動する遺伝子にある数多いスイッチが次々とオンになっていくのを、つまりモジュールをいたるところで活性化させるのを、止めることはできない。じっさい、発達学に貢献したことで有名なショウジョウバエは、大まかにいってこのような方法で体節の区分の場所を特定している。

しかし、繰り返しモジュールの数が増加するにつれ、1つの場所を特定する方法はむしろ手に負えないものになっていく。たとえばヤスデのなかには数百個の肢を持つ種があるが、彼らの肢にも一対に1つずつスイッチが必要だろうか? そんなことはあるまい。モジュール活性化プロセスが働き続けているとき、身体が後方から伸び続けるなら、たった1つスイッチを使うだけで複製を加え続けていくことができる。唯一必要なひと手間が、循環して発現し、規則的に濃度を高くしたり低くしたりできるモルフォゲンだ。

そのシステムはこうなっている。一定の速度で道を歩く人がいるとしよう。この人は規則正しい間隔で信号音を出すポケットベルのような機器を持っていて、信号音が聞こえるたびに魔法の豆を落とす。魔法の豆からはやがて豆の木が生えてくる。すぐに道には豆の木が規則正しく並ぶことになるだろう。このポケットベルを規則正しいモルフォゲン、歩く人を成長する胚の後部と同じペースを保つ振動しないモルフォゲン、そして豆の木を繰り返しモジュール(例:肢)に置き換えてみよう。同様のシステムは脊椎動物にも使われており、分節時計と呼ばれる。このシステムは、筋肉の塊と脊椎の胚の前駆細胞を分割するため

[*]便宜上、遺伝子の名前はイタリックで、そのタンパク質の名前は正体の大文字で始める。*wnt* 遺伝子はWntタンパク質をコード化する。

に使われる。対になったこれらの中胚葉の塊は中胚葉節と呼ばれ、脊索の両端にある中胚葉から、頭から尾の方向へ、順番にくびれ切れて節に分かれる。

脊椎の分節時計の多様な分子成分については、現在よく知られている。成長する方向とペースを合わせる振動しないモルフォゲンは、じつは2つのモルフォゲンの発現領域の境界がそのように機能しているものである。1つはＦＧＦタンパク質でＷｎｔのように胚の後部に集中しており、もう1つはレチノイン酸で、胚の前部に源を持つ。規則正しく働くモルフォゲンは「デルタ」ファミリーの膜結合型タンパク質で、近隣の細胞上の、「ノッチ」ファミリーのタンパク質である受容体に結合する。このモルフォゲンの発現は後部で始まって、波のように前部へ動く。振動が発生するのは、モルフォゲンと受容体の結合によって「ノッチ／デルタ」経路が活性化するたびに、経路の阻害因子のスイッチもまたオンになるからだ（ひよこや、おそらくそのほかの動物でも働く阻害因子には「過激派 [Lunatic Fringe]」というすばらしい名前のついたタンパク質が含まれている）。したがって、シグナルは少しの間をおいてから自分自身でスイッチをオフにする。すると阻害因子はすぐに自発的に減衰するので、シグナルが再びオンになる。そしてこのサイクルが続く。中胚葉節を節に分ける遺伝子は、振動シグナル（ノッチ／デルタ）と非振動シグナル（ＦＧＦ／レチノイン酸）の同調が起きるときにはどこで起きていようともかならず活性化する。よって理屈では中胚葉節を節に分ける遺伝子は、必要とするスイッチは1つだけで、そのスイッチには2つのシグナル経路によってつくられた2つの転写因子が作用する結合部位があることになる。

長いあいだ、分節時計は脊椎動物だけが持つシステムだと考えられてきた。というのも、ショウジョウバエはその体節を、順番にではなく一度にすべて分割するからだ。しかし近年、「ノッチ／デルタ」ペースメーカーを含む分節時計の基本的な構成要素の働きが、クモ、ムカデ、そしてゴキブリの分節において発見されており、ショウジョウバエのシステムは後発的に特殊化されたものらしいということがわかっている。ここから、Ｗｎｔ／ＢＭＰの二軸システムと同じく、ある種の「ノッチ／デルタ」分節時計がウルバイにも存在し、普遍的な左右相称性のための取扱説明書に含まれるものだという可能性も生まれる。一次軸にそって複製を構築する能力は、左右相称動物にとっては発生当初から大きな重要性を持ってきた。そして体軸の特定化のところで見たように、その理由は、この能力がより効率的に移動運動できる身体を作るからであると思われる。しかしここでのメリットは想像以上に大きい。複数の推進ユニットを使えば、各部分を足し合わせた力以上のことが全体で行えるからだ。その理由を知るには、移動運動における左右相称性の繰り返し発達システムの可能性を、ほかの誰よりも追求した集団を詳しく観察しなければならない。その集団とは、節足動物だ。

たくさんの肢を効率よく動かす方法「メタクロナール波」

節足動物はあらゆる意味で動物界の大成功者である。とにかくこの集団に含まれると認識されている種の数は、動物界のほかの集団をすべて合わせたよりも圧倒的に多い。たしかにその大半は昆虫だが、昆虫がいなかったとしても、残りの種であるクモガタ類動物とその仲間、甲殻類、そして多足類（ムカデやヤスデなど）だけでもまだ動物界のほぼ半分を占めている。節足動物は地球上のあらゆる生態系に存在し、その数も圧倒的だ。そして通常、生息している地域において主要な生態学的役割をになっている。成功のおもなカギは、彼らの体制の優れた適応性だ。とりわけ、繰り返し構造を持つ、関節でつながった付属肢の適応性が高い。節足動物という名前も付属肢に由来する。節足動物は付属肢を使って、動物が置かれる可能性のあるどんな環境下でも、脊椎動物と同じように効率的に身体を操縦する方法を身につけてきた。したがって無数にある節足動物の系統において、身体の成形と再成形が何度繰り返されようと、付属肢がいつでも彼らの普遍的特徴であるのは不思議ではない。付属肢をすべて手放したのは、変わり者の寄生性の数種だけだ。

節足動物の身体の型は変化に富んでいるため、付属肢の使用方法も多様性に富むのではないかと思われがちだ。しかし移動運動にかんしては、付属肢の操作法はどの節足動物においても驚くほど似ている。この歩行技術の特殊性がよくわかるのは、ほぼすべてが同型の脚を使って歩くムカデとヤスデの例だ。すべての歩行動物と同様、脚は立脚期と遊脚期を繰り返し、その間、地面との接触を保ちつつ後ろ向きに動かすことで身体を前方に押し（パワーストローク）、また脚を前に出してリセットする。もちろん安定性も必要なので、たくさんの脚が完全に同時に動くことはない。もし同時に動かしたら、遊脚期のたびに身体が地面に倒れ込んでしまうだろう。その代わり、どの脚もその歩行周期はふつうそのすぐ前にある脚より少しだけ先行している。このようにしてすべての脚が一団となって、身体の後方から前方へ向かってメキシカン・ウェーブ［サッカーや野球の応援パフォーマンスとして行われる「人間の波」のこと］、専門用語ではメタクロナール波を繰り返す。隣り合う脚がぶつからないよう、正確に協調して動かなければならないが、条件が整えばすばらしく滑らかで無駄のない歩行を享受し、身体全体は安定したスピードを保ち、上下に大きく動くこともない。加速と減速を繰り返すと燃費は悪くなるが、それをしなければならないのは脚だけだ。

クルマエビなどの遊泳動物における繰り返し構造の肢は、歩行する肢と同様、尾から頭へ向かうメタクロナール波の動きを使って操作されている。その理由はここでも同じだ。肢を同時に動かすと、運動停止と開始を繰り返すぎくしゃくした動きになってしまう。一方メタクロナール・パターンでは、安定した水流量が後流へ与えられる。結果的に、泳いでいるときのクルマエビは、歩いているムカデと同様、絵に描いたように優雅な移動運動を行う。じっさい、肢と肢との間隔調整とメキシカン・ウェーブのタイミングが完璧なら、移動運動におけるメリットは非常に大きい。隣り合う脚同士が周期的に離れたり近づいたりする動きは、肢と肢のあいだに水を吸い込んだり、そこから押し出したりを交互に行う。このとき水の塊は側面から吸い込まれて後方へ放出されるので、この動きによって後流の運動量が増加し、推力効率が劇的に向上するのだ［*］。

いうまでもなく、超効率的なメタクロナール・パターンは、規則正しく配列された繰り返し構造の推進力装置を備えた生物だけが実現できる。つまりこれで左右相称動物の発生過程に見られる複製システムの非常に大きなメリットを1つ説明したことになる。しかしメリットはもっとある。遊泳節足動物と歩行節足動物の肢の動かし方はだいたい同じだが、形態を設計するうえでの必要条件はかなり異なる。歩行節足動物の肢は節足動物の体重を支えると同時に地面を後方へ押しているが、遊泳節足動物の肢は平らなひれ足で、リセット期に流れに逆らわずに戻せるようにできている（水をかいて進むときは抗力が使われている）。歩行専門の動物（例：ムカデ）や遊泳専門の動物（ブラインシュリンプ）にかんしては、肢が全部同じ形でも大丈夫だから、両者のデザインが違うことに思い悩む必要はない。しかしイセエビやクルマエビなど多くの水生節足動物は、歩行タイプと遊泳タイプのどちらの肢を持つか迷ったらしく、結局両タイ

---

［*］遊泳甲殻類のほぼすべてがメタクロナール波を使っているが、人間の漕艇チームのオールのストライクは同時発生的だ。これは誤りなのだろうか？　この件についてボート選手に話を聞いたところ、同時のストロークには隠されたメリットがあることがわかった。パワーストロークのとき、船体はほんの少し持ち上がり、抗力を抑えているのだ。もちろんこれは、水面でボートを漕いでいるときに限る。動物界では水面を行く移動運動はまれだ。

プの肢を持っている。さらに、多くの甲殻類の身体の後方には、腹肢と呼ばれる幅広の扇のような付属肢がついていて、尾部をすばやく動かして危険から急いで逃れる緊急時に使われる。幅のある腹肢は、魚の尾ひれのように、水に与える推進力を増やしてくれるのだ。

オプション機能はこれだけではない。歩行のための脚は、先端から2番目の節が長いプロセスを経て成長しハサミになることもある。切断や圧搾の機能はもちろんのこと、このような付属肢は対向する拇指と同様、つかんだりよじ登ったりする動作も行う。そして、陸生・水生に関係なくほとんどすべての節足動物は、数は異なるが肢が変化した口器［節足動物の口を構成し摂食や咀嚼に関係する器官］を持っている（カニには12個もある！）。ここまで付属肢が多種多様だと疑問もわいてくる。付属肢が便利な理由は簡単に理解できる。しかし、同じ発達モジュールを用いながら、こんなにも異なる仕様の肢が節足動物たちの身体に作られたのはどうしてなのか？　突然変異が起きて1本の肢の形状が変化したら、すべての肢にも同じことが起こらなければならないだろうに。

多くの肢をそれぞれ別の形にできるのはなぜか

繰り返し構造を持つ付属肢の発達モジュールは、Ｗｎｔ／ＢＭＰ勾配がもたらすＧＰＳ座標を無視する、という前提でここまで話してきた。しかしモジュールがこうしたものの投入なしで「動ける」からといって、かならずそうしなければならないわけではない。局所的なモルフォゲン濃度が、モジュールの発達軌道に位置特異的な影響を与えるのを、止めるものはない。このとき、ホックス遺伝子と呼ばれる、カイメン以外の全生物が持っている特別な転写因子ファミリーが活躍する。簡単にいうと、ホックス遺伝子の仕事は、前後軸のモルフォゲン濃度勾配を転写因子発現パターンに翻訳することである。1つの種に6つから12のホックス遺伝子があるのがふつうで、これらは多くの動物においては1つの染色体の上に緊密なクラスターを形成して集まっている。

ホックス遺伝子の活性化パターンは、遺伝子スイッチの特性によって決まり、前後軸をいくつもの帯に分割する。これらの帯の特徴はそれぞれに1つずつ対応するホックス遺伝子コードで決まる。ホックス遺伝子コードは、帯に発現するホックス転写因子の集合体だからだ。ここに節足動物の付属肢の多様性のカギがある。ホックス遺伝子の領域の1つに存在する繰り返し構造はどれも同じように見えることが多いが、ホックス遺伝子コードが異なる限り、これらの構造は完全に異なる性質を持つか、完全に切り離されることもある。たとえば、ムカデの体節のほとんどは、ホックス遺伝子のウルトラバイソラックス（*Ubx*）とアブドミナルA（*Abd-A*）を発現させるので、この領域内の肢はすべて同じに見える。頭部付近の節はこれとはまた別のホックス遺伝子コード、セックスコームスレデュースト（*Scr*）＋フシタラズ（*ftz*）＋アンテナペディア（*Antp*）を発現する。そのためこの1組の肢はほかの肢とはかなり違う。前を向いていて毒腺を含むのだ。毒入りの牙状の肢はムカデの秘密兵器だ。ムカデのサイズが大きい（時間があれば「オオムカデ」について調べてみよう）熱帯地方では、このことがあるのでハイキングに出かける前には毎朝かならずブーツからムカデを振り落とさないと気が済まなくなる。

そっくり同じ付属肢をいくつも形成するシステムにホックス遺伝子クラスターが並んでいるということは、進化上、真に意義深い。3章で最初に昆虫について考察したとき、2対の翅を持つことによって得られる進化的可能性に注目してもらった。飛行は1対の羽だけで十分に実現できるので、もう1対に選択上の操作を加えても、状況が台無しになりはしないのだ。こうして生まれたのが平均棍［ハエの後翅が退化してできた小さなこぶ状の器官〕とカブトムシの翅だ。昆虫の翅にいえることは節足動物の繰り返し器官にも当てはまる。複製器官群は移動運動にある程度の重複性を生む（多くの節足動物は足が全部そろっていなくても動き回れる）。そして1組の複製の発達プログラムだけにマイナーチェンジをほどこすときに、ほかのすべての組にまで自動的にマイナーチェンジが起きてしまわないよう調整できたら、重大な進化的発見へのお膳立ては万全だ。ホックス遺伝子クラスターがすべてを可能にしてくれる。つまり、節足動物はホックス遺伝子コードと同じ数だけ、異なる種類の付属肢を作れるのだ。さらに、身体の1つの部位が新しいホックス遺伝子コードを獲得するのも比較的簡単だ。ホックス遺伝子の発現領域の境界を移動させるのだが、それには前後軸モルフォゲン勾配に対するホックス遺伝子の感度を、あちこち弄り回しつつ調節すればいいだけだ。ロックバンドのメンバーのひとりが新しいエージェントと契約を交わすときのように、新しいホックス遺伝子コードを得た付属肢は、進化上のソロのキャリアの第一歩を踏み出す。この付属肢の発生的運命〔胚のある部分が将来何になるか〕は、今やほかの肢の発生的運命とは切り離されているので、形態上の（したがって、機能上の）新しいオプションを自由に追求できるようになる。驚くほど多様性に富んだ節足動物の付属肢が、いやというほど見せつけてくれている通りだ。

少し前、同じ発達モジュールによって作られているはずの脊椎動物の前肢・後肢（または胸びれ・腹びれ）が、かなりはっきり違っているという共通認識については明言を避けた。これは深い問題なのだ。前肢・後肢を異なる形態に進化させる自由を獲得したことが、わたしたち脊椎動物の成功のおもな要因だった。たとえば、鳥が翼を、類人猿が直立歩行を、そしてヒトが劇的にほかとは異なる適応化を果たした手と足を獲得できたのは、さまざまな形状を持つ自由を獲得したからだ。しかしここまでのところ、あきらかに矛盾しているように思えるこの点も、何の妨げにもなっていない。ホックス遺伝子によって、節足動

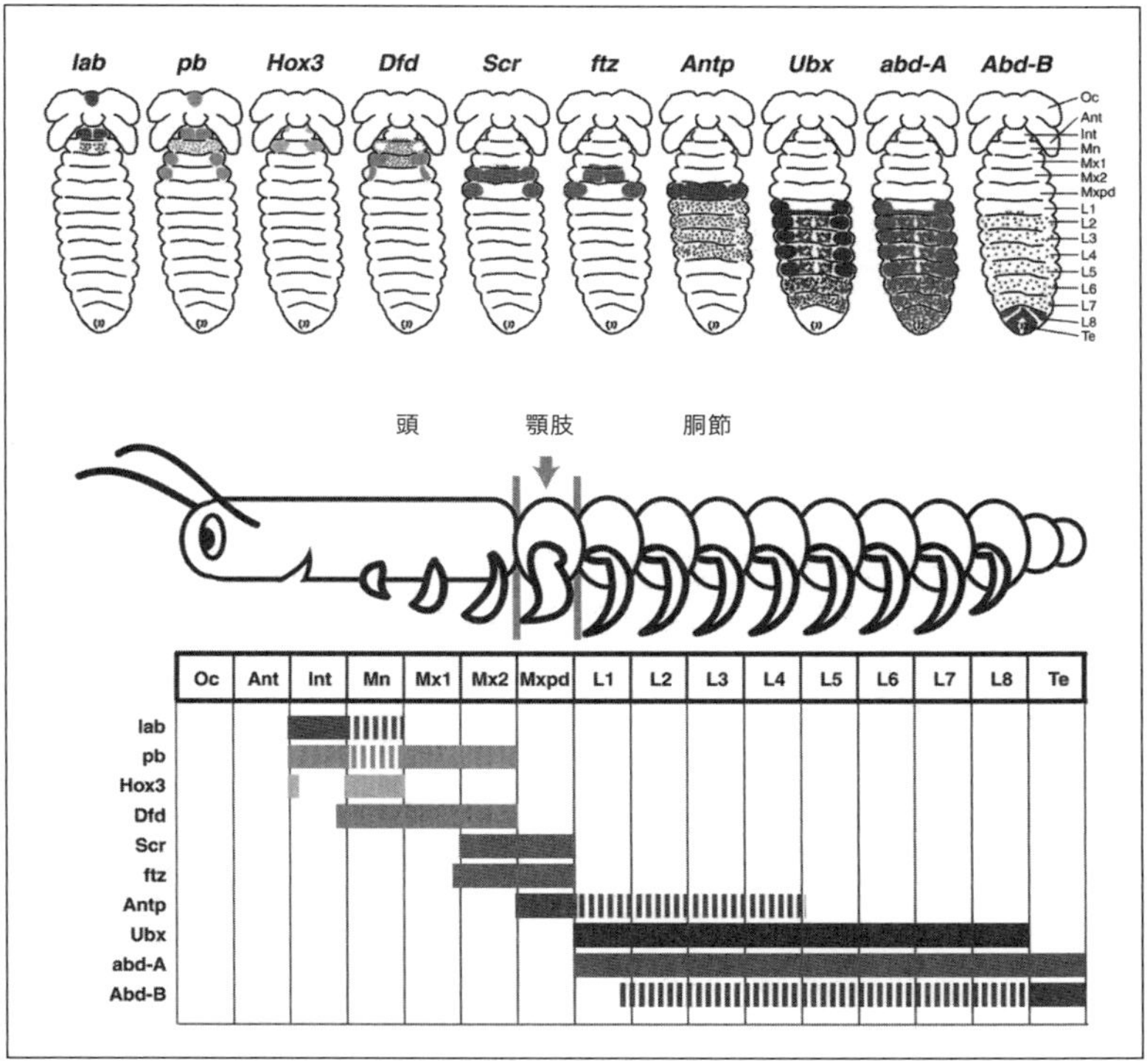

［図6-3］ムカデにおける、胚に現れるホックス遺伝子の発現パターン（上）とその図解（下）。ホックス遺伝子には前後軸に沿ったさまざまな発現境界があるので、異なる体節には異なるホックス遺伝子が対応し、イプの違う付属肢を特定できる。たとえば、Mxpd（maxilliped）が生えている体節はホックス遺伝子 *Scr* + *ftz* + *Antp* だけを発現するが、これは毒牙のためのコードである。

物の身体がスイスアーミーナイフ並みに万能になったのだとしたら、脊椎動物もこれに倣って当然だ。確認しておくべきことは、脊椎動物がホックス遺伝子クラスターを持っているかどうかで、ゲノム［ある生物が持っている、遺伝情報の全体］を見れば、必要なだけの遺伝的装備は整っていることがわかる。それどころか脊椎動物はやりすぎた感さえある。節足動物と脊椎動物に近いナメクジウオの仲間にはホックス遺伝子クラスターが1つだけあるが、脊椎動物は4つも持っている。ナメクジウオが分岐していったあと、ある時点で脊椎動物の祖先である生き物のゲノムがそっくりそのままコピーされ、これが繰り返されたからだ。複製された遺伝子のなかには時とともに退化したものもあったが、それでもあきらかに過剰な数（ヒトは39）のホックス遺伝子を脊椎動物は持っている。付属肢は2組しかないのに！

2つの遺伝情報に対して39もあるホックス遺伝子はたしかに過剰であるが、もちろん腕と脚のほかにも繰り返し構造を持つ部位がわたしたちにはある。そのなかでも代表的なものは体節中胚葉の派生物、体軸筋と脊椎だ。とりわけ脊椎は、節足動物の肢と同様、あきらかに共通テーマに沿ったバリエーションだ。さらに、これもまた節足動物と同じなのだが、脊椎ははっきりとした境界を持つ部分に分かれており、この範囲内では脊椎動物は同じ一般型を共有していることが多い。たとえば哺乳類の脊椎は、頸椎、胸椎、腰椎、仙骨、尾という領域にはっきりと分かれている。通常のマウスと突然変異のマウスにおけるホックス遺伝子の研究によって、節足動物におけるテーマと同じく、それぞれの領域の固有性とその範囲はそこに発現するホックス遺伝子の組み合わせによって特定されることが確かめられた。たとえば仙骨部分は*Hox10*と*Hox11*という遺伝子の組み合わせ発現によって特定される。*Hox11*を削除すると、仙骨部分に腰椎部分と同じホックス遺伝子コードを与えてしまい、そのマウスにとっては悲劇的なことに、仙骨が形成されない代わりに余分な腰椎が形成されてしまう。このようなホックス遺伝子媒介による脊椎のマイナーチェンジのもっと小さな例なら枚挙にいとまがない。たとえば類人猿とヒトの腰椎の数が違うのは、前後軸におけるホックス遺伝子のいくつかの発現領域の範囲が変化するせいなのだ（この違いは、背骨の曲りにくさ、したがって二足歩行の起源にとって重要な意味を持っている）。

全体として、脊椎動物が前後軸をパターン形成するやり方は、驚くほど節足動物のそれと似ている。これはたんに、同じファミリーの遺伝子をほぼ似通った方法で使っているからではない。たとえば、脊椎動物の*Hox5*と、その相同遺伝子である節足動物のセックスコームスレデュースト（*Scr*）は、後頭部とそのすぐ後ろに位置する器官のパターン形成に関係する。大昔に道を分けた脊椎動物と節足動物なのに、今でも同じ遺伝子の別の型を使って、前後軸に沿って並んでいる相同の器官を構築しているのだ。ホックス遺伝子をベースにした体軸のパターン形成システムを、Ｗｎｔ／ＢＭＰのＧＰＳシステムとノッチ／デルタ分節時計とともに、発達プロセスのリストに加える必要があるのはあきらかだ。このプロセスが、少なくとも６億５０００万年の歴史を持つ普遍的な取扱説明書を作り上げているのだから。左右相称動物のように恐ろしいほどの多様性に富んだ集団に、発達上の共通点は驚くほど多い。以上の知識をじっさいに使ってみよう。左右相称動物の取扱説明書が脊椎動物と節足動物の移動運動能力獲得にとって目覚ましい働きをしたという点ははっきりした。しかし、そもそもなぜこの発達のスキームが選ばれたのか知るためには、もっと掘り下げなければならない。そんな今こそ、脊椎動物の祖先であるウルバイの生態と移動運動について調べてみよう。

左右相称動物の爆発的多様化「カンブリア大爆発」

節足動物と脊椎動物から収集した発達にかんする情報によれば、ウルバイがＷｎｔ／ＢＭＰの二重の濃度勾配を使って、前部と後部、上部と下部が明確に分かれた身体を持っていたことはほぼ確実だろう。ウルバイには、おそらく6つか7つのホックス遺伝子もあったので、ある程度はっきり分かれた部位が前後軸に沿って並んでいた。「ノッチ／デルタ」をベースにした分節時計も使っていたと思われるので、複製された構造単位が身体を走っていただろう。しかしウルバイは、正確には何を複製していたのだろうか？

この場合、脊椎動物と節足動物の例はあまり役に立ちそうにない。なぜならこの2つの集団の繰り返し構造は、基本的に明確に区別できるものだからだ。一方は外胚葉性の外骨格突起物（節足動物の肢）が、もう一方は中胚葉性の内骨格が形成する骨の鎖（脊椎）だ。脊椎はもちろん脊椎動物にしかなく、肢は節足動物にとってすばらしく便利な器官だけれど、ほかの左右相称動物にはきわめてまれで、節足動物に近い、身体を殻で覆われていない動物（見た目はムカデに似ている有爪動物［寄生虫の一種］などを含む）や、環形動物［*］、そして四肢動物にのみ見られる。四肢動物の肢（そして肢より前に出現したひれ）は、この集団の誕生のかなりあとに発生したので、節足動物に見られる器官との相同性はどちらにしてもない。ウルバイが以上のような器官を持っていたとはまず思えない。

がっかりするのはまだ早い。脊椎動物と節足動物における繰り返し構造は、脊椎と肢だけではない。両者の筋肉組織も分割された構造を持っている。脊椎動物と、無脊椎の脊索動物を見ればわかるのは、筋節を役に立てるためには肢はかならずしも必要ではないということだ。脊椎動物の成功に不可欠だったうねり泳動の技法は、節足動物の運動にすばらしい効果をもたらしたのとまさに同じ、メキシカン・ウェーブを土台にしている[±]。この動きを利用している動物集団はほかにもある。4章で見た、蠕虫による蠕動は同じメタクロナール・パターンのもう1つの形で、縦走筋肉組織と環状筋肉組織の前後軸での同じような分割が必要だ。このような分割が、見かけ上よくわかる分節になるとは限らない。たとえば、カタツムリ、ナメクジ、タマビキ、カサガイなどの腹足類軟体動物が持つ筋肉質の足は、単一で均一な繊維の塊のように見える。しかし腹足動物が動くとき（ガラス板の上に乗せて歩かせてみるとよくわかる）、筋収縮が波状になって足を脈打っているのがわかる。腹足動物の歩き方は、ほとんど、歩かずに歩くことができる動物のそれである。接地している足の各部分は床反力を生むために折り込まれ、ほかの部分は前に進んでリセットに備える[±]。ここでもすべてはメタクロナール・パターンで動いている。メキシカン・ウェーブがもたらす移動運動効率を過小評価してはいけない。

左右相称動物において、メタクロナール波ベースの運動が共通して見られることから、ウルバイも同じような移動技術を用いていて、筋肉繊維には、はっきりとはしないが前後の分割のようなものが存在した

---

[*]肢は海洋性環形動物にはよく見られる。ミミズに肢がないのは、地中を潜って進む生活によって起こった二次的消失のせいだ。

[十]脊椎動物の四肢がメタクロナール・パターンを使っていないということではない。じっさい、わたしたちはいつも使っている。人間は2対の手足しかないので、メキシカン・ウェーブははっきりとは見て取れない。しかし速足、スキップ、跳躍（人間は脚と腕を交互に振るけれど）などはすべてメタクロナール・パターンである。

[±]種によっては、肢が接触面から決して離れないものもあり、肢を交互に出せない。腹足動物の肢の一部が接地している状態でリセットすると、その肢が生えている背中が押される。この動きがない場合には、足と地面のあいだの粘液の層が不可欠になる。この粘液はチクソ性と呼ばれる不思議な性質を持っている。常態では粘着性の固体であるが、せん断応力［物体を挟み切るような作用］を受けると液体に変わるので、足が前に出るとき接触面を押す代わりに滑って移動する。

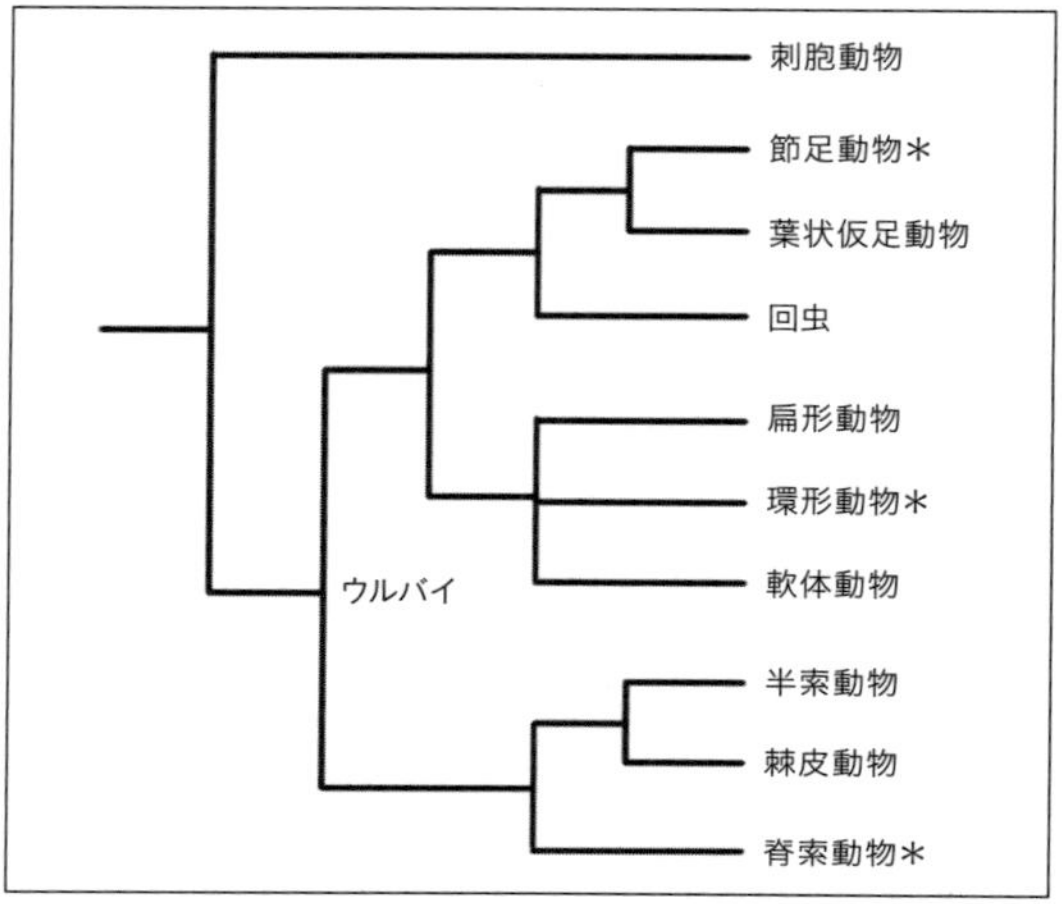

［図6-4］左右相称動物とその姉妹群である刺胞動物の簡略系統樹。
＊は体節のある動物を示している。

のではないか、と推測してもよいのではないだろうか。ウルバイの現生動物版を想像してみるなら、いちばん近いのは扁形動物かもしれない。扁形動物は通常、繊毛を続けざまに動かしながら分泌した粘液の上を滑るが、周囲の液体の粘度が高くなるときなどは、筋肉による推進力を使うこともできる。そのようなとき、扁形動物はおなじみのメタクロナール・パターンを使って蠕動または腹足動物のような足波を起こす。とすると、筋束が、左右相称動物の最初の繰り返し構造、そして分節時計の最初の標的の最有力候補なのかもしれない。

しかし、選択候補はもう1つある。世界一優れた組織力を誇る筋肉システムであっても、運動神経があちこちに散らばって、筋肉のスイッチを行き当たりばったりに入れたり切ったりしたら、身体にとっては迷惑なだけだろう。そのためにできることは秩序あるネットワークの構築だ。このネットワークには、たとえば縦走する管の中で頭から尾まで走っている神経束が1つ以上あり、左右

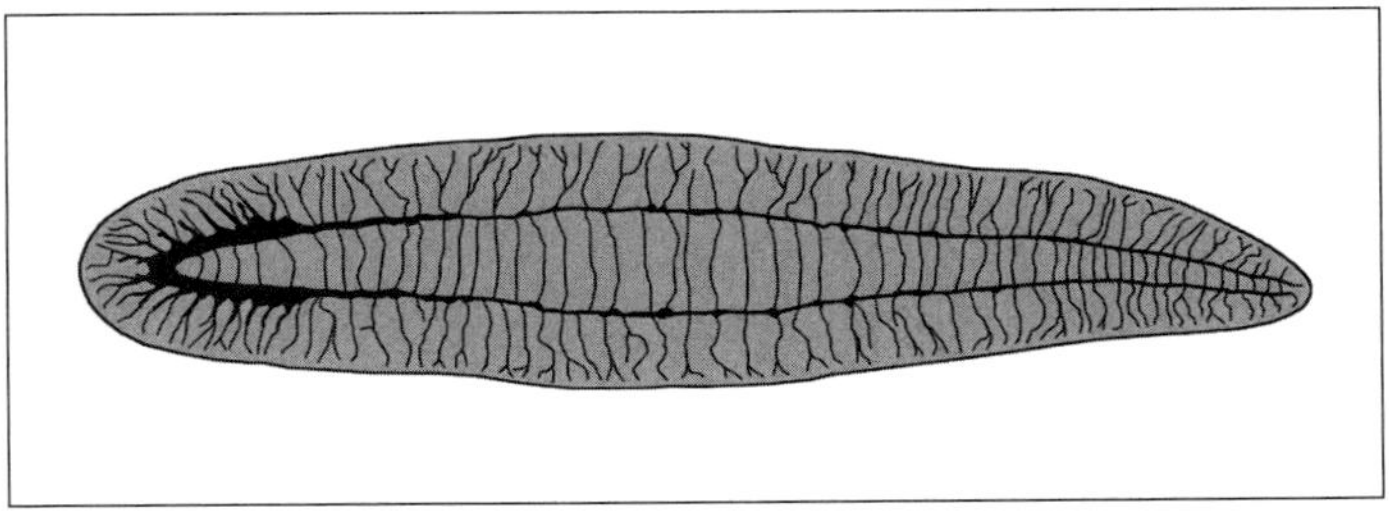

［図6-5］名目上は分節のない扁形動物における、分化した神経系。

対称の外側神経群が大きな束から等間隔で枝分かれして出て、筋肉繊維につながっていればよい。わたしたちの身体にあるのはまさにこのシステムだが、脊索動物、環形動物、そして節足動物には見られないという点が重要だ。類似のネットワークは、扁形動物、数種の軟体動物、回虫、つまり端的にいえば、メタクロナール波を使う大半の動物に見られる。体節の痕跡の有無や、歩行動物、穴掘り動物、腹足動物に似た疑似歩行動物、またはうねり泳動する動物かどうかにも関係ない。

こうした証拠から、分節時計の第一の役割は神経筋システムを体軸上に構築することであり、これがウルバイに本格的に起こったのだと考えられる。さまざまな集団間でホックス遺伝子コード応答構造は多様（節足動物の肢、脊椎動物の脊椎）であるにもかかわらず、ホックス遺伝子により神経システムを前後軸に沿ってパターン形成するという共通の特徴が観察されており、この説を支持している。ウルバイがホックス遺伝子を同じように用い、その後、ウルバイのさまざまな系統につながる子孫たちはホックス遺伝子をほかの構造の発達に役立てたと推測される。それもそのはず、発生について考えれば、このような構造はどちらにしても、神経系統の奏でる音楽に合わせて踊らなければならなかったのだから。

特性はどうであれ、1つ明確な点がある。身体の前後軸に沿った繰り返し構造システムと、システムが作った重複する移動運動モジュールの識別方法の組み合わせは、進化上、強力な触媒となった。約5億4000万年前のカンブリア紀初期、左右相称動物の爆発的多様性が起こり、ほとんどの現生種の集団とその種類豊富な体制が2500万年かけて出現した。この多様化の大半が、直接または間接的に、左右相称性の設計図が指示する移動運動の選択に関係している。地表を滑って進む動物がウルバイのすばらしい伝統を引き継ぎ、穴を掘る動物、地を這う動物、小走りする動物、よじ登る動物、そして泳ぐ動物（抗力ベースまたは揚力ベースの泳者ともに）がこれに続いた。複数の移動運動ができる何でも屋も出現した。さまざまな左右相称動物の移動運動能力が向上するにつれて、誘導のための感覚システムもまた向上した。必然的に腹を空かせた個体が別の個体を襲うようになると、これに対応して、大半の軟体動物が持つ一体型の殻や節足動物の関節でつながった丈夫な甲冑まで、いろいろな鎧が登場した。柔らかい身体を持った節足動物の先駆者の体制にはすでに肢があったが、ここに外骨格が加わったことは、発達上非常に意義深い。進化のプロセスにおいて、火に油を注いだといえよう。それもそのはず、堅固に結合した付属肢が何組もあって、複雑に入り組んだ*て*この力を使えるようになるのだから。カンブリア紀の地層に節足動物の化石が厚く積もっているのも驚くにはあたらない。

こうした事実にもかかわらず、左右相称動物はゆっくりと時間をかけて、自分たちの発達システムにある移動運動の可能性を探り続けた。ウルバイは約6億5000万年前に生きていた生物で、現存する子孫の生物たちとは遺伝的にははっきりと異なっていた。つまり、カンブリア爆発の始まりよりも1億年前に存在していたことになる。ではなぜ初期の左右相称動物は、自分たちが持っていた発生ツールキットにある適応性を存分に活用するまでに、これほど長い時間をかけたのだろうか。すぐに出せる答えは「よくわからない」だ。環境的な要因があるのではないかという意見もある。カンブリア紀の直前には酸素濃度が高くなり、海水のカルシウム流入が増加し（骨格形成に有益だ）、海面水位が上がった（海の生物の種類が増える）。これらの出来事が進化のスピードを促進し、左右相称動物の複雑さを生んだのかもしれない。あるいはウルバイの発達システムは、のちのカンブリア紀における左右相称動物の身体が持つ多様性を生み出すほどには高度ではなかったのかもしれない。体軸に沿って繰り返される神経筋システムを多様化するために、十分な数のホックス遺伝子が本腰を入れて取り掛かるまでには、いくつか遺伝子を複製しなければならなかったのかもしれない。結局のところ、複数の要因が組み合わさってカンブリア爆発の導火線に点火したのだろう。それでも、カンブリア紀の多様性の展開については、核となる左右相称動物の発展システムとその移動運動の潜在能力の果たした役割が絶対的に重要だったということは否定できない。左右相称動物の設計図は、火花ではなく爆発物だったのだ。

左右相称動物誕生の謎に迫る手がかりの断片

爆発などという物騒な表現のわりには、カンブリア爆発とその後の長い適応化は、左右相称動物の発達プログラムの核心部分にほとんど影響を及ぼしていない。このプログラムはわたしたちの遠い祖先の身体の中でできあがって以来、大きな変更を加えられたことはほとんどなかった。なぜならこれは、すばらしく高性能で適応しやすい身体を作り上げるための、最高に効率のよいシステムだからだ。このプログラムは移動運動にかんして大きな潜在力を持っており、そのおかげで左右相称動物が地球の覇権を継承したといっても過言ではない。さてここで１００万ドルの賞金が出るクイズだ。世界を揺るがした左右相称性発達システムは、その前の放射相称性システムからどのように現れてきたのか？　そして古いシステムはなぜ同じような移動運動の爆発的発展を引き起こさなかったのか？

答えを見つけるために、ウルバイの発生ツールキットの全貌を知るのに行った考察をもう一度、持ち出したい。つまり、もっとも近縁の現生の非左右相称動物をよく観察して何らかの発達上の共通点を探し出し、それを出発点にするのだ。この動物とは刺胞動物だ。刺胞動物など、いないことにしたい一族の恥の叔父さんのようなものだと思う人もいるだろう。頭も脳もなく、口は肛門と兼用で、ふつうに考えてわたしたち左右相称動物とは何の形態的共通点もない。しかし今、形態的にまったく異なっているというささいな事柄に囚われてはならない。わたしたちには発達遺伝学という味方がついているのだから。

まずは、ゼリー状動物の一族について知っておこう。現在3つの集団が認識されている。もっとも原始的なイソギンチャクとサンゴ（花虫綱）、クラゲ（鉢虫綱）、そして単体も群体もあるヒドロ虫（ヒドロ虫綱）だ。刺胞動物の基本的な生活環は、花虫類に見られるように2つの段階に分けられる。ポリプと呼ばれる成虫期（やや大きいがイソギンチャクがその典型だ）と、動き回る幼生期である。プラヌラと呼ばれる幼生は小さな卵形をしていて、極小の身体を覆っている糸のような繊毛の打ちつける動きによる推進力で動く。プラヌラ幼生は水中を泳ぎ回ったあと着底し、ポリプに変態する。高度なヒドロ虫綱や鉢虫綱の動物には、メデューサという第3の段階もある（しかし多くのヒドロ虫綱動物ではこの段階は消失している）。メデューサはクラゲに似た（じっさい、メデューサが大きくなったのがクラゲである）遊泳動物で、ふつうはポリプから出芽し、有性生殖を行う。高度な特徴を持ったメデューサは刺胞動物と左右相称動物のもっとも近い共通祖先のなかにはいなかった。したがってわたしたちの調査に直接の関係はない。

刺胞動物の紹介は以上になるが、ここで悪い知らせがある。ホックス遺伝子にかんする限り、刺胞動物（少なくともその発達が観察されてきた種は）は支離滅裂だ。ホックス遺伝子と想定されるものは、これ

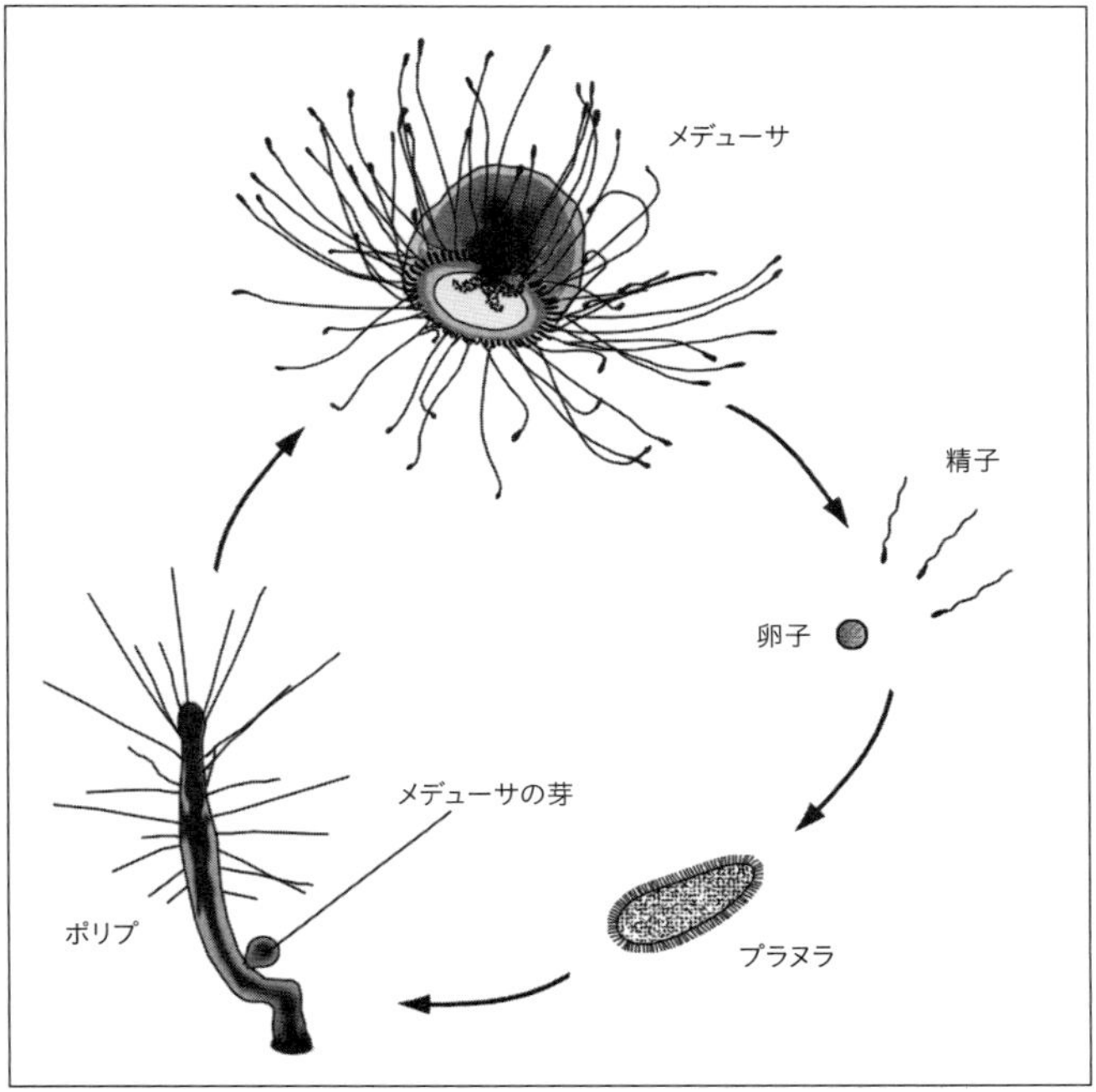

［図6-6］刺胞動物の高度な3段階の生活環。ヒドロ虫綱のベニクラゲの例。

らの生物の中に存在する。しかし左右相称動物のホックス遺伝子との進化上の関係が不確かなのだ。刺胞動物のホックス遺伝子はクラスターに配列されておらず、部位ごとの発現パターンは見せているものの、種間での発現パターンの違いが著しく、同じ種でも生活環のステージによって異なる場合さえある。発現パターンが一次軸(片方の先端に口がついている体軸)に沿って配置される場合もあるが、いつもそうだとは限らない。少なくとも今のところは、これらの生物が提示してくれる証拠からは多くの情報は得られそうもない。

さて今度はいい知らせだ。刺胞動物はＷｎｔタンパク質を持っている。この点のほうが考察しやすいかもしれない。というのも、彼らのＷｎｔタンパク質の大半が左右相称動物と同様、一次軸の片方の先端で発現するからだ。この先端部分は口端になる。つまり左右相称動物的にいうと、ポリプは頭を下にして立っているということになる。奇妙に感じられるが、左右相称動物の後部は遊泳するプラヌラの後部に相当する。もちろんプラヌラが着底時に最初に接触する面は前部側なので、その後ポリプに変態したときに口がその反対側の端に開く。左右相称動物と同様、Ｗｎｔタンパク質が、刺胞動物が自由運動できる短い期間に動作の方向を指示するのである。身体が適切な構造を持ち正しい方向に動くようにするために、このモルフォゲン・ファミリーが太古の昔から活躍していたらしい。この機能はじっさい、動物が地球上にまさに現れた時期から存在したかもしれないのだ。オーストラリアのクイーンズランド大学でマヤ・アダムスカとそのチームは最近、移動運動の方向を決めるＷｎｔタンパク質が下等動物であるカイメンの幼生の身体の後部で発現するのを発見した。わたしたち左右相称動物、刺胞動物、そしてカイメンは、どれだけ見かけが異なっていようとも、少なくとも一次軸だけは同じ方法で形成されているのである。

とはいえ、イソギンチャクに似たヒドラ虫綱のヒドラでは口端（すなわち肛門側である後端）に発現するさまざまな遺伝子が、左右相称動物においては通常頭部に発現する。わたしが今まで述べてきたことと矛盾しているではないか。もっとわけがわからないのは、左右相称動物には頭部に特定的に現れる遺伝子が、ヒドラにおいては胴部に発現するのだ。いったい何が起こっているのだろうか？

ドイツ南部に所在するマックス・プランク発生生理学研究所でヒドラを専門としているハンス・マインハルトが提案するのは面白い理論で、一見矛盾に満ちた一連の現象の説明をしてくれる。マインハルトによれば、左右相称動物の頭は刺胞動物の身体全体に相当するが、口の周りの狭い輪だけは例外である。つまり、刺胞動物レベルの動物からの左右相称動物の誕生は、その細い帯状の部位の伸長に関係している。

言い換えるなら、左右相称動物は、頭を肛門［刺胞動物の口と肛門は兼用］から引っ張り出すことによって蠕虫のような身体へと進化したのである。Ｗｎｔの働きによって胴部を後ろから突き出すことが左右相称動物の身体づくりプログラムの中核であることはすでに見たが、これもマインハルトの説の強固な裏付けとなる。もう1つの裏付けは、左右相称動物と刺胞動物のあいだでホックス遺伝子の発現パターンが対応していない点である。わたしたち左右相称動物はホックス遺伝子をおもに胴部を形成するために使っているのだ。

マインハルトの研究が示唆するように、刺胞動物と左右相称動物の一次軸が相同するなら、次は刺胞動物が垂直方向に、わたしたちにとっての背腹パターンを生じさせるような、何らかの体軸のようなものを持っているか見つけ出せばよい。偶然にも多くの刺胞動物に体軸の徴候が存在する。とくに花虫類動物の多くは考えられているほど放射相称ではなく、長い、スリット状の口を持っている。そこで刺胞動物にはもう1つの体軸があると考えて、左右相称動物の体軸と相同だと早合点してしまわないよう、これを方向軸と呼ぼう。左右相称動物の背腹軸の指定因子であるＢＭＰとコーディンの相同遺伝子が、イソギンチャクの幼生の身体の方向軸に沿って非対称に発現するところに、何か意味がありそうだ。しかしイソギンチャクの遺伝子がすべて身体の同じ側に発現するのに対して、左右相称動物のＢＭＰとコーディンはそれぞれ別の側に発現する。さらに込み入っているのは、刺胞動物のホックス遺伝子だと想定される遺伝子のいくつかが発現する部分は、一次軸ではなく方向軸に沿って並んでいる。そのため、左右相称動物の身体は、刺胞動物レベルだった祖先の身体をこの方向軸に沿って延伸することによって生まれた、と主張する科学者もいる。奇妙に聞こえるが、数種類の無脊椎左右相称動物の発生初期段階における消化器のいくつかの特徴と、この理論は矛盾しないのである。これらの動物では消化管は、ふつう開口部のような原口から形成され、この原口の中央部分はチャックのように閉じられているので、口と肛門は原口の両端から形成される。方向軸に沿った延伸は、刺胞動物において原口の周囲で繰り返し構造を形成するシステムが、どのようにして左右相称動物が同様の構造を一次軸に沿って展開するシステムへと変貌したのかを理解する助けともなるだろう。刺胞動物と左右相称動物の発達上のコピーシステムが同等であるという証拠はまだないのだが。

では、刺胞動物のどの体軸からわたしたちの前後軸が生まれたのだろうか？　一次軸？　それとも方向軸？　答えを出すのはまだ早いけれど、わたしの感触では「両方」なような気がする。この話の発端を覚えているだろうか。イモリのオーガナイザーは原口の背側に位置している。だから身体が後方から引き出されることによって形成されている（マインハルトの唱えた一次軸／前後軸の相同関係に一致する）が、一方、押し出しは原口の片側に集中している。ここにあるのが、左右相称動物の体制が誕生したときの痕跡だとしたら、このような結論が導き出せるのではないか。刺胞動物レベルの祖先の身体の前部からわたしたち左右相称動物の前部ができ、かつての後部（つまり原口側）が延伸してわたしたちの胴部になったが、これが垂直方向に向きを変えてもともと口であった側が腹側になった（脊索動物の場合は背側）。

刺胞動物／左右相称動物の体軸の相同がいくらうまく見出せたとしても、この2つの階級間の遷移を考察するときには大きな問題に直面してしまう。固着性のポリプが、たとえ発達過程で左右相称動物になれるような可能性を秘めたものであっても、這って動く扁形動物のような生き物に変化できるとは、どこをどう見ても思えないからだ。しかし刺胞動物の生活環のなかでも別のところに注目してみてはどうだろうか？　何といってもプラヌラ幼生は運動性を持っているし、刺胞動物の身体のどちらが前でどちらが後ろなのかを教えてくれた価値ある存在だ。プラヌラ幼生は通常とても単純な構造をしている放射相称動物だが、興味をそそるような例外も存在する。その1つに、イタリアのサレント大学のステファノ・ピライノとそのチームの研究対象である、ヒドラ虫の仲間、クラバ・マルチコルニスの幼生がある。この幼生はプラヌラにしては例外的に細長く、これほど単純な生物にしては、前後軸に沿ってはっきりと分割された驚くほど複雑な神経系を持っている。神経系は、前部に集中する感覚細胞と体長に沿って走る縦走索から成っている。実際にこの組織の水準は、単純な左右相称動物である扁形動物のそれと変わらない。しかも、クラバの幼生にはあいまいながらも背腹構造の徴候が見える。前部の外胚葉が、片方だけわずかに厚みを持っているのだ。どのような生活様式を送ることで、この幼生はふつうの単純なプラヌラでなくなったのだろうか？　一言でいえば、ほとんどのプラヌラが水中を泳いで移動するのに対して、クラバの幼生は繊毛を使って底を滑るように這う。これが違いだ。ウルバイもこうやって移動していたのかもしれない。

クラバの幼生を、左右相称動物のとてつもなく古い先駆的生物だとみなす人はいない。しかし彼らは、最終的に刺胞動物レベルから左右相称動物レベルの体制への変遷を引き起こした移動運動の1つの変化を、再生ビデオのようにしてわたしたちに見せてくれているのかもしれない。ほとんどのプラヌラ幼生は繊毛遊泳をするので、放射相称性のパターンを放棄する動機はない。その小さな身体を取り巻く環境は四方八方同じ水だからだ。しかし接触面を這うとなると、姿勢を変えない限り、その面に接触している身体の側面だけが推力を生み出せる。とすると、接触していない側よりも接触している体側にさまざまな機能を備えた設計のほうがよい結果を生んでくれる。腹側が移動運動を担当するというだけにとどまらず、背側を敵の目から隠したり保護したりするという意味合いもあるだろう。進む方向に身体が長くなればそれも便利だ。身体の片側だけで進むために推力が減少するのを補ってくれるからだ。クラバの幼生は、こうした進化の道に、ためらいがちに第一歩を踏み出した状態で止まっている。おそらく本当の変化を起こすのに十分なだけ長くは、プラヌラの状態では生きられないからだろう。しかし、もし彼らのような生物がポリプに変態する前に性的に成熟していたら、以上のような適応化の価値が証明されていただろう。もしそうなっていたら、海底を這うちっぽけな幼生が子孫を作って、左右相称動物の大規模な放散を引き起こしたかもしれなかったのだ。

左右相称動物の発達システムは、当初は刺胞動物の発達システムとあまり違わなかったのだろう。身体から少し出っ張った部分が運動の向きに関係するようになったということだろう。しかしそれは広範囲に及ぶ結果を生み出した。刺胞動物にとって、カンブリア爆発は、ほかの動物たちに起こった出来事に過ぎなかった。どうしようもない（もちろん大部分は移動運動能力の有無による）理由があったからだ。

体軸の「周りに」繰り返し構造を持つ放射相称動物にとっては、1つのモジュールへの変更をかならずほかのすべてのモジュールに複製するのが何よりも重要だ。1つでも変更があると移動運動の機能に支障をきたすからだ。左右相称動物の発達の枠組みでは、繰り返し構造は体軸に「沿って」並び、左と右の複製のマイナーチェンジが同時に行われる限り（特別なことがなければそうなるようになっている）、多少の変化が、あるモジュールにだけ選択的にあったとしても通常運転が大幅に妨げられはしない。したがって、形態や機能における可能性をはるかに大胆に探求できる。その結果、左右相称動物は地面を這うという生活様式に適応し、最終的に生物圏のどんな環境においても生きていけるようになって放散したのだ。

左右相称動物の移動方法には節足動物、軟体動物、蠕虫、そしてもちろん泳ぎの達人である脊索動物が開発したあらゆる種類の遊泳生活が含まれるが、海洋世界の最古参である刺胞動物のクラゲが同じ生活を享受できないのは皮肉である。だからといって、それが太古からの生き物たちにとって問題だというわけではない。刺胞動物は動物集団のなかでも成功者の部類に入るし、今も生き残っている。刺胞動物は何億年ものあいだ、かたくななまでに移動運動方法を変えなかった。その間、左右相称動物たちはあらゆる種類の移動運動と形態をやりたい放題に試してきた。しかし、動物界の歴史上、移動運動のおそらくもっとも根本的な変化が起こっていなかったら、こうしたことはどれも実現しなかっただろう。精巧な組織をもつ身体も、それを動かすコンピュータがなかったら無用の長物に終わる。わたしたちの旅の次の行程では、このコンピュータ、つまりわたしたちの非凡な神経系がどのようにして生まれたのかを見てみよう。

7

脳と筋肉はどのように生まれたか

なぜ、どうやって、動物の身体はコンピュータのような制御機能を持つにいたったのか

「ぼくが弾いている音はみんな正しい。弾く順番が正しいとは限らないが」

――エリック・マーカム［イギリスのコメディアン。1926－1984］

早春のケンブリッジ。今日などはことに気持ちのよい天気なので、わたしは気分を変えるためにケンブリッジ大学の植物園にやって来て、この文章を書いている。家から近いし、道順は簡単だった。しかし、地球上のどんなロボットもここまでたどり着けないだろうと自信を持って言える。出発した瞬間から、ありとあらゆる障害物が行く手に待ち構えていたのである。

この町の住民の多くと同様、わたしのいつもの移動手段は自転車だ。自転車は、歩きに比べると格段に安定性を欠いた移動方法だ。重心をほとんどずっとタイヤの下にある約2・5センチ幅の支持多角形の真

上に保っておかなければならないうえ、地面と身体の接触がないので、緊急時、臨機応変に態勢を変えられない。曲がり角に来るたび、わたしは走り方を変えた。遠心力で反対側に倒れてしまわないよう、ターンの内側方向へ、正確な角度（ターンのきつさと速度によって変わる）で身体を傾けなければならなかった。角を曲がるときの速度を決めるには、自転車のタイヤからどれくらいの静止摩擦が得られるかを間接的に判断しなければならない。このパラメーターを大きく見積もりすぎて、カーブをすごいスピードで走り抜ければ、身体が傾きすぎて自転車はわたしの体の下から外側へと滑って行ってしまうだろう。運動量の大きい自動車に囲まれて自転車を走らせるわたしにとって、こうしたことを正確に判断できるかが生死を左右する。

始めは大通りを走っていたが、車を避けるために、最初に見つけた自転車専用道路に移った。するとここでも新たな困難に直面した。ケンブリッジでは自転車専用道路の多くが歩行者道を兼ねており、週末の今日、道を歩く人の数はかなり多かった。人びとはいろいろな速度でいろいろな方向に動き、速さも方向もいつどう変わるか直前まで予測が不可能だ（とくに子どもや犬たちは）。自転車のベルを激しく鳴らせば人びとを蹴散らして進めたかもしれないが、それは人としてどうかと思われるし、どちらにせよただまっすぐ走るのでは楽しくもなんともない。というわけで、人にぶつからないようにするには多くのことを自分で何とかしなければならない。これは驚異的なまでに複雑な計算タスクだ。一瞬一瞬、歩行者たちの位置と相対速度を想定しなければならない。同時に、彼らがどれくらい周囲の状況に気づいていないか（歩きスマホのせいだ）や、てんでばらばらな進路やスピード調整能力（基本的に年齢に反比例する）を考慮して、何ならわたしのほうからスペースを作ってあげる。おまけに、ほかの自転車もよけなければならないから、計算は2倍に増える。つまり、自転車をよけるためにはまず、自転車が歩行者をよける動きをよく見なければならなかったのだ。したがって絶え間なく流れ込む複雑な情報を適切に処理し、でこぼこ道での安定走行に努めつつ、方向とスピードを正確にすばやく調節できるよう筋肉に伝達しなければならない。混雑していた自転車専用道路を離れて草地の上を走ったため、少なくとも一度は地面の状態が変化した。草地は形状が不安定で滑りやすい接触面だ。出力をただちに上げ、角を曲がるときの戦略を再調整しなければならない。

何度も言うが、これはかなり複雑なタスクだ。しかもこれに転ばないように自転車を乗り降りするわずらわしさが加わる。さらに、片方の肩に背負ったコンピュータの左右非対称な負荷をどうやって相殺し、到着間際にならなければ視界にはいらない植物園への道順をどうやって決めたのか。これらの諸問題をクリアして、わたしは今こうして植物園に無事着いた。はっきり言って、わたしはすごい人間だ。しかし自慢したいわけではない。だってあなた方もみなすごいのだから。わたしたちは日々、テクノロジーの力を借りていてもいなくても、運行指示と推進力発生に驚くべき妙技ともいえる計算能力を発揮し、安全で効率のよい方法で目的地へとたどり着いている。おまけに、これらのプロセスについてめったに深く考えない、というのも驚きだ。わたしたちはプロセス中、数えきれないほどの計算と決定を無意識に行っている。感覚器からのフィードバックを記録し実行し、あらゆる筋肉収縮を意識しなければならないとしたら（次は大腿四頭筋の番だ。もっと強く張れ。そしてハムストリングスは緩めよう……など）、ストレスによって精神が（そしてそのあとすぐに身体が）まいってしまい、衝突を避けたり目的地を目指したりという高等なタスクを行うどころではなくなってしまうだろう。

この話からもわかるように、移動運動の進化を考えるとき、形態や力学にかんする側面だけを見ていては不十分なのだ。もちろん形態も力学も重要だが、身体に備わった器官だけを問題にして、器官を用いる方法を軽視するのは間違っている。このとき登場するのが、わたしたちに与えられた精緻な神経系だ。網目のようにも見える細胞（ニューロン）の壊れやすい電子回路は、効率的で効果的な推進動作の発生をつかさどる。筋骨格系の配置と特性に完全に同調させるというそれ自体主要なタスクをこなすだけでなく、周囲の環境と身体から情報を収集し、有用で有意義なものだけを選び取り、加工する。そしてこれを適切なアウトプットとして運動機構に伝達すると、運動機構は目的地に行くのに適した的確な反応を起こす。したがって責任は重大だ。

もともと神経系はこの目的のために「設計」されている。神経組織は1つかそれ以上の縦走する大きな索状器官へと集中化しており、とくに目立つのが身体の前端にある、容積の大きい神経細胞の集まりである脳だ。さらに意外なことに、この集中化が起きたきっかけは移動運動の適応化だったのだ。神経系は考えるための器官だと思われているかもしれない。自分を取り巻く世界について思考し理解し、ほかの生命体に共感し、意識を与えるためのものだと。しかしこうした役目はおまけに過ぎない。脳は、何よりもまず移動運動のための器官なのだ。

神経の電気信号が身体を伝わる仕組み

動物の筋神経系が電気によって機能しているということは、かなり早くから知られていた。これを見抜いたのはイタリア人の解剖学者ルイージ・ガルヴァーニ［1737–1798］だった。1780年代、解剖したてのカエルの肢に電気的な刺激を与えた彼は、肢がけいれんを起こすのを見た。この発見が当時、大センセーションを巻き起こしたのは、ガルヴァーニの甥ジョヴァンニ・アルディーニを始めとする人間が行った、残虐な一般公開実験に負うところが大きい。彼らは処刑後間もない罪人の顔と身体（または身体の一部）に電気を流し、一瞬蘇生するのを見せたのである[*]。この発見は知的ショック（および、文字通りの電気ショック）を与えたに違いないが、進化の観点からすると、筋神経系の基盤としての電気信号は、筋神経の属性のなかでももっとも簡単にその性質を説明できる現象だ。神経は、生きているすべての細胞が本来持っている性質のいくつかを活用しているだけなのだから。

人工的な電気回路に必要なのは、電源、電気を流すための導体（通常は金属線）、そして電気のオン／オフ操作もしたいなら、回路の中断または接続を自由に行うためのスイッチなどだ。動物の細胞も基本的には同じである。ただ、人工の電気回路は電子の動きによるものであるのに対し、生物電気はイオンの動きによって発生する。イオンとは、その原子がもつ電子（負電荷を帯びている）が過剰にあるかまたは欠損しているために原子核（正電荷を帯びている）の電荷との均衡がとれていない原子のことである。動物細胞で電気を起こすのはおもに細胞膜内のポンプ（タンパク質でできている）で、つねにイオンを運び入れたり出したりしている。具体的には、カリウムイオンは細胞内に取り込まれ、ナトリウムイオンは細胞から汲み出される。カリウムイオンとナトリウムイオンはそれぞれ＋1価を持つ。これらのイオンには電子が1個足りないという意味である。このような使い方では、ナトリウム／カリウムポンプは充電器としては役に立たない。なぜなら、充電器として使おうとするならば、これらのポンプで正または負の荷電粒子を細胞膜の片側に集積させることが必要だが、同じ電荷の粒子同士を片側の6つと反対側の6つとを交換しても意味はないからだ。

---

[*]その光景が、1818年に書かれたメアリー・シェリーの『フランケンシュタイン』の着想の源になったであろうことは想像に難くない。

しかし、イオンが細胞の内外で移動する経路はポンプだけではない。細胞膜には、イオンチャネル［イオンを膜内外に透過させる役割を持つ膜タンパク質］を形成する種類のタンパク質が散在している。イオンチャネルの多くが通常は不活性状態で閉じられているが、つねに開いているものもある。つねに開いているイオンチャネルの多くは、とくにカリウムイオンに見られる。そのため細胞膜はナトリウムの自然な移動を制御するのは得意だが、カリウムは素通しにしてしまう。カリウムイオンの濃度は細胞外よりも細胞内でずっと高い（ポンプのがんばりによって）ので、これらの通過チャネルを通してカリウムは流出することになる。ナトリウムには同程度の移動が見られないため、細胞膜の内側は数十ミリボルトの負電荷を帯びることになる。

手短にいえば、細胞膜のカリウムイオンに対する透過性がナトリウムよりも高いために、ナトリウム／カリウムポンプは効率的に細胞で電位を発生させられるのだ。しかし、ナトリウムに対する透過性が増加すると、電位差が放散したり、逆転したりする恐れがある。なぜなら細胞の負電荷、そしてナトリウムイオン濃度の差異のせいで（前述のように、ポンプはナトリウムを細胞から追い出す）、ナトリウムイオンが大量に細胞の中に取り込まれるからだ。動物の電気回路のスイッチを使う準備はこうして整えられる。ナトリウムチャネルを細胞膜に埋め込んでおけば、そのチャネルを開くときはいつでもイオン電流が発生するのだ。これこそがわたしたちのほとんどの感覚器が働く仕組みだ。機械的、化学的、または視覚的な刺激で、ナトリウムチャネルが開くようにすることによって機能しているのだ。

電池もスイッチも揃ったところで、あとは生物用のケーブルがあれば電気回路を動かすための要素はすべて出揃う。ある意味、これを実現するのは、この上なく簡単だ。電流を身体の一部から別の部分に運ぶには、細胞の一箇所かそれ以上の箇所を長く伸ばせばよい。この仕事はニューロンが担っている（伸長部分を軸策と呼ぶ)。ニューロン内の正電荷を帯びたイオンは、金属線内の電子と同じように、上手に電流を運ぶ。感覚終末部〔感覚神経線維の末端〕でナトリウムイオンが流入すると、近隣にある正電荷を帯びたイオンはすべて(おもにカリウムイオン)反発してその場からはじかれる。はじかれて移動したイオンはまた行った先で近隣の正電荷を帯びたイオンをはじく。この反発作用は軸索に沿って続き、あっという間に神経インパルス(業界では「脱分極」という用語を使う)が末端まで届く。

正イオンを使った電流の移動方法だけが、生物電気と人工電気回路の違いではない。人工の電気回路がまともに機能しているとき、電気はかならず流れ続けている。回路を中断すれば、電流は止まる。これはクリスマスツリーの電飾が壊れているときに誰もが体験することだ。しかしニューロンが互いに電気接触を行うことは非常にまれで、また筋肉との電気接触は決してない。生物電気の回路においては、2つの細胞は通常シナプスと呼ばれるきわめて狭いすき間によって隔てられている[*]。神経インパルスがこのすき間に到着すると、神経伝達物質と呼ばれる化学物質が上流の端のシナプス前ニューロン〔情報の出力する側。シナプス前細胞ともいう〕から分泌され、これが短い距離を拡散して下流のシナプス後ニューロン〔情報の入力される側。シナプス後細胞ともいう〕の細胞膜に到達する。この細胞膜には神経伝達物質が結合すると開くイオンチャネルがたくさん埋め込まれている。イオンチャネルがナトリウムだけを選んで通すものだったら、神経伝達物質分子の結合によってナトリウムイオンの大量流入を引き起こし、続いて細胞膜の脱分極が起こり、電流はシナプス後ニューロンを進み始める。それはあたかも2つの細胞が電気的に接続されたかのようだ。

[*]単一ニューロンにおける電流にも完全な回路が必要である。細胞内でのイオンが電流をつくるように動けるのは、細胞の外側の液体でイオンが逆向きに動くことができるからだ。

このように回路を遮断するのは奇妙に感じられるかもしれない。しかも神経伝達物質の放出と拡散を必ずしなければならないというのは少々面倒だ。しかし、シナプスは神経系のコンピュータ的複雑さにとってのカギを握っているのだ。第一に、シナプスは電気信号を増幅する。というのはシナプス前膜には大量の神経伝達物質を貯蔵でき、シナプス後膜もまたイオンチャネルをたくさんつけておくことができるからだ。この特性は神経／筋肉シナプス、つまり神経筋接合部においてきわめて重要だ。というのも筋肉細胞が収縮するためには脱分極されなければならないのだが、筋細胞はこれらを活性化するニューロンよりもかなり大きいことが多いからである。しかしこのような理由は、神経系というコンピュータが持つ可能性の氷山の一角を示すものでしかない。

じつは、神経伝達物質分子でイオンチャネルを開いても、かならずしもシナプス後膜の「脱」分極は引き起こされない。たとえばナトリウムではなくてカリウムに特化したあるチャネルを（異なる神経伝達物質で）開くと、通常以上に多くのカリウムイオンを流出させ、これが細胞膜の「過」分極化を起こす。つまりすでに細胞の内側が帯びていた負電位が増加するのである。このような「抑制性」シナプスは、前述したようなもっとわかりやすい「興奮性」シナプスとは違って、物事を決定する神経系（脳を含む）の能力にとって必要不可欠だ。

1つのシナプス後ニューロンが多くの上流のニューロンからシナプス入力を受け取る場合もある。シナプスのなかには興奮性シナプスも抑制性シナプスもあり、ほかより増幅力の高い性質を持ったシナプスもある。さらに、シナプス前ニューロンのなかには、感覚器からの入力によってほかのニューロンより強く刺激を受けたものもあるかもしれない。シナプス後ニューロンの活性化の有無とその程度は、そのときにおける興奮性シナプスと抑制性シナプスのあいだの全体的なバランスで決まる。電気信号が起こり続けるためには、シナプス結合で両者を差し引きした正味の脱分極が、ある程度大きくなければならない。最終的には、神経系の無数のシナプスによる「決定」は、どんなときでも、筋肉のスイッチが入ったり切れたりするという形で反映される。つまり動物の行動として反映されるのだ。さらに便利なことには、与えられた入力がシナプスで増幅される程度、つまりシナプス後ニューロンに与える影響力の大きさは、動物が暮らしていくなかで調整できるのである。この調整は、シナプスのサイズやシナプス後膜のイオンチャネルの密度を変化させることによって行われる。これが学習の細胞レベルでの仕組みである。

意思決定のほかに、抑制性シナプスは運動を効果的に行うために必須である。単純な感覚／筋肉運動回路を想像してみよう。たとえば有名な膝蓋腱反射などだ。大腿四頭筋が膝蓋腱の不意な伸張に反応して、脚が崩れ折れないよう収縮する動きである。膝蓋腱の伸張は腱の中に埋め込まれた自己受容体という感覚器によって検知される。自己受容体は多くの筋肉と関節にあって、時々刻々変化する身体各部の動態にかんする詳細な情報を脳と脊髄に伝える（左右の手の指先を見ないでもくっつけるというようなことができるのは、自己受容体のおかげだ）。膝蓋腱の自己受容体が活性化すると、感覚ニューロンを通して神経インパルスを脊髄に送る。脊髄では感覚ニューロンは運動ニューロン群とシナプスを形成している。これらの運動ニューロンは信号を大腿四頭筋に送り返し、大腿四頭筋はすぐに収縮して膝が伸びる。ここまでの首尾は上々だ。ところが反射神経をうまく働かせるには大腿四頭筋の拮抗筋である膝屈筋を停止しなければならない。そのため、膝蓋腱の自己受容体の感覚ニューロンからの分岐が（介在ニューロンを経由して）膝屈筋の運動ニューロンと抑制性シナプスを作っている。この仕組みがあれば、自己受容体が緊急事態を検知している間、屈筋は大腿四頭筋に対立しない。お気づきかもしれないが、抑制性シナプスには、意図的な動きによって自己受容体が活性化されたときには、反射神経を無効化するという大切な役割もある。

もしわたしが膝を曲げようとするたびに大腿四頭筋がしつこくこれを伸ばそうとすれば、この原稿を落ち着いて座ったまま書けはしないだろう。

筋肉の制御こそが神経と脳の存在意義

抑制性シナプスにはもう1つ、わたしたちの探求に関係の深い役割がある。それは、移動運動のリズミカルな反復動作を発生させることだ。このようなリズムには、動物の運動ニューロンからの、調和のとれた、ペースメーカーのような出力が必要である。以前は、このようなパターンはすべて自己受容体による反射の連鎖が作っていると考えられていた。現在では、移動運動の基本的なリズムは中枢神経系のニューロンのネットワークによって生み出されることがわかっている。このとき感覚入力はまったく関係ない。この事実を最初に発見したのは神経生理学者のドナルド・ウィルソン〔1932－1970〕だった。1960年代、ウィルソンは頭を切り落としたり、腹筋を除去したり、さらには翅の切除という致命的な施術をしたあとでも、バッタの飛翔筋の運動ニューロンがおおむね正常な出力（緩慢な動きではあるが）を生成することに気づいた。翅の切除は、反復運動パターンの発生に不可欠だと考えられていたリズミカルな自己受容体からのフィードバックが、中枢神経系から消えることを意味している。

バッタのいわゆる中枢パターン発生器（CPG）の神経回路の全貌を解明するために、何年間も非常な労力が費やされた。ところがじつは、これがとても単純な仕組みなのだ。理論的には、2個のニューロンでできてしまう。仮にニューロンAがニューロンBに興奮性シナプス結合を、ニューロンBはニューロンAに抑制性シナプス接触をするとしよう（図7－1）。上流の神経からの入力によって（たとえば

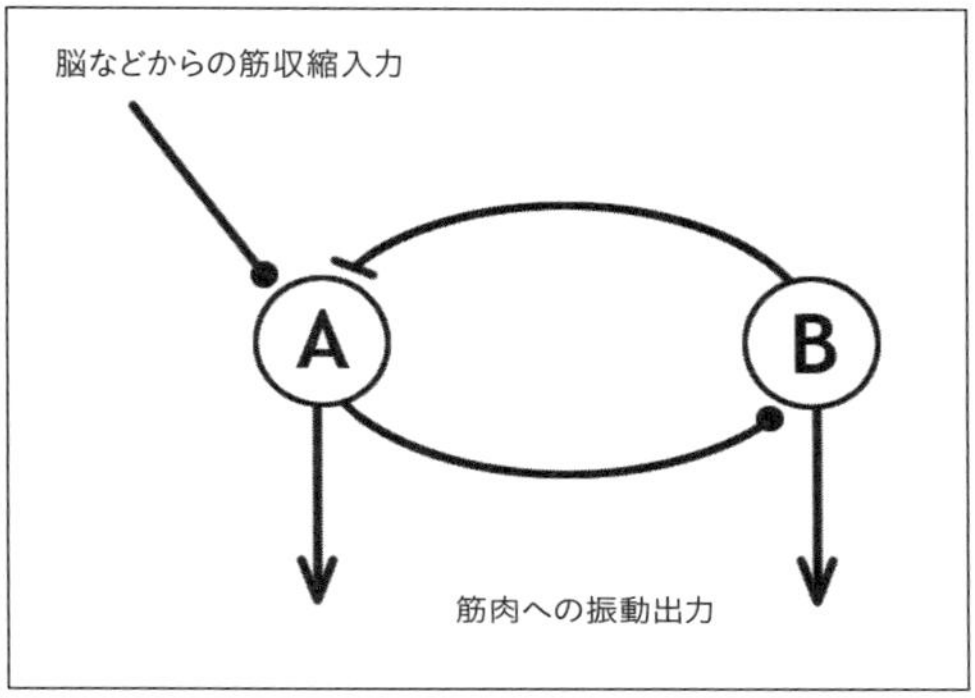

［図7-1］単純な中枢パターン発生器。AがBを興奮させ、BがAを抑制する。Aへは感覚器から直接、または脳から継続的に入力がある。

脳などから）Aが作動するとAはBを作動し、自分自身はBとAのあいだの抑制関係のおかげでその後すぐに停止する。しかしAからの信号がないとBは止まる。最初からずっと脳からの入力があれば、Aは再開する。もちろんAが作動するとBもまた作動を再開し、Aは停止するという流れが繰り返される。「ノッチ／デルタ」分節時計と同じ理屈で、抑制性シナプスが自己抑制タンパク質と置き換えられただけだ。そしてこれが移動運動機構に必要なリズミカルな振動を生み出す。振動数は2個のニューロンのあいだの電気信号伝達にかかる時間によって変わる。現実のバッタの飛翔中枢パターン発生器はこれよりもう少し複雑である。一例を挙げると、じっさいには自己抑制回路はいくつか並行して配置されている。これは、システムを堅牢にして、混乱発生の場合に備えるためだと考えられている。それでもやはり基本原理は変わらない。

バッタの実験で発見されて以来、CPGはウミウシからネコにいたるまで、さまざまな種類の動物に見つかっている。動物界においては、CPGがリズミカルな移動運動を実現する筋収縮の基盤となっていることは、ほぼたしかだ。動物の神経系には通常このような回路がいくつか組み込まれていて、それぞれの振動単位（つまり1本の肢など）ごとに1組与えられている。各単位で起こるリズムは必要に応じて調和するが、メタクロナール波を起こしている場合が多い。CPGがあれば、感覚入力がなくても移動運動はスムーズに行える。とはいえ、感覚器からのフィードバックなしに動作を「発生させられる」からといって、効果的な移動運動のためにフィードバックは必要がないというわけではない。もしシステムが自己受容体を無視して、ただのんきに動いているだけだったら、ごくわずかな変化が起きただけで動物はひっくり返ってしまうだろう。したがって、自己受容体がCPGとつながり、その活動を調節することが重要だ。たとえばわたしたちが歩くとき、脚の遊脚期の開始前には、「脚には負荷はかかってない」という確認の信号が脚の自己受容体から発信されなければならない。これがなかったら転んでしまうだろう。

もちろん、視覚、嗅覚、聴覚などの遠隔感覚器が伝えるナビゲーション指令によって運動出力が調整され、必要に応じて進路や速度を変える能力も不可欠である。また、わたしたち人間もそうだが、大型の陸上動物にとってとくに重要なのが平衡感覚に関係する指令だ。これは脊椎動物の場合は内耳の中の受容体から伝えられる。無数の入力が神経系によって正しく処理され、優先順位をつけられて（興奮性と抑制性のシナプス入力に適切に重み付けされることによって、すべてが行われる）、筋骨格系から最適な反応を引き出す。一言でいえば、これが脳の存在意義なのだ。学習、記憶、物体の認識、問題解決、そして感情や意識でさえ、結局のところこれらはただ、入力の取捨選択と適切な筋出力をきわめて精密な方法で行っているだけなのだ。

この世で最高に驚異的だとされているモノについて、ここまであからさまにつまらない描写が続いて不安にさせてしまっただろうか。しかし、わたしたち進化生物学者にとって、このすばらしい脳の基本原理が単純であることは、それ自体が詩的美しさをたたえていると思えるのと同時に、わたしたちの理解にとても役立つ救いの手をさしのべてくれる。この単純さがあるからこそ、人間の脳が今の姿になった経緯を理解できるのだ。さて、神経系の機能が基盤としているのは、たしかにただのイオンポンプとチャネルの集合体と、そしてニューロンが入力を判断して適切に調整しパターン化した出力を生み出すよう促進する、興奮性と抑制性の神経伝達物質だ。しかし、説明はまだ始まったばかり。神経系と脳の進化上の起源を知ろうとするなら、その構成要素の単純性や歴史の古さを指摘するだけでは足りない。全体は、部分の単純な寄せ集めよりはるかに偉大な力を持つため、全体がどのように組み合わされているのかを説明しなければならないからだ。

理由はともかく、神経以前の単純な構造の状態から進化して、迷宮のような移動運動のコンピュータが少しずつできあがった。ここでは複雑な構造にかんする、代わり映えのしない話をするつもりはない。典型的に複雑な器官といえば人間の眼だ。しかしその進化は、じつは簡単に説明できる。じっさい、自然選択の法則を組み込んだコンピュータシミュレーションで、何十万世代にわたるヴァーチャルリアリティの眼を一から作りだせる。地質学的な時間スケールからすれば、それこそ瞬きしているあいだのような時間ですむ。しかし、神経系、および神経系とそれに制御されている筋系との相互作用にかんして考えるとなると、別の種類の問題を扱わなければならない。眼の細部は複雑なので、ほぼ自己完結構造を持っている。そしてこれは、目が光に敏感な細胞のかたまりに過ぎない新参者だった時代からそうだった。一方、筋神経系は巨大で複雑に連結されたネットワークで、その主要な細胞型である神経と筋肉は、前者は外胚葉から、後者は（通常）中胚葉からと、異なる胚葉から発生している。しかも、構成細胞は互いの結合を何らかの方法で管理しているが、その結合の仕方は戸惑うほど複雑だ。これに加えて、神経も筋肉も相手の組織なしには何の役にも立たないというややこしい事実もある。古来からある「どちらが先か？」という問題である。すべてはどのようにして始まったのだろうか？

神経も筋肉もないカイメンの「くしゃみ」

わたしたちの脳の起源を知るためのヒントを探しているときに、まさかカイメンに目を向けようとは誰も思わないだろう。地球上でもっとも単純な身体を持つ動物の1つであるカイメンには、神経も、筋肉も、感覚器もなく、海水から取り込んだバクテリアなどの微生物をろ過して摂取するのが、その身体の唯一の目的だ。じっさい、通り一遍の観察だけでは、どうすればこれを動物に分類できるのか悩むだろう（この点では、アリストテレスもたしかに悩み抜いた）。しかし、このすばらしい動物界のすべての住民が、じつはカイメンのような生物を起源に持っているのかもしれないのだ。

カイメンの類縁関係にかんする近年の分析によると、カイメンは1つの自然群［共通祖先を持つとして分類できる生物の集団］として分類できる生物ではなく、動物の系統樹の奥深くから大昔に進化して次々と分岐した多様な生物たちのことなのかもしれないそうだ。もしこれが本当ならすばらしいニュースではないか。現生種と同じ特徴をすべて持っていたに違いない、カイメンたちのもっとも近い共通祖先が、「わたしたちの」共通祖先でもあるという意味になるからだ。つまり、おそらく7億7000万年前から8億5000万年前にわたしたちがどんな姿をしていたのか、格段に明確なイメージをカイメンの姿が見せてくれるということだ。もし神経出現以前の動物の姿を見たいのなら、今可能な範囲でもっとも完璧に近いのがカイメ

[図7-2] タマカイメン属の1種テティヤ・ヴィルヘルマの収縮範囲。ここで撮影された動きは45分以上かけて起こったもの（図版のスケール・バーは5ミリ）。

ンなのだ。

しかし、動いているようには見えない、ろ過器官だけの動物が、わたしたちに何を教えてくれるというのだろう。神経と筋肉がなければ動物はほぼ無力である、と証明するくらいではないのか。ところがカイメンの身体には見た目以上のことが起きている。カイメンの身体のなかで動く場所は拍動する繊毛だけで、これを使って水を組織のあいだに通しているのだと広く考えられていた。しかしこれはまったく違う。驚かれるかもしれないが、多くのカイメンは曲がりなりにも能動的に「身体」を収縮させるのだ。この動作は水の排出スピードを速める効果があり、スローモーションでくしゃみをしているようなものだ。おそらく、沈殿物などでろ過装置が目詰まりを起こさないようにするためだと思われる。この予想と整合するように、収縮は水中の沈殿物の増加が引き金となって起きる。さらに、絞る動作は驚くほど規則正しく連鎖して起こるときが多い。頻度がとても低いために（1時間かそれ以上ごとに2回拍動する）、たいていは見過ごされているのだが。カイメンがその本当の姿を見せるのは、低速度撮影によって彼らの生活の数時間を数秒にまで圧縮したときだけだ。早送りで見るカイメンは、まるで奇形のクラゲのように拍動している。

カイメンが収縮時に見せる身体全体の調和、規則性、外部刺激への反応は今、さまざまな研究の対象となっている。こうした特性はふつう筋神経系の働きによって支えられるものなのに、カイメンには当然のことながら筋神経系がないからだ。カイメンがどのようにこの運動を行っているかまだ完全には解明されていないが、ジグソーパズルのピースは1つひとつ確実にはめられている最中だ。そんなパズルのピースの1つが、ドイツのイェーナにあるフリードリヒ・シラー大学のミハエル・ニケルによる研究だ。ニケルは収縮中のカイメンの組織が大きさと形を変えていく様子を詳しく観察し、もっとも大きな変化が起こるのはカイメンの外側の細胞層であることを発見した。この細胞層はカイメンの名目上の身体の表面だけでなく、身体の内部に進展している管や房も覆っている。収縮しているとき、この細胞層の表面積はほぼ3分の1になる。つまりカイメンの細胞には収縮用の装置があるという仮説が成り立つ。カイメンからは筋肉の分子機能の重要な部分を形成する遺伝子が発見されており、この遺伝子が前述の層において強く発現していることも、この仮説を支持している。細胞はそんなふうには見えず、幅広で平らであるが、カイメンの拍動のようにきわめてゆっくりとした間隔ならば、それほど巨体である必要がない。ほんの少しの収縮分子さえあれば、カイメンの収縮運動には十分なのだ。

カイメンの収縮運動を行っている実動部分よりも理解しにくいのは、その反応と調整の能力だろう。この点についてはまだほとんど見当もついていない（この時代に、動物の大きな分類群の基本的機能についてまだわからないと言えるなんて、なんてすばらしいことだろう）。とはいえ、アルバータ大学のサリー・レイズの研究室が発見したところによると、カイメンの収縮はグルタミン酸塩（グルタミン酸ナトリウムとして知られている）を含む化学物質によって誘発されている可能性がある。じっさい、ある実験では高濃度のグルタミン酸塩は（カイメンにとっては）激しい収縮を引き起こし、そのカイメンは身体の一部をみずから引きちぎってしまったほどだった。逆に、2番目の化学物質であるガンマーアミノ酪酸(GABA)は、ある種のカイメンにおいて収縮を抑制する働きを見せた。示唆的なのは、グルタミン酸塩もGABAもより複雑な身体を持つ動物の神経伝達物質として使われていること、そしてGABAが抑制性シナプスで使われていることだ。レイズとそのチームはまた、原始的な感覚細胞のように見えるものを発見しており、その細胞は変形した拍動を起こさない繊毛を持っている。これら細胞はカイメンの出水孔の周りに点在していて、収縮を引き起こす役割を持っているに違いない。というのも、カイメンを抱水クロラールで処理して繊毛を除くと収縮が止まるからだ。

これらすべてを考えあわせると、カイメンは機能する筋神経系の基本構成要素の多くを持っているように思われる。筋肉が神経伝達物質に反応するのと同じように、収縮細胞は与えられた化学物質に反応し、感覚細胞は刺激を受けるとそのような化学物質を分泌すると考えられる。カイメンにないのは、神経そのものとそれに伴う電気信号だけだ［*］。原始的な神経伝達物質のような化学物質（と呼ばせてもらえるなら）がカイメンの全身に広まるという考え方もできるかもしれない。より高等な動物の身体にホルモンが分泌されるのと同じようなものだ。神経を基準に考えると、非常にゆっくりとした伝達ではあるが、1時間に2回収縮すればいいだけなら、すばやい細胞間伝達は必要ない。

［*］この一般的な法則に当てはまらないのがガラスカイメン類である。細胞が巨大な相互結合するネットワークを形成しており、全体が1つの細胞であるかのようになっているからだ。非常に固い構造を持つために収縮は起きず、その代わりに電気信号がろ過の流れを止める。

神経誕生以前と以後の運動制御の違い

カイメンのおかげで、まだぼんやりとした仮説に過ぎないけれど、筋神経系がどのように発生したかわかってきた。しかし次の重要なステップ、そして何より知りたい神経の誕生についてはどうだろう？　カイメンとわたしたちのもっとも近い共通祖先から出発して進化の系譜をたどるなら、次の分岐点にいるのは（少なくとも、これを次の分岐とみなすのにほとんどの人が同意するだろう〔*〕）、わたしたち左右相称動物とイソギンチャク、サンゴ、クラゲなどの刺胞動物だ。これらの生物は下等で原始的だと思われがちだが、彼らはみな十全に機能する神経系を持っている（なかには非常に高度なレベルの神経系を持つ集団もある）。カイメンのレベルの生き物と刺胞動物／左右相称動物のもっとも近い共通祖先のあいだに存在する移行型の生物がカギを握っているのだが、残念ながらその生物の痕跡は残っていない。

いや、どこかに残っているのではないか？　カイメンと刺胞動物は成体のときにはまるで似ていないが、幼生には共通点がいろいろとある。両者とも、ユラユラ揺れる毛皮のコートのように小さな身体を覆っている繊毛を使って泳ぎ、原初的なナビゲーションシステムを使って定着先を見つける。ここで重要なのは、左右相称動物の多くの幼生が繊毛に覆われた単純な身体を持っているということだ。しかし、カイメンの幼生が体内に何の配線も持たずに動くのに対し、左右相称動物と刺胞動物の幼生は原始的な神経系を使っている。これらの生き物たちが筋神経ジグソーパズルの次の大きなピースになれるだろうか？　期待は大きくなるばかりだが、１つだけ問題がある。幼生は直径１００分の数センチという小ささなのだ。こんな極小生物の神経系の機能を、どうやって解き明かせばよいのだろう？

ドイツのチュービンゲンのマックス・プランク進化生理学研究所のガースパール・イェーケリーは、このもっとも手ごわい挑戦に果敢に挑んだ。イェーケリーとその研究グループがここ数年実施してきた研究によって、海洋性環形動物のイソツルヒゲゴカイの幼生の移動運動「コンピュータ」システムを浮き彫りにしたのだ。孵化したてのこの生き物は直径約6分の1ミリのほぼ球体をしており、身体の中央部を繊毛が帯状に走っている。そして前面には単純な造りの眼点が一対ついている。それぞれの眼点は2つの細胞から成っている。光受容体の細胞それ自体と、それを取り囲む濃い色の色素で満たされた遮蔽細胞で、光受容体が一方から来る光にだけ刺激を受けるようになっている。幼生はこの簡単な装置を使って光のあるほうへ泳ぎ進む。正の走光性を持っているのだ。野生の状態において、定着の準備が整うまで水の中で浮かび続けていられるようにするためだと考えられる（成体になるとみずからつくった筒状の棲管に住むようになる）。面白いことに、イソツルヒゲゴカイの幼生はまっすぐに進まずに、奇妙ならせんを描きながら動く。小さなその身体の背中側はつねにらせんの軸のほうを向いている。

イェーケリーが理解しようとしていたのは、光が導く動きを神経がどう制御しているかだった。従来の解剖手法は当然これほど小さな生物には向かない。そこでイェーケリーは、長年の実績がある連続切片という方法を採用した。対象の生物を薄い層に切り分けていき、それぞれの層を撮影したあと、二次元画像を並べてデジタル処理で身体全体を再構築する。もちろん直径6分の1ミリの球体を扱うので、切片は本

［＊］動物の系統樹における2つの分類群の位置づけが長年の問題となっている。うっすらとクラゲに似ている有櫛動物と、さらに正体不明の、巨大な多細胞アメーバでしかない板形動物だ。近年の分析によると、有櫛動物はカイメンよりさらに原始的だとされるが、この結論が今後正しいと証明されるかどうか見守っていかなければならない。

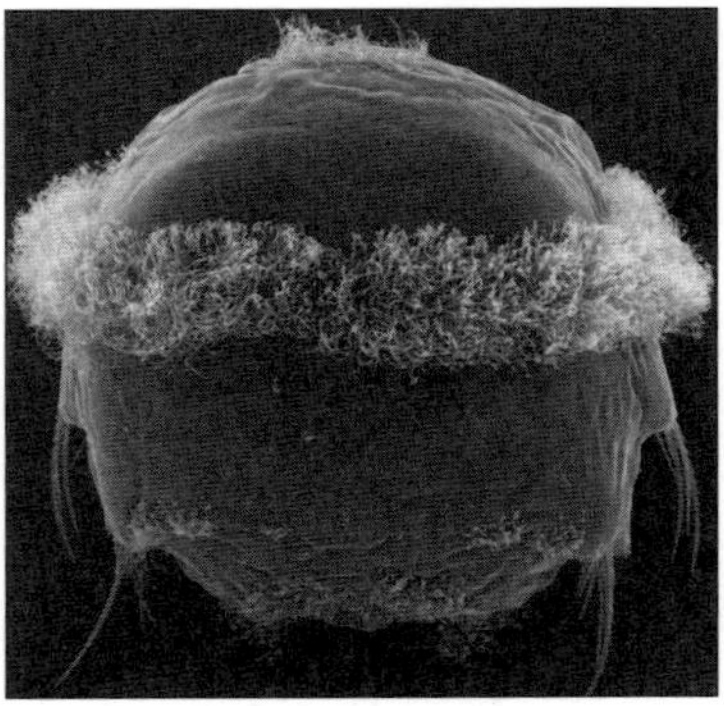

［図7-3］環形動物イソツルヒゲゴカイの幼生。

当に薄くなければならず、その厚さは約70ナノメートル［*］で、切断作業には電子顕微鏡を使わなければならないほどだった。このような高分解能のおかげで、シナプスの配列など、あらゆる種類の興味深く細かい詳細について、その位置を確定させることができた。イェーケリーはここでそれぞれの光受容体が運動ニューロンとしての機能も兼務しており、その軸索は繊毛細胞の帯の左端か右端にある（近いほうの端）いちばん近い細胞にシナプス接続していることを発見した。生きている幼生の眼点が細い光線によって照らされると、光受容体からの信号は刺激を受けた側にある側面繊毛の拍動頻度を下げるのだ。

単純な光反応メカニズムによって、ゴカイの走光性の仕組みがよく理解できる。水中をらせん状に進む幼生は、眼点は周囲の環境の光のレベルの情報を更新している。そしてもし片側からの光がいつも強いのであれば、より明るい側に面している側面繊毛が断続的に速度を落とし、幼生を少しずつ光のほうへ向かわせる。らせん軌道のおかげで光受容体は周囲の明るさの勾配に順応しないでいられる（彼らの眼は、わたしたちの眼と同じように、ふつう程度の光の強さにはすぐ慣れる）。順応が起こると、方向転換をやめるのが早すぎて、間違った方向に行くことになる可能性があるのだ。回転は繊毛帯の動きがわずかに左右非対称であることから起こる。背側繊毛が作る水流は腹側繊毛の水流より速度が遅く、すべての繊毛はやや斜めに拍動するので、後流は一方向に回転するように起こる［†］。

繊毛を使い光に向かってらせん状に動く、という技術は、小型海洋性動物の多くが用いている。とくにカイメンの幼生も、ゴカイのような眼点はないが、同じ方法を使う。眼点の代わりに、カイメンの幼生は繊毛細胞のいくつかを(繊毛はあり余るほど持っているので)、繊毛を搭載した多目的光受容体に変化させる。それらには光遮断用色素が集まっているのですぐにわかる[ま]。光探知は、色素分子の製造と再生を継続しなければならないコストのかかる作業で、コスト削減のために、これら神経を持たない幼生はしばしば光受容体細胞で繊毛の拍動を起こすのを止める。格下げされたこれらの細胞は堅固な舵として働くようになる。さらに驚くべきことに、仕組みはより単純ながらも、光に向かって移動する効率において、この神経を使わない走光性方式は、ゴカイのような神経方式に匹敵するのだ。

ではなぜ、神経が発生するのだろうか? まずこの疑問の重要性を心に留めておいてほしい。移動運動の進化で今までさんざん見てきたように、結局は、経済性の向上という単純な答えが正解のようだ。イェーケリーの考えでは、神経を取り入れるおもなメリットは、彼が呼ぶところの「感覚から運動への変換」が改善されることだという。幼生がこの変換を神経なしでやろうとすると、コストの高い感覚/操縦両用の細胞がたくさん必要になる。カイメンの幼生の表面細胞の約10分の1がこの種の細胞だ。しかし、感覚

[＊]1ナノメートルは1メートルの10億分の1。
[十]イェーケリーのグループはこのシステムの特徴を完璧に把握し、ゴカイの走光性の非常に正確なインタラクティブなシミュレーション装置まで作ってしまった。サイト www.cytosim.org/platynereis で見ることができるので、ぜひやってみてほしい。その癒し効果は驚きだ!
[ま]フツウカイメンの一種 *Amphimedon queenslandica* の幼生の遺伝子はとりわけよく知られているが、その色素細胞は(運動の方向から定義した)身体の後端近くで輪を形成する。これらの細胞の分化は、少なくともその一部は、Ｗｎｔモルフォゲンによって引き起こされる。このモルフォゲンは6章で述べたように、身体の後部で濃度が高い。

細胞1つで軸索と増幅機能を持ったシナプスを経由して多くの繊毛運動細胞に影響を与えられる感覚細胞があれば、感知するための細胞は1つか2つで足り、変換はもっと簡単にできただろう。仮に、感覚／舵取り両用の細胞が化学物質を分泌して近くの繊毛細胞の拍動の頻度を変化させることによってその影響力を広げるとしたら（カイメンの成体の感覚細胞は似たようなことをしているが、それほど遠くの細胞に影響を及ぼすわけではない）、この細胞は事実上、感覚／運動両用の原始的なニューロンとなるだろう（そしてここでの化学物質は、原始的な神経伝達物質だ）。ここからは細胞は前述の繊毛細胞まで突起部分を伸ばすだけで、本格的な神経となるための次の一歩を踏み出すことになる。ある時点で、電気伝導が介入し、細胞の片端で起きた刺激／感知と、反対側での原始的な神経伝達物質の分泌とを速やかに結びつけるようになったに違いない。しかしすでに見たように、必要な分子一式は十中八九、ほぼすべて使われているものだ。初期軸索がさらに発達するにつれて、より多くの運動細胞が感覚細胞の影響下に置かれるようになり、最終的にゴカイ型の光受容体という頂点に到達する。めまいがするほどの高さの頂点ではないが。

しかしこれはほんの始まりに過ぎない。神経を使わない運動に比べた神経系のコストの低さによって、感覚細胞はより特化してゆき、新しい探知装置の成立への道を開いた。もちろん、感覚入力の多様化が進んだことで、その評価と優先順位決定が必要になった。それぞれの感覚／運動ニューロン間のシナプス結合はどれも選び抜かれたものになっただろう。さらに感覚／運動ニューロンの一部は細胞層の表面下に潜り込んで感覚機能を捨て、ほかの感覚細胞からの情報収集に専念するかもしれない。つまりこれは、もともとは多用途だったニューロン群の仕事が分担制になり、それぞれ感覚と運動に特化したニューロンの組み合わせとなるきっかけを作ったということだ。感覚／運動ニューロン間の連鎖、つまりインターニューロンのつながりを増やしていくことによって、わたしたちの小さな祖先はますます精巧なコンピュータを実用化していくことができたのだ。こうして単純な造りの脳が生まれた。

神経と筋肉を獲得した刺胞動物

筋書きはできた——幼生の身体の中では神経が進化してゆき、繊毛の舵取りを制御するようになったのは、カイメンが進化的分岐を起こした後のことだった。次は刺胞動物のプラヌラ幼生の神経／繊毛回路を見つけ出さねばならない。大半のプラヌラが原始的な神経系を持つことは知られているが、その神経がどのようにして繊毛運動にかかわっているかは、残念ながらほとんどわかっていない［*］。ただ、繊毛が移動運動にまったく関与していないとはとても考えられない。これについては今後の研究や情報に期待するしかない。しかし今、この空白領域に対峙すべきときが来たようで、わたしは不安だ。目の前には、誰もが見て見ぬふりをして取り組もうとしない重要な問題がある。神経が繊毛をコントロールするのはいいとしても、いちばん知りたいのは、神経が筋肉を制御するにいたった経緯だ。動物界の奥深くまで頭を突っ込んでみたら、この何よりも重要な変化についての有用な情報がもたらされるだろうか？

わたしたちはすでに重要な証拠を1つ手にしている。カイメンの収縮性細胞層だ。刺胞動物にこれと同等のものはあるだろうか？　都合のよいことに、答えは「ある」だ。左右相称動物は、前章で見たように、3つの胚葉から組織を形成する。そして筋肉の大部分は中胚葉でできている。しかし刺胞動物には中胚葉

---

［*］プラヌラの神経がほかに「できること」はなんだろう？　少なくとも幼生の神経系の一部は、幼生から成体ポリプへの変化、つまり変態を、適切な時と場所で引き起こすことがよく知られている。

がないので、筋肉組織は外胚葉と内胚葉に組み込まれている。外胚葉は体表面を形成し、内胚葉が消化管の上皮となる。このとき収縮性細胞は片側（外胚葉の場合なら外側、内胚葉の場合なら消化管の内側）から現れて、表皮細胞と同じように典型的な碁盤目状の層を形成する。しかし刺胞動物の収縮性細胞層は、カイメンとは異なり、表面下でそれぞれの細胞の基部が広がり、そこから長い尾が引き出されて表面と並行に走るようになることが多い。幅広の基部と長い尾の中には分子繊維の束があり、これが収縮を起こす。刺胞動物の収縮性分子が形成する密度の高い集合体は、左右相称動物の筋肉に特化した中胚葉筋肉細胞よりは弱いものの、カイメンの収縮性細胞よりははるかに強いので、身体の形状をよりすばやく変えられる。

もちろん、すばやい収縮ができても、それと同じくらいの速度で信号が送られなければ意味はない。カイメンの身体のように、感覚細胞から原始的な神経伝達物質を相手構わずに放散しても無駄なのだ。だから、もっとも単純な刺胞動物のポリプでさえ、神経細胞のネットワークが散在しており、筋肉収縮を調節している。これらの神経がどこから来たのか、結論はまだ出ていないが有力な仮説は2つある。1つは、繊毛運動に起きたのと同じ現象が繰り返されたとする仮説だ。カイメンの感覚細胞のような、最初は神経を持たなかった感覚細胞が、軸索を近くの収縮性細胞のほうへ伸ばすことで、感覚器から運動器官への転換スピードと効率を上げたのではないか、という論である。もう1つは、幼生が持つ繊毛の原始的な神経系が筋肉組織の発達を指揮したのかもしれないという説だ。両説とも、部分的には正しい可能性がきわめて高い。これはつまり、わたしたちが単一の神経系だと考えているものは、じつはキメラ、つまり進化上異なる起源を持ち、以前ははっきりと区別されていた神経細胞の集団の寄せ集めなのだということを意味する。

筋肉をどのように配線でつなげたのであれ、神経網によって筋肉の動きがさらに上手に制御できるようになると、感覚細胞と運動細胞間の連携スピードを上げるほかにも可能性が広がった。カイメンの動きのレパートリーは、身体全体の粗削りな収縮の1種類だけだ。しかし神経が働き始めると、筋肉繊維の特定の部分を選択的に活性化することが可能になり、より繊細な動きができるようになる。身体を左右に傾けたり、筋肉細胞を縦に並んだ尾のセットと、それに拮抗する環状に並ぶ尾のセットに分離して、蠕虫のように交互に伸びたり縮んだりできる。独立して操作できる触手も発達できる。一言でいえば、筋肉の神経による制御によって、動物は動物らしい行動ができるようになったのだ。

とはいえ、原始的な筋神経は移動運動と関係のない状況下で発達したものと思われる。刺胞動物の太古の生活環にはおそらく、繊毛のあるプラヌラ幼生と固着性の成体の2段階しかなかったのではないだろうか。現生の刺胞動物のなかでも、もっとも原始的な花虫類に見られる生活環だ。たしかに、最初のうちは移動する必要がないほうが、簡単に筋肉の使いかたを学べるだろうから理に適っている(飛行機の操縦訓練も、いきなり実地に出るのではなく、まずシミュレーターを使う)。しかし、新しく手に入れた筋神経装置が推進力として使われる可能性は、すべての刺胞動物で失われたわけではなかった。イソギンチャクは一般にまったく移動しない生物だと思われているが、体柱の筋収縮を使って少しずつ移動できる種も多い。曲がりなりにも遊泳できるイソギンチャクもいるくらいだ。触手を上下にバタつかせて動く種や、フウセンイソギンチャク属で、触手の先を膨らませて円盤状に広げ、身体を左右に揺らすことができる種もいる。この方法でヒトデから逃げるのだ(ゆっくりと、ではあるが)。しかし彼らの未熟な移動運動の試みは、刺胞動物の筋神経系が移動のために新しく組み入れた、よく知られている方法には太刀打ちできない。

クラゲはどのように筋肉を制御しているか

前章で説明したように花虫類は2段階の単純な生活環を持つが、より高等なヒドロ虫類と鉢虫類の生活環にはメデューサという3段階目が加わる。これはクラゲという呼び名で広く知られている（ヒドロ虫のなかにはこの段階をなくしてしまった気まぐれな種もいる）。クラゲは、脈動するように動く半球状の泳鐘に浮力のある小さなゼリー質と触手がついた、ちっぽけな存在に過ぎないが、筋神経系による移動運動の可能性を追求し、どの花虫類よりもはるかに調和の取れた試みを行ったという意味で、進化上の頂点を極めている。クラゲの移動技術は、泳鐘が水を交互に取り込んだり排出したりするので通常ジェット推進と呼ばれている。

ただこれも厳密には、クラゲが用いる2つの泳法の1つに過ぎない。ほとんどの鉢虫類のメデューサ（鉢クラゲという）とヒドロクラゲは、ジェット推進を起こすには身体が平たすぎる。そこで泳鐘の端を円形のオールのように使って水をかいて進む。本格的なジェット推進を行うクラゲは深さのある弾丸のような形の泳鐘を持っていて、その中に噴き出し口がある。この2つの移動方法は、2つのはっきりと異なる生活方法に関係がある。スピードは速いが燃費がかかるジェット推進を使うクラゲは待ち伏せ型捕食者で、活発に泳ぐ生物を死の抱擁で迎え入れることに大半の時間を費している。ジェット推進のスイッチを入れるのは、何かがこのクラゲを食べようとしてきたときに逃げる場合だけだ。水をかいて進むクラゲはゆっくりと泳ぐ。消費エネルギーの少ない、ほとんど動かないこの泳法は、漂う小さなプランクトンを捕まえるのには理想的だ。

ジェット推進派も水かき派も、すべてのクラゲにとって基本的な筋肉システムは変わらず、だいたい同じような方法でこれを操作している。泳鐘の裏面は、刺胞動物に標準的に見られる多目的の外胚葉細胞から成っていて、後部〔泳鐘の縁近く〕に筋肉がある。これは花虫類のところで見た通りだ。後部の筋肉がクラゲの円周上に並んでいるさまは、まるで左右相称動物の環状筋のようでもあり、これらの後部の筋肉が泳鐘に圧力をかけて後方への推進力を水に与える。ここで必要になる泳鐘を元に戻す動作は、ゼラチン質の弾性による反動で行われる。反動は比較的ゆっくりとしているが、ゆっくりである必要がある。もし泳鐘の膨張と収縮が同じ速さだったら、水が前から泳鐘の中に流れ込んで来るときにクラゲの得る後ろ向きの推進力と、動力行程でクラゲが得る前向きの推進力とが、等しくなる。するとクラゲはひたすら前後に行ったり来たりするだけで進めなくなってしまう。鉢虫類の筋肉細胞は、単純な神経網と同調するが、ヒドロ虫類にとって一部は不必要になっている。これは、ヒドロ虫類の筋肉細胞どうしはわたしたちの心筋細胞と同じように電気的につながり合っており、それ自体で同期して動くことができるからだ。鉢虫類とヒドロ虫類では、泳ぐために筋肉の規則的な拍動を制御するやり方も違う。鉢虫類の制御回路は泳鐘の縁にまとまって位置していて、ロパリウムと呼ばれる。通常、8個か16個〔種類によっては4個や6個のものもある〕ついているロパリウムを取り除かれたクラゲは泳げなくなってしまう。1つひとつのロパリウムには単眼、重力検出器、そしてペースメーカーである中枢パターン発生器（CPG）の回路がついている。つまりこれらはそれぞれ小型脳といってよく、泳鐘の該当部分にある各小型脳がその近くの状況についての情報を集め、全体で収縮の拍動を起こす。一方、ヒドロ虫にはロパリウムがない。泳鐘の縁はすべて眼点で覆われていて、制御回路は近くに位置する並行する2つの神経環へ集中している。この制御方法も鉢虫類の小型脳システムと同様、うまく機能しているようだ。このように仕組みが根本から異なっているため、刺胞動物の2つの集団のメデューサは、それぞれ独自に進化を遂げたのではないか、という仮説もある。

刺胞動物の筋神経組織の頂点を極めているのが、悪名高いハコクラゲだ［ハコクラゲの仲間には毒性がとくに強いものが多い］。高度に変形した鉢虫類として知られる彼らは、鉢虫類の水かき派の仲間たちとは違ってジェット推進を使って泳ぎ、並外れて機敏だ。箱型の泳鐘についている、向きを変えられる噴き出し口を使って、水中の障害物をものともせず泳ぎ進む。この敏捷性を支えているのが24個の眼で、泳鐘の側面に埋め込まれている4個のロパリウムにそれぞれ6個ずつついている。これらの眼はたんなる光受容体ではない。そのうちの8個（ロパリウム１つにつき2個）は複雑なカメラのような眼で、レンズが完備されている。鉢虫類のなかでは唯一、ハコクラゲのロパリウムは集約された神経環で互いにつながっている。つまり、きわめて高度に統合されたシステムを使っているのだ。

スウェーデンのルンド大学では、アンナ・リサ・シュトックルとそのチームが最近、ハコクラゲの筋肉の協調性をテストしている。かれらはハコクラゲの１つのロパリウムが感知する光量の条件の変化にどのように反応するかを観察するため、泳鐘の上部を穏やかに吸引して固定した。シュトックルらは、光量が突然落ちると、ロパリウムのＣＰＧ振動数が上昇することを発見した。ハコクラゲの生息地であるマングローブ林では、このような暗さの発生は、障害物への接近か、エサの少ない物陰（獲物である小型甲殻類は光線の当たる場所に集まる）を意味している。どちらにしても避けたい状況であるから、ハコクラゲが全力でその場を去ろうとするのは当然だ。シュトックルはまた、最高の振動数で動いているＣＰＧのついたロパリウムが、ほかのロパリウムを圧倒して遊泳スピードを決定しているのも発見した。おそらくシナプス抑制によってほかのロパリウムを無効にしていると考えられる。言い換えれば、ハコクラゲの神経系は、４つの「脳」のうちのどれか１つがトラブルを検知すると、その脳が統率権を得るように設定さ

[図7-4] ハコクラゲ（カリブベア・ブランチ）。泳鐘の縁に噴き出し口がはっきりと見える。箱型のそれぞれの面にはロパリウムが1つずつついている。

れているのだ。統率者となったロパリウムは、この状況下ではアクセルを踏み込むだけではなく、噴き出し口の向きの指揮も執ると推察できるが、この本を書いている現在の時点では、結論を出すにはまだ早い。

這う動物たちは頭がよくなった

ハコクラゲは紛れもなく地球上でもっとも賢い刺胞動物だ（この称号を勝ち取るのが特別大変だという意味ではないが）。しかし、ハコクラゲの神経系がいくら高度であっても左右相称動物の神経系の達成度には足元にも及ばない。そしてこんな疑問がわく。どうしてハコクラゲはその制御回路を凝縮させて1つの脳にしなかったのだろう？　どうやら、それにはもう1つ段階を踏まないとだめらしい。

前章で、ヒドロ虫類のクラバ・マルチコルニスのプラヌラ幼生について見た。誇り高き大部分のプラヌラ幼生と違って、この幼生は泳がずに底を這って移動する。わたしたちの現在の関心事を思うと、彼らの桁違いに複雑な神経系や、身体の前部に密集する神経回路網には、大きな意味がある。この神経系はなぜ発達したのだろう。クラバの幼生の複雑な神経系についてはつい最近発見されたばかりなので、この疑問への決定的な答えはまだ出せないけれど、今まで学んできたことを総合して推測できるかもしれない。

第一に、地表で効率よく目的地まで進むには、水中よりも難しい計算が必要になると思われる。地表では、接触面を触覚的かつ化学的に評価しなければならならないが、泳いでいるときにはこんな仕事はしなくていい。さらに、泳ぐプラヌラなら、通常のらせん軌道を使えば上手に進めるが、地表ではもちろん不可能だ。クラバの幼生も繊毛の推進力を使うが（分泌液の上で）、身体の舵取りには筋収縮を使わなければならない。前方に集中した神経が、身体の前部への感覚細胞の集中化を反映しているのはほぼ確実だ。多くの場合、移動運動システムは神経で操作するほうが、神経ぬきで操作する場合よりも消費エネルギーが少なくてすむが、それでもニューロンの配線はすべてのイオンポンプを維持していかなければならないためコストがかかる。だから、軸索の合計の長さを最低限に抑えておこうという強い誘因が作用する。さまざまな感覚入力を処理しなければならないなら、関連する回路を凝縮して、できるだけ感覚細胞の近くにまとめるのが合理的なやり方だ。

ここで1つ、簡単な思考実験を行ってみたい。標準的な遊泳プラヌラと、クラバタイプの這うプラヌラが、それぞれ身体のサイズが大きくなったと想定しよう（前章で考察したように、這うプラヌラの発展は、偉大な名門である左右相称動物の成立過程だったのかもしれないと覚えておこう）。大きくなったこれらのプラヌラはただちに問題に直面する。繊毛の推進力は小型の生物にとっては完璧に機能するが、身体が大きくなるとこの原動力は途端に使い物にならなくなる。9章で取り上げるように、繊毛の直径は多かれ少なかれ内部の分子構造によって決まるので、大きくなった身体のサイズに合わせて繊毛をもっと長くしようとすると、細すぎて役に立たなくなる。逆に繊毛を短く保とうとするなら、後流として押し出される流体の量は、身体の大きさに比して情けないほど少なくなる。したがって、ある程度以上の大きさになった生物は筋肉の力に頼るようになる。遊泳プラヌラは放射相称動物なので、最適な選択肢は比較的幅広の平らなメデューサへの変身だ（もちろん現実には直接変身するわけではなく、ポリプ段階がある）[*]。一方、這うプラヌラにとっては、長い身体を持つ蠕虫になるのが最善策だ。前章で見たような這うための多様なテクニックを生かせるからだ。偶然にも、クラバはすでにこの方向へ一歩を踏み出していた。プラヌラの基準からすると、並外れて細長い身体を持っているからだ。

筋肉を使って這う動物と、筋肉を使って遊泳する放射相称動物の、最適な身体構造の違いはこのように単純だ。この単純な違いは、神経系の進化上の未来を考えるうえで非常に大きな意味をもつ。メデューサは身体の全方位から大切な感覚情報を取り込むため、配線のコストが大きくなり、単一の脳を備えることは高くつきすぎる。処理回路と主要な感覚入力の間の距離が遠すぎるせいだ。ハコクラゲの例では、メデューサ型の身体にしては、神経系が必要なだけ集権化している。権限分担方式をとる連結した4個のロパリアは、精巧な処理作業が必要な高密度回路と、必然的に散在する性質を持つ感覚器に合う分散型回路の、最高の折衷案なのだ。蠕虫のような長い身体には、そのような折衷案はない。大量の大切な感覚情報は、確実に身体の片側からやって来るので、コスト削減の観点からも入力処理用に単一の集中した神経回路を

[*]左右相称動物だったら、もっと魚類に近い身体と泳ぎ方を選択しただろう。ただ、身体の対称性を得るためには、進化の段階のある時点で這う動物にならねばならない。

持つのが得策だ。このような感覚情報の処理器官内では、従来よりずっと複雑なニューロン間の結合が進化するのを邪魔するものはほとんど存在しない。

もう1つ、目立たないがこれと同じくらい大きな意味を持つ違いが、メデューサ型の遊泳動物と蠕虫のような這う動物とのあいだにある。それぞれが筋肉による推進システムを最適に機能させる方法の違いだ。前章では、滑らかで安定した推力を与えて、移動運動の効率性を大きく高める操作方法であるメキシカン・ウェーブが、ほぼすべての左右相称動物に使われている事実に注目した。カイメン、刺胞動物、そして左右相称動物の幼生において見たように、繊毛運動も同じような方法を使っており、予想通りの成果を生んでいる。ドイツのユーリッヒ研究所のイェンス・エルゲティとゲールハルト・ゴンパーが実施した繊毛配列のコンピュータシミュレーションによると、繊毛の拍動を同時に起こしたときの効率性は、タイミングの合ったメタクロナール波で動かした場合と比べて10分の1しかなかった。もっと意外なのは、繊毛のメタクロナール波は完全に自動的に起こっているという点だ。神経による調整も必要ない。少し前に、神経のないカイメンの幼生について言及したのはそのためだ（繊毛の自己調整能力については9章で取り上げる）。しかし、ここまで見てきたように、繊毛は大きなサイズの動物には向いていない。そしてメデューサにとっては残念だが、発進／停止を必要とする移動方法をとるせいでメキシカン・ウェーブを使えないのだ。しかし、これは、メデューサは非常に単純な運動神経系さえあれば動くことができるということでもある。メデューサは、泳鐘についている推進のための筋繊維全体を一気に収縮させるだけでいいのだ。

一方、左右相称動物は、古い繊毛運動システムの知恵を忘れてはいない。長い身体に成長し、泳ぐより這うほうを好むプラヌラが、メタクロナール波を使えない理由などないからだ。しかし筋肉ベースのシステムは繊毛とは違って、自動的にこのような波を起こさないため、波のパターンは神経によって誘発されなければならない。この課題があるおかげで、前章で見た左右相称動物の発達の決定的な側面が、別の角度から見えるようになる。後方からの身体の引き出し（例の、頭を肛門から引っぱり出す話だ）、そして、繰り返し構造のはしご状パターンを持つ左右相称動物の神経系の形成に、初期段階で関与したらしい分節時計を覚えているだろうか。身体を横切る形で並ぶ筋肉の帯を次々と順番に活性化するとき、このような神経系パターンは好都合だ。すでに見たように、こうしたシステムによって、種類が豊富で複雑な左右相称動物の移動運動技術は可能になった。身体構造が複雑になれば、その身体を制御する脳も複雑になっていくのは必然だ。その後の展開はみなさんもご存知の通りだ。つまるところ、わたしたちの持つ、この驚くべき心というものが存在するのは、成体にならないまま成長した幼生の努力のおかげかもしれない。その幼生が、繊毛を持つ祖先が使っていた偉大なメタクロナール波を自分でもやってみようとがんばったおかげというわけだ。こうした話題のすべてを理解できるわたしたちの脳は、この太古の勝ち組が用いていた身体設計が別の形であらわれたものに過ぎないのだ。

8 移動しない生物が進化した理由

どんなに怠け者の生命体も、動き回りたいという欲望からは逃れられない

頼むから、床に腰を下ろさせてくれ。

――ウィリアム・シェークスピア『リチャード2世』［第3幕・2場］

どう見てもこれは安全そうだ。つやつやした紫色がかった何かがついている鮮やかな赤い物体は、まさにハエが探し求めていたもの。分別を失わせる濃厚な香り。どうせこれは植物なのだから、最悪の事態といってもたかが知れている。そこで、熟しきった実のごちそうをたっぷり食べようと、期待に満ちてハエは植物の上に着陸する。かわいそうに、身の毛もよだつような運命が待ち構えているのも知らずに。着陸地を歩き回りながら、縁のほうから湧き出ている蜜のしずくを舐めている最中、何か硬い毛のようなものに軽く触れた。植物の表面から出ている6つの硬い突起の1つだ。しかし何も起こらなかったので、ハエはごちそうを食べ続ける。しかし数秒後もう1本の突起に触れてしまう。そしてハエの命運は尽きた。2

回目に触れた突起が電気信号を発したのだ。着陸地だと思っていたのは変形した葉で、電気信号はすばやく葉に行き渡り、葉は半分にたたまれるようにぱたりと閉じる。葉の中に閉じ込められた哀れなハエは、必死でもがくが、余計に罠を刺激するばかりだ。葉はさらにきつく閉じながら消化酵素という死のカクテルを分泌し、ハエの身体をゆっくりと栄養たっぷりのスープに分解していく。数日後、ハエの痕跡は外骨格の切れ端のほかにはもう見当たらない。植物はすべてを消化吸収してしまったのだ。

いうまでもなくこれは、ハエトリグサの待ち伏せ捕食の描写だ。ハエトリグサは世界でもっともよく知られた植物の1つでありながら、自生種にはあまりお目にかからない。ノースカロライナ州ウィルミントンの半径約100キロメートル内にしか自生していないからだ。自生する地理的範囲が非常に狭くても、恐ろしい評判が減じることはない。ハエトリグサが恐怖を与えるのは、植物が昆虫を食べるという生態学的な形勢逆転があるからだ。ただ、虫を食べるという生態自体はとくに珍しいものではない。世界中には600種類ほどの食虫植物が存在している。ハエトリグサがほかの食虫植物と違うのは、生物を捕らえるその「方法」だ。ダーウィンがハエトリグサを世界でもっとも驚異的な植物と呼んだ理由もここにある。ウツボカズラのように受動的に虫を液体の中へ落とし入れるのでも、モウセンゴケのように粘液で絡めとるのでもない。ハエトリグサが虫を文字通り捕まえるとき、電気信号の作動によってすばやい可逆性のある動きが発生するが、これはふつう動物にしか見られない。この独特で意表を突く動きは、一度見たら決して忘れられないだろう。

ハエトリグサの行動は、耳慣れた「動物は動き、植物は動かない」という、わたしたちが当たり前としている二分法に大きなショックを与える。この植物は、この法則を試すかのような例外だ。ここで、ふつうなら思いつきもしないような疑問が浮かび上がる。動物界と植物界は、「動き」にかんしてなぜここまで違うのだろうか？　動物の身体構造で、直接または間接的に運動の必要性にかかわってこなかった部分を探すのは難しい。それくらい移動運動は動物界の進化の歴史を完全に支配してきた。動物にとって移動運動が重要なのに対して、植物が奇妙なほどこれに関心を寄せないのはなぜか。もっとも活動的な植物であるハエトリグサでさえ、決してその技を歩き回ることには応用しない。

もちろん植物だってわたしたち動物に同じ質問をするだろう。そして正直にいえば、植物が正しい。いろいろな意味で、わたしたちの戦略は矛盾だらけだ。わたしたちはなぜ、せわしなく駆けずり回りこんなにもエネルギーを使いたがるのか。そのエネルギーを、究極の最重要事項である生殖に有効活用したほうがいいではないか。アキレス腱からメキシカン・ウェーブにいたるまで、移動運動効率への執着が生み出した無数の工夫でさえ、当面のところエネルギーコストを抑えているだけだ。エサを探して飛び回るマルハナバチは毎日の燃費予算の80％を飛行に使っている。たしかにこれは極端な例だが、マスは移動運動に利用可能エネルギーの30％を、トカゲは20％を、そしてチンパンジーは温血動物であるという例外性を差し引いたとしても50％を使っている。これらの値はすべて、移動運動にかんする直接費だけを考慮したものだ。骨格と神経系のような移動運動装置とその支持組織を形成・維持するために必要な、隠れたコストについてはどうだろう？　わたしたち人間にかんしていえば、脳だけで毎日の消費カロリーのうちの20％を消費しているという。植物にはこれらの機能がないからといって、知覚や環境への反応がないといっているのではない。植物は成長の向きを調整できるし、わたしたちのように自分の益のために動き、害から逃れるように移動する。ただ、その動きは非常にゆっくりとしていて、動きの範囲がきわめて限定されているだけだ。

「植物と動物、どちらが偉い？」という意味のない議論に陥る前に、移動運動する生活方法には、余分なエネルギー消費を上回るほどの十分な見返りがなければならないという、自明の理を思い出しておこう。同様に、動かずにエネルギーを切り詰めている植物の生活方法にもメリットがなければならない。運動性と非運動性はたんに二通りの生活様式であり、この地球上にはどちらの生物も受け入れる余地がたっぷりある。自然選択によってどちらの戦略が生き残るかが、与えられた環境とその生物の生態に左右されるのは、いつもの通りだ。動物界史上、この点を証明してくれるかのような移動運動の放棄や再獲得は例に事欠かない。今こそ、植物と動物を区別する根拠を定義し直すべきだろう――植物が動物と違うのは、その非運動性ではなく、動かない存在として生きることを断固として貫いている点なのだ。しかも驚くべきことに、単細胞だった植物の祖先は、動物の祖先と同じくらい完全な運動性を持っていた。地球に非運動性の動物が存在しないのにはちゃんとした理由がある（これについては後述する）。その地球環境の莫大な面積を占領し繁栄している植物であるだけに、なぜ移動運動を嫌ったのか、興味は深まるばかりだ。植物の何かが、移動運動に対して進化の扉を閉ざす原因を作ったのだ。いや正確には、ほとんど閉ざしたといったほうがいいだろう。植物が移動運動を完全に排除できなかったのはなぜか、解き明かしていこう。事実、移動運動という条件は、それが動物界の進化を押し進めてきたのと同じくらい、植物界においてもまた進化を支配してきた。ただその方法が違っているだけだ。これらの点についても、あとで述べよう。まずは、のんびり生きていきたい動物たちにはどんな選択肢があったのかという、もっと身近なところから見ていこう。

自力を使わずに移動する方法

移動運動を禁じられたら、わたしなら約3日（うまくいっても5日）で渇き死んでしまうだろう。通りすがりの親切な人が飲み物を恵んでくれなかったと仮定しての話だ。必要なものがすぐそばにないとき、動けないのは困難な状況だ。しかし不可能ではない。地球は動き続ける惑星で、当然わたしたちは気流や水流に囲まれている。うまく適応でき、ふさわしい場所とよいタイミングに恵まれれば、これらの流体ベルトコンベアを無料の公共交通機関として利用できる。この戦略についてはすでに見てきた。上昇気流は、滑翔するハゲワシやグンカンドリを数時間どころか数日間も滞空させられる。一度羽ばたいただけで何百キロも旅ができる場合もある。海流も同じように利用できる。端脚類と呼ばれるエビに似た甲殻動物は、北極圏の氷の底面に生えている海藻を食べて生きている。ここは、エサは豊富だが生息地としては不安定（昨今はとくに）で、氷は南のほうへ流れて夏になると溶けてしまい、端脚類はみな海に放り出されてしまう。ノルウェーのスバールバル大学センターのヨルゲン・ベルゲと彼のチームは勇敢にも、スバールバルの近くの真冬の海で深海プランクトンを採集し、その標本の中にいた端脚類から彼らの作戦を垣間見た。端脚類は、溶けていく氷につかまっていた体肢を離して沈み、深層海流を利用して北極海の真ん中に戻っていく。北極海に到着したら海面に再び上がり、氷についた、青々とした春の牧草を見つける（極寒かもしれないが）。2回の垂直移動のうち少なくとも1回は、能動的な移動が不可欠なはずだが、北極海まで泳いで戻る強行軍に比べれば、そのエネルギー消費量は非常に少ない。

タダ乗りさせてくれるのは、水などの流体の動きだけではない。危険を伴うように聞こえるかもしれないが、移動中の自分より大きい動物は、しがみつく根性のある生物にとっては効率のよいタクシーとして使える。翼のない陸生節足動物の多くがこの方法でヒッチハイクしている。名人として有名なのがダニだが、クモガタ類の仲間のニセサソリはもっと目立つ存在だ。名前からもわかるように、小さなサソリに似ているが、棘尾は持たない。空中を飛ぶハエやカブトムシにぶら下がるのにとても便利なハサミを持っている。しかしいちばんちゃっかりしているタダ乗り動物は海洋性生物たちだ。中くらいのサイズの魚であるコバンザメ［体長は約80センチ］は変形した背びれを使って、サメ、クジラ、カメ、オニイトマキエイ、さらには人間のダイバーや船舶を含む、十分な大きさがあって海中を移動遊泳するものなら何にでもくっつく。コバンザメはかつて、とある重要な船にくっついたとされ、そのおかげで伝説にまでなっている。大プリニウスは『博物誌』のなかで、紀元前31年にオクタウィアヌス（のちの皇帝アウグストゥス）と対決したアクティウム沖の戦いでマルクス・アントニウスが致命的な敗北を喫したのはコバンザメのせいだったとしている。コバンザメはどうやらアントニウスの旗艦にとって過剰な錘となり、その場から動けなくなってしまったので、指揮官アントニウスは船を捨てて逃げなければならなかったというのだ。プリニウスによると、

> 風が吹き嵐が起こったとしても、コバンザメの怒りは止まず巨大な力を抑えようとはしなかった。船は航路の途中でまったく進めなくなってしまった。どんな綱にも錨にもできないような仕業だ！
>
> ［『博物誌』第32巻］

こんなにふざけた言い訳は聞いたことがない。それでもコバンザメは、強大な力を持つ魚というプリニ

ウスの描写にちなんで名づけられた。コバンザメの英名 remora はラテン語の「引き止める」に由来している。

もちろん、コバンザメのせいで宿主が急停止しなければならない羽目に陥るならヒッチハイカーとしては失格なので、彼らはできるだけ宿主の足手まといにならないよう真剣に気をつけている。重みをかけるほど、自分が振り落とされるリスクが増えるからだ。だからコバンザメの身体はいつも宿主の進む方向と平行に位置している。コバンザメが宿主に吸着する技は、進化に起こった1つの奇跡だ。背びれを支える脊柱が変形し、前縁に蝶番のようについた多数の平たいヒダという完全に異なる形状になったのだ。使われていないときのヒダは平らに寝ているが、1つひとつのヒダはベネチアンブラインドの羽板のように垂直近くまで起こせる。コバンザメはこの変形したひれを魚の脇腹部分に押し当て、そしてヒダを起こして、宿主の脇腹とヒダのあいだに隙間をつくる。ひれの周囲はゴムパッキン状になっているので、その部分だけが真空状態になる。

節足動物のヒッチハイカーとは違って、コバンザメにはとくに目的地はない。目的はむしろ、ひたすら燃費を抑えつつ宿主にくっついていくことなのだ。コバンザメの祖先はおそらく現在のブリモドキのような魚で、サメ、エイ、カメなどの周囲を泳いでついていき、これらの大型生物の寄生虫や食べ残し、それがだめなら排泄物を食べていたのではないか。それなら、こうした生物にしがみついたほうがもっと簡単に事が運ぶ。一般的にコバンザメは、余分な水の抵抗を与える迷惑はかけるけれど、寄生者とはみなされていない。とはいえ、見た目よりも卑しいところがあって、宿主が十分な遊泳速度を出すと、コバンザメは口をわずかに開け、水がエラに流れ込むようにする。移動だけでなく、呼吸のためのエラの動きさえも自分でせずに、ただでまかなっているのだ。

ヒッチハイカーたちの話題をおしまいにする前に指摘しておきたいのは、ほかの生物の推進力の利用は、ただ一方的なものとは限らないことだ。たとえばガンがＶ字編隊飛行を行うのは、鳥は自分の後ろと翼の横に上昇気流が発生するからだ。この上昇気流に乗った鳥は、自分の体重を支える揚力をそれほど多く発生させなくてすむ。損をするのはＶ字の先頭を飛ぶ鳥だが、先頭の交代が順番に行われるならば、すべての鳥がこの編隊の恩恵を受けられる。自転車競技の集団も同じような理屈で動いているが、この場合の恩恵とは、ほかのライダーのすぐ後ろを走ると抗力が減少するという点だ。多少人工的な例とはいえ、自転車競技集団のシステムは、自然界でいえば魚の群れ、そして意外なことに、泳いでいる精細胞の集合体とも同じなのだ。しかし運動器官の共生関係のなかでもっとも驚異的なのは、シロアリの腸内に住む、単細胞原生動物であるミクソトリカ・パラドクサだ。この生き物は揺れる繊毛に覆われているように見えるが、じつはそれは細胞膜に付着した共生スピロヘータ菌である。

動かずに生きる動物はなぜそうなったか

これまでに見てきた運動器官の動作力節約の技術はみな、動物というものはある場所から別の場所へ移動する必要があるということを前提としている。しかしこの前提が当てはまらない場合もある。１つの場所だけで酸素と食べ物と水が安定供給されるなら、なぜわざわざ動く必要があるだろう？　それもそうだと思ってしまった動物は多く、彼らは動かない生き方を選んだ。そして待ち伏せ捕食者になったり、微粒子を水中からより分けたり底質で拾い集めたりしてグルメ道を究めたりしている。

待ち伏せ捕食者がもともと持っていた移動能力を放棄した例はほとんどない。捕獲の瞬間にすばやく突進できる能力は、捨てるには惜しいほど便利なのだ。待ち伏せ捕食者が、概してより活動的な近縁生物に似ているのはそのためだ。これらの待ち伏せ捕食者のうち、その場に定着したものたちは、祖先の固着性動物から進化したということになるだろう［*］。微粒子を食べて生きる動物が完全な固着生活を選択したとき、それは動物という形状に何よりも大きな影響を与えた。この道を選択した生き物のなかには、動物のようには見えないものもいるが、考えてみれば驚くことでもない。動物の形質は移動運動によってもっとも大きく左右されるのだから。そしてこれは多くの動物が通ってきた道でもある。ほとんどすべての主要な動物分類には固着性の種がいるし、カイメンのように全種が固着性という分類群もある。こうした生物はみな水中動物だが、これは、空気は希薄すぎて有機物を漂わせ続けることができず、有機物を食す美食家の生き物たちの必要を満たすことができないからだ。環形動物のなかでは管棲虫が、軟体動物の仲間では二枚貝（アサリやイガイなど）が、そして刺胞動物ではポリプが固着性だ。移動運動のスターである節足動物と脊索動物のなかにさえ、怠け者のメンバーがいる。有名なところでは、フジツボ［†］やホヤなどがそうだ。

数多くの起源を持つ固着性動物は種類も多く、形態の多様性は非常に大きい。とはいえ、いくつかの共通テーマもある。どの生物にも複雑な感覚器がない。危険から逃れる程度の能力しかないのなら、置かれている状況を過剰なほど正確に把握する意味がない。脳のおもな仕事が、感覚器からの入力を集めて処理

［*］完全に固着性の待ち伏せ捕食者のなかには、水管の1つをエサ捕獲装置に変形させたホヤがいる。
［†］フジツボはあまりに節足動物らしくないので、甲殻類に特徴的な幼生の段階があることが発見された1830年代まで、軟体動物だと考えられていた。

し、それに基づいてナビゲーションを行うことだとすれば、燃費の悪いこの器官もまた無用になる。器官の消失は、生物の生涯のなかで起こることもある。4章で見たホヤのオタマジャクシ型幼生は遊泳を制御するための原始的な中枢神経索を持っているが、海底に頭から到着して自分の身体をその場所に固定すると、そのあとは決して泳がない。意味のない贅沢品と化してしまった中枢神経系は即座に消失する。

6章で指摘したように、固着性という生活を選ぶときに、切り捨てられるもう1つの可能性が左右相称性だ。栄養たっぷりな細かいゴミを食べて生きるなら、エサ捕獲装置の開口部をできるだけ広く開けるのは当然だ。これに便利なのは放射相称性で、捕食用触手がほぼ円形に、扇風機のように並ぶ形態がよくみられる。ホヤと二枚貝の場合は少し異なり、体内にエサ収集ろ過器を持ち、水流を起こして、水管を通して微細なエサを掃除機のように取り込む。

運動性の祖先の形態からどんなに徹底的に変わってしまっていても、移動運動をしていた過去の亡霊に憑かれていない固着性動物はいない。第一に、固着性動物の多くが、自分の棲管の内側だけであったとしても、いまだに動けるのだ。底面にしっかりと固定して動かない動物であっても、柔らかな触手を広げたりしまったり、災難を避けたりするのに筋肉を使える。拍動する繊毛は、もともとは筋肉同様に移動運動のための器官だったが、エサの収集になくてはならない役目を果たすときが多い。繊毛は水流を起こすのに使われるだけではない。二枚貝は、ほかの美食家たちのように、粘液を分泌してエサとなる微粒子をとらえる。ごちそうをたっぷり含んだ鼻水を消化管の中に文字通りリールを巻くように引き入れるのだが、これを行うのは回転する円筒形の糸巻き（棒状のタンパク質の結晶）で、この糸巻きの動きは繊毛によって発生している[*]。皮肉にも、動物界において幾度となく繰り返されてきた移動運動の放棄は、もとは推進力発生を担当していた器官の助けがなければ不可能だったに違いないのだ。

移動運動による手助けの範囲はこれよりもっと遠くにおよんでいる。白状すると、わたしはここまであまりに大人中心の見方をしすぎてきた。1つの場所に居続けることは、お腹いっぱい食べることだけが目的なら問題ないだろう。しかし遅かれ早かれ決心して生殖の務めを果たさなければならないときが来る。たいていの場合、自分の子をすぐ隣に産み落とすのは得策ではない。固着性動物にとって生息場所は非常に貴重なので、子どもたちは親の繊毛（や触手）により放出されて、自分たちの場所を見つける必要がある。これについて別の見方をするなら、子を分散させる能力が高いと、その子たちが成体になるまで生き延びて、生殖を行えるようになる数も増える。言い換えれば、分散がうまくいくと、ダーウィン適応度〔特定の遺伝子型を持つ個体が生涯に残すことのできる子どもの数〕も高くなる。したがって、動物が完全に移動運動を放棄するのは不可能なのである。もし成体が動かないのであれば、分散の責任は幼生の肩にかかっている。今まで見てきた固着性動物のどれにも、幼生には移動する能力があるのだ。そう、幼生たちは、ただ水中を漂うのではなく、推進力を起こして活発に動き回る必要がある。当面のあいだは潮流に乗って移動できるかもしれないが、定着場所を見つけるには動力と感覚器を必要とする。ゴカイの幼生（およびそのほかの多くの種の幼生）などは繊毛を使って、目が1つしかない甲殻類の幼生は肢を使って平泳ぎしながら、自分の行き先を変えようとする。

もちろん、幼生の定着先発見の旅の前に、精細胞がまず卵細胞にたどり着くための道を開拓しなければならない（もっぱら無性生殖しか行わない動物以外は）。有性生殖においては、運動に関してすべての動物が同等の存在となるので、固着生物の精子も推進力を持つことができる。しかし精子の拡散能力は限ら

［＊］動物学の雑学的知識が好きな人へ。このような回転軸は、自然界では珍しい。

れている。このため通常は、固着性の種全体が精子と卵子を正確に同じ時刻に放出しなければならない。この大産卵イベントは、毎年1回しか行われないにもかかわらず、たった数分間のうちに同時に発生することが多い。このためには驚異的に精度の高い、長期にわたる時間管理術が必要だ。そして体内の合図と外部環境の合図の精密な連携については、まだあまりよく知られていない。したがってこれらの熱狂的な生殖の表現を目撃できるかどうかは、判断力だけでなく運にもかかっている。きっと神秘的な体験に違いないと、わたしなどは想像している。水中で猛吹雪に襲われたように見えるのではないだろうか。ところで、固着性動物が直接交尾できないと考えているなら、それは誤解だ。信じられないかもしれないが、フジツボの大半は直接交尾する。そのために動物界でもっとも長い男性器(身体の大きさに比して)を授けられている。その長さは体長の8倍である。

固着性動物が移動能力を再獲得した例

固着性という戦略は多くの動物でうまく機能している。しかし、いくつかのものは、期待したほど平穏無事な生活を送れていないかもしれない。固着生活にはたしかに欠点もある。もし生息地の環境条件が悪化したら、固着性動物が最善を尽くそうとしても、できることは生殖くらいしかない。また、生活空間をめぐって常に小競り合いしなければならないし、前述したような有性生殖にまつわる問題もある。これらの要因により、自然選択の潮流が固着性から運動性のほうに変わる可能性もある。幸い、進化上、活動的だった過去を持つ固着性動物は、その痕跡の多くを維持しているので、これを利用して推進力を再獲得できるものもいる。もっとも簡単な方法は、幼生段階で性的に成熟し、固着性の成体の段階を飛ばしてしまうことだ。性的に早熟な幼生がときおりプランクトン標本の中に見られるので、この方法の可能性は確実にある。じっさい6章で見たように、左右相称動物の大放散のもととなったウルバイは、固着性の刺胞動物レベルの祖先のプラヌラ幼生から進化したのかもしれない。

移動運動を再獲得する方法は、幼生段階での成熟だけではない。固着性の成体が再適応して推進力を得た例は多い。その過程で固着性だった祖先の身体に起きた変化があまりに極端だったため、地球上でもっとも奇妙な形の生き物だとされるものもいる。4章では、サルパというジェット推進を使って泳ぐホヤを見た。ホタテガイは、二枚貝が高速移動するようになった例だ。貝殻を閉じる筋肉の圧縮運動がポンプのような役割をして、パニック状態のときは蝶番の両脇から何度も水をジェット噴射する。泳いでいる姿は美しくはないが、襲撃してくるヒトデ（多くの二枚貝の天敵）に捕まらないように逃げることができる。

そのヒトデもまた、棘皮動物集団のほかの類縁動物とともに、固着性生活を放棄した動物の移動運動にかんする完璧な研究材料になってくれる。ヒトデを理解するには、その複雑な歴史を念頭に置いておかなければならない。なぜなら、推進力にかんして、ヒトデはありとあらゆる規則を無視しているからだ。ヒトデは放射相称動物（具体的には五芒星形、つまり5本の腕を持つ星形）で、脳も目もない。身体の前部は存在せず、それぞれの体肢が状況に応じて指揮を執っている。ほとんどの種では、水管系と呼ばれる海水で満たされた管が網状組織に連結している管足群によって動きを生み出している。この形態は棘皮動物にのみ見られる特徴だ。本当に驚くべきことに、ヒトデの動きにはメタクロナール波の制御は使われていない。これでヒトデを変な生物だと思ったなら、その仲間たちも見てほしい。クモヒトデは海底で5本ある体肢のうちの2本で水をかいて進むが、やはり前部と呼べる部位はない。ウニは自分のとげを使って歩き、5本の体肢をしっかり巻き上げて体壁の一部にしている。ナマコは少なくとも見かけは左右相称動物に似ているが、むしろウニを倒して身体を細くしたような形状だ。一方、脳にかんしては同じ集団の仲間たちと同様、何も持ってはいない。

棘皮動物のなかにただ1種類、その放射相称性、脳の不在、そして独自の水管系が持つ適応の意図を明確に表現している系統種がいる。ウミユリだ。英名の crinoid はギリシャ語の「百合」に由来しているが、祖先の特徴をうまく言い表している。ウミユリはかつては茎のある固着性生物（状態のよい化石が如実に物語っている）で、冠上に並んだ細長い腕を使って水中のエサになりそうな微粒子をより分けていた。この形状をした生物は今も数種類あるが、ほとんどの現生種では茎の部分が消失している。ウミシダという名で知られている種は、這ったり泳いだりするために腕でこぐような動作を行う。ところがこの付属肢、じつは名目上は栄養摂取器官なのだ。だから長時間の移動運動には耐えられないが、こぐような動作で、日中を安全に過ごすための隠れ場所を見つける程度の用なら十分足せる。ところで管足のほうは、通り過ぎようとする微粒子を腕の一本一本を走っている繊毛で覆われた溝の中に弾き入れて、食物の収集を手伝っている。

ウミシダの地味な移動運動技術は、ほかの棘皮動物の生態についての手がかりも与えてくれる。なぜなら、棘皮動物のもっとも近い共通祖先は基本的に、固着性のろ過摂食型ウミユリだったというのが定説だからだ。左右相称、脳、そして複雑な知覚は、そのような生物には宝の持ち腐れだ。というわけでこれらはすべて消失した。しかしウミシダの場合と同様、自然選択によって、固着性の祖先を持つ生物で運動性を再獲得したものはいる。このプロセスは、やる気にあふれたある個体がろ過摂食スタイルに文字通り背を向け、茎のほうに身体を曲げて周囲の底質からエサを集めようとしたときに始まったのかもしれない。この体勢のとき、管足は腕が周囲を攪拌するときの補助になっていたのだろう。生活形態が変わると茎は

［図8-1］水管系に連なる管足で歩くヒトデ（ニンファエスター・アレナトゥス）（上）。絶滅した、茎のあるウミユリ（左下）、現存の自由生活性のウミシダ（フロロメトラ・セラティシマ）（右）。

ただの無駄な足枷でしかなくなるので、最終的には自然選択により消失した。ここからさらに進化したのがヒトデなのだ。

棘皮動物は、自然選択が移動運動能力を生物に与えるときの複雑な経緯を示してくれる。しかし、元固着性・現運動性という進化経路の頂点を極めたのは刺胞動物、とりわけヒドロ虫綱のクダクラゲだ。しばしばクラゲに間違えられるが（なかでもカツオノエボシが有名である）、じつはクダクラゲは1個体ではなく、ポリプの群体である。しかしこのポリプたちは、驚くほど高レベルの役割分担に従っている。ある個体は摂食だけを担当し、ある個体は二酸化炭素が詰まっているカツオノエボシの鰾のように浮力だけを担当している。生殖担当の個体や、武装した個体もいる。長くたなびく触手に見えるのはじつは兵器で、極小の刺胞が詰まっている。

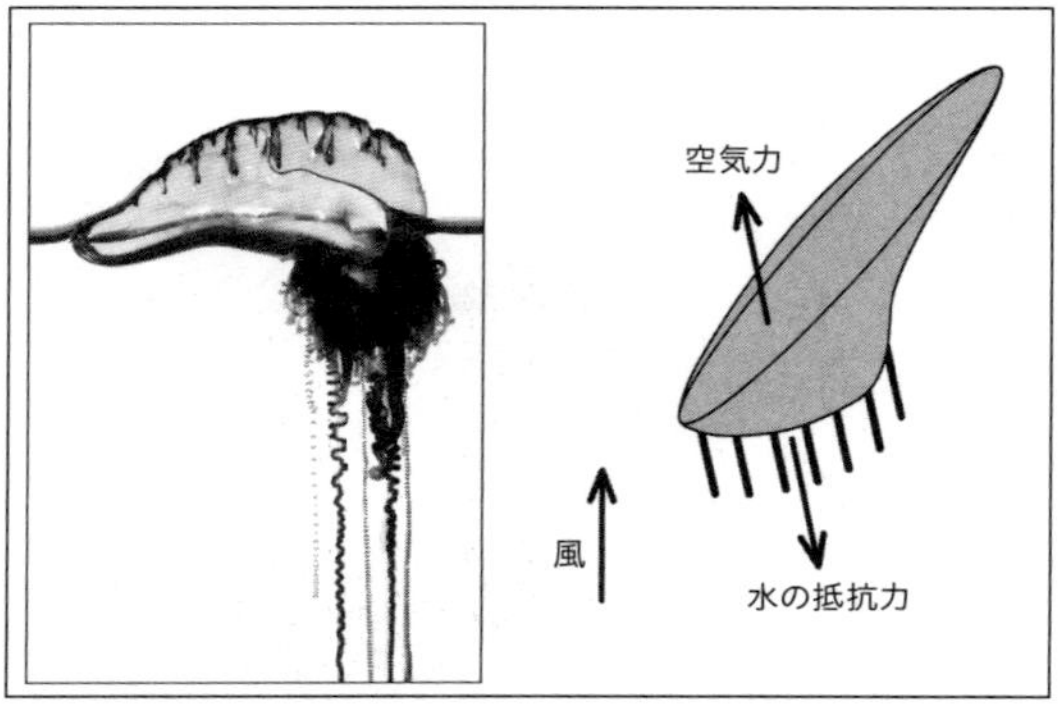

［図8-2］カツオノエボシ（フィサリア・ウトゥリキュラス）（左）と帆走する群生における力の均衡（右）。

クダクラゲの移動運動能力は、群体生物に期待できる可能性を大きく超えている。カツオノエボシはこれ以上ないほどシンプルな方法で移動する。風を受けて漂うだけだ。とはいえ、非常に完成度の高い帆船でもある。水の上で受ける空気力と、水の下からの水の抗力によって、帆のような気胞体の迎え角が約40度に保たれる。このようにして、群体の「利き側」に応じて左舷タックまたは右舷タック［帆船が風を受ける帆の開き方］で進み続け、風からたっぷりの揚力を引き出す（帆は垂直なので、揚力は水平方向に発生する）。要するに、カツオノエボシは驚くべきスピードで移動するのだ。決してどこかへ行こうと急いでいるわけではないのだが、スピードを出すと触手が後方に広がるので、獲物をより効率的に捕まえることまでできる。

カツオノエボシは有名な生き物だが、その受動的な生活習慣はクダクラゲとしては一般的ではない。クダクラゲ類の大半の生き物は活動的に泳ぎ回り、水面に浮上しようとは夢にも思わないだろう（気胞体を持つものも多いがそのサイズは小さめで、水面での移動のためではなく、浮力の調節のために使われる）。クダクラゲは、多段階の生活環をもつヒドロ虫綱ならではの独創的な戦略を使う。標準的なヒドロ虫綱のポリプ同様、活発なクダクラゲの群体は遊泳するメデューサ群を形成するが、みずからの幼クラゲにしがみついてそのジェット噴射を利用する。着生されているメデューサは余計なものを剝ぎ取られて摂食も生殖もできず、その存在意義はただ群体を前進させることだけである。メデューサチームがメタクロナール波のような調和をもって収縮し最大限の効率を引き出していることは、もはや驚くにあたらないだろう［*］。しかし緊急時（たとえば、身体の末端の

［*］クダクラゲの収縮運動におけるメキシカン・ウェーブは、その群体の組織構造のおかげでうまく機能している。個々のメデューサには刺胞動物が持つ、ある程度標準的な放射対称のシステムがあるが、群体としてはコロニーの主軸に沿って長くなっていて、どこか左右相称動物に似ている。見事に遠回りした収斂進化の例だ。

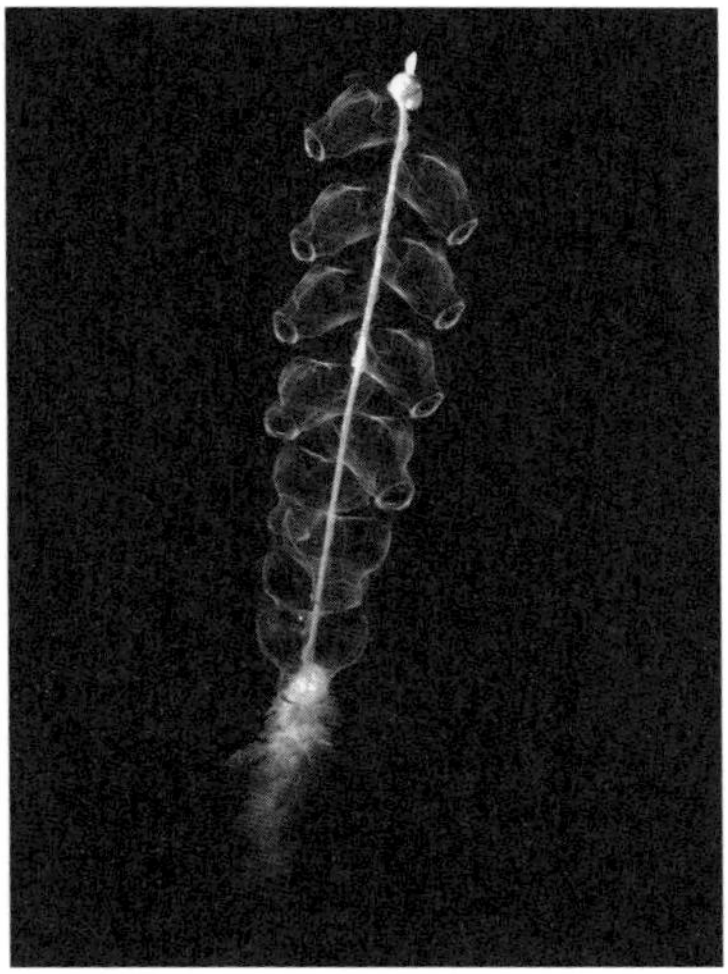

［図8-3］クダクラゲ（マラス・オルトカナ）。

１つに強い刺激が与えられたとき）には全個体が同時に収縮し、群体ごとできるだけ早く危険から離れようとする。クダクラゲのなかには回れ右をして逃げられるものもある。メデューサチーム全員の噴き出し口を、噴射する直前にくるりと90度回すのだ。このようにさまざまな移動方法を持つ群体には、並外れたレベルの調整能力が必要になる。この能力を支えているのは、群体全体に張りめぐらされたニューロン以外考えられない。個体があまりに完璧に一体化しているので、１匹のクダクラゲは、超個体［多数の個体から成るあたかも独立した1個の生物体のように振る舞う生物集団］以外の何ものでもない。彼らこそ、移動運動の再獲得における、進化上の驚くべきケースだ。

動かない植物が移動を必要とする理由

では、最初の疑問に戻ってみよう。固着性動物について理解を深めた今、移動運動は植物には縁がなさそうに聞こえる。しかしこれは成体中心主義から生まれた印象に過ぎない、ということを思い出そう。子孫の分散は植物にとって、わたしたち動物にとってと同じくらい重大な問題だ。光合成する仲間たちが最初に圧勝を収めて以来、固着性の植物の地上での分散は植物界の最大の関心事である。陸上に進出する以前、植物は長いあいだ標準的な水生固着生物の戦略を用いていた。つまり成体は地面から動かない固着性だが、精子か胚に分散を担ってもらうのだ。海藻や原始的な淡水植物は今でもこのような方法で分散している。陸上ではまったく非効率的に思えるかもしれないが、これらの作戦はある程度まで期待できる。卵子が近くにないときに、少しの雨が精細胞を助けてくれる。しかし、そのあとはどうなる？　受精の前も後も、胚はその誕生地から動くことはできない。うまくいっても、数世代もの植物が自分たちの親世代の上に成長するだけなのだ。

蘚類、コケ類、シダ類などの原始的な陸生植物を見ると、ある意味でまさにこのような世代積層が起きている。意外かもしれないが、これらはみな運動性のある精子を発生する。この精子は卵細胞（造卵器と呼ばれる専用の部屋の中にある）へたどり着く道を自分で見つけなければならない。そして結果としてできた胚は、自分たちの親の上に成長する。ところが子どもたちはその両親には全然似ていない。高等な刺胞動物のように、植物にも多段階の生活環がある。精細胞と卵細胞は配偶体によって作られる（配偶体gametophyteは「配偶子gameteの植物」という意味で、gameteは精子と卵子の総称だ）。蘚類においては、目にも鮮やかな緑のクッションのように生えているのが配偶体だ。受精卵から成長した次の世代は、ひょろりとした街灯柱のような形をした構造体で、蘚類でできた小さな牧草地全体に芽を出す。ここからは卵子も精子も作られず、代わりに胞子が生まれるので胞子体と呼ばれる。胞子の身体は長距離まで分散できるような構造になっている。とても小さいので、ほんの少しの気流で高く舞い上がり、スポロポレニンという超耐久性物質を含有する胞子壁は複雑な形状をしている場合が多く、これによって空気抵抗を大きくするようにできている（風に漂って分散する生物にとっては好都合なのだ）。そのようにしても重量の増加は無視できるほどだ。胞子が最適な環境に着地したなら（成功率はひどく低いので、大量の胞子を生産して数で勝負している）、胞子は配偶体に成長し、やがて精子か卵子（またはその両方）を作る。そして次のサイクルが再び始まる。

つまり、胞子は植物界における運動性幼生のような存在なのだ。しかし分散の責任は胞子だけにかかっているわけではない。水中環境では、親はただ幼生を旅立たせればよかった。生息地の潮流や幼生自体が持つ原動力さえあればあとはどうにかなったのだ。しかし陸上の胞子が気流に乗って分散するためには、

［図8-4］コケ2世代。下に生えている光合成する配偶体と、それより背の高い寄生性の胞子体。

より多くの助けが必要だ。少なくとも、胞子は適切な高さから出発し、地表付近の静止した空気から離れた位置から旅を始めなければならない。また、上昇気流がないところでは、地面に落下するまでの時間を稼ぐ必要もある。胞子体の果たすべき責任は大きく、だからこそ親である配偶体の上に高くそびえ立つように形成されるのだ。少なくとも相対的な意味で。しかし背丈を伸ばすしか能がないわけではない。原始植物の多くが胞子を勢いよく放出するための専用機能を備えている。コケ類は弾糸と呼ばれる細長い細胞を使う。弾糸は胞子嚢のなかに散らばっており、乾燥すると激しくよじれ、その力で胞子を放り出して風に乗せる。パチンコに似たこんな仕組みは、数種類のシダ類やその近縁であるツクシも使っている［*］。一方、ほとんどの蘚類は、乾燥状態になったときにただ胞子嚢を開くだけに終わる。しかし沼地に生息するミズゴケ属は、おそらくどんな植物もかなわないほど勢いのよい胞子発射装置を持っている。乾燥すると崩れるように「設計」されている蓋がついた胞子嚢は、内部の空気圧がほぼ大型トラックのタイヤに匹敵するほど高まる。蓋が大きな音を立ててはじけ飛ぶと、胞子は約10センチ上空に飛び出すのだ。

植物とは違って、菌類は便利な多段階の生活環を経て地表に定着して繁栄するわけではない。しかし移動手段を持たない菌類が陸上生活で直面する問題は植物と同じだ。というわけで、菌類は独自の解決法を一から生み出さねばならなかった。手始めとして、水が必要な厄介者の精子をなくした。そして生殖の相手選びは、糸状の菌糸が形成する組織が行う。菌糸の組織は菌類の身体の大部分を占めている（キノコの部分は氷山の一角に過ぎない）。有性生殖結合は、2つの異なる菌糸ネットワークが接触し結合することで行われる。そして結合した菌糸から、キノコや棚型キノコなどの子実体が生まれる。この構造は、植物界における胞子体世代にあたり、放出された胞子が運よく好適な場所を見つけられれば、成長して新しい菌糸組織を形成する。

原始植物に見られるのと同じように、菌類は数多くの独創的な胞子放出機能を編み出し、風に乗って移動する子世代をできるだけ遠く多くの場所に拡散してきた。たとえば、チャワンタケの胞子は弾道飛行するし、ホコリタケやヒメツチグリのように雨滴が落ちてくるエネルギーを使って胞子を噴射するシステムもある。しかし、菌類と植物の両者にとって、高く成長すること以上に効果的な手段はなかった。そのために、3章で見たような巨大な菌類プロトタキシーテスがデボン紀初期に現れたのだ。植物も、精子が卵子のところまでたどり着ける範囲内でなら、同じように大きく成長する可能性を秘めていた。多段階から

[＊]ツクシにはさらにもう1つの技がある。ツクシの胞子には4つの弾糸があり、湿気に反応してねじれることで、歩いたり飛び跳ねたりできるのだ。

成る生活環のおかげで、これはかなり簡単だった。胞子体は、性的に成熟した配偶体が低く湿った状態にある限り、茎の強度（と根の張り具合）に応じてどこまでも高くなった。今でもシダ類にはまさにこの現象が見られる。葉のような形をした葉状体が胞子体で配偶体から成長してゆき、配偶体は目立たないので気づかれることはほとんどない。

シダ類の高さに頼った分散戦略は成功しているが、若干反社会的ではある。背の高い植物の陰になる、それほど高く成長できない植物は太陽の光をほとんど受けられない。これは光合成する植物にとっては大問題だ。引っ越しなどできるわけがないので、解決策は2つになる。光子の吸収率を上げるか、逆に自分の背を高くするか。これが、地球の様相そのものを変えた植物間の熾烈な競争の温床となった。初期段階、比較的穏やかに事は運んでいた。というのも、そのころの陸上植物は構造的にそれほど垂直方向の長さを伸ばせる身体を持っていなかったからだ。すべてが変わってしまったのは、デボン紀［約4億1600万年前〜約3億5920万年前］の末期だった。植物が陸上を支配するずっと以前からその体内で進化してきた抗真菌性生物高分子であるリグニンが、十分な量を蓄えてずば抜けた強度を発揮し始めたのだ。このように過剰なリグニンを蓄えた植物の組織を「木質」と呼ぶ。木質が登場するやいなや木は地球上のあらゆる場所で急成長していった。

このときから、光をめぐる争いが、危険なものに変化した。生物の身体が腐ると、炭素の大半は大気中に戻る。しかしこの背比べ競争が最高潮に達したとき、リグニンを分解できる生物が存在しなかったため、何もかもが地中に埋まっていった。何百万年ものあいだ炭素は空気から地面にひたすら流れ込んで石炭を形成した。2000万年かけて、木は大気中の80％の二酸化炭素を奪い、地球の低温化を招いて大氷河期を引き起こした。ダメージはこれだけではなかった。地上で気味の悪いほど膨張した木を支えるために根も長く伸び、前代未聞の風化の原因を作った。これによって地球全体の水が富栄養化し、藻類が大発生した。藻類の集団腐敗は、空気中の酸素濃度の急激な低下を招き、もし大気／地質モデルが正しければ、酸素濃度は12％にまで落ちたという。

この危機はその後、地上の植物が光合成の副産物として生成した酸素を空気中に放出するようになったおかげで回避された。じっさい、石炭紀〔3億5920万年前〜2億9900万年前〕の末期までには、酸素濃度のレベルはかつてないほど高い35％に上昇した。とはいえ、ダメージは残った。デボン紀の末期までに、すべての生物のうち75％もの種が絶滅したのだ。すべては植物が根を離れて動こうとしなかったせいなのだ。とはいうものの、事態はもっと悪化していたかもしれない。石炭紀の末期までに、菌類のなかでもいわゆるキノコに相当する集団〔担子菌などの木材腐朽菌〕がついにリグニンの分解方法を見つけ、二酸化炭素が際限なく地中に流れ込むのを止めさせることができた。こうして地球全体が冷凍庫になってしまう事態が避けられた。この次キノコ類を食べる機会にはありがたみをかみしめよう！

花粉や種を飛ばして拡散する

急速に高く生長する可能性と極小の胞子のおかげで、植物にとって分散にまつわる悩みは解決したと考えてもいいように思われる。しかし、植物が本来持っていた生殖能力には大きな欠点があった。身体の外側で精子が卵子のところまで泳ぎ着くという方法をとっている限り、植物は決して完全に陸生にはなれない。このような生殖戦略をとる植物は、その胞子がどれほど遠くまで拡散できるとしても、結局は湿気の多い場所でしか生息できないのだ。今でもコケ類やシダ類を見るのは多湿地帯だ。もっと生息地を広げていくためには、何かしなければならない。そしてじっさい、植物は対策を講じた。それは現在の地理的分布を見てもわかる通りだ。今やその分布範囲は地球上のもっとも乾燥した地帯にまで広がっている。

植物がとった対策とは、水中浮遊性の精子を空中浮遊性に変えることだった。とはいえ、一直線にそのように変更したのではない。それでは急激すぎて、実行できなかったからだ。代わりに進化の焦点があてられたのは、配偶体の段階だった。第一歩は、配偶体の個体群に役割分担をさせる、つまり精子を作る種類の配偶体と、卵子を作る種類の配偶体に分けることだった。言い換えるなら、両性配偶体（シダ類のほとんどがこの方法をとる）から雄と雌への分離である。分離が完了するとすぐ雄性配偶体は自分を作った胞子と同じくらいの大きさまでどんどん小さく退化していったらしい。実質的にこの雄性配偶体が空中浮遊性精子となった。わたしたちには花粉粒としてなじみ深い。

精子がひとたび空中浮遊性を獲得すると、雌性配偶体はもはや単体で地を這う植物にならなくてもよくなった（これをいまだにやっている変わり者の植物もいるにはいるが）。その代わり、雌性配偶体はそれぞれ、胞子体の状態から少しだけ発展し、卵細胞と未来の胚を育てるための栄養価の高い組織を作ることができるようになった。そしてあとは花粉が来るのを待つのだ。このようにして種が生まれると、遊泳性精子の必要性を巧妙に退けて、幼い胞子体である胚が幸先のよい生へのスタートを切れるようになった。種の化石の分析によると、この生殖／移動運動戦略はデボン紀の末期にかけて（光争奪戦争のピーク以前に）進化したことがわかっている。以来、種子植物は決して過去を振り返らなかった。そして今や、種子植物はツンドラから雨林にいたるまで地上全体を支配している。

もちろん、完璧な戦略などというものはない。初期の種子植物は、多くのメリットを享受するとともに、ジレンマにも直面していた。胚のためにたっぷりの栄養を蓄えるのはすばらしいことだが、種が重くなるにつれて分散の効率が落ちる。大きくなればなるほど、落下の衝撃は大きい（もっと重要なことに、落下にかかる時間が短い）。初期の種子は、風に運ばれるくらい小さかった。ランなど、現生植物の種の多くが今でも小さいのはこうした理由からだ[*]。しかし、滞空時間を増やすためには、極小になるだけが能ではない。覚えているだろうか。大きい物体の滞空時間が短いのは、抗力の大きさと体重の比率が適切ではないからだ。この比率は生物の表面積と体重に左右され、体重は体積によって決まる。体重を大きく増やさず抗力を増やすために綿毛が少し生えると、小さな種は見事にそよ風に乗って空気中を漂うことができるようになる。タンポポはこの戦略をうまく活用していることで知られる。

もっと大きな種子になると、綿毛パラシュート以上のものが必要だ。カエデやそのほかの植物は、翼果という翼の生えたような形状の種（厳密に言えば果実）を持っている。翼果は揚力と抗力を使って分散範囲を広げている種子だ。これらの種子は適応化という面ではある意味で飛翔性動物よりも優れている。なぜなら、脳も筋肉もないのに、効率的に飛ぶために最適な形状と動作を自動的に見つけるように「設計」されているからだ。しかし、翼果の造りはがっかりするくらい単純だ。カエデの翼果は、片側に重り（種子）のついた1本の平らな翼にしか見えない。高いところから落ちたら、種子のほうから真っ逆さまに落ちていってしまいそうだ。ところが、翼果は小さなヘリコプターのようにらせんを描いて落下していくのだ。

この不思議な動きの秘密は、翼果の質量が一カ所に集中していないことにある。重さは片方の端だけではなく、翼の前端にも重さが集中しているのだ。これは翼の前部に葉脈が密集しているからだ。この構造

[*]ランの種子はとても小さいので発芽するためには共生菌の力を必要とする。

だと、落下を始めた翼果は長軸に沿って前方宙返りをしようとすると同時に種子を下方に傾ける。この2つの回転運動はジャイロスコープのように相互作用して、スピンする動きが発生する。このとき種子と翼に働く遠心力が、種子を下にして傾こうとする力に対抗するように働く。こうして翼果は効率的に勢いよくらせん運動をしながら滑空し、発生する揚力によって落下までの時間を80％も遅らせることができる。これだけではメリットはないが、横から多少の風が吹けば（そして翼果の親木との留めつけ装置が、風が吹いているときにだけはずれるようになっていれば）、ゆっくりとした落下が、親元から離れて無事に生きられるか、日陰や飢餓や捕食者の虫のせいで死ぬかの分かれ目となる可能性がある（成木には恐ろしい数の微小植物食者の群れが宿っていて、すぐ近くに若くておいしそうな種子が落ちたら襲いかかろうと待ち受けている）。

種子植物の翼果は何度も進化してきた。マツやシデの翼果はカエデの果実と見た目も機能も似ている。ほかの種には別の空力利用技術がある。たとえばニワウルシの翼果は、プロペラに似た翼のど真ん中に種子がついているので、落下時には長軸を回転軸としてバックスピン〔前縁が上向きに、後縁が下向きに動く回転〕してバックスピンのかかったテニスボールやゴルフボールのように揚力を発生する［*］。しかし、植物界での飛行チャンピオンは、半透明で翼の形をしたハネフクベの種子だ。長さ15センチほどのこの美しい物体は、底が開くようになっている莢（さや）から放出されて本当に滑空するが、その技がまた見事なのだ。標準的な滑空角度は12度となかなか立派だ。個々の種子は飛行を安定に維持するような構造になっている。平べったい種が前方についていることと、翼の後縁が比較的柔軟なので、翼への荷重が増えるほど後縁は上向きに逸れて滑空を安定させるのである。人間が作った飛行機の翼の後縁もそのように設計されている［†］。非常に軽いので強い風に乗るには適していないが、その必要もない。ハネフクベは東南アジアの雨林（滑空者には最適の環境）の高木によじ登るつる植物で、種子は林冠の下で滑空することが多いからだ。

空力を利用したさまざまな分散方法の精度の高さには驚くほかない。しかし、種子の分散方法はほかにもいろいろある。小さな種子なら弾道発射が適している。池や川が使える状況ならそれも役に立つ。移動

[＊]バックスピンするのは、通常の翼と同様、空力中心［抗力と揚力が働く中心位置］が後縁よりも前縁に近い位置にあり、この結果、ニワウルシの翼果では空力中心が重心の前方にあるからだ。

[†]ハネフクベの翼果は、オーストリアの飛行士イゴ・エトリッヒによって１９０３年に作られた、世界初の有人グライダーの発想の源となった。空気力学についてまだ手探り状態だった当時、翼果の持つ安定性は魅力的なモデルとなった。

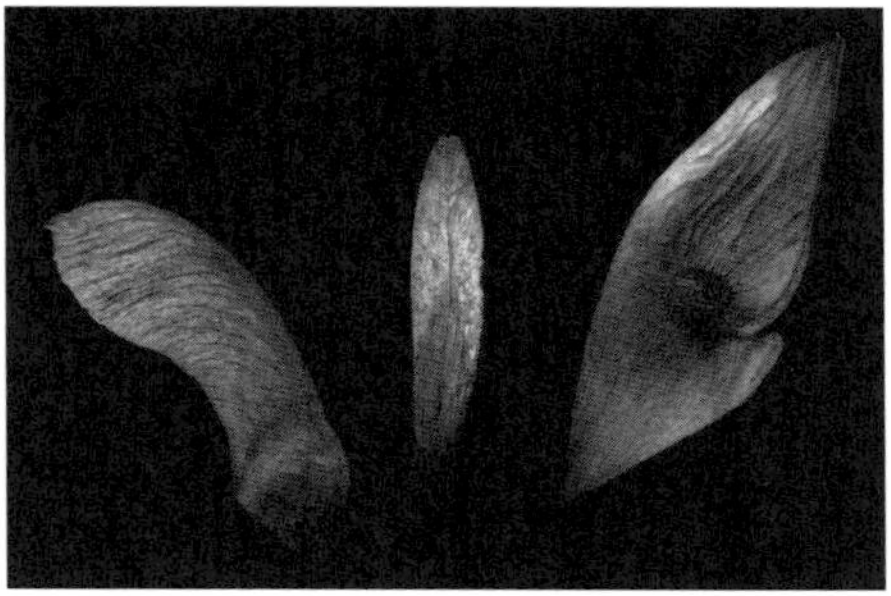

［図8-5］翼果は空気力を利用した分散作戦だ。カエデ（左）、セイヨウトネリコ（中）、ニワウルシ（右）。

［図8-6］滑空するハネフクベ（アルソミトラ・マクロカルパ）の種子。

中の種子が水面に浮かぶことが唯一の条件だ（スイレンなどの沈水植物は除く）。小さな撥水性の種子なら水の表面張力も利用できるが、空気を含んだ皮や油膜によって水に浮かぶ方法は環境に合わせた適応解としてはよく見られ、ココヤシなどの非常に大きい種子はこの方法で親木から何千キロも離れた場所にまでたどり着く。タンブルウィード（回転草）という、地上部分が根から離れて転がって動いていくことにより種子をまき散らす植物もある。多くの種の植物が収斂進化してこの形態を取ったのだがそれらがまとめてこのように呼ばれている（この方法はもちろん、砂漠などの広大な土地でしか通用しない）。とはいえ、空中浮遊に代わるもっとも一般的な方法は「タクシー乗車」だ。陸生植物は移動運動することをあきらめたが、すぐそこにいる動物たちが代わりに動き回ってくれる。植物はおいしそうな姿で誘惑したり、こっそり貼りついたりして、これらの動物たちに種子を分散する手伝いをさせる。植物ならではのヒッチハイク法だ。

花粉や種の拡散に動物を利用する方法

植物にとって、動物に種子を運ばせて散布するのにいちばん楽なのは、その動物の身体に糊か面ファスナーのようなものでくっつける方法である［*］。しかし、動物はおいしい液果が食べたくて種子を運搬することが多い。植物のお気に入りの運搬係は、身体のサイズの大きいわたしたち脊椎動物だ。チョウにはサクランボウの種を遠くまで運ぶことはできない。種子は果実とともに動物に食べられ、動物の移動中は消化器内部に留まり、遠くまで来たら動物の体内から出される、というのが標準的な流れだが、いつも計画通りにいくとは限らない。消化器内に未消化の種がごろごろしていたら、とりわけ鳥にとっては不快だろう。だから可食部だけついばんで種はその場に残す鳥もいる。哺乳類は繊維質でお腹が膨らんでも気にしないが、種全部を一カ所にまとめるように糞をするという苛立たしい癖をよく発揮する。分散は本来、競争を避けるという目的で行われるのに、これでは完璧に台無しだ。しかし、熱帯雨林の風のない低木層などではとくに、果実を賄賂に使う作戦が功を奏す。これが太古から行われていたことは、石炭紀の木化石に認められた液果の存在によって証明されている。わたしたち霊長類も、この運搬方法の歴史の展開には、特別な役割を果たしてきた。大昔から、果物が成っている細い枝の上を歩き回る能力があり、熟した果物を周囲の枝葉から見分けて選ぶための優れた色覚（哺乳類としては）があり、飛ばないから自分の体重を気にしない、などの条件が揃っていたおかげで、植物拡散のきわめて有能な代理人となったのだ。

本当に自律的に移動運動できる者だけが持つ特徴の1つは、行き先選択能力だ。種子分散の戦略はさまざまで、どれもみな創意にあふれているが、この能力だけは植物はかつて一度も獲得しなかった。それとも、じつは獲得した植物がいるのか？　種子の着地先が、本当に植物の力ではどうにもならないのだとしたら、ヤドリギの進化はいったいどういうわけだろう。ヤドリギは半寄生植物で、光合成はするが宿主に水と栄養の補給を頼っている。ヤドリギが宿主の樹冠という上の部分に住む必要があるという事実がなかったら、これは別に問題にはならないだろう。枝の上に住むなら、太陽の光は受けられる。しかしどうやってそこに種子を「蒔く」のだろうか。答えは種子を覆っている粘液にある。この粘着質の被膜は鳥の消化管を通っても消化されない。種子が排出されるとき（排泄または吐き戻しによって）、べたべたした被膜は口なり肛門なり自分が出てきたところにぶら下がり、鳥が手近な枝でこれをぬぐうように仕向ける。

［＊］じっさい、面ファスナーは引っかかる果実、つまりイガや棘のある植物から着想を得たものだ。

こうしてヤドリギの種は新しい宿主に付着するのに完璧な場所にたどり着く。

ヤドリギの種が摂取されてから排出されるまでの短い期間、種を飲み込んだ鳥は事実上、植物の身体の延長部分になっている。あるいは、リチャード・ドーキンスの言葉を借りて言えば、生命体のゲノムの影響が生命体そのものを超えて見られる現象を意味する、「延長された表現型」の一部なのだ。ある意味、ヤドリギの鳥を操縦する単純な策略のおかげで、その種子に動物のような推進力が与えられるのだ。同じことが動物を運び屋として利用する植物の種子全体にいえる。とはいえ、ほとんどの場合、ヤドリギと鳥に見られるよりも植物と動物の関係性は希薄で、予想通りの結果とならないことが多いのだが。植物にとって、たいていの場合、脊椎動物は思うように動かすのが難しいようだ。しかし昆虫は違う。昆虫と、昆虫が通常花を介して授粉する植物との関係はとても緊密で、もはや互いの存在なしには生きられない場合もある。

この相互依存のもっともわかりやすい具体例が、イチジクとその小さな間借り人であるイチジクコバチが持つ仕組みだ。イチジクの「果実」はじつは内向きに咲いた無数の小さな花の集まりで、この中でハチが生まれる。雄はふつう翅を持たずその一生をイチジクの内部で終える。雄は先に孵化し、雌に受精させるが、一連の流れはすべてイチジクの花で埋まった子ども部屋で行われる。受精した雌は生家のイチジクから出てゆき別のイチジクにたどり着く。とても狭い穴から入ろうとするので翅がちぎれてしまうこともよくある。身体を引き裂かれてもひるまない雌は、いくつかの花（すべてではない）に卵を産み付け、同時に授粉していく。この仕事を終えた雌はその命も終える。イチジクがその墓になるのだ。受粉はしたものの産卵場所にならなかった花は種子になり、のちに熟したイチジクを食べる鳥などの動物によって拡散される。イチジクコバチは種類（多くの種がある）ごとに寄生するイチジクの種類が異なる。どう見てもこれらのハチたちはイチジクにとっての眼であり、脚であり、翼であり、イチジクの精子を行くべきところに正確に届けている。鳥も同様の働きをしてくれればいいのだが、ある調査によれば1本のイチジクの木から収穫される種のうち、鳥というあてにならない運び屋によって無事に拡散されるのは、たった6・3%だけだという。

節足動物を利用して植物が生殖行為を行うようになったのは、花の出現がきっかけだったと考えられている。授粉作業がはるかに楽になるからだ。花弁は広告掲示板の役割を果たし、わかりやすいロゴを掲げて昆虫が植物選びを間違えないようにしてくれる。花には蜜腺もあり、授粉者が求めている甘い栄養を提供している。しかし、節足動物／植物の結託は最初の花が開く以前にもう存在していたという確固たる証拠がある。三畳紀［約2億5100万年前〜約1億9960万年前］のソテツの化石の球果には、花粉がたっぷり入った節足動物の糞が入っていた。そして現在でも、ソテツのなかには昆虫が授粉する種類が存在する。じっさい、近年の研究によると、昆虫の媒介はこれよりもさらに時代を下り、最初期の陸上植物の出現にまでさかのぼるらしい。スウェーデンのルンド大学のニルス・クロンベリによる実験では、下等な蘚（せん）類が節足動物を精子の運び屋として利用していることがあきらかになった。クロンベリは雄性と雌性の配偶体を、約2・5センチの間隔を空けて焼き石膏を敷きつめた上に置いた（焼き石膏には吸水性があるので、配偶体のあいだには泳いで渡るのに十分な水分が残ることはない）。そして、ダニとトビムシがいるときにだけ雌性配偶子から胞子体が発生することを発見した。つまりこれらの小さな動物たちが精子を雄性から雌性配偶子に運んでくれたのだ。授粉との類似点はまだある。ポートランド州立大学のトッド・ローセンシールとそのチームは、蘚類の雌株からは揮発性化学物質が発散されていて、近くにいるトビムシを惹きつけているのを発見した。花の香りが有翅昆虫を誘うのと同じだ。卵子を抱えている造卵器は、花の蜜のような甘いご褒美まで与えているのかもしれない。

植物や菌類が移動運動をやめたのは「壁」のせい

動き回る能力の欠如が、植物の進化に支配的な影響を与えてきたことが理解してもらえただろうか。生活環のある時点において、何らかの（広い意味での）移動運動が不可欠なこの世界でうまくやっていくために、植物は簡単なもの（例：高く生長する）から複雑なもの（例：空気動力学を応用した果実）まで、あらゆる種類の技を発明してきた。「延長された表現型」の視点からすると、移動手段を提供する動物が絡んでくる場合は、植物は自己推進的な移動運動能力を完璧に備えている、とみなしていいだろう。しかし、これほどバカげて複雑な回り道をしなくてもいいのではないか。クダクラゲの例にならって、運動性を再獲得できなかったのだろうか？

ここはハエトリグサについて復習するよいタイミングかもしれない。ハエトリグサが虫を殺す行動は、動物的な動きに近く、植物界では唯一の例だ。その独自の位置づけから、植物における動きの制約問題が浮き彫りになる。罠を閉じるメカニズムの基本は、葉の2つの裂片（罠の「顎」）の湾曲の急変化であることは長く知られてきた。2つの裂片は、開いている状態のときの内側は凸状で、罠が閉じたときにパチリと閉まって凹状になる。これは動物にとっては簡単な動作だ。じっさい、脊索動物集団が進化で成功してきたのは、こういう動きができるからだ。わたしたちは非圧縮性の脊索または脊柱の両側を走る縦走筋肉を使って、身体を凹凸にたわませる。一方、植物にはもちろん筋肉はなく、細胞には能動的に引っ張る力がない。しかし押すことはできる。葉の表と裏の表皮細胞のあいだにある葉肉細胞には高い内圧がかか

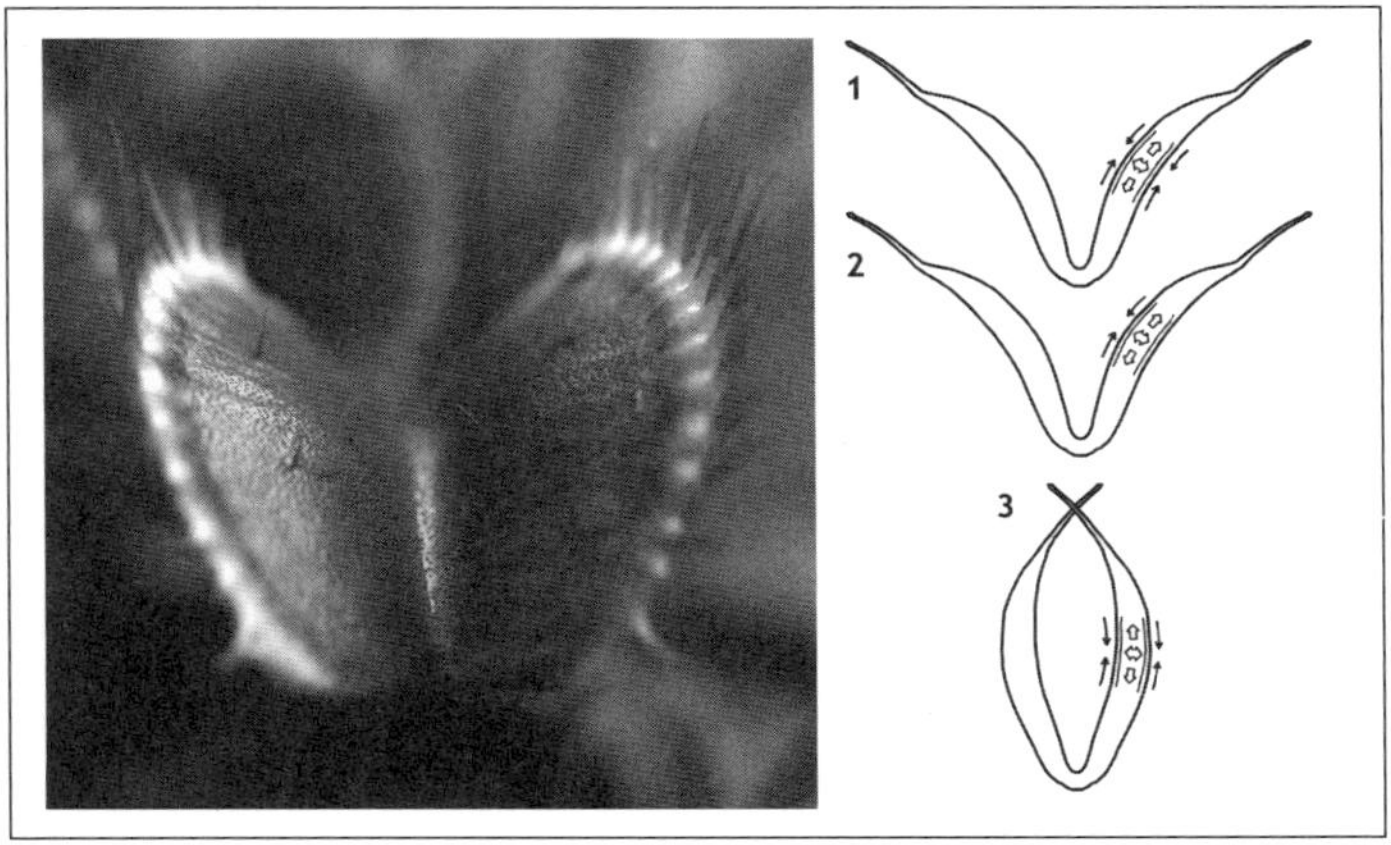

［図8-7］ハエトリグサが葉を閉じるメカニズム。開いた状態で、刺激を受けていない罠は弓を引いた形に似ている。内側の葉肉細胞層の圧力は外側の表皮層の張力に抵抗している（1）。感覚毛が間隔を空けずに2回触れられると、電気刺激が葉全体にすばやく伝わり、裏側の表皮細胞層が弛緩する（2）。弓の弦を放ったときのように、制御を解かれた葉肉の圧力によって、葉は瞬時に凸状から凹状に変わり、罠がぱたりと閉じる（3）。

っている。罠が口を開けているとき、この内圧は葉の表裏の表皮層の張力と拮抗して動かないようになっている。脊索の内部圧力が線維質の被膜に支配されているのと同じ原理だ。罠が作動すると葉の裏面の表皮細胞が変化して拮抗する張力が弛むが、弛暖するのは罠の蝶番に対して垂直方向だけだ。内圧のかかった葉肉はこの方向にだけ、下面の表皮細胞を好きなように伸ばすことができるようになる。伸張率はもとの幅の7％とそれほど大きくはないが、裂片の湾曲を凸状から凹状にするには十分だ。

ハエトリグサのメカニズムは、動物には決して使えない。動物の細胞膜は脆く、ここまでの圧力に耐えられないからだ。動物の細胞を空気で膨らませようとしたら破裂してしまう（頑丈な被膜に守られている脊索の細胞は例外だ）。植物はこの程度のことには耐えられる。なぜなら植物の細胞はセルロースで強化された壁に守られているので、内部と外部の大きな圧力差に耐えられるからだ。これが細胞が水を吸収することによって起こる、いわゆる膨圧で、非木材植物の構造的完全性の基盤となっている。草木に水が与えられないと萎れるのはそのせいだ。しかし膨圧には機械的作用を発生する力もある。膨らんでいる細胞の細胞壁の中にある化学結合物質が破壊されると、細胞内外の圧力差によってその細胞は膨張するからだ。そのうえ、細胞壁の中のセルロース繊維の方向が精密に整っているため、膨張のベクトルが決められる。ハエトリグサの表皮細胞が蝶番に対して垂直方向にのみ膨張するのは、このような仕掛けがあるからなのだ。少し複雑なのは、その動きの大部分が、表皮自体に内在する膨圧ではなく、その奥にある葉肉の膨張によって発生する点だ。

ある意味、植物細胞の強制的な膨張は、内部筋繊維が起こす動物細胞の強制的な収縮の逆に過ぎない（次の章でより詳しく見ていこう）のだが、1つ重要な違いがある。圧力を原動力とする植物細胞の伸長は伸長率を非常に高くすることができるが（1000倍以上の場合もある）、ここまで大きく変化するとかならず新しく細胞壁を合成しなければならなくなるので、この動きは不可逆なのだ。仮に拮抗筋のない動物の筋肉があったとしたら、この状況とほぼ同じになるだろう。このような筋肉は1回しか使えない。植物にとって逆動作が可能な幅は著しく狭く、それが機械的に可能なのは、ハエトリグサの例のように、組織の幾何学的形状によって動きが増幅されるときに限られる。

問いへの答えがついに見つかった。植物がここまでかたくなに移動運動を拒んだ理由は、植物が高く成長して陸生になるよりもずっと前に、自然選択によって細胞の周囲に壁ができたからなのだ。細胞壁が太古から存在していたことは知られている。陸生植物の近縁である単細胞の水生藻類も同様の壁を持っているからだ。興味深いことに、これらの藻類の多くには完全な自己推進能力が備わっている。繊毛を使えるくらい小さい身体をしていれば、細胞壁は移動運動の邪魔にはならない。繊毛が細胞壁を突き破ってくれるからだ。光合成生物が動き回るのは奇妙な感じだが、自己推進力を上手に利用している場合が多い。これはたんに十分な光を取り込むために水面に出ている必要があるからだ［＊］。

植物の祖先である単細胞藻類が多細胞になったころ、昔ながらの繊毛運動術は最初は何の問題もなく使えただろう。じっさい、内部が空洞で球体をしたボルボックスなど、もっとも単純な構造をした現生多細胞藻類を見ていると、繊毛の推進力は多細胞生物にとってきわめて効率がよいことがわかる。拍動する無数の繊毛はメタクロナール波を起こしながら動く。もちろんこれは繊毛1本だけではできない動きだ（運動性を持つ藻の細胞に3本以上の繊毛があることはめったにない）。つまりボルボックスの移動運動の原動力は、カイメンの幼生などのそれに匹敵しているのだ（ボルボックスもまた、前章で見た走光性のらせん運動を行っている）。しかしこれは細胞壁のある生物にとっては手に入れられる最大限のものだ。というのも、あまりに固い細胞膜のせいで神経細胞の軸索の形成が不可能で、動物界の黎明期に始まった繊毛運動の神経による支配は、植物の系統にとっての選択肢とはならないからだ。植物細胞には電気通信を担うイオンポンプとチャネルがあるというのに（ハエトリグサがその成果を見せてくれた）。そしてもちろん、動物たちのように中間的な筋肉操縦システムを経て、少しずつ筋肉による推進力へと切り替えていくことは不可能だった。よって、祖先の植物のサイズが、繊毛の推進力が効率的に使えなくなるほどにまで大きくなったとき、唯一の選択肢は、推進力を全面的に放棄して、移動運動の全責任を生活環の一部、つまり

［＊］非移動性単細胞光合成生物も存在する。たとえば珪藻は乱流に乗って（ときには比重の軽い油を生成して）海底に沈殿しないようにしている。

この任務を遂行しやすい小さな身体を持つ精子と胞子に委ねることだったのだ。菌類にかんしても、ほぼ同じ流れだった。植物と同様、菌類の細胞には壁があり、多細胞生物になろうとしていたその祖先は、移動運動上の同じ問題を抱えていた。しかしわたしたち動物は、壁のない細胞のおかげで、多細胞生物になってからもそれまでの移動運動を継続する独自の機会を与えられたのだ。ほかの多くの多細胞生命体よりも、生きるための消費エネルギーはかかるけれど、報酬もまた大きい。まとまった量の食べ物、つまりほかの生命体を求めて目的地に向けて動くことができるからである。

つまるところ、移動運動する動物と（ほぼ）固着性の植物・菌類のあいだにある形態上の大きな隔たりは、生命体が身体に壁を作る選択をしたかどうか、という単純な点に始まったのだ。次章では、何がこの小さな相違を引き起こしたのか解明していこう（いつもの通り、移動運動が重要なカギを握るが、それがどう作用するのかは想像外かもしれない）。そして多細胞生命体にとっての偉大な推進力の源、繊毛と筋肉の誕生について調べてみよう。繊毛と筋肉の展開において、細胞壁が与えた影響は非常に大きい。次の行き先は、単細胞生物が住む異質な世界だ。

9 最初の移動運動はどう始まったか

すべての始まりはここに

千里の道も一歩より。
——老子『道徳経』

並みいる科学界の革命児たちのなかで、アントニ・ファン・レーウェンフック［1632-1723］の控えめな存在感はかえって異彩を放っている。1632年、オランダの籠職人のもとに生まれ、22歳の誕生日を迎えるころにデルフトで織物商を始めたレーウェンフックは、90歳という長寿を全うするまでこの地に住み続けた。織物商となってからの20年間、平凡ながらも尊敬に値する商人としての人生を歩んでいる。しかし同時に彼は一風変わった趣味を追求していた。そしてこの趣味こそが、彼自身の人生だけでなく、生物界と、生物界における人間の位置づけについての概念を根底から変えてしまった。ボタンやリボンを売る仕事の合間に、レーウェンフックは当時の傑出した顕微鏡研究者となったのだ。

レーウェンフックが顕微鏡を使い始めた理由は、はっきりとはわからない。しかし彼を刺激したのは、1665年に刊行されてベストセラーになったロバート・フック〔イギリスの自然哲学者・博物学者。1635－1703〕の傑作『顕微鏡図譜』だったのではないかと考える人は多い。巨大なシラミとノミの拡大図は有名だが、じつはこの本には織物の一部も描かれていたのだ。織物のプロであるレーウェンフックはこれを見て興味をそそられたのだろう。フックの精密な図版によって、彼は肉眼では見えない世界があることを知った。その世界を発見するのに、旅に出かける必要はない。適切な装置を使い、人間の感覚器で知覚できる大きさにすればいいだけだ。この考えにすっかり憑りつかれたレーウェンフックは、1670年代になると自分で顕微鏡を組み立てた。ロバート・フックが使っていたのは複雑な構造をした、数枚のレンズが組み合わされた顕微鏡で、レーウェンフックには手が届かないほど高価だったため、彼は基本的に独学で作り上げた。レーウェンフックの顕微鏡は、2つの小さな真鍮の板で支えられている1枚のレンズでできた拡大鏡と、標本を留める針、という造りをしている。全体の大きさは7センチに満たず、窓を背にして目の高さまで持ち上げて使われた。倍率を上げるために、レンズはできるだけ小さくしなければならなかったが（曲率半径が小さいほど倍率は高くなる）、ここでレーウェンフックの真の創造力が発揮される。彼の顕微鏡製作技術（その秘密は門外不出だった）はこうだった。ガラス棒を熱して1本の糸状に引き、ちぎれるまで伸ばしていく。そうして、ちぎれた先端が融けて小さなガラス球になったものをレンズとして使うのだ。レーウェンフックの顕微鏡のなかでももっとも高性能なものは、対象物を500倍まで拡大することができた（後世に作られた模倣品の測定結果による）。これは、当時使われていた複合レンズ顕微鏡をはるかにしのぐ性能である。こうした複雑な顕微鏡がレーウェンフックの顕微鏡の性能に追いつくには、さらに150年もの歳月が必要だった。

レーウェンフックは自作の顕微鏡を使って、菌類の胞子、シラミ、ハチの針などを手始めに、あらゆる物体を仔細に観察した。彼は発見した内容を、共通の友人の仲介を通して、設立間もないロンドン王立協会の秘書ヘンリ・オルデンバーグに手紙で伝えた。１６６４年、イギリスがニューアムステルダム（現在のニューヨーク）をオランダから奪って支配権を握ったことがきっかけとなり、両国は事実上戦争状態にあるという状況下での行動だった。幸い、王立協会の知識人たちは、国家間の係争よりも科学の進歩が優先されるべきだと考え、レーウェンフックとの交流には何の問題もないと判断した（とはいえ、オルデンバーグは用心深く、手紙に署名をするときにはアナグラムの匿名「グルベンドル」[OldenburgをGrubendolへ]を使って、当局から目をつけられないようにしていた）。

初期の書簡のうち、１６７４年の手紙で、レーウェンフックは牛の目玉の観察や塩についての所見、そしてフランドル地方の土とイギリスの土の違いについて述べている。しかし何よりも重要な部分は最後

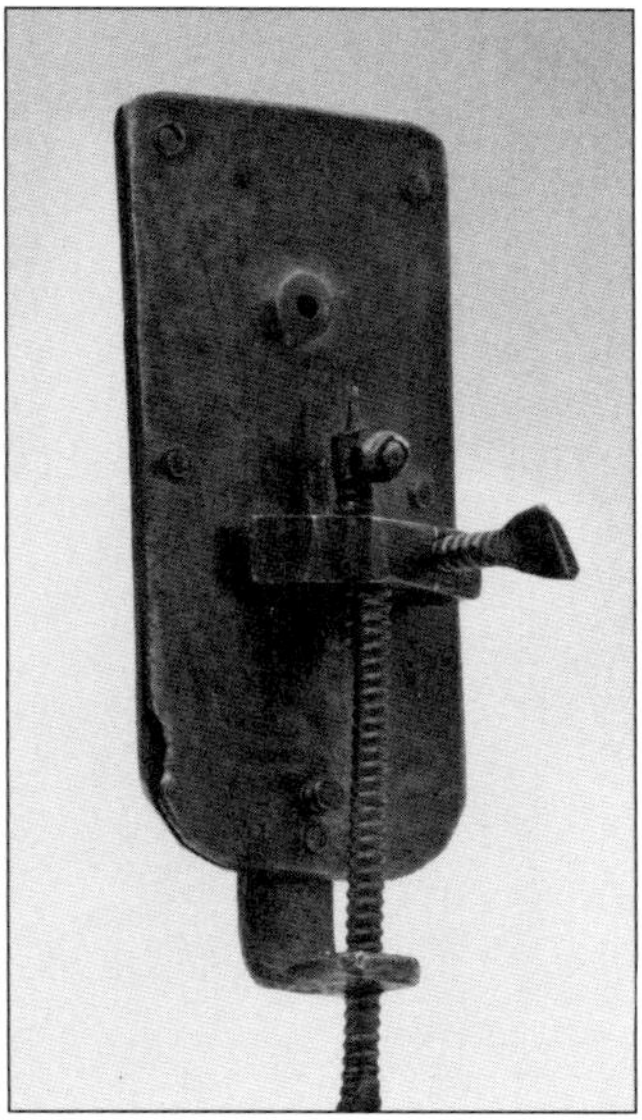

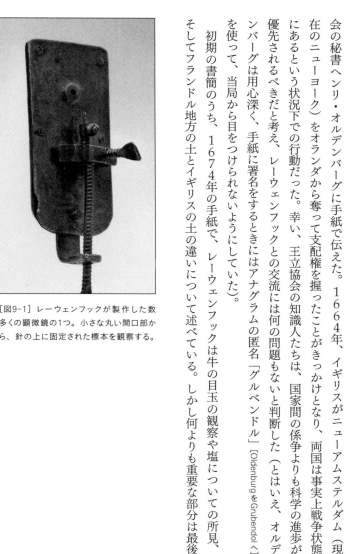

[図9-1] レーウェンフックが製作した数多くの顕微鏡の1つ。小さな丸い開口部から、針の上に固定された標本を観察する。

の段落だ。デルフト近郊の湖で採取してガラスの小瓶に入れておいた水についての記述である。

水中にはさまざまな土の細片が浮かんでいました。また緑色の線状のものがヘビのようにとぐろを巻いているのがわかりました。それはまるで、蒸留酒製造者が蒸留のときに酒を冷却するのに使う、銅かスズでできたワーム［コイル状のパイプ］のように規則正しい配列になっていました。この緑色の線状の物体のそれぞれの円周は、毛髪の円周と同じくらいでした。微細な緑色の小球も見つけました。これらに混じって、無数の小さなアニマルクル（微小動物）も浮かんでいました。円形のものや、もう少し大きくて楕円形のものもあります。これらのアニマルクルの頭部付近に小さな2本の脚と、身体の最後部に小さな2枚のひれがついているのがわかりました。

このときレーウェンフックが足を踏み入れていたのは、決して肉眼では見えない、微生物の驚異の世界だった。緑色の線状のものは、フィラメント状の藻であるアオミドロに特有の、らせん状の葉緑体だったと思われる。2つの小さな脚とひれを持つアニマルクルはおそらくワムシ［輪形動物門の生物の総称］で、冠状に並んだ拍動する繊毛があり、回転運動しているかのような錯覚を与える。そのほかはみな、活発に動き回っているにもかかわらず動物ではなく、自給自足型の単細胞生命体である。

アオミドロのらせん状の葉緑素がはっきり見えたときから、レーウェンフックは夢中になった。そして次の夏、彼は今まで見えていなかった生物についてできるだけ多くを解明しようと、研究プロジェクトを開始した。雨水、川の水、井戸水、溝の水、そして海水を集め、それぞれのサンプルを数滴ずつ何日もかけて繰り返し観察し、小さな生態系がどう変化していくかを見守った。また、数週間コショウ粒を浸しておいた水は、微生物にとって最高の遊び場になることも偶然発見した。当初レーウェンフックはコショウの風味の由来を知ろうとしていたのだが、腐食していく溶液のなかで彼のアニマルクルが生き生きと活動しているのを目にすると、生姜、丁子、ナツメグなどでも同じことを試してみた。また、歯垢を見てみようという判断も正しかった。驚くべき先見の明である。まずは自分の歯垢（彼は口腔衛生には気を付けており、毎日塩で歯を磨いていた）、そして生まれてから一度も歯を磨いたことがなく毎朝ブランデーを飲む習慣がある老人の「めったにないほど汚い」歯から採取した汚れを観察した。後者の歯に、レーウェンフックは微細な生物を発見し、バクテリアに違いないこれらの生命体が「こんなに毎日アルコール漬けになっているのに」生き延びていけるのだろうかと訝しく思った（もちろん、生きていける）。またあるときには、下痢をしたときの自分の排泄物を観察している。その描写からすると、彼は病原微生物であるランブル鞭毛虫を見つけたらしい。このとき彼は、生命体と自分の下痢症状を結びつけて考えてはいなかった。しかしこの研究は医学史におけるもっとも重要なブレークスルーの1つで、病気細菌論が認められるための大きな一歩となった。

研究を進めながら、ほかの何よりもレーウェンフックの心をとらえたことが2つあった。まずは、微生物の想像を絶する数の多さだ。どれだけ少なめに見積もっても、一滴の水の中に何千もの生物がいる。現代人にとって、この数字はそれほど衝撃的ではないかもしれないが、17世紀の人間には画期的な話であり、レーウェンフックは地元の役人に顕微鏡でこれを見せて自分が嘘などついていないということを認めさせなければと感じたほどだった。しかし彼を何よりも虜にしたのは、顕微鏡で見る生き生きとした世界そのものだった。1676年の手紙のなかで、コショウ水の観察について、レーウェンフックはこう書いている。

多種多様のアニマルクルが住んでいる水は、それ自体が生命体のようです。わたしにとってこれは、今まで発見してきた自然の驚くべき現象すべてを合わせたなかでも、もっともすばらしいものです。これほど楽しい光景は、わたしにとってはほかにはありません。たった1滴の水の中に生きている数千もの生命体が、互いの身体のあいだをすり抜けながら動き回り、それぞれの種が独自の運動方法を見せてくれているのですから［*］。

移動運動について探求しているわたしたちにとって大きな意味を持つのは、レーウェンフックの運動方法にかんする記述だ。単細胞生物の世界は、じつに絶え間なく動き続けている。12ある主要な微生物の集団のうち非運動性とされるものは珍しく、その場合でさえ、生活環のどこかで移動運動を行う段階があるのがふつうだ。顕微鏡で見る小さな生き物たちが活発に動き回る様子を、レーウェンフックはきっと神の仕掛けた愉快ないたずら程度にしか思っていなかっただろう。しかし現在の進化論からすると、彼の発見にはもっと大きな意義がある。当時、レーウェンフックには知るよしもなかっただろうが、顕微鏡をのぞく彼は、太古からの存在である、地球上の生命の原初の形を目にしていたのだった。多細胞生物が12億万年あまり前に出現する以前、地球はこれらのくねくねと動き回るアニマルクルの支配下にあったのだ。アニマルクルたちの小さな世界での突飛な行為のおかげで、わたしたちにおなじみの、肉眼で見える世界の基礎が築かれたのだ。

この事実だけでも彼らのことを知る価値はあるが、それ以上に、アニマルクルは世界初の動く生物として、移動運動の誕生を解明する手がかりを与えてくれる。移動運動の誕生は、その進化の長い歴史上もっとも大きな転換点だ。本章ではそのうち、この重大なイベントに遭遇するはずだ。しかしまずは、単細胞の世界で移動運動がどのように行われているのか知らなければならない。見かけほど簡単ではないからだ。

小さな生物たちのまったく異なる泳ぎ方

本書を通してわたしたちが何度も見てきたのは、生物の大きさが移動運動のしかたを強く支配しているということだった。ほとんどの場合、サイズが大きくなるときの物体の面積の増え方と体積の増え方が異なることが原因だ。身体の大きい飛翔動物は比較的大きな翼を必要とする。揚力はとりわけ翼の面積に左右されるが、揚力が釣り合いを取るべき重さはかさによって変わる。身体の大きい陸生動物は比較的太い骨格を必要とするが、理由は同じだ。重さが引き起こす応力に耐えられるようにするため、支持骨の断面積を身体の拡大比率以上に広くしなければならない。しかし、水生動物にかんしては、ほぼ無重量状態にする［体重と浮力を釣り合わせる］のはかなり簡単なので、面積と重量の比率はあまり関係ないと結論づけて、サイズは水中では問題にならないと思うかもしれない。

すべてがここまで簡単だったらどんなによいだろう。しかし現実には、遊泳動物にとってもサイズは非常に重要な問題なのだ。これは、さまざまな大きさにおいて、抗力が予想外の働きをする性質を持つせいである。3章でこの力について初めて紹介したときには、ニュートンの運動の第二法則を用いて、流体粒

［＊］手紙の全内容は、クリフォード・ドーベルがその著書『Antony van Leeuwenhoek and His "Little Animals"』（1932）に掲載した翻訳を参照されたい［邦訳は『レーベンフックの手紙』天児和暢訳／九州大学出版会 2003年］。

子が動く物体の前方部分に数えきれないほど衝突し、これが後方部分の同等の衝突で相殺されていないときに抗力が引き起こされると考えた。この描写に何ら間違った点はないが、抗力の定義としては完璧とはいえない。動く物体は減速力を感じるが、それは水を押しのけなければならないからだけでなく、流体が表面をこすりながら流れていくときの摩擦もあるからだ。抗力には2種類あるといってもいいだろう。1つめはわたしたちがすでに学んだもので、物体が動くときに押しのけられる流体の慣性による。つまり3章で見たように、$\rho \times A \times v^2$に比例している。一方、摩擦による抗力は物体の表面積と流体の粘性（粘度）μ（ギリシャ文字のミュー）、そして物体近くの流体の速度勾配の傾きによって変わる。流体に速度勾配ができるのは、物体表面の相対的流体速度はどうみてもゼロで、これが微量ずつ増加して、少し離れたところでは自由流れの値にまで上がるからだ。これらすべてを合わせて、粘性摩擦による抗力は$\mu \times A \times v/l$に比例する。ここでのv/lは速度勾配を簡潔に表したものだ。これらの慣性による抗力と粘性摩擦による抗力の比は、レイノルズ数（Re）と呼ばれる、非常に重要な量である。物理学者のオズボーン・レイノルズ［1842−1921］にちなんだ名前だ。

$$\mathrm{Re} = \frac{\rho \times A \times v^2}{\mu \times A \times v/l} = \frac{\rho \times l \times v}{\mu}$$

ここでの長さlは物体の特徴的な長さのことで、通常は最前部から最後部への最短距離を指している。

これで、小さな遊泳生物が直面する問題を解明する準備は整った。遊泳生物の長さと速度の両方によって変化するレイノルズ数は、生命体のサイズによってその値もさまざまだ。泳ぐクジラのレイノルズ数は2億にもなるが、バクテリアのそれは0・0001しかない。慣性力と粘性力の割合はもちろん大きく変化し、その移動運動に与える影響もまた大きい。大半の単細胞生物にとって、慣性力は無関係だ。彼らの世界は全面的に粘性に支配されているからだ。この状況はよく、ねっとりしたシロップの中をゆっくりと泳ぐことにたとえられるが、率直に言って、それだけでは微生物たちの試練を把握するスタート地点にも立てない。人間がシロップの中を1秒に0・5メートルというのんびりとしたスピードで泳ぐとき、レイノルズ数は50だ。しかし単細胞生物の住む世界はものすごくべたべたしていて、わたしたちにとっての当たり前が通用しない。

たとえば惰性によって進むことなど不可能だ。エンジンが止まったら、小さな遊泳生物は摩擦によって強制的に急停止をさせられる（バクテリアの停止距離はだいたい水素原子の大きさに等しい）。揚力の利用などとんでもない話だ。低レイノルズ数の世界では、流体は物体の表面をとろとろと滑らかに流れるので、表面近くの流体の減少や、何より大事な、流れに対して直角方向に発生する圧力差もない。同じ理由で、レイノルズ数が低いときに物体の形を流線形に整えても役に立たないどころか有害である。後端部を細くするのが役立つのは、抗力がおもに慣性による現象である場合だけだ。低レイノルズ数の世界では、慣性力が小さいので、どんなに後縁が鈍くても流れの剝離は起こらない。だから身体を魚雷のような細い流線形にしても、抗力は表面積が増えるせいで増加する結果になってしまう。

低レイノルズ数の領域では揚力がだんだん減っていくので、遊泳する微生物は水をかくなどして、抗力による推進力を得るしかなくなってくる。動物や藻の繊毛運動のところですでに見た通りだ。さまざまなグループの微生物が繊毛を使っているが、これらの微生物はいわゆる真核生物に属していて、膜に覆われたその細胞核の中にはＤＮＡが詰め込まれている。これが原核生物との違いだ。原核生物は、真核生物より古くから存在する小さくて原始的なバクテリアやその仲間たちで、ＤＮＡが細胞の中で（ある意味）

自由に動き回っている。植物、動物、そして菌類は真核生物なので、細胞核を持つ細菌との類縁関係は、どの原核生物との類縁関係よりも近い。繊毛は真核微生物によく見られる。しかし動物のように繊毛が毛皮のコート状に身体を縁取っているケースは少なく、繊毛虫類という微生物の系統（「スリッパのような形をしたアニマルクル」であるゾウリムシの仲間）に見られるだけだ。レーウェンフックはこうした繊毛の動きを何度となく見た。オールの動きと同じように、有効打（繊毛を側面からしっかりと垂直に立て、流れの向きに動かす）と回復打（繊毛を鋭角に寝かせて、流れに平行に前方へ引いてリセットする）を交互に行う。繊毛が流れに対して直角に立って動く有効打のときの抗力のほうが回復打のときより大きいので、それに応じて推力が発生するが、たいした大きさではない。低レイノルズ数領域では流体の流れの剥離が起こらないので、物体が動くとき流れに対してどの向きを向いているかの違いは、抗力に比較的小さな影響しか与えない。繊毛の取り柄は、回復打のときは身体の表面近くに寝かせた状態になり、流体のゆっくりとした流れ（速度勾配を思い出そう）にぶつかることだ。これに加えて繊毛は何本も並んでいるのがふつうであるから、すばらしいメタクロナール波を起こすことができる。

大半の単細胞遊泳生物は、何らかの方法で繊毛を使っているが、その繊毛は繊毛虫のものよりも数が少なく長い[*]。典型的な真核生物の繊毛は、動物の精子の尾のように、ウナギに似たうねり運動を行う。正確にはうねり運動ではなく、見た目がウナギの動きに似ているといったほうがいいだろう。なぜなら、レイノルズ数が低いため、基本的な物質的特性が違うからだ。ウナギは揚力を存分に使う（水平方向にではあるが）が、これまで見てきたように、極小の生物にとって揚力はないも同然だ[†]。繊毛のうねり運動は、繊毛の漕ぐ動きのときと同様に、抗力に頼っている。流れに対して長軸を直角に向けて動く円柱の抗力は、同じ円柱が長軸を流れに平行に向けて動くときの抗力よりも大きく、繊毛のうねり運動はこれを

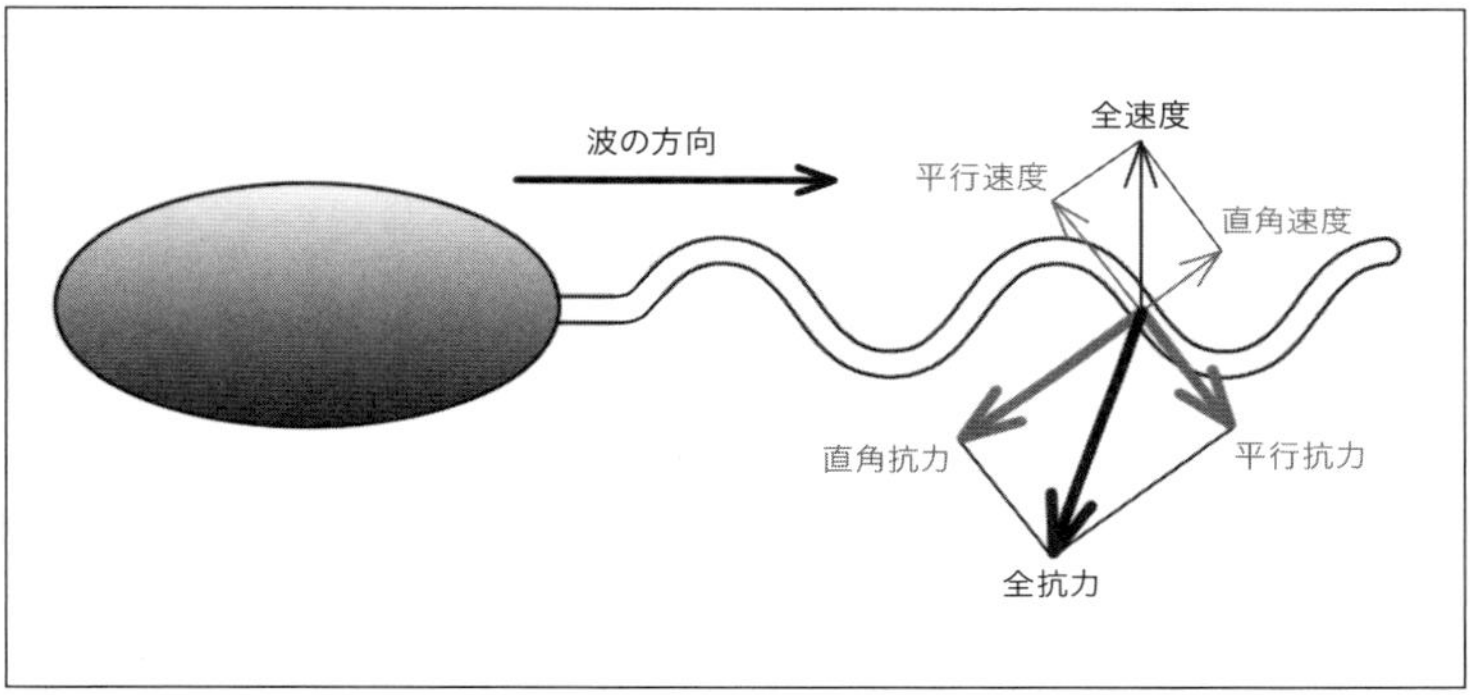

［図9-2］ 繊毛のうねり運動。波が繊毛に沿って左から右に動くとき、繊毛の構造体のあらゆる部分が上下に振動する。上下方向の速度は、その部分に対して平行な要素と直角の要素に分解できる。そして直角速度は平行速度より強い抗力を起こすので、全抗力のベクトルは前方に少し傾いて、推力を発生させる。

うまく活用している。うねりの波が繊毛を伝わっていくにつれ、繊毛のどの部分も斜めになって左右に動く。すると繊毛は繊毛に直角な向きと平行な向きに同時に抗力を受け、直角な向きの抗力のほうが大きいため、また繊毛の波は進行方向に対して後ろ向きに伝わると考えられるので、抗力全体のベクトルは前向きに傾き、推力を生み出すことができるのだ。

繊毛運動の仕組みを見たところで、次に、多細胞生物が当然のように気楽に使っている筋肉を使わずに、これらの運動を発生させる仕組みを考えてみたい。大局的に見てこの件は重要ではないと切り捨てるのは簡単だろう。しかし7章と8章で見たように、繊毛移動運動を行うのは植物界と動物界の原始生物だけだ。そのあと植物は移

［＊］これらの長い繊毛は鞭毛と呼ばれることが多いが、構造的には繊毛と同じである。よってわたしは繊毛という用語を両方を指すものとして使っている。

［†］うねり運動を使う生物のサイズが大きくなるにつれて、使える揚力も増え、このことが脊椎動物の進化歴の初期における不気味なほどの巨大化に寄与したのではないかと、ふと思わずにはいられない。

動運動を放棄し、動物は筋肉を進化させた。つまり繊毛による移動運動は、植物と動物両者の起源において、重要な役割を担ったのである。さらに、これらのきわめて小さな原動力は非常に多くの生物に与えられているので、現生のすべての真核生物のもっとも最近の共通祖先もまた同じものを持っていたと考えられる。この事実を十分理解しておこう。人間の肺の繊毛と単細胞光合成藻の繊毛は、分子レベルではほとんど見分けがつかない。人間と藻が同じ種であったときからすでに20億年くらいは経っているにもかかわらず。これほど長いあいだほぼ変化せずにそのままの姿を保ってきたということは、想像できないほど便利な装備に違いない。有用性を証明するのにこれでも足りないというなら、この太古からの原動力を用いている生物は、真核生物の系統樹のおもな枝すべてに存在している点を知ってほしい。移動運動の進化史における主要な1章を構成する何かがここにあるのだ。詳しく掘り下げる価値はある。

繊毛はどれもこれも、チューブリンというタンパク質でできている、微小管と呼ばれる極小の中空管が並んでその長い構造を形成している。標準設計の繊毛では、2本の中心微小管の周りを、2本の微小管が融合したダブレット微小管9本が囲んでいる［*］。この9＋2構造と呼ばれる配置は、電子顕微鏡でのぞいてみるとかなり衝撃的だ。ほとんど人工物のように見えるからだ。かつて、繊毛の屈曲は片側の微小管が収縮することによって起こると考えられていた。しかし顕微鏡での仔細な研究の結果、そうではないことがわかった。収縮説によれば、屈曲した繊毛の末端近くの横断面では、曲がっている内側で微小管が何本か欠けているはずだった。しかしじっさいはその反対で、屈曲の「外側」で微小管が減っていた。現在はアルバート・アインシュタイン医科大学に在勤するピーター・サティアは、1960年代に、もし隣り合うダブレット微小管の長さが変化しておらず、たんにずれが生じているだけなら、この現象を説明できると気づいた。ずれによって屈曲が起こるのは、ダブレット微小管が底部で動かないようになっている

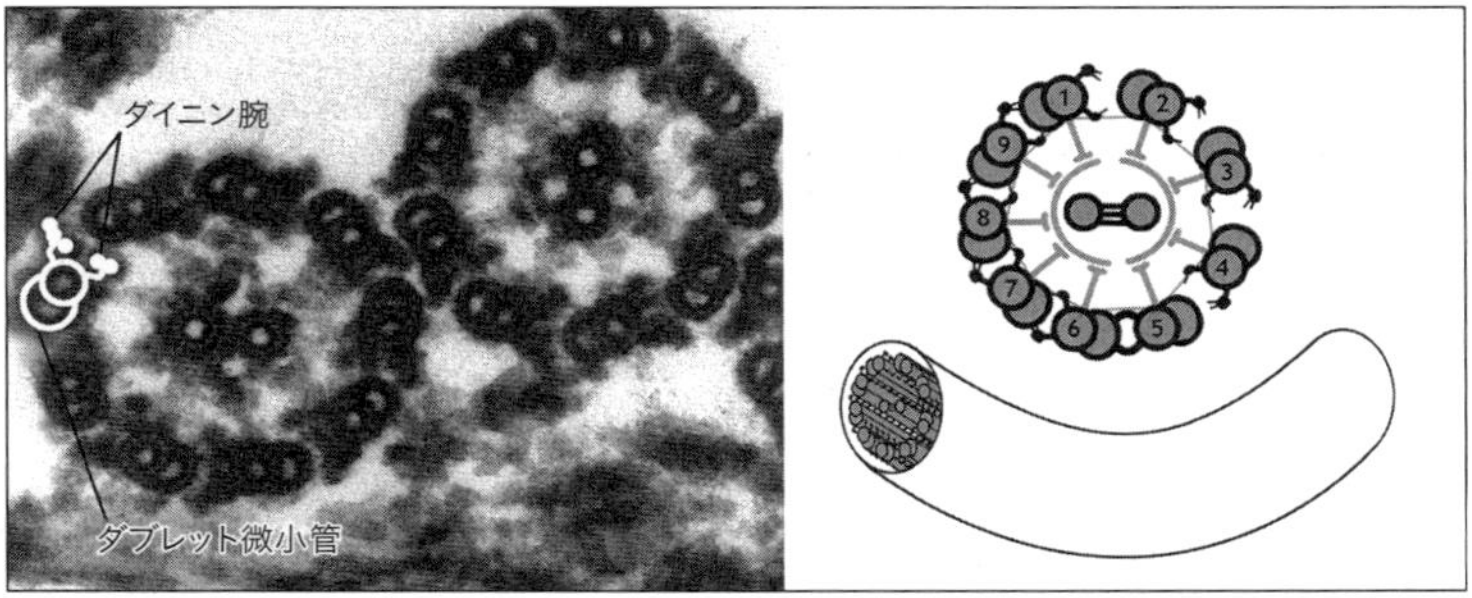

［図9-3］真核生物の繊毛。これは単細胞藻のクラミドモナス。一対の中心微小管を取り囲む9本のダブレット微小管という標準的な配置が、電子顕微鏡ではっきりと見える（図左）。動き出すとき、ダブレットのダイニン腕が隣のダブレットを先端方向にずらす。しかしダブレットはすべて繊毛の底部に固定されているので、この動きによって身体全体が曲がる。ダブレット1〜4のダイニン腕は繊毛をある方向に曲げ、ダブレット6〜9の繊毛はその反対方向に曲がる（ダブレット5と6は恒久的に結合している）。ダブレット同士の間隔は、「スポーク」によって均等に保たれており、図の6〜9のダブレットのダイニン腕だけが準備を整えていつでも動き出せるようにしている。

からだ。これは、チャック付きプラスチック袋が手元にあれば実証できる。チャックの部分を袋から切り離し、チャックの輪の片端を切り取れば、真核生物の繊毛のかなりよくできたモデルの完成だ。両端をスライドさせてずらしてみれば、全体が曲がる。

サティアが電子顕微鏡での研究を続けているあいだ、ハーバード大学のバーバラとイアン・ギボンス夫妻のチームが、微小管のスライド運動を起こしている物質を発見しようとしていた。彼らが選んだのは顕微鏡ではなく、生化学的アプローチだった。ウニの精子（大量に手に入るからだ。しかも誰にも恥ずかしい思いをさせずに！）の繊毛をさまざまな種類の塩類溶液に浸し、タンパク質のいろいろな成分を分離して同定しようと試みたのである。そして、のちにダイニンと名付けられたモータータンパク質

［＊］外側と中央のダブレット間の接触を維持しなければならないので、繊毛の直径の大きさは制限され、太くできない。7章で述べたように、大型生物が繊毛を推進力として使えない理由はこれなのだ。

が、アデノシン三リン酸分子（ＡＴＰ）を分解していることを突き止めた。ＡＴＰは標準的な生体のエネルギー通貨というべき物質で細胞の活動を支えている。つまりダイニンがこれを燃焼できるという事実は、ダイニンが繊毛の主たる原動力であることを意味している。この仮説の正しさは、のちに、ダイニンを溶かし込んだ塩化カリウム溶液に浸した繊毛の動きが鈍いことからも確認された。もともと繊毛では、ダイニン分子はつねに各ダブレットのうちの１本と恒久的に結合しており、その形は小さな腕のようで、腕が各ダブレットについているように見える。すべての腕が、時計回り方向で（先端から見た場合）すぐ隣のダブレットに届いている。それぞれの腕がてこのような働きをし、隣の微小管に持続的に結合して引っ張ったり緩めたりして、わたしたちが観察しているようなスライド運動をもたらすのである。

すべてのダイニン腕は隣のダブレットを先端のほうへ押そうとするので、繊毛の屈曲方向は、どのダブレットが使われているかによって変わる。図９－３において、ダブレット2～4のダイニンが繊毛を上へ曲げる役割で、7～9は下へ曲げる。2つの方向への転換が行われる仕組みはまだ詳しくわかっていない。うねり運動あるいは水かきのパターンを生み出す拍動のパラメーターの調整についても、解明されていないといったほうがいいだろう。中央の一対の微小管が調整役を担っているようにも見える。しかし、ミシガン州オークランド大学のチャールズ・リンデマンが唱える説得力のある見解はこうだ。基本的な繊毛の屈曲の繰り返しは、純粋に繊毛の幾何学的配置に基づいてコントロールされている。繊毛が受動的に平らになったり曲がったりすることで、どのダブレットがいつ作動するのかが決まるのではないか。魅力的な簡潔性を持つこの説はまた、隣り合う繊毛が調和して動く理由を教えてくれる。つまり、１本の繊毛が起こす流体の流れが、その隣にある繊毛を屈曲させるとともに作動のスイッチも入れるのである。移動運動における永遠の重鎮、メタクロナール波の存在を思うと、これは見逃せない重要な点だ。

繊毛は何から進化したのか

古くから移動運動に役立ってきた繊毛の9＋2構造は、初期の真核生物の推進力の源であった。それにしては、あまりに複雑な構造をしている。残念なことに、繊毛を持つ以前の真核生物の種族はすでに絶滅してしまった。しかしその後出現した多くの末裔たちは、繊毛を捨てても問題ないように、もっと原始的な移動運動システムに逆戻りした。これにより、体外に備わった動力源が進化する以前に、真核生物がどう生きていたかを垣間見ることができる。あとで見るように、これらのテクノロジー嫌いの真核生物によって、筋肉がどこからやってきたのかという重要情報も得られるのだ。これら先祖返りした生命体のなかでいちばん有名なのが、変幻自在のアメーバだ。ここからは彼らに注目してみよう。

繊毛の推進力が水の中での航行専用であるのに対し、アメーバ運動は通常は固体の表面を這うのに用いられている。とはいえアメーバ運動は水の中で泳ぐのにも使える（繊毛が扁平動物などで這い回る運動にも使われているように）。アメーバの基本的な運動様式は、細胞の膨らんで突出した部分を差し伸ばして地面に貼り付け、細胞の残りの部分を引きずるように前に進める。このプロセスを繰り返し、一種の歩行運動を生み出しているのは交互に差し出される複数の不定形の突起部分で、まるで原始的な造りの足のように作用している。そのため、この部分は仮足と呼ばれている。とはいっても、仮足は定まった位置に恒久的に同一のものがありつづけるわけではなく、役割を終えると、もといた細胞本体の中に戻っていく。仮足の形成は、アクチンと呼ばれるタンパク質の長く柔軟な鎖構造が基盤となっている。アクチンは、半剛体の足場のようなネットワークを構築する。この足場の構築は、Arp2/3複合体［アクチンの重合を制御するタンパク質で、7つのサブユニットから構成されている複合体〕という分子の集合体が局所的に活性化されれば、時や場所を選ばず行われる。

重要なのは、アクチン鎖は、継ぎ足しできるのは前方部分のみで、剝ぎ取りは後方部分のみで行われるという点だ。このため、細胞膜にまんべんなく広がって接着しているアクチンの格子全体が否応なく前向きにのみ移動する。車輪が発明される以前、厚い石板を運搬するのに丸太を並べて転がしていた工夫にも似ている。石板を下ろした最後尾の丸太を、今度は先頭に持ってくる方法だ。差し伸ばされる仮足も同じことをしている。仮足が伸びるか縮むかは、前部のネットワークに加えられるアクチン分子と後部から取り除かれるアクチン分子のバランスによって変化する。アメーバの身体の後方で起こる細胞の端を引きずる動きは、同類のアクチンのやりくりが引き起こしているが、それとは別のミオシンと呼ばれる多様なタンパク質のファミリーの一種が利用される場合も多い。ダイニンと同様、ミオシンも移動運動の原動力であり、ダイニンが微小管を動かすように、2本のアクチンフィラメントを互いにスライドさせることができる。細胞の後部のほうへ向かうフィラメントと前部へ向かうフィラメントが十分に重なっていれば、ミオシン分子の群体は難なく後縁部分を前方に引っぱることができる。

このアメーバ運動はおそらく真核生物の最古の移動運動の形態だろう。わたしたちの祖先の系統はこればかりを繰り返し行ってきた。完全な繊毛が登場するまでは。繊毛が登場した時点で、祖先たちの運命は大きく変わった。のちに脊索動物が大きく変身して地球を支配するまでになったように、さらにそのあとに飛翔動物が誕生したように、繊毛の進化によって生き物は底質から身体を解放し、わたしたちの遠い祖先はまったく新しい世界の扉を開けたのだ。世界は二次元から三次元へと広がり、原始の植物界と動物界はきわめて重要な道程を歩み始めることになったのだった。どのような大きな変化についてもそうだが、新しい移動運動エンジンの構築は一夜にして完成するわけではない。そこで知りたいのが、発展途上の繊毛の存在意義だ。役に立っていたのだろうか？

それが、発展途上の繊毛は非常に役に立つのである。長いあいだ知られてきたことだが、繊毛の分子成分の多くが繊毛以外の場所に発見され、移動運動とは関係のない数々の仕事をしている。たとえば、微小管は、繊毛があろうとなかろうとすべての真核生物の細胞の中にある。標準的な微小管は、核のそばにある中心体（微小管形成中心ともいう）から放射状に並び、細胞の基本の足場として働く。微小管はまた細胞分裂のさい、自身の再編成を行っていわゆる紡錘体になり、複製されたばかりの染色体を分離させる。微小管と同じように、ダイニンもまた繊毛とは別の場所に見られるが、微小管同士を互いにずらすのではなく、おもな役目は大きめの細胞の中で、微小管をモノレールのように使って運搬の役割をこなすことだ。

すべての要素が揃った今、真核生物の繊毛がどのように誕生したかを探るのは難しくはない。微細な世界の推進力の専門家であるガースパール・イェーケリーが主張するように、繊毛の進化は、細胞内の足場としての微小管がたんに再組織化されたことで始まったのかもしれない。このとき中心体は、放射状に広がった管に加えて、管で長い束を形成し、細胞表面からアンテナに似た突起を押し出した。こうしてできた繊毛の前身はまだ往復の拍動を打つことはできなくても、細胞が正確に方向を認識できるよう、感覚器として働いていたのかもしれない。もしそうなら、アンテナに受容体分子を供給するため、ダイニンのようなモータータンパク質がつねに行き交う状態が求められただろう。その代わりに、あるいはそれに加えて、繊毛の前身は摂食機能も持っていたかもしれない。捕まえた栄養たっぷりの微粒子をダイニンが細胞へ運ぶのだ。どちらの場合も、往復運動するダイニンが隣り合う微小管を引っ張り始めるためには、進化的にはわずかな調整を加えるだけでよかった。その結果得られた動きは、最初のうちは粗雑だったが、繊毛が局所的に動くことによって知覚や摂食機能が強化されたり、あるいは動きだした繊毛が仮足の代わりに「仮ではない足」として働きだし、細胞が底質の上を這うのに役立ったのかもしれない（前述したように、今でも繊毛はよく地面を滑って進むのに用いられている）。この時点で、より効率的な移動運動に向けて、淘汰が仕事を引き継ぎ、繊毛をより壮大な運命へと導いていったのだった。

「運動記憶」でアメーバは正しい方向へ動く

見逃されがちだが、繊毛の進化が生んだ結果はもう1つある。脊索動物の起源にかんするわたしの言い方は歯切れが悪かったかもしれない。というのはアメーバは仮足を使って水の中をそこそこ上手に泳ぐからだ（レイノルズ数が低いので、みなさんが思っているより効率的だ）。繊毛がいきなり色あせて見えるのは、繊毛が進化する前、わたしたち真核細胞がすでにアメーバ運動で三次元の世界に足を踏み入れていたらしいからだ。もちろん繊毛泳動はアメーバ泳動より効率的で速いのだが、もう1つ、もっと重要なメリットがある。これは単細胞の世界で見られる、あるナビゲーション上の問題に関係している。

大型の生物が移動先を決めようとするとき、ふつうは現在の方位と行きたい場所の方位を比較して、それをもとに軌道を調整する。このようなやり方は理論的にはアメーバにも通用する。たとえば、おいしい化学物質を探しにいこうとしていたアメーバがいたとする。細胞膜全体をしっかりと覆う関連受容体の分子と細胞内分子回路があれば、受容体が局所的に活性化することでArp2/3複合体経由でアクチン足場の形成につながり、この小さな生き物がおいしそうな匂いのする方向に仮足を押し出す用意はすっかり調（ととの）うはずだ。しかしこの戦略には問題がある。化学物質の濃度勾配が非常に大きいなら別だが、アメーバの身体の各部分は1ミリの数分の1の間隔で離れているだけなので、受容体の刺激がどの部分でもほぼ同じになってしまうか、完璧に誤解されることとさえ予想される。言い換えるなら、化学信号はノイズの中に完全に埋もれてしまうのである。ここでいうノイズとは濃度のランダムなゆらぎのことで、ノイズは化学物質の出どころについて何の情報も与えてくれない。

信号よりもノイズの比率が高いというこの問題のよくある解決策は、不明瞭な入力を時間をかけて積算(足し算)していくという方法だ。入力の積算をしばらく続けると、一貫性のある信号がランダムな変化をしているバックグラウンドから立ち現れてくる。これは動物にとっては簡単だ。わたしたちの神経系が情報を長い時間記憶にとどめてくれるからだ。その点、単細胞生物は自分の受容体分子に頼るしかない。受容体分子には入力の足し算が少しはできるが、その「記憶」は10秒くらいまでしか維持できない。記憶の保持時間は、分子がどれくらい長く受容体に結合しているか、関連する反応を共有する構成要素がどれくらい速やかに拡散するかによって変化する。

では、アメーバはどのようにして目的地を定めるのだろうか。注目すべきは、アメーバが移動運動そのものを原始的な記憶装置として用いて、サイズの小ささという制約を克服していることだ。ほとんどのアメーバは何らかの信号が到達するのを待って始動するのではなく、つねに動き続けている。身体の前方から複数の仮足を伸張させて、典型的なジグザク模様を描く。このとき細胞の同じ部分を伸張範囲として何度も何度も動かす。同じ範囲を何度も伸ばしていると、それが方向指示記憶として蓄積される。これは古い仮足のアクチン足場が完全に解体されるのにはしばらくかかるからのようだ(解体されたアクチンは再利用に回される)。わたしたちが左右の脚で歩行するパターンのように、仮足のジグザグによってアメーバは直進するはずだ。しかし、化学物質の濃度勾配があるときは、仮足の位置編成はやや偏り、片側が少し長く伸びる。化学物質の発生源のほうか、あるいはその反対側へ向くのだが、これは化学物質がアメーバにとっての誘因物質か忌避物質かによって変わる。この効果はごくわずかだが、仮足のジグザグ歩行を何回も反復するうちに、生き物が正しい方向に進むのに十分なほど舵を切ることになる。

アメーバのナビゲーション戦略を見ていると、小さな生物の世界における移動運動の、見落とされがちなメリットを実感する。わたしたち動物にとって、移動運動とは本質的に反応行動だ。環境を考慮してそれに合わせて動くということである。しかし単細胞生物にとって、移動運動とは周囲からの合図へのたんなる反応ではない。そもそも彼らにとっての移動運動とは、周囲からの合図に気づくための手段なのだ。単細胞生物は、動くのを止めたら、周りの状況が感知できなくなる。これがアメーバ生活の真のデメリットだ。仮足に頼った移動運動記憶を使って、嗅覚によって移動するという問題は、光を使って向かう方向を探すという問題とはまったく別のものだ。小さな区画に局在する、片方に遮断色素がついた光受容分子は、光度についての情報をもたらしてくれるが、ある一定の使い方をしない限りは、生物に光源の方向をわかりやすく教えてくれはしない。これについては7章で学んだ通りだ。ゴカイの幼生が使うようならせん軌道こそが、三次元の世界で光に向かって進もうとする単細胞生物にとって必要な情報を教えてくれるのだ。

しかしこれには条件がある。眼点と原動機の相対位置が維持されていなければならないのだ。さもないと、進行方向指示を大きく誤る場合が増えるだろう（車輪が操舵に従って向きを変える場合もあれば、まったく逆に向く場合もある車を運転しているようなものだ）。三次元世界での走光性を可能にするためには、身体にはある程度の形状安定性が必要だ。残念ながら、形状安定性の欠如こそ、もっともアメーバらしい身体的特徴だ。これについては手立てがない。アメーバや初期の真核生物は、移動を行うのに、形状を変更する能力が必要だ（あるいは必要だった）。繊毛が進化するまでは。わたしが先に述べた繊毛の隠されたメリットとは、これだ。繊毛は厳密にいって泳動に不可欠というわけではない。しかし繊毛のおかげで、動くために身体の形を崩し続けなくてすむので、走光性の遊泳生物にとっては必須の装備なのだ。光合成生物も、光合成生物の捕食者も、そしてなるべく狭い行動範囲のなかで交尾相手をさっさと見つけるために水面に向かおうとする生物にとっても、同じだ。ひとたび繊毛を手に入れたなら、あとは簡単な造りの眼点を進化させ、単細胞の身体の形状を安定させるだけで、何でもできるようになる。

多細胞生物になって移動手段はどう変わったか

細胞の形状を安定させるもっとも簡単な方法は、細胞を比較的固い壁で覆うことだ。光に誘導されて動く真核生物の大半がこの壁を備えている。ここには植物だけでなく菌類（初期の植物と菌類はすべて単細胞の徘徊者だった）も含まれる。ただ、それぞれの壁は違う物質でできている。植物細胞壁の主要な成分はセルロースだが、菌類の細胞壁はキチンだ。キチンは節足動物の外骨格の成分でもある。この違いから、植物と菌類の細胞壁はそれぞれ独立して進化してきたということがわかる。繊毛虫（つまり毛皮のコートで覆われた原生生物）は数少ない壁のない走光性生物集団だ。細胞膜のすぐ下にある小胞を使って細胞の形を維持している。もちろん動物界の生物たちもまた、細胞に壁を持っていない。しかしわたしたちの祖先は、形状維持のためにとくに何もしないまま、多細胞生物となった。多細胞生物となることは、太古の動物が好んだ海底での光とはほぼ無縁の定着生活に適している。ところで形状維持は、ほかでもない、多細胞化そのものの起源だった。旧来のアメーバ的な子供だましは、細胞が自分の複製にひっつかれ囲まれた状態になると、不可能になるからだ。

　皮肉なことに、出現間もない植物と菌類は、最初期の動物よりもはるかに移動運動が得意だった。動物の細胞には壁がなかったからだ。しかしここで、じつに愉快なひねりが起きる。まさにその細胞壁こそが、のちに植物と菌類が移動運動を「放棄する」原因となるのだ。細胞壁を持たない動物たちは、遅い移動者としてそのキャリアをスタートさせたかもしれないが、さまざまな移動に関する選択肢を捨てずにおいた。これは現在の動物を見ていてもよくわかる。第一に、動物細胞の多くの種類が、状況に応じて便利に使えるアメーバ的機能を潜在的に保っていた。白血球細胞がその顕著な例だ。侵入してきた微生物を見つけ出して退治する白血球細胞は、身体をくねらせて障害物を避けながら進み、時には侵入者を自分の身体で包み込んでしまう。この方法は、ごく初期の真核生物の生活形態と基本的には同じだ。単体で移動する動物細胞の機能は、創傷治癒に重要な役割を持っている。切り口のそばの皮膚細胞は、ある程度アメーバ様になり、裂けた隙間を埋めようと動く。

　残念ながら、移動運動のこの自由で簡単な個人主義には暗い面もある。変異した細胞が多細胞間の抑制と均衡を破って、制御不能な分裂を始めて腫瘍を形成すると、細胞がアメーバになる力は邪悪な方向へ発揮される。原発腫瘍から分離して循環系のなかを少しずつ進む癌細胞は全身に広がる。この経過を転移といい、癌による死亡の主要な原因となっている。そのため、細胞をアメーバ状に変化させる、つまり細胞に昔の形状を思い出させるさまざまな遺伝子スイッチが、現在詳しく研究されている。そしてこれらの研究がわたしたちにこの恐ろしい病気と闘うための優れた武器を生みだしてくれるよう、強く望まれている。

　細胞壁の欠如とそれによって可能になった古代のアメーバ運動機構への回帰によって、動物の進化の行方はもう1つの影響を受けた。先にも述べたように、アメーバによる動きのなかには、アクチンとミオシ

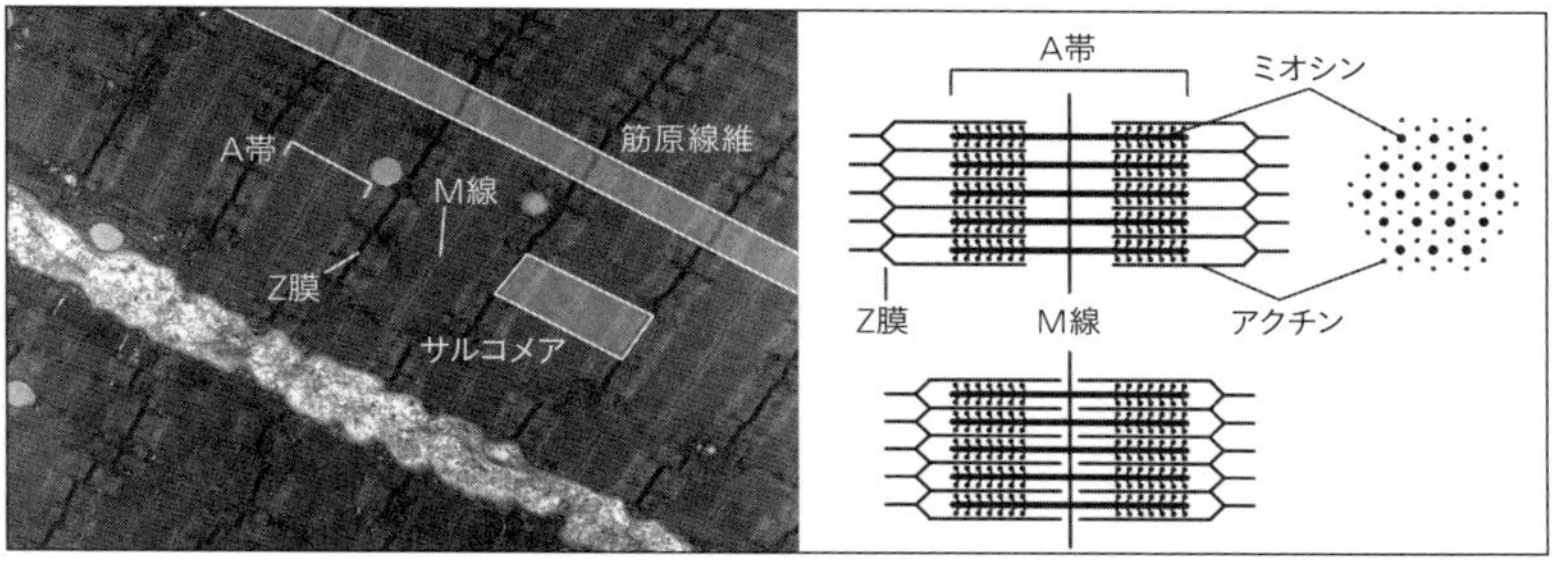

［図9-4］筋肉の構造。筋肉細胞は筋原線維で満たされている（左図）。それぞれの細胞はサルコメアの列から成る。電子顕微鏡を使うと、サルコメアの両端のZ膜、そしてM線で固定されている太いミオシンフィラメントの列であるA帯がはっきりと見える。右の略図は、弛緩時（上）と収縮時（下）のサルコメアを側面から見た図と断面図。太いフィラメント（ミオシン）はそれぞれ細いアクチンフィラメントに囲まれている。太いフィラメントにはその構成要素であるミオシン分子の球形の頭が密生している。筋肉細胞が刺激を受けると、ミオシンの頭部が隣のアクチンフィラメントをM線の方に引っぱる。このときミオシンはアクチンフィラメントと結合し、屈曲し、解離し、そして元に戻ることを繰り返しており、この1周期ごとにATPの分子を1つ消費する。

ンのあいだの相互作用によってもたらされるものがある。アクチンはフィラメントを形成し、ミオシンはアクチンのフィラメントを伝って進むモータータンパク質で、ダイニンが微小管の上を行き来するのに似ている。限られた動きしかできない繊毛の構造内で緊密に組織化されたダイニンと微小管の構成要素が、移動運動の変革を可能にした。同じことがアクチンとミオシンでも起きたのだ。その結果、動物に不可欠な組織が発生した。筋肉だ。

　筋肉細胞の構造は、見て初めて信じられる。わたしたちの標準的な筋肉を、どれでもよいから1つ取り上げてみよう。するとアメーバの仮足を動かしているのと同じアクチンフィラメントや、似たようなミオシン・モーターが見えるだろう。しかし、永遠に完成することのない不定形なネットワークを形成するのではなく、筋肉内のタンパク質は軍隊のような厳格さをもって配列されている。アクチン／ミオシンの主要な組織単位が筋原線維で、これを「大隊」と考えてもいいかもしれない。1つひとつの筋原繊維は列に並ぶサルコメアから成っている。このサルコメアが「小隊」だ。サルコメアの両端は、Z膜と呼ばれる絡み合ったタンパク質でできた仕切りで終わっている。この仕切りは隣り合う複数のサルコメアで共有されている。Z膜にはサルコメアのアクチンフィラメントが固定されている。フィラメントはすべて同じ長さで、互いに正確に平行に並んでいる。筋肉のミオシン分子には球根状の頭部と長い尾部があり、それらが角度のついた首によってつながった形をしている。ミオシンはアクチンフィラメントに対応するように、ミオシン分子がつながってこちらもフィラメント状になっており、アメーバのミオシンとは異なる姿となっている。ミオシン分子はそのフィラメントに尾部でつながっており、頭部が横に突き出るようにすべて互いに平行に並んで配列している。アクチンフィラメントはサルコメアの両端にあるが、それよりも太いミオシンフィラメントは中央に位置している。2つの型のフィラメントは十分に重なっているので、収縮の信号（通常は神経インパルス）が届いたとき、すべてのミオシンの頭部がアクチン分子をつかむことができる。

筋肉細胞内のレイアウトは大変複雑であるが、アクチンとミオシン分子の相互作用は、繊毛のダイニンと微小管の相互作用と似ている。ミオシン分子の頭部は直近のアクチンフィラメントと結合し、屈曲してそのフィラメントを引っ張り、離してもとの状態に戻る。このプロセス中にATPを1分子、燃焼する[*]。1つのサルコメアを拡大してみると、ミオシンの頭部が力を合わせて引くことで一緒にZ膜が引き寄せられるので、アクチンとミオシンの両方のフィラメントの重なりが増加し（電子顕微鏡ではっきり見える）、サルコメアが短くなる。収縮の長さは数マイクロメートル（1メートルの数十万分の1）と微々たるものだが、筋原線維のすべてのサルコメアが同時に収縮するので、それらのわずかな長さの変化が足し合わされ、ある程度の大きさのある動きを筋肉全体として発生させることができるのだ（外部からの力によって阻まれなければ)。さらに骨格がてことなれば、この動きがさらに大きくなる。

見事なまでに明確なのは、筋肉を得た動物が、信じられないほど徹底して移動運動の本質性を追求したことだ。あらゆる意味で、わたしたちは筋肉を使って大胆に前人未到の場所へ足を踏み入れた。しかし生物化学的な意味では、未知の領域へ導くこのパスポートを得るのに大掛かりな革新は必要なかった。基本的な装置は真核生物の誕生時からすでに存在していた。そしてこれを有効活用するには、細胞壁を持たず、多細胞になり、細胞内を少々模様替えすればよいだけだった。細胞内の模様替えを始めたのは、超低速の収縮運動を行うカイメンであったことに疑いはないが、その動きの細胞的基盤はいまだに解明されていない。しかし本当の転換点は、運動タンパク質そのものの誕生だった。主として、将来筋肉になるアクチンとミオシン、繊毛になるダイニンとチューブリンの誕生である。真核生物の発動装置であるこれらの物質がどこから来たのかを理解するために、次はその先駆者である原核生物の世界をのぞいてみよう。

最初の移動運動はどう始まったか

原核生物は地球上最初の細胞生命体だ。しかし今でも、遠類である真核生物とともに繁栄し続けている。原核生物はおもに2つの集団に分けられる。1つはわたしたちにも馴染みの深い真正細菌(バクテリア)、

[*]電気インパルスにより、間接的にではあるが、アクチンフィラメントと結びついていた分子スイッチ(トロポミオシンと呼ばれるタンパク質)がはずされる。この分子スイッチは、アクチンのミオシン結合サイトにくっついてミオシンの結合を妨げていたが、これがなくなることで収縮プロセスが始まるのである。

そしてもう1つは表面的には真正細菌に似ているが生化学的には異なる古細菌（アーキア）だ。古細菌はかつて、温泉や非常に濃度の高い塩田などの極限環境にのみ生息すると考えられていた。しかし今では真正細菌と同様、あらゆる場所に存在することがわかっている。疑問に思っている人のために付け加えておくと、遺伝子的証拠によれば、真核生物を生み出したのは古細菌であるらしい。しかしこれは真正細菌（具体的には、アルファプロテオバクテリア綱の代表的な細菌）の介入なしにはできなかっただろう。その真正細菌は真核生物になるべき古細菌と共生関係を結び、真核生物の細胞の発電所、ミトコンドリアとして機能しているのである。

生態学的にいえば、原核生物の存在意義はとてつもなく大きい。じっさい、生物圏は原核生物なしには機能しない。原核細胞は、窒素、リン、そして硫黄など必須の元素が再生される場となっている生物地球化学的循環［生物が関与する、地球における化学物質の循環経路］すべてにおいて主要な役割を担っている。そして地球上に酸素が存在するのは、原核生物（とくにシアノバクテリア）のおかげだ。しかしこれは本題と関係のない話だろう。わたしたちの今回の目的からすると、とにかく興味をそそるのは、原核生物が地球最初の生命体だったばかりか、最初に動いた生命体だったことだ。したがって原核生物こそが、移動運動の長い歴史におけるもっとも重要な事件について語るのにふさわしい。その事件とは、移動運動の誕生だ。

しかし、まず知っておきたいことがある。真核生物の移動運動のツールキットである、アクチンやミオシンなどの中核となる分子成分は、原核生物にも相同成分が存在することがわかっている。ところが、これらの分子成分は原核生物の移動に用いられるのではなく、細胞が成長するときや分裂するときの重要な仕事を担っている。たとえば複製されたＤＮＡを細胞の両端へ移動させたり、細胞が分裂するのに先立って中央部をくびれさせたりする。このような細胞内での機械的な働きが、真核生物の細胞骨格と機能的に類似しているのはあきらかだ。だからこそ、原核生物においてこれらのタンパク質が移動運動を担当していないのは奇妙である。その理由は簡単だ。大半の原核生物は細胞壁（真核生物の細胞壁とはまったく異なる構造の壁である）を持っているが、これが細胞骨格が仲介する形状変化運動のいっさいを排除してしまうのだ。理由は不明だが、この原核生物の細胞壁は、子孫である真核生物では消失しており、これがアメーバ運動への扉を開いただけでなく、その後の繊毛の形成も可能にした。皮肉な話ではある。なぜなら多くの原核生物は抗力を使った泳動用付属器である、べん毛［原核節物の付属器は、「鞭」の往復運動をしないので、「べん毛」と記す］を持っているからだ。べん毛は広い意味で、真核生物に標準的な繊毛のように機能している。真核生物であるわたしたちは、同じことをわざわざやり直しただけなのだ。このように成功した先例を知らずに同じものを作り直すことを慣用句で「車輪を再発明する」と表現することがあるが、この文脈においてこのメタファーはさらに意味を持つ。

真正細菌のべん毛は、近年、不当なほどの悪評を集めていた。一時期、インテリジェントデザイン説［何らかの知的な存在が生物進化を引き起こしたという主張］の象徴的存在とされていたからである。このいかがわしい栄誉はその多くが、これが真に回転モーターであるという事実によるものだ。べん毛の基部体にその回転軸がある。真核細胞の繊毛によるうねり運動とは違って、比較的柔軟性に欠ける真正細菌のべん毛はコルク栓抜きのように回転するため、人間の大成功した発明品である車輪に近いものだ。このようなシステムは自然界にはほかに例がほとんどない。インテリジェントデザインの支持者たちがここまでべん毛を愛するのもうなずける。もし進化がどうにかして車輪を作り出していなかったら、電動栓抜きなどどうやって作れるだろう？

しかしこれがインテリジェントデザイン支持者たちの用いた論拠だというわけではない。真正細菌のスケールの、水中という状況における回転軸は、肉眼で見える陸上の車輪が持つ回転軸とはまったく異なったものだ。人間のスケールでは、車輪と回転軸を分離しなければならないということは非常に厄介な問題だ（車輪に栄養を供給したくても、車輪の血管が絡んだり切れたりしたらどうすればいいのか?）。これとはまったく別の問題として、車輪が役立つのは、比較的平坦な、あるいは緩やかな傾斜の障害物の少ない環境に限られるという事実もある。こうした問題は遊泳する真正細菌には関係ない。彼らのべん毛の規則正しい動きは印象的で、その作動メカニズムは思うほど非生物学的には見えない。軸の回転はその周囲にあるタンパク質（MotAB複合体と呼ばれる）によって発生する。これらのタンパク質の構造の詳細はまだ電子顕微鏡やX線結晶解析によってあきらかになっていないが、可逆的に形状を変えて有効打と回復打を繰り返し、軸を回転させていると考えられている。機能面から見ると、このシステムは、これまでに見たモータータンパク質による運動と「それほど」隔たってはいない。唯一の大きな違いは、運動がここではATPによって発生するものではないということだ。べん毛の原動力は水素イオン（陽子〔プロトン〕）で、濃度の高い細胞の外から内に、MotAB複合体を通って流れ込む。必要なプロトン濃度勾配は細胞膜内のポンプによって維持される。

標準的な真正細菌のべん毛のおもな構成成分は約20種類のタンパク質だ。さらに20から30種のタンパク質が、べん毛そのものの形成など、大切な補助的役割を果たすために加わる。これらの分子が寄与しているのは、べん毛のフィラメント自体、基部体の軸、2つのセクションを結びつけているフック、モーター複合体、リングの形をした軸受け、そして、一対の分子ガイドから成る、適切なタンパク質が適切なタイミングで与えられるようにする分泌装置などだ。相互に接続している構成成分の数は多く、それぞれがみな必要不可欠な役割を果たしているので、べん毛の機能は、突然変異によって起こるハードウェアの不具

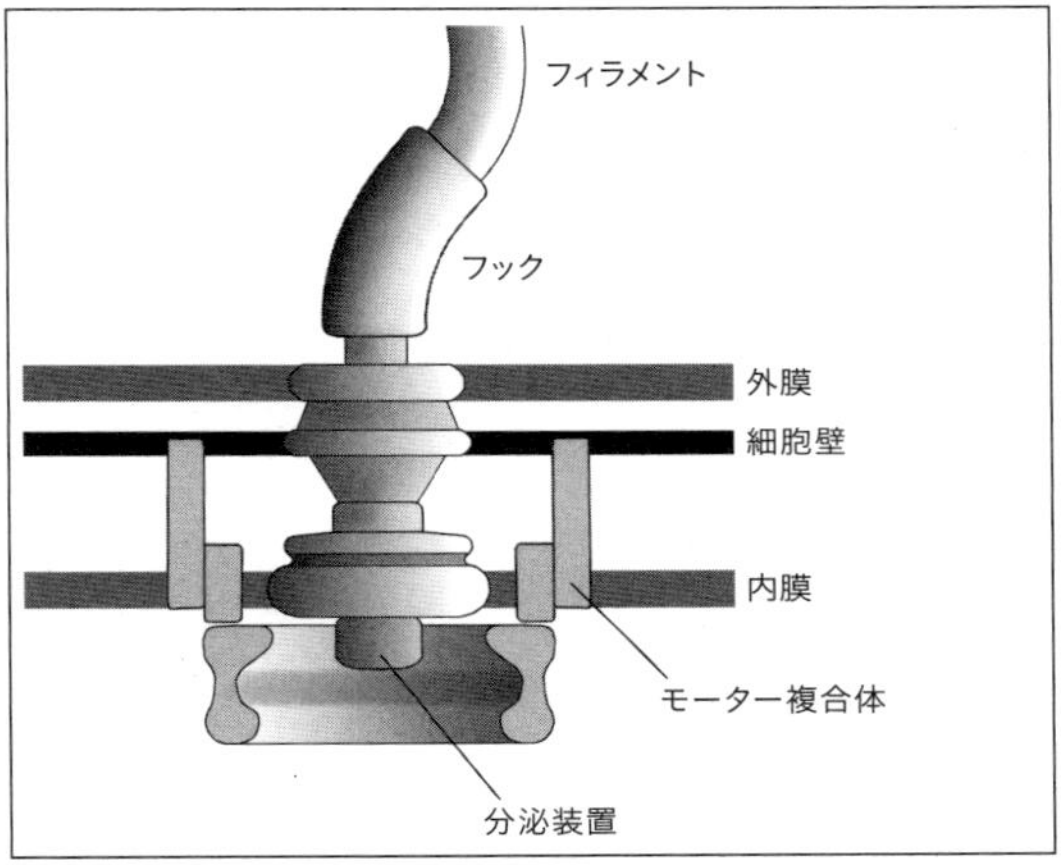

［図9-5］　真正細菌のべん毛の基部体。下部のリング状の部分をカットしてその中の構造が見えるようにしたもの。わかりやすいように2つのモーター複合体分子は断面で示されているが、じっさいにはべん毛の軸を取り囲んでいる。

合にかんして非常に敏感である。微生物学者にとってこれは好都合で、移動運動不全の真正細菌の遺伝子検査を行えば、べん毛の構造と機能の綿密な分析ができる。しかしもちろん、この変化に対する感度の高さこそが、創造説論者が飛びつくところでもあるのだ。というのも、構成成分の1つが欠けただけでべん毛が作動しなくなるなら、自然選択がべん毛の構造を徐々に形成していくことなど不可能に感じられるからだ。

べん毛が何ひとつ変更できないほど複雑であるという主張には合理性があるように思えるかもしれないが、じつは大きな欠陥がある。生物学的構造物が持つ機能は絶対的に不変である、という思い込みに基づいているのだ。この考え方は、人間が作ったもののほとんどには当てはまるが、生物という機械は、進化の途上でびっくりするほど柔軟に機能を変更することがある。これは本書で何度も目にしてきた通りだ。覚えているだろうか。わたしたちの脚はもともと、水の中で推進力を生み出すための機能を備えていた。体重を支える能力と複雑な関節を持つようになったのは時代を下ってからだった。わたしたちの拇指は、今でこそ器用に動いて物をつかむが、最初は木登りに用いられながら進化を遂げてきた。本章から例を引き出すなら、真核生物の繊毛の構成成分がそうだ。推進力の発動装置として再配備される前は、これらはみな移動運動とは関係のない機能を持っていた。

つまり、べん毛そのものが移動運動のための構造物として機能しないからといって、それが無用の長物であるとは決していえない。インテリジェントデザイン側の主張に対抗すべく微生物学者たちは、べん毛の構成要素と相同性を持つものをほかのシステムのなかに発見するためにあらゆることをした。その試みは何度も成功し、結果として、真正細菌のべん毛の漸進的進化にかんする詳しく妥当なモデルが見つかった。すべての筋書きの中核を成すのは、フィラメントがある分泌系によって形成されているという認識である。もっと具体的に説明するなら、べん毛のタンパク質構成成分の多くがいわゆるⅢ型分泌装置にも見つかっている。このⅢ型分泌装置は、病原性の真正細菌が一種の皮下注射針のようなものを形成するときに用いられるもので、この注射針は真核細胞を攻撃するときに使われる。この注射針そのものはべん毛のフィラメントと相同するものではないが、古いタイプのⅢ型分泌装置は同じような糸状付属器を分泌していたらしい。専門用語ではこの付属器は線毛と呼ばれ、べん毛はこの線毛から進化してきたのだ。

MotAB駆動体と相同性を持つものも同定された。真正細菌の細胞膜の安定性を担う、いわゆるTol-Pal系だ。Tol-Pal系はⅢ型分泌装置とは関係がないので、べん毛にあとから加わったに違いない。べん毛に欠かせない回転運動が始まったのは、このTol-Palタンパク質が原初のべん毛に取り入れられてからだったのだろう。しかし、これらのタンパク質が古いモーターから仕事を引き継いだのかもしれないという興味深い証拠もある。Ⅲ型分泌装置の中心には、タンパク質の集合体が並んでおり、これらがF型ATPアーゼの初期バージョンのように見えるのだ。F型ATPアーゼとは、太古からある膜に結合した分子機関で、細胞膜内外の水素イオン勾配に蓄積されたエネルギーを使ってATPを合成するのに非常に重要な働きをしている。F型ATPアーゼは回転することによって作動するので、おそらく原初のF型ATPアーゼは最初の未発達のべん毛の回転子だったかもしれない。

べん毛の進化についてのシナリオの多くの側面については、今はまだ推測の域を出ていない。しかし、わたしたちは少なくとも、自然選択が真正細菌のべん毛を徐々に形成してきた「可能性がある」ということを示してきた。それが不十分ならば、さらに別の証拠を提供してくれる原核生物がいる。古細菌だ。多くの古細菌にもべん毛がついていて、真正細菌のべん毛と同じ回転作用の仕組みを持ち、同じスクリュー運動をする。しかし分子レベルでは、これほどかけ離れた物質はないというくらいに違う。タンパク質の構成成分から構築方法にいたるまで、すべてが古細菌に独特なのだ。これはあきらかに収斂進化のケースである。泳動の効率性を上げるという選択圧に加え、原核生物のスケールという物理的・生物学的制約により、分子形成ブロックは異なっていても、構造的・機能的にはほぼ見分けがつかないほど似た結果が生まれた。原核生物の持つ制約にかんしては、そのべん毛がどうしても真核生物の繊毛より細くなることが重大な問題だ。べん毛は内部にモータータンパク質を組み込むには細すぎる。したがって、推力を発生させる横斜めの動きを得る唯一の方法は、堅固ならせん構造を形成し、それを回転させることだ。

古細菌のべん毛は、真正細菌におけるその相似体ほどには包括的な研究が行われてこなかった。しかし古細菌のべん毛も古い分泌装置をその中核に隠しているようにも思われる。Ⅲ型分泌装置ではなく、もっと広く便利に用いられているⅡ型と呼ばれる装置に似たものだ。重要なのは、前述したような単純な糸状の線毛がII型に似た噴き出し口から分泌されている点だ。このことは、こうした構造がべん毛を派生させるテンプレートを提供するのではないか、という示唆を強めるものだ。面白いことに、線毛には移動運動機能が備わっていることがあるが遊泳はできない。伸ばしたり引っ込めたりして、這うような動きをする。したがって、独自の起源を持つ原核生物のべん毛を、移動運動を二次元から三次元へ転換させて底質部から飛び立たせたものの長いリストに加えるべきなのかもしれない。

これまで検討してきた原核生物の移動運動システムはすべて、何らかの分泌系が基底にあった。振り返って考えてみると、これは驚くにあたらない。移動運動のための付属器はどうにかして細胞から延びるしかないからだ。しかし、わたしたちはもっと根本的な何かを見逃してはいないだろうか？　線毛で這うこととべん毛で泳ぐことだけが原核生物の移動運動手段ではないのだ。シアノバクテリアなどの、付属器をまったく持たない数種類の原核生物は、初歩的なジェットエンジンのように後端部から粘液を分泌することで推進しているらしい（推進力は細胞から出た粘液が水を吸収して膨張することで発生すると考えられている）。粘液放出ノズルはII型およびIII型分泌装置の外孔に似ているため、粘液ジェットエンジンは、線毛のメカニズムとべん毛のメカニズム両方にとっての大昔の先駆者だった、という可能性も（あくまで可能性ではあるが）浮上する。もしかしたら粘液ジェットエンジンこそがまさに最初の推進技術だったのかもしれない。すると、べん毛の進化上の先駆的存在は、最初からずっと移動運動のための器官だったのかもしれない。

自己推進力の壮大な歴史は、このようにして初期の原核生物の尻から垂れた鼻水によって始まったのだろう。優雅なスタートであるとはいえないが。それに、絶えず粘液を分泌していなければならないのだから、エネルギー効率も悪い（だから、のちに線毛を使って這う運動に移行したのだ）。とはいえ、初期の原核生物が高くつくこの能力を使うようになったのはなぜか、想像するのは難しくない。海中では食物は決して平等に行き渡らないので、餌場を見つけられる生物は、1カ所に留まっている生物より自然選択において圧倒的な優位に立つ。もちろん、エサを見つけたければ動くだけではなく、やるべきことがもっとたくさんある。正しい方向を目指して移動しなければならないのだ。しかしこれが、細菌のような極小生物にとっては簡単なことではない。先に見たように、単細胞の真核生物は一種の運動記憶を用いなければ、彼らの知覚的環境に特有な、信号よりもノイズの比率が悲惨なほど高いという問題を回避できない。原核生物の世界では、この方法さえも使えない。右側面と左側面のあいだの距離があまりに短いので、真正細菌や古細菌がどちら側の匂いをたどればエサにありつけるか決めることは不可能だ。それは、信号を、時間を掛けて積算して増幅させたとしてもできない。簡単にいうと、原核生物は自分がどこに進んでいるかわかっていない。それでも、自分が欲しいものを見つけることが非常に得意なのである。真核生物と同様、原核生物も、時間による変化の測定を行うことで、空間での変化を測定する能力の欠如を乗り越えている。

だが、原核生物のそれははるかに極端なやり方だ。彼らのとった戦略にかんしては、悪名高い大腸菌を使って包括的な研究が行われてきた。この細菌は多数のべん毛を持ち、すべてのべん毛が時計回りと反時計回りに回転し、回転方向を切り替えることができる。反時計回りに動くとき、べん毛は1つの束である超べん毛を形成し、細菌をまっすぐに押し出す。しかし時計回りに切り替えると、束はほどけて、細胞はでたらめに動く。反時計回りに戻ると、あらためて別の方向に向かってまっすぐ進む。直進運動（run）とでたらめな動き（tumble）を切り替えるという簡単な操作が、大腸菌のナビゲーション戦略の基本だ。大腸菌が何かの濃度勾配が高くなっていると察知すると、べん毛の切り替えを抑止してそのまま進む。しかし濃度が低下したり変化しなかったりすると、切り替えスイッチを入れ、何かにありつくために別の方向へ出発する。以上のような運動技術やこれに似た方法を使って、最初期の運動性生命体は、自己推進力が創り出すすばらしい新世界へと、みずからの意志で踏み出すことができるようになった。あとはご存知の通りである。

生物の転換点という観点からすると、DNAの起源や遺伝子コードのような生命の起源にまつわる重要な出来事に比べて、移動運動の誕生は大事件ではないように感じられるかもしれない。しかし、移動運動の誕生という形質の変化が一見すると容易に見えることに騙されてはいけない。影響力の大きさからして、移動運動の誕生は間違いなくもっとも重要な事件だといえるからだ。第一に、動く能力の獲得は新しいエネルギー源の発見を可能にした。生命は海底の熱水噴出孔［地熱で熱せられた水が噴出する割れ目］で、海水と底質部のあいだの急な温度勾配と化学勾配に刺激されて誕生したという見解が、現在は広く（誰もが、ではないにしても）受け入れられている。今ではもちろん、多くの生物圏で、生き物は海水ではなく太陽に頼っている。進取の気性に富んだ数種類の原核生物が光合成を進歩させたおかげだ。それまで未開発だった莫大な太陽エネルギーの源を利用するきっかけを作ったおもな要因は生物化学的進化だ。しかし日光を浴び始めた大胆な原核生物たちがいなければ、何も実現しなかっただろう。つまり、当然ながら、海底から水面下への記念すべき冒険の旅は、光合成が始まる以前に行われていたのである。

新しいエネルギー補給方法の発見は、生命が向かう未来に移動運動があたえた影響力の始まりに過ぎない。ひとたび動き回り出せば生物は否応なく互いに接触し、邂逅のたびに新しい選択の機会が訪れる。相手を攻撃するか、相手から逃げるか、遺伝物質を交換するか、何らかの形で協力するか。言い換えれば、移動運動の開始によって、生態系は今わたしたちが見ているような様相を帯びてきたのだ。生産者がいて消費者がいる。捕食者がいて獲物がいる。そして生殖や共生が行われる。そして進化は、生命体が環境に適応するためだけでなく、自分以外の生命体に適応していくためのものになった。このすばらしい新世界で生き延びるために、生き物たちはみずからを守り武装するため、敵から身を隠すため、仲間や獲物を見つけ出すため、そしてもちろん競争や追跡や逃避のために、新しくてより効果的な方法を絶えず見つけ出していかなければならなかった。こうして設定された舞台上で、移動運動の絶え間なく激しい競争が展開された。回転／うねり／這うこと／水かき／歩行／ジェット噴射／走行／よじ登り／滑空・滑走／飛翔といったさまざまな移動方法が生まれ、その内容の豊かさは1冊の本が書けるくらいである（今まさにそれをやっている最中だが）。さらに目にはつきにくい部分を取り上げれば、移動運動の誕生は、ある種の責務をもたらした。動けたとしても、情報に基づいて目的地を決められなければ意味がない。たとえ、原核生物の、調子がよければそのまま進み、そうでなければ方向を変える、という単純な二択であったとしても、判断は必要だ。運動能力を役立てるには、生命体は周囲の環境から情報収集し、有用な情報とそうでないものを選り分け、有用な情報を優先させ、適切に対応する必要がある。これがもっとも基本的な形の知性というものだ。

最後に、そしてこれは何よりも大切な点だが、生物が長く生きられるようになったのはひとえに移動運動のおかげである。運動性生物は絶滅という事態から逃げることができる。もし生命が本当に熱水噴出孔で誕生したのなら、生命を根絶やしにする事件は、しょっちゅう起こっていただろう。海洋地殻のベルトコンベアの上に乗っている熱水噴出孔には寿命があるからだ。ひとたび地殻が動いて熱水の噴出が止まると、冷却されて孔が閉じる。非運動性の生物がまだそこにいたら、熱水噴出孔と運命を共にしなければならない。海洋地殻がマントルに飲み込まれるとき、生き物たちも絶滅するのだ。

人々の注目が、生命の生化学の中核をなすＤＮＡ、ＲＮＡ、タンパク質、細胞膜、そしてこれらの要素が具現化している代謝と生殖プロセスの出現に集まるのは正しいことだ。しかし、それだけで止まってしまう生物圏は、生物圏の名に値しない。移動運動が生物圏に登場して初めて、生命体の世界は十分に発達し、たんなる生化学以上の何かになるのだ。自己推進力が進化してこなかったら、生命は、数個の散在した、短命の、ひどく複雑な化学物質の破片でしかなかっただろう。死の惑星の海底にあるちっぽけな存在で終わったに違いないのだ。

10

動物はなぜ動きたいと思うか

身体を使って移動することがなぜ心のためになるのかを知る

さて、歩こうか、
それとも車で行こうか？
「車」と「快楽」が答えた。
「歩き」と「歓喜」が答えた。

——ウィリアム・ヘンリー・デイヴィス［ウェールズの詩人。1871－1940］

最初に異変を感じたのは、いつもの自分らしくなく、ひとりでふらふらと歩き始めたときだった。大多数の昆虫にとってはたいした問題ではないかもしれないが、働き者のオオアリにとってこれ以上の反社会的行為はない。熱帯雨林の樹上の巣から飛び出して、通いなれたエサ集めの道を離れ、葉っぱから葉っぱへあてどなく歩く。すると突然、身体にけいれんが走り、オオアリは足を滑らせて真っ逆さまに林の地面に落ちた。回復力の早いアリのこと、すぐに体勢を立て直して巣に戻ろうとする。ところが這い上がろうにも地面から30センチも行かないうちにまたけいれんの発作が起こる。真昼になるまで何度も這い上がろうとしては倒れた。よじ登りかけていた植物の中で葉っぱの裏側を探し求めてたどり着くと、その葉の中央脈をきつく噛んだ。これがオオアリの最後の行動となった。身体の中で成長していた菌が、顎を開く筋肉を分解していたからだ。それから6時間経たないうちにオオアリは死に、約2日後、その死因があきらかになる。寄生者の胞子の詰まった子実体がオオアリの首の後ろ側から生えてくるからだ。成熟した胞子は地面に落ちて、また別の不運な働きアリを感染させ、このサイクルが再び始まるのだ。

この恐ろしいキノコはその名をタイワンアリタケといい、節足動物に寄生し一大集団を形成する菌群の1つだ。これらの寄生菌はそれぞれ決まった宿主の体内に住みつく。感染周期はどの菌もほぼ同じだが、アリに寄生するこのタイワンアリタケの特殊性は、この菌が宿主を、死の直前の数時間にわたって非常に強く支配することである。「ゾンビ化したアリ」（というのが一般的な呼び名だ）の死体はほとんどみな、林の地面から約25センチの高さにあり、向きは偏って北北西を向いている。何か不吉な儀式のようでもあるが、ペンシルバニア州立大学のデイヴィッド・ヒューズと彼の研究グループ、そして共同研究者らの発見によると、アリにとっては面倒くさい死に際の手順には、タイワンアリタケの種の存続がかかっているという。もしアリが死ぬ前にあまりに高くまで登ってしまったり、陰になる葉の下ではなく葉の上に乗ってしまったりすれば、菌は高温と乾燥によってまともに成長できないだろう。反対に、アリが地面の上で息絶えたら、腐食動物に食べられてしまうか、雨水で流されてしまうだろう。繁殖を成功させるためには、菌は危険地帯を避けて、最適な場所を見つけなければならない。それにはアリの移動運動システムを完全に管理下に置く必要がある。つまりアリの身体と脳を支配するのだ。この制御の仕組み自体はいまだに謎だが、ヒューズはジグソーパズルのピースをあきらかにし始めた。顎の筋肉の萎縮やアリが木を登ろうとするのを妨害したけいれんは、どう見ても寄生者の作戦だ。どんな方法をとっているにせよ、菌はアリの体内に巧みに侵入し、事実上その身体を菌の延長部分にして、寄生者の遺伝子を最大限に繁殖させるだけの存在に変えてしまう。菌類のほかの仲間たちの生来の固着性をしり目に、ある意味タイワンアリタケは、少なくとも宿主の身体を操作しているあいだは、神経による制御付きの移動運動能力を備えた生命体となる。クラゲがハリアー垂直離着陸機を操縦しているようなものだ。

「延長された表現型」のおぞましい例ではあるが、タイワンアリタケに感染したゾンビアリは非常に興味をそそる。菌の遺伝子が受け継がれるには、アリの身体が都合よく動いてくれるように生化学的策略を総動員しなければならない。そういうとひどく陰険なやり方に聞こえるが、考えてみれば陰でこっそり身体を操るという点では、移動運動能力のあるアリの身体に対して「アリ自身の遺伝子」がやっていることとあまり違いはない。運動性生物は遺伝子よりすばやく変化に対応できる。したがって自己を残したいと願う遺伝子は、間接的なルートを使ってダーウィン適応度を高めなければならない。そこで、宿主である生命体が、自分たち遺伝子にとってもっとも都合よく行動してくれるように、感覚器と推進力のシステムを形成する[*]。もちろん宿主が長く生き延びれば、ふつうは（いつでもというわけではない）遺伝子の望みがかなう可能性が高くなる。ゾンビアリに宿った菌の遺伝子はアリが死んでくれなければ困るが、基本

---

[*] 説明を簡潔にするために、わたしたち進化論研究者たちはよく、遺伝子に意思があるかのような話し方をする。いうまでもなく、遺伝子はじっさいに「欲しがっている」のではない。遺伝子は化学物質で、すべては化学物質の作用に過ぎない。意識のある者だけが何かを欲することができるのだ。

［図10-1］タイワンアリタケの餌食になったかわいそうなオオアリ。

原理は同じだ。

移動運動の黎明期、遺伝子の要求はたやすくかなえられていた。宿主が原核生物レベルなら、たとえば分子スイッチを使えるようにして、いい匂いがしたほうへ進み、そうでなければ方向転換するように仕向ければよかった。しかし動物界の発展とともに動物に特有の神経が進化すると、状況は単純ではなくなる。じっさい神経系と神経が制御する行動があまりに複雑になったので、遺伝子は神経の構築段階においてさえ、自分は少し優先順位を譲るようにし始め、神経網自身が学習を通して再配線するに任せた。そして、遺伝子にとって最大の難題が発生する。詳細は不明だがおそらく学習に関係しているらしい何らかの理由で、意識が生まれてしまったのだ。心を持たない機械の制御はできる。しかし、遺伝子が隠喩的な意味で「自分の要求」を満たそうとしているのに、宿主が真の意識を持って本当に「自分の要求」を満たそうとしているなら、どうすればいいのだろうか？

ある意味、すでにこの問いの答えはもう出してしまった。感情は道具だ。そして脳とそのさまざまな神経伝達物質のニューロン接合に内在している。遺伝子はこの道具を用いて、意識のある宿主が遺伝子にとって最良の道を選ぶよう仕向ける。生涯の生殖成功率を下げるような行動は、痛みと恐れでもって罰せられる。適応度を上げる行為は、高揚感、満足感、そして喜びによって報われる。推進力を向上させる訓練もここに含まれる。「Funktionslust（機能快）」［ドイツ生まれの心理学者カール・ビューラーによる］という楽しげなドイツ語は、進化的にうまく説明ができる現象だ。機能快の大意は、「何かをうまくやることによって得られる喜び」だ。遺伝子が意識ある生命体を操り、移動運動機能の最大限の効率を引き出す、究極のツールである。

ここで「意識ある生命体」というとき、それは複数だ。ホモ・サピエンスは意識ある数多くの動物のなかの一種に過ぎない。これは多くの人びとによって以前から確信されており、今では科学的合意も得られている意見だ。これらの動物はみな一様に恐れ、痛み、そして喜びを感じることができる［*］。したがって、移動運動機能を使っているとき、とくに移動運動の技術に生存や繁殖の成功がかかっている場合、何らかの機能快を感じているらしいのだ。例を見つけるのは難しくはない。わたしの地元の町の近くには崖があり、付近をカモメが飛んでいる光景を何度となく見てきた。カモメたちは地形によって曲げられた気流に乗って遊んでいるようにしか見えない。しばらく静かに漂っていたかと思うと、いきなり全速力ではるか下に見える水面に突っ込んでいき、その運動量を使って再び高く舞い上がる。たとえこうしたお茶目な行動の遺伝子の最終「目的」が飛行技能の維持と練磨だとしても、急降下する遊びの繰り返しは、カモメた

［*］科学分野の中にはその底流として、人間以外の生物の痛みや恐れについて関知せず、また彼らが喜びや楽しみを持っているということを否定するというおかしな考えを持つ領域もある。自然選択が動物を感情的に操作する道具立ての片側だけ作って、あとは人間だけが持つ不可思議な特徴が発生するのを辛抱強く待ってから、道具立てのもう片側を完成させるというのは、ナンセンスな話だ。わたしたち人間と動物界のほかの種のあいだに線を引こうという、最後の悪あがきに過ぎない。

ちの意識のレベルでは純粋な楽しみのためだと、わたしは信じて疑わない。あなたはどう思うだろうか？

今のところ、生命の系統樹のどのあたりに意識と無意識の境界線を引けばよいか、はっきりわかっていない。この境界線（1本か複数かはわからないが）の輪郭があいまいなことだけは疑いない。しかし、わたしたち人間は、ほぼ間違いなく意識ある生物の範疇に入る。そして移動運動の発達がなければ、人間は進化史上これほど大きな成功はおさめられなかった。とすると、遺伝子が宿主を運動させ、かつ適切に運動させる目的で使う情動的な賄賂が、わたしたちの身体に確実に存在すると見てよさそうだ。わたしたちの旅を締めくくるこの最終章では、これが事実であることを確認してほしい。移動運動という観点から検討しなければ、身体のことなど何もわからない。同様に、遺伝子に操作された移動運動への欲求という視点を持たなければ、心のことなどほとんどわからないのだ。しかし潜在的な問題がある。近年、わたしたちの文化は爆発的な勢いでその勢力範囲を広げており、移動運動への欲求が異様な方向へ進んでいる。微妙な均衡を保っていた移動運動の構図に巣食って、わたしたちの心と身体を恐ろしい危険にさらしているものもある。これについてはあとで詳しく考察する。とにかくまず、わたしたち人間が移動運動に夢中になり始めるときの様子を見ていこう。

赤ちゃんはなぜ立って歩きたがるのか

赤ちゃんが生まれて初めておぼつかない足取りで歩くときの奇跡のような一歩は、もちろん人生初期の最高の偉業であるとされている。助けを借りずに歩けるような強さとコツを十分に習得するまでには、平均して生後約1年間の成長と訓練が必要だ。そして滑らかに歩けるようになるまでにはさらに数カ月かかる。しかしこれらの数字は平均値であって、人によって大きく異なる。意外かもしれないが、歩行を身につけるまでの「方法」もまた、さまざまに異なる。「古典的」な見方（欧米社会のバイアスがかかったもの）では、赤ちゃんは後ろ足でたてるようになる前に、手のひらと膝を使って四つん這いで這うものだとされている。しかし、まったく四つん這いをしない赤ちゃんもいる。歩き始める前の赤ちゃんはさまざまな方法で動き回る。ずり這い、シャクトリムシ風、特殊部隊的ほふく前進、膝を伸ばして足の裏をついて這う高這い、丸太のように転がる、等々。基本的に、歩けるようなたくましさとコツを習得する前に、赤ちゃんはあらゆる種類の移動運動テクニックを楽しそうに試している。

こんなにも豊富な種類の移動方法があるにもかかわらず、ケガや病気の場合は別として、わたしたちがみな同じ移動運動パターンに落ち着くのは驚くべきことではないか。たとえば、なぜハイハイの段階に留まる人がいないのだろう？　ハイハイでも十分足りていた時期もあったというのに、もともと苦手で、安定性も欠く二足歩行を始めるためにハイハイを放棄してしまうのはなぜなのか？　乳児の移動運動の研究者であるカレン・アドルフとニューヨーク大学の彼女のグループは、この類の謎を数多く解明してきた。ある研究で、彼女らは大勢の赤ちゃんを子細に観察した。ハイハイしている子も、歩き始めの子も、かなり歩ける子も含む、生後12カ月から24カ月までの乳児を遊戯室に見立てた実験室で遊ばせたのだ。子どもたちは、制約を受けずに自由に動き回れるようにした。アドルフのチームの予想通り、歩き始めたばかりの子たちはハイハイする子たちよりも頻繁に転んだ。しかし、歩き始めの子のほうがより多くの時間を移動運動に費やし、より遠い範囲まで動き回った。歩く子たちは1時間の実験のあいだに３００メートル移動し、ハイハイの子たちはたった１００メートルだった。この結果、単位移動距離ごとの転んだ回数は、歩き始めの子たちのほうがハイハイする子たちよりも「少なかった」のだ。

ということは、乳幼児が歩けるようになるとすぐそちらに切り替えるのは、見た目と違って、最初の一歩から、じつは歩行のほうが楽で効率的だからだと考えられる。移動運動の効率とその実践時間には相関関係があり、うまく動けるようになるほど乳幼児はたくさん歩く。まっすぐ立つようになってもこの傾向は続く。最初は歩幅も小さく、つっかえつっかえ進み、片脚で身体を支える時間を最小限にするために、脚の振りは小さく速い。支持多角形の面積を広げるために、両脚の間隔は広くとられる。腰と膝はチンパンジースタイルで曲げられている。伸筋と屈筋が同時に収縮するのがこの時期の特徴で、関節の安定性は向上するが、多くのエネルギーを浪費する。幼児が重力と戦うのをやめて重力をうまく利用し始めるにつれ、骨の折れる腰振り歩きから、より滑らかに進むようになる。そして屈筋と伸筋を同時に収縮させるのをやめて交互に使い出し、通常の場合、筋肉を動かすシークエンスに慣れて注意負荷も軽減し、自分の身体に信頼を寄せ始めるのだ。うまく歩けるようになるにつれて、歩くことが楽しくなる。歩きを楽しめば楽しむほど、もっと歩きたくなる。歩けば歩くほど、さらに上手になる。まさに機能快による、すばらしい正のフィードバックの循環だ。この循環のおかげで身体構造上の道具が活用でき、能力が最大限に生きる。人間の身体の造りはほぼみな一緒なので、わたしたちが同じような動きを行うのも当然というわけだ。

動きのスキルと同じくらい重要なのが、移動運動能力の獲得はわたしたちの心に大きな影響を与えている、という点だ。そこには、たんに足の運びを習得をしたということ以上の意味がある。今は亡き、マーガレット・マーラー［ハンガリー出身の精神科医。1897－1985］、ジャン・ピアジェ［スイスの心理学者。1896－1980］、そしてエレノア〝ジャッキー〟・ギブソン［アメリカの心理学者。1910－2002］らによる、さまざまな記念碑的研究がこれを解明している。とくにマーラーは、自己推進運動の始まりは精神的誕生であるとし、このことがわたしたちと周囲の環境や人びととの関係を深く変化させていると主張した。これは最近の研究によっても支持されている［＊］。何よりも明白なのは、広大な周囲の環境がただの背景から自分と相互作用を持つ存在に変化したことだ。遠くにある物体が関わりあるものになったかのように、注意力をより遠くのほうの空間にまで向けるようになる。しかしわたしたちはすぐに、遠くの場所まで行くのには時間がかかることを理解し、わたしたちは意思を持ってからそれが実現するまでの時間の隔たりを我慢することを学ぶのだ。わたしたちの作業記憶［作業や動作に必要な情報を一時的に記憶・処理する能力］は、延期されたゴールを心のなかに留めるよううまくできている。動き回るにつれ、わたしたちは空間にはおびただしい規則が存在していることを学ぶ。物体は近づくにつれて大きくなっていくように見えるが、それは錯覚に過ぎない。じっさいわたしたちは、こうした手がかりを活用することで、自分と対象物の距離を推し量っている。いろいろな物体の位置は、わたしたち自身の位置によってではなく、外部の基準座標系によって決まる（自分の左側にあるおもちゃの脇を通って振り返れば、おもちゃは右側にある）。こうしたさまざまな経験を通して、空間的問題解決能力（隠されているものを見つけたりすることなど）や地理的記憶は大きく進歩する。

移動運動能力の獲得はまた、わたしたちの社会生活に深い影響を与える。なぜなら、母親のすぐそばでぬくぬくと守られている状態を脱し、自分のアイデンティティを作り始めるからだ。同時に、お母さんは

［＊］「最近の研究」とは、たとえば以下の人たちによる研究・調査である。リンダ・アクレドロ（カリフォルニア大学デーヴィス校）、メリッサ・クリアフィールド（ワシントン州のウィットマン・カレッジ）、ジョセフ・カンポス（カリフォルニア大学バークレー校）、デイヴィッド・アンダーソン（サンフランシスコ州立大学）、ベネット・バーテンタル（インディアナ大学）、グェン・グスタフソン（コネチカット大学）、マイケル・トマセロ（ライプツィヒのマックス・プランク進化人類学研究所）、カレン・アドルフ（ニューヨーク大学）。この段落と次段落はこれらの研究からの情報に基づいている。

いつもそこにいてくれて、困ったことがあったらお母さんに聞けばよいのだ、ということもすぐに学ぶ。目的地に向かう運動を何度も繰り返しながら、行動に示された他人の意図を読み取り、その意図へ働きかけることができるようになる。たとえば、幼児は母親の注目をひいて自分が見てほしいものを見せようとする。このようにして、動作は「心の理論」の発達を促進しているようだ。心の理論とは他者の心の状態を推測する能力のことで、典型的な人間の特徴である。

ところで、移動運動の影響が過大に評価されている側面もある。先天性疾患によって自己推進力の獲得が遅れたり、さらには妨げられたりすることはあるかもしれないが、疾患が精神に直接の悪影響を与えなければ、社会や物質世界を理解する能力は通常、正しく発達する。おそらく言葉がその埋め合わせをしてくれているのだろう（ルーアン大学のジェームズ・リヴィエールの主張による）。さらに、タフツ大学のエミリー・ブシュネルを始めとする研究者たちは、自分ではまだ動けない赤ちゃんもこの世界の物質的な規則から多くを吸収していることが、過小評価されているとする。たしかに赤ちゃんのよちよち歩きが、一種の心理的足場となっていることは否定できない。たとえ支えられて歩いたとしても、世界に対する認識は歩くことによって深まる。しかし、大人になったらこの足場はどうなるのだろう？　もちろん成人してからも、移動運動はわたしたちの心しだいである。しかし、わたしたちの心は、どのくらい移動運動しだいなのだろうか？

人間はランナーズ・ハイを求めて走るのか

人間は自然選択によって非常に奇妙な技能を与えられた。数百万年前、わたしたちの祖先は、木々のあいだを渡り果物を食べるありふれた霊長類だった。たった数十万世代ののち、大局的に見ると地上に降りた新参者に過ぎなかった祖先は、広大なサバンナで動物を狩って生きていた。追跡型肉食動物たちとの長きにわたる激しい競争の末、移動運動能力はほとんど完璧の域に達していた。少し考えただけでは祖先たちの勝ち目はなさそうだったが、1章で見たように、二足歩行のうれしいおまけとして生理的に体温調節機能が優れていたために、移動運動そのものを武器として活用することができた。四つ足の獲物を疲弊するまで走らせて仕留めたのだ。しかし、持久戦に持ち込む狩猟は発汗作用だけに頼っていたのではない。アンテロープを死に追いつめるには時間がかかるし、見つかったと察知した動物はすぐに全速力で逃げるだろうから、狩りのあいだは相手の姿が見えていない時間も多い。獲物を見失わないようにするには、傑出した追跡能力と鉄の意志が必要だ。つまり、移動運動のなかに喜びを見出さねばならない動物が存在するとすれば、それはわたしたち人間なのだ。狩猟行為に神経的興奮が伴わなければ、強度の高い運動を継続する生理的ストレスを紛らわすことができないので、獲物が倒れる前に人間のほうが降参してしまうだろう。

もちろんほとんどの人間にとって狩猟生活は過去の話なので、このような生活を送るために生まれた心理的適応は、今では消失してしまったと思うかもしれない。しかし進化の時間スケールにおいては、1万年（農耕が発達したころからの時間）はそれほど長い期間ではない。そのあいだ、人間は自然選択の大きな影響から文化の力でみずからを守ってきた。北緯52度のイギリスのケンブリッジで、毛皮のコートなしで快適に生きていられるのはそのせいだ。また、殺傷能力のあるヘビはわたしたちが居住している場所にはめったにいないにもかかわらず、ヘビがひどく怖いのも同様だ。アフリカでは話は別で、ヘビ嫌いであることが命さえ救う。このように心理的適応が狩猟採集時代からほとんど変わっていないのであれば、わたしたちのランニングに対する姿勢も変わっていないのではないか?

これに力強くうなずく人もいるだろう。今の時代、食べ物を追いかけなければならない人間は希少で、合理的に考えてみればただ走ることなど体力の無駄でしかないのに、ランニングは大きな喜びを与えてくれる。有名なランナーズ・ハイ、つまり持久走が生み出す幸福感と高揚感の絶頂だ。この感覚はエンドルフィン濃度の増加によるものだとされていたが、最近わかってきたのは、ランナーズ・ハイの特徴は内因性カンナビノイド(eCB:カナビス[マリファナの学名]つまりマリファナ類似物質であることからこの名前がついている)と呼ばれる物質にあるということだ。内因性カンナビノイドは強力な痛み止めで、長距離走の最中に分泌され、脳のさまざまなニューロン集団に神経伝達物質ドーパミンを分泌させるよう刺激する。ドーパミンは、快楽を誘導する脳の報酬系化学物質であると一般的に認知されているが、それだけではない。とはいえ、この一般的な認知は、マリファナはもちろん、ニコチン、ヘロイン、コカインなどのレクリエーショナルドラッグ[「快楽のためのドラッグ」とも呼ばれる、いわゆる麻薬]の多くがドーパミン分泌を促進するか、その吸収を抑制するか、類似の働きをするという事実により支持されている。

ここで困惑するような疑問が発生する。ランニングがそんなに気分をよくしてくれて、生理的、心理的、または法的に忌むべき副作用なしに、非合法ドラッグのような効果をもたらしてくれるなら、なんでみんなもっと走らないのだろう? 身体活動が全般的に不十分であることは、多くの社会における問題となっている。世界保健機関によると1980年以来、肥満人口はほぼ2倍に増加しており、2008年の時点ですでに世界の成人の35%が太り過ぎだった。心血管系の疾患、糖尿病、ある種の癌のリスクが高まっている。とくに欧米では、高カロリーの食事(ここにもまた狩猟採集生活の過去の遺物がある。わたしたちの身体はカロリーを欲するようにできているのだ)が原因なのはあきらかだ。もし、わたしたちみんなが摂り過ぎたカロリーを消費しようと強く思えば、問題は簡単に解決するだろうに。

この矛盾を解決する1つの手がかりとして、eCBによる昂揚状態を引き起こすのは、ある種類の運動に限られていることが挙げられる。この特殊な神経報酬系が進化してきた背景を思い出そう。わたしたちの祖先が神経報酬系を必要としていたのは、数時間ぶっ通しで獲物を追うという、身体に大きなストレスを与える行動を続けるためだった。eCBはこうした不快な副作用が知覚されないように働き、長期的な利益の獲得に有利になるようにしている。散歩するだけではeCBのシステムを作動させるのに十分なストレスを身体に与えることはできない。ところで、このキャッチ22〔小説のタイトルに由来するフレーズで、ジレンマや板挟み状態を意味する〕は人間だけに当てはまるわけではない。アリゾナ大学のデイヴィッド・レイチュレンとそのチームは、ランニング中毒の代表、犬もまた同じジレンマを体験していることを発見した。実験で用いられた犬が30分間持久走をしたあと、その血流中のeCBの濃度は大幅に高くなっていたが、歩いたあとでは大きく「低下」した（ルームランナーの上を歩いたせいもあるかもしれないが）。興味深いのは、レイチュレンのチームの発見によると、フェレットのeCBレベルが、歩いたあとも走ったあともそれほど変わらなかったことだ。エクササイズ時の心理について考えるときには、適応化の背景を念頭に置くべきなのだ。ヨーロッパ・ケナガイタチ（これを飼いならしたのがフェレットだ）の毎日にとって、持久走など何の意味もない。だから人間やオオカミのようなeCBシステムは必要ないのである。

正反対の性質を持つエクササイズならどうだろう？　生理的ストレスが必要ならば、極限的に肉体的要求度の高い短距離走は昂揚状態を生み出すのだろうか？　残念ながらそうはならない。あまりに危険だからだ。全速力で走るとき、筋肉が必要とする酸素の量は循環器系からの供給を上回るので、無気呼吸状態になる。これを長時間継続するわけにはいかない。無気呼吸代謝は乳酸を生成し、運動をやめて対策を講じないとすぐに危険なレベルにまで増加する。乳酸の蓄積が引き起こす不快感を抑えてしまうことができたら、急性酸血症で死にいたる恐れがある。強度の高いエクササイズが健康増進に役立たないといっているのではない。短時間の走り込みはカロリー燃焼に驚くべき効果をもたらす。しかしやっていて楽しいものではない（緊急時には、アドレナリンが分泌して一時的にこの不快感を克服できる）。それが難しいところだ。よほど鍛えられた循環器系を持つなら別だが、苦しさを感じるくらい乳酸を発生させるには、かならずしも全速力で走らなくてもよい。循環器系の機能が低めだと、少し長くジョギングするだけでもつらいだろう。そして身体を守ろうとするメカニズムが働くので、eCB システムが発動する運動レベルに到達することができない。循環器系機能が改善するまで eCB による昂揚の体感はおあずけとなり、みじめな気分で持久走を続けなければならないだろう。

覚えておきたいのは、もし大昔のような移動運動による昂揚状態を体験したいのなら、祖先の人間たちと同程度の活動レベルに近づこうとしなければならないことだ。現在も狩猟採集生活を送るウルトラランナーたちの話を知っている人なら、これを聞いてやる気をなくすかもしれない。たとえばメキシコ北部に住む、伝説的なタラウマラ族の人びとは一気に１６０キロあまりの距離を走ることができる。しかし慌てなくても大丈夫！　こんな超人的技能は、祖先の人間たちの基準からしても例外中の例外とみなされるべきだからだ。ミズーリ大学のジェームズ・オキーフとそのチームが最近行った、伝統的な狩猟採集生活の徹底分析によると、マラソンぐらいの距離の激しい持久走は、通常、人間が持つ遺伝子の要求レベルを超えている [*]。狩猟採集者の毎日の移動距離は意外に少なく約5～16キロだった。とはいえ、これは平均値であり、その日によって、また民族によって振り幅は大きい。

うれしいことに、エクササイズで心身の健康を保つためならランナーズ・ハイになるまでやる必要はない。eCBによる快感はリトマス試験紙ではないのだ。また、わたしたちは狩猟だけでなく、狩猟「採集」をしていた。食物の採集は非常に骨が折れ、長時間歩かなければならないから消耗する。しかし長丁場の狩りよりは運動強度はかなり低い。移動運動が誘引するストレスが伴わないため、身体からの警告を無効にしてしまうeCBシステムも作動させる必要は生じない。だからといって歩くことが喜びにつながらないわけではない。結局、ランナーズ・ハイは運動の快楽の1つの側面に過ぎないということだ。ほかの種類の移動運動でも面白さは味わえる。そうでなければ意識のある動物は、決して動こうとはしないだろうから。フェレットがeCBを分泌しないことを覚えているだろうか。それでも移動運動する気はちゃんとある。eCBが始動させるドーパミン・ハイがないのに、フェレット、そしてわたしたちはなぜ動くのだろうか?

ドーパミンは動物の行動にどんな影響を与えるか

前述したように、ドーパミンは従来、快楽の感覚を引き起こす報酬系神経伝達物質であると定義されてきた。この概念には、ある重要な含みがある。たとえば、依存行動はドーパミンの過剰な働きのせいであるとされる。この化学物質の分泌過剰、再吸収の不足、または同様の結果を引き起こす別のメカニズムによるにせよ、そのように考えられている。ドーパミン過剰によって起こる強度の快楽は、貪り続けないと

[＊]マラソンは害になることもありうる。膝、腰、そして背中をひどく傷めるのはもちろん、多くの研究報告によれば度重なる長距離走は心臓にダメージを与えるという。

気がすまなくなる。カナダの心理学者ジェイムズ・オールズとピーター・ミルナーが1950年代に行ったラットの実験で、この仮説が証明された。ふたりはラットの脳に電極を埋め込み、ラットがレバーを押すたびに短いインパルスが送られるよう設定した。ラットはこれを何度も何度も繰り返した。事実、1時間に2000回も自分を刺激し続けた。飲食や性行為などおよそ思いつく限りのすべての行動を忘れてレバーを押し続けたのだ。この極端な依存行為の原因となった、刺激を受けた脳の部位を中隔といい、ドーパミン分泌ニューロンからシナプス入力を受容し、ドーパミンを快楽物質として関与させることで知られている。レクリエーショナルドラッグのなかにはドーパミンの機能を強化するものがある、という後年の発見もこの仮説を裏付けた。しかし不可解な一貫性の欠如も見られた。たとえばレバー中毒になったラットは、通常うれしいときに見せる表情をまったく示さなかった。これはドラッグに耐性ができた長期中毒者のことを思い出させる。

ドーパミンは長年誤解されてきた、と考える科学者たちは増えている。ドーパミン見直し論の陣頭指揮をとる研究者にシカゴ大学のジェフ・ビーラーとシャオシー・ジュアンがいる。ふたりは、突然変異によって、シナプスで放出されたドーパミンを再吸収する分子掃除機が欠如しているネズミを使って研究を行った。こうしたネズミは、何もしなくてもいつでもハイになっている。ここにさらにドーパミンを加えると行動にどんな影響が出るかを観察するために、ビーラーとジュアンは単純なレバー装置実験に独創的な改良を加えた。レバーは2種類で、どちらを押してもエサが出てくる。ただ、片方のレバーでは、エサを得るためにより多くの労力が必要だ。大好物を手に入れるには何回もレバーを押さなければならないのだ。2種類のレバーの設定はしょっちゅう入れ替えられる。つまり簡単なレバーと労力がいるレバーが取り替えられるのだ。突然変異のネズミも、正常なネズミも、それぞれのレバーが違うことをすぐに学習した。

レバーの設定が交換されると、そのことに気づきもした。しかし、レバーの設定交換期をはさんだ安定期間、ネズミたちの行動は大きく異なっていた。正常なネズミはほぼ毎回、楽なレバーへ向かったのに対し、突然変異のネズミは昼ご飯を得るために、労力が必要なレバーを楽しそうに押し続けていたのだ。エサの内容に変わりはないというのに。

これを始めとするさまざまな実験の結果を踏まえて、ビーラーは、放出されたドーパミンはたんなる快楽物質ではなく、本当はもっと複雑な役割を持っている、という結論にいたった。具体的には、感情を操作して、動物が欲しいものを得るために進んで注ぎ込む労力の量を調節しているらしいのだ。さらにドーパミンの量によって、動物がすでに学習したことに後戻りするか、周囲の状況についてもっと知るために新しい試みを行うかの違いも出てくる。低ドーパミン状態の動物は惰性で動くだけの無気力な存在となり、最低限のことしかしなくなる。高ドーパミン状態の動物は活動的で注意深く、好奇心旺盛だ。これら2つの行動のうちどちらが適切なのかを決める最大の要因は、使用可能な資源量である。資源がたっぷりあるときには、新しい情報や能力を獲得するのにエネルギー源を使わずに何もしないでいると、大きな損になる。一方、資源が欠乏気味のときは好き放題には使えない。動物が自分の活動量を状況に合わせて調節できるようにするのが、ドーパミンシステムのおもな仕事なのだ。生き物の栄養状態とその運動行為のあいだの重要な連絡役である。

少なくとも理論上ではそうなる。新しいドーパミン仮説と呼んでもよさそうなこの説の細かい点については今後の厳密な試験が待たれるが、ここには複雑な要因が絡み合っている。たとえば、ドーパミンはある状況下での習慣の形成に役立っている。新しく習得した行動に結びついたニューロン興奮パターンを、はっきりと意識がつかさどっている運動皮質から大脳基底核に移動させるのだ。大脳基底核では、あまり注意を払わずに複雑な運動パターンにアクセスできる（筋肉記憶の話をしたときに言及したのはこれだ）。ドーパミンによる探究行動の促進作用と、この役割は一見矛盾している。しかし、そんな印象は「習慣」という言葉がまとう軽蔑的な雰囲気に関係しているのではないだろうか。習慣というとすぐに喫煙習慣や、鼻をほじくる癖などの悪習を思い浮かべがちだ。このプロセスを習慣ではなくて、技術習得や訓練という言葉に置き換えてみよう。ドーパミンの介入は完全に適切なものとみなされるだろう。このような視点でとらえれば、習慣の形成とは、物事を完遂するための積極行動なのだとわかる。

ドーパミンシステムに隠された面があったことは、考えてみればそれほど驚きではない。ドーパミンを分泌するニューロンは脳内に何万もあり、ドーパミン受容体の種類も多い。もちろん神経伝達物質には複数の役割がある。たとえば低程度の運動調節を担当するドーパミン回路がいくつか存在し、これらは抽象的な目標追求には関与しない。パーキンソン病で打撃を受けるのはこれらのニューロンだ。手の震えを抑えるためにドーパミン様物質が使われるのはそのためだ。ドーパミンの複雑さは、レクリエーショナルドラッグが精神をも蝕むのはなぜなのかを、部分的にではあるが説明する。麻薬はドーパミン関連システムの一定の部分だけを乗っ取り、心の不調を引き起こすのだ。

ドーパミンシステムは複雑だが、どんな共通テーマを持って機能しているかを知ることはできる。それはアドレナリンシステムの共通テーマを知ることができるのと同じだ。アドレナリンの多岐にわたる機能は全体として、動物の闘争・逃走反応を引き起こさせる。ドーパミンが関与する、意欲、運動調節、注意、そして運動学習はすべて、資源の状況が許す範囲で動物が運動器官——とりわけ移動のための器官——を最大限に活用するためにある。神経伝達物質は長いあいだこの役割を担ってきた。ドーパミン分泌ニューロンは無脊椎動物の脳内にも存在し、無脊椎動物、とくにミバエやミツバチの学習にかんする多くの研究によって、哺乳類に見られる機能が発見されている。たとえば、ドーパミンはこれらの生き物の移動運動を促進する。したがって、ドーパミンシステムは少なくともウルバイと同じくらい古くから存在していて、ウルバイの脳のなかでも同じ役割を果たしていたかもしれないのだ。

歩きながら探求することの喜び

ウルバイに意識があったと主張する人は、いるとしてもごく少数だろう。「意識」の正体を確実に理解したうえでなら、その可能性を受け入れてもいいのかもしれない。しかし今のところは無難に、意識の覚醒はウルバイの時代よりもかなりあとになってから始まったとしておこう。みんなが大好きなドーパミンの仕事である快楽の提供は、この意識の覚醒と同調して起こったと思われる。つまり、単純だった祖先が自動的にやっていたあきらかに成功につながる行動を、感覚力がある、より複雑な生き物にやらせるためだ。言い換えれば、意識が表舞台に登場して以来、ドーパミンに誘発された快楽は、耐えられる範囲である限り、生物が移動運動にかかる労苦を感じ取る力を鈍らせたのである。

先の疑問に戻ろう。ドーパミン由来のランナーズ・ハイの感覚は、ドーパミンシステムの快楽生成の役割全般からすると、あとから加わった要素に過ぎない。「あらゆる」急を要しない移動運動にかけられる労苦は、表面上は快いもので覆われるべきだが、生理学的なバランスから逸脱して危険を招きそうな場合は別だ。ドーパミンシステムのある部分をeCBが強化すると、持久走によるストレス信号の無効化を単に勢いづかせる。たとえば赤ちゃんが移動運動の試行錯誤を飽かずに繰り返すのは、ドーパミンシステムによって発奮し、報酬を得ているからに違いない。

これはドーパミンが感情に及ぼす力の過大評価だろうか？　歩くことは「楽しめる」ものだと、たいてい誰でも知っているが、歩くたびに温かくてリラックスした気持ちになるわけではない。例によって、ここでもわたしたちの心理構造を、祖先の置かれた状況でよく理解しよう。ドーパミンが移動運動を誘引するのは、移動する以外に人間には能がないからではない。ここでのカギは、探求心だ。移動運動は自分自身をもっとよく知るため（新しいスキルを学ぶことによって）や、周囲の環境をもっとよく知るための手段である。今まで何百回も通った道をただトボトボ歩くとき、ドーパミンはほとんど関係ない。意識をほとんど使わなくてもできる行為だからだ。対照をなすのが、サーフィン、スキー、パルクール（フリーランニング）、スケートボードなどの危険をはらんだスポーツだ。新しい運動技術を習得する必要はもちろんのこと、これらのスポーツには非常に高い集中力が要求される。少しでも判断を誤ったり、重要なタイミングを逃したりすれば、骨折やそれ以上の事故につながりかねない。何かを行っているときの完全な没入状態は、今人気の「フロー状態」の特徴でもある。難しい活動への取り組みに没頭しているときに経験する冷静と興奮が、楽しく（矛盾しているようだが）共存している状態だ。これは基本的に機能快であり、完全にドーパミンの作用による。

生まれつきなのか、育った環境のせいなのか、あるいは年齢が関係するのか、エクストリームスポーツは誰もが得意とするものではない。幸い、移動運動のちょっとした喜びを感じるためなら、エクストリームスポーツなど始める必要はない。エクストリームスポーツにおけるアドレナリンの放出は、重力を相手にしたゲームをしている最中に発生する高加速によって起こる場合が多いが［*］、これはただのおまけだ。理屈の上では、移動運動時のフロー状態は、全感覚を使って移動しているときならいつでも発生するはずだ。注意力を研ぎ澄まさなければならないような移動運動は、これに魅せられた人たちの著書のなかで、ウェイフェアリング〔元来は徒歩旅行の意〕またはウェイファインディング〔元来は道順を探す能力や方法のこと〕と呼ばれている[†]。そしてウェイフェアリングは、現在の狩猟採集生活にとっての行動原理でもある。伝統文化にかんする人類学の研究では、移動中の狩猟者や採集者が、ほんのわずかな手がかりにも、絶え間なく注意力と敏感さを示していることが指摘されている[‡]。彼らにとっては必須の行動様式だ。逃げていく動物や食べられる植物を探すときには、地勢（または空や海や氷）を正確に読まなければどこにも行けないし、帰り道も見つからない。古えより、狩猟採集生活者たちがこうして身につけたナビゲーションと追跡の能力は驚異的だ。ブリティッシュ・コロンビア州フレーザーバレー大学のヒュー・ブロディーの報告によると、ビーバー・インディアンとも呼ばれる先住民のデイン＝ザーはヘラジカの性別を雪の上に残された尿のあとの角度から判別できるという。ノヴァスコシア州ダルハウジー大学のクラウディオ・アポルタが行ったカナダ北極圏の先住民イヌイットにかんする研究によれば、わたしたちにはのっぺりとした北極の平原にしか見えない場所が、彼らにとっては、先祖代々人びとが跡をつけてきた、簡単に見分けられる網目状の道であり、それらの詳細な情報は文字化されずに個人から個人へと口伝えや体験を共有すること

[＊]どうしてこんなに中毒性が強いのかはまだよくわかっていない。落下感覚を愛しているから、などという説明は自然選択の前では通用しない。しかし、移動運動としては、落下はすばらしく低コストだ。無事にできればの話だが。落下することへの過剰な恐れが深刻な問題であった森林生活当時の、これは心理的な名残なのかもしれない。

[†]有名な著書には、ウェイフェアリングを探求しているレベッカ・ソルニットの『ウォークス―歩くことの精神史』（左右社、２０１７年）と、ティム・インゴルドの『ラインズ―線の文化史』（左右社、２０１４年）がある。わたしが本章で展開している人類学的研究は、後書でより包括的に取り上げられている。

[‡]ジェームズ・ウェイナーによるパプアニューギニアのフォイ族にかんする報告、ヘオニック・クォンによるシベリアのオロチョン族の研究などがある。このほかの研究も参照事項として後述する。

で受け継がれてきたという。

ウェイフェアリング以上にドーパミンシステムにふさわしい活動はない。探求、学習、意欲、注意、覚醒すべてを網羅している。ドーパミンの機能はまだ直接検査できないのだが（ｆＭＲＩ［機能性磁気共鳴画像法］スキャナーは、現場に持ち運びやすい装置とはいえない！）、ウェイフェアリングは伝統的生活を送る民族にとって深い意味を持つ活動であり、強力で有益な心理的影響を及ぼしていると、人類学者たちは口を揃えて言う。たとえば、マレーシア科学大学のライ・タック＝ポは、マレーシアのバテック族と生活を共にしたとき、森の中を歩くことはＡ地点からＢ地点に移動する手段以上に深い意味があることを知った。こうした旅は知識獲得のためのもっとも重要な手段で、ライによれば、彼らにとって知識の獲得とは「深い満足感を与える、生きる意味そのもの」なのだという。また、バテック族の口承説話は森歩きを中心に繰り広げられる［＊］。景観に溶け込んでいる小径には、道を作り、そこを歩いていた（そして今も歩いている）人びとの歴史がしみこんでいる。バテックの人びとはライにこう言ったという。祖先に会いたくなると、祖先が作った古い小径を探し当て、祖先の足跡をたどり、ウェイフェアリングを追体験し、祖先を思い出しながら彼らから学ぶのだ、と。つまりバテック族にとって（そしてそのほかの狩猟採集文化にとっても）、ウェイフェアリングは生活に絶対不可欠な要素であり、これを通して個人のアイデンティティが確立され、文化が保存され、自分たちの土地と、過去と、人同士の深い絆が形成されるのだ。

ウェイフェアリングが現代に生きる狩猟採集民の生活文化に欠かせないものであるならば、同じく狩猟採集者だったわたしたちの祖先の生活においても、ウェイフェアリングは重要な役割を果たしていた、と考えることができる。ということは、今を生きるわたしたちの心理にも、ウェイフェアリングの痕跡が何か残っていてもよさそうだ。人間の精神面のいくつかの特徴は、この観点からみるとよく理解できる。物語についてもう一度、考えてみよう。物語はナビゲーションという用途からはかけ離れているが、人間が一連の出来事から意味を汲み取るのが得意だからこそその機能を果たすし、物語は出来事の前後の順によって特徴ある一定の心的イメージをつくり出す。そして、まさに人はウェイフェアリングをしながらこれを実践している。どちらに進むのが自分にとって意味があるのかを、次々と現れる一連の展望から見出しているのだ。人間がよくできた物語を好むのは、究極的には、移動運動用に設計された脳の造りのせいだといえないだろうか？　とすると、人間が音楽を好むのも、もしかしたら移動運動用の心理設計の副作用か何かかもしれない。ばらばらの音に分解されたメロディーは何の意味も持たないが、これらの音を編み上げて1つのまとまった曲にすると、力強く心に訴えかける意味を帯びる。ナビゲーション自体とは別に、ウェイフェアリングには遠くにある目的地を可視化し、失敗や困難に負けずに目的地への到達をあきらめない力も必要だ。ベルンド・ハインリッチが『人はなぜ走るのか』［清流出版、2006年］で指摘したように、持久力をこのようなことについてまで幅広く適用するのは難しいことではない。そしてもちろん、ウェイフェアリングの探求心は、現代のわたしたちにも、新しいものに対する一般的な好奇心とワクワク感として表出している。わたしたちが人生や達成について語るとき、移動運動にかんする語彙をふんだんに使う傾向にあるのも無理はない。

［＊］伝統文化が生きる社会において、旅の物語は、たんなる娯楽以上の深い機能を発揮している。オレゴン大学のミシェル・スキャライズ・スギヤマは、空想的な説話の多くの役割はおもに、その土地の地形においてどの道を行けばよいか、食料採集場所、潜んでいる危険、避難場所などの情報とともに教えてくれる口承地図であると考えている。有名なところではオーストラリアの先住民の神話『ドリームタイム』などがある。口承地図のなかで、目印は、かつては生きていた人間や巨人たちとして擬人化されていることが多い。これは、人間の高度に発達した社会的知性をうまく活用して、道案内の指示をより思い出しやすくするための工夫だ。

それでは、探求のための移動運動そのものについてはどうか？　惜しいことに、たくさんの恩恵を与えてくれるウェイフェアリング自体は、今やほとんど忘れ去られている。ウェイフェアリングはドーパミンの風味がする機能快を得る簡単な方法（ウルトラマラソンやエクストリームスポーツよりはるかに簡単だ）であるにもかかわらず。昨今ではあまりにも多くの移動の場面で、わたしたちの意識は身体にとってのお荷物にされてしまっている。意識はかつて、移動運動に全面的に参加していたのに。祖先にとって喜びの源であった移動運動という活動が、退屈で味気ない骨の折れる辛い仕事になってしまったのだ。何が起きたのだろう？

人間は歩くことをやめようとしているか

わたしたちの意識が移動運動から離れてしまったことの責めを負うべきは、人間の文化のある種の側面にある。文化発展のおかげで、わたしたちは「すばらしき新世界」に住むようになったが、自然選択の影響から隔離されたことで、意識は二度と自然選択に適応しないようになってしまった。ここでは農業が重要なカギのように思われる。あちこちをさまよわなくてもよくなるという点で、農耕は生存していくうえでの地理的知識の重要性を低下させた。この傾向は現在その頂点に達しており、ほとんどの人間は食糧の生産と何の関係もなく生きている。現状では、このことについてなすすべがない。そう簡単に狩猟採集生活に戻ることはできない。たとえ文明がもたらす多くのメリットを捨ててもよいと思ったとしても、現在の世界の人口を考えると、そんなことをすれば大半の人間が飢えてしまう。しかし、そこには心と身体を引き裂いている何かがある。そして、わたしたちに勇気と想像力さえあれば、これに立ち向かえるのかもしれない。わたしたちの移動運動生活への影響はより直接的だが、皮肉にもこの変化を駆り立てたいちばんの原動力は、動きたいという人間の欲求なのだ。

お察しの通り、わたしが言いたいのは移動運動のテクノロジーにおける文化的変革だ。人間の歴史で過去数千年を支配してきた変化の趨勢は、過去40億年を支配してきた自然な移動運動の進化に匹敵する。この流れにおける大きな要素は、人間がいくつもの種類の移動方法を開発したことにある――それらは水上、空中、地球周回軌道と、人間がうまく適応できないものばかりだ。しかし、これはこの件の一側面に過ぎない。わたしたちは生理学的適応のおかげで陸上での移動運動を克服した（しかもかなりうまく）が、もっと速く同様のことを行える動物に馬がいた。そして、いったん馬を家畜化する方法を学ぶと、その速さを利用する機会に飛びついた。この瞬間から移動運動の放棄の道が始まった。馬のおかげで車輪が使えるようになり、車輪のおかげで内燃機関が移動に使われるようになったので、わたしたちが手にする能力はどんどん向上していくなかで、必要な労力はどんどん減っていった。ここに罠が潜んでいるのがおわかりだろうか。40億年以上、移動運動の適応性を強力に支配してきた1つの指令がある。最大限の効率を追求せよという指令だ。言い換えれば、「最小の努力で最大の成果を出せ」である。わたしたちの運動学習がこの教えに基づいていることはあきらかだ。その証拠に人間はみな、非常に効率よく歩けるようになっているではないか。同じ衝動のせいで、今度は人間がほとんど歩かなくなってしまったというのは、何とも皮肉なことだ。

自動車やそのほかの原動機付きの乗り物は、人類の行く末を憂える人なら誰もが攻撃する格好の対象だ。まず、車は信じられないほどの数の事故死の直接の原因である。世界保健機関の統計では、２０１０年の交通事故死数は１２４万件（しかも中国は含まれていない）。実感できるように、中くらいのサイズの飛行機の事故に置き換えると、1年間毎日墜落して生存者がゼロであるときと同じだ。自動車事故は世界の死亡原因の第8位で、15歳から29歳の死亡原因の第1位だ。しかもこの統計には、自動車が間接的にかかわっている死亡原因である、肥満、大気汚染、そして気候変動は入っていない。ここまで莫大な数の犠牲を出していながら、社会全体がこの状況を受け入れているのは、信じがたいほどだ。しかし同じくらい恐ろしいのが、原動機付きの移動手段が人間の生存空間と身体の関係に及ぼす目に見えない影響である。動力を使った移動手段への執着のせいで、命はただ失われているだけではない。生きる価値さえも奪っている。もっとひどいことには、後述するように、わたしたちの集団的欲望はあらゆる罠をはらんでおり、社会全体を依存症に陥らせる。こうした依存症は断ち切るのがどんどん難しくなっていくことがわかっている。

この問題の中核にあるのは、動力に頼った移動がウェイフェアリングに与える影響である。今、車に乗ってウェイフェアリングすることは不可能ではない。クイーンズランド大学のダイアナ・ヤングは、オーストラリアの先住民が車を運転するときのアプローチを研究した。それによれば、彼らは多かれ少なかれ、歩くときや走るときのような方法を使って運転しているのだという。ふだんと同じように進む方向を決め、進んでいるときには全感覚を没入させているのだ。残念ながら、そのような自由で気ままな運転態度（それがどんなものかは、SUVの広告を見ても想像もできないが）を受け入れてくれるような環境はほとんどない。脇道は自動車には向いていないし、人口が過密なら好き放題に走る車は危険だし、そもそも走れないだろう。この問題に対する解決策がいわずと知れた道路（そして鉄道）だ。道路などの構造物は動力による移動手段が発明されるずっと前から存在していたが、ウェイフェアリングをより楽しめるようにするどころか、その終焉のきっかけとなってしまった。道路での移動は、どの道路を使えばよいか知ってさえいれば問題ない。ひとたび路上に出れば、あとは意識のスイッチを切ってしまってもかまわないくらいだ。道を外れない限りは、結果的に目的地に到着する。馬車が発明され、その後列車が登場したおかげで、人は頭を使わなくてもどこかに行ける。これは、考えてみれば、意識を確立するという進化のそもそもの目的と真っ向から対立するではないか！

列車や大規模な移送手段を使った移動は、ウェイフェアリングとは正反対で、人は積極的な探求心をほとんど持たなくなる。新しい場所を訪ねてみるのに、もちろん列車は使える。しかし、列車に乗っているあいだはふつう発見はできないだろう。車窓の外の風景が飛ぶように過ぎていくのを眺めるのは（風景が見える場合だが）癒し効果があるかもしれないが、じっさいに自分でその風景のなかを歩きながら感覚を没入させる行為に比べたら貧弱な体験だ。また、列車そのものの選択は別として、乗客が列車移動の動作主体にはなることはほとんどない。いつ出発するかも決められないし、何か異変が起きた場合も完全に無力だ（何が起こっているのかさえわからない場合が多い）。このような状況に苛立ちを感じたことのない乗客は少ないだろう。

自動車が抗いがたい魅力を持つのはもちろんこのためだ。2つの移動手段の最良の部分を提供してくれるのが自動車だからだ。列車のスピードと楽さに、自発的な移動という個人的自由が組み合わさっているのだから（自動車メーカーのマーケティング部門はこのあたりを十分心得ている）。これらの利点を満喫できるときもあるが、ごくまれだ。問題の1つは、車を使う人が増えるほど道は渋滞するので、結局車がないときと同じになることにある。移動運動の動作主体性の大部分は奪われるのだ。それに、どちらにしても車移動に自由があるなどという話は幻想に過ぎない。列車の旅よりも道路の選択肢は名目上多いが、目的地になるべく早く着きたいという執着心のあるわたしたちのことだから、最速で行ける道路以外の選択肢は消える。移動するときA地点からB地点に行くだけの目的しかないなら、移動時間はただの時間の無駄である、という観念を頭から追い出すのは難しい。多くの場合、車移動は圧倒的に単調なので、最速の道を選ぶのは当然とされる。移動中、じっさいに意識して働かせるべき感覚のレベルは最小限でいいので、目的地に着いた運転者は移動中のことなどまったく覚えていないものだ。カーナビを使っているときなど、感覚の剥奪はほぼ完全になる。指示があったときに、指示通りに進むだけだからだ。そしてほかにも、列車では経験しない欠点がいろいろある。たとえば駐車場を探す手間。さらに運転者は完全に集中していなければならないという逆説的な要求。周囲の状況は本質的に変わりなく、運転者はずっと同じ姿勢なのにもかかわらず（物憂げにちらっとよそ見しただけで、あなたも「年間124万人」に貢献することになるかもしれない）。

自動車の使用頻度を抑えればここまで事態は悪化しないかもしれない。列車の乗客は主体性のない無力な存在かもしれないが、列車が行ける場所は限られており、降車すれば再び自分の移動を支配できる。車で行けない場所はほとんどない昨今、内燃機関付きの乗り物なしではほとんど移動ができないという人の数は増加している。悲しいことに、移動運動の進化史上最新で最悪のこの出来事に立ち向かっていくのは、ますます困難になっている。とどまるところなく膨張している都市や街は、あまりにもあからさまに車優先で計画されており、歩行者が排除されているほどだ。これはたとえば、徒歩では到達不可能なほどの距離に、住居と仕事場が、もっと悪いことには住居と友人宅や実家が、離れていたりする現象に現れている。イギリスの最近の研究では、住所と職場の距離は平均約15キロで、この数字は増加の一途をたどっているという[*]。アメリカでは、2001年の統計によると約19キロだった[†]。高速で移動するメリットを揶揄するのはこれでやめておこう。生活圏が地理的に分断されていくと、共同体は解体され、孤立した人びとで成り立つ社会ができあがる。歩いて行くことができないとされる距離が縮まっていっているように思われるのもこの問題に拍車をかける。四輪車が身体の追加機能のようになってしまい、車移動に慣れると、肉体はどんどん脆弱化していく。通勤に車で2時間かけるのはふつうなのに、職場までの約9・6キロを徒歩で往復するなんてほとんどあり得ないとされる。所要時間はおそらくほぼ同じだというのに［‡］。

車のもたらす不健全な影響はうんざりするほどある。車が共有空間を塞ぐので、子どもたちにとって外遊びはますます難しく危険になっている。そのため肉体的、社会的、そして精神的な成長に、あらゆる種類の悪影響が及ぶ。運転の習得が今や若者の重要な通過儀礼となっているのも不思議ではない。そして車を持たないことは移動運動能力を持たないに等しい。わたしが現代の車への執着を社会全体の薬物中毒になぞらえるのはこのためだ。生活圏のなかのさまざまな拠点が広範囲にわたる今、かつては贅沢品だったものが必需品になり、自動車の使用をやめると深刻な禁断症状を引き起こす。そして交通量が増加するにつれて安っぽい高揚感は萎えて、社会的、身体的、そして精神的な負の副作用が深刻さを増していく。『指輪物語』の著者J・R・R・トールキンが「いまいましい内燃機関［§］」の発明を呪っただけのことは

[＊]国家統計局、イギリス、"2011 Census Analysis---Distance Travelled to Work"(2011年版国勢調査分析―通勤距離)、2014年。http://www.ons.gov.uk/ons/rel/census/2011-census-analysis/distance-travelled-to-work/index.html で閲覧可能。

[†]P.S.Hu および T.R.Reuscher、"Summary of Travel Trends: 2001 National Household Travel Survey,"(移動傾向のまとめ：2001年全国家庭移動調査)、ワシントンDC：アメリカ合衆国運輸省、連邦道路管理局、2004年。

[‡]もちろん、凶悪犯罪を恐れて徒歩を嫌がる人も多いだろう。しかしより多くの人間が外を歩くようになれば、知覚リスクや現実のリスクは激減するだろう。

[§]1944年4月30日、息子のクリストファーにあてた手紙。[原文は「infernal combustion engine」。internal combustion つまり「内燃」をもじって、直訳すれば「地獄の燃焼」の意味になる infernal combustion という言葉を使っている]

ある。これは人間の精神に対する徹底的な攻撃にほかならない。

では、わたしたちに何ができるだろうか？　とりあえずの救いは、多くの人びとが、何かが本当におかしくなっていると、少なくとも漠然と気づいているということだ。運転者に対する意識調査によれば、車生活への不満はかなり大きいうえ、本気で車の使用頻度を減らしたいと思っている人も多い。筋金入りの「車移動の権利擁護者」は比較的少ない。これに関連する話だが、多くの人間が、もっとエクササイズをしなければならないことにいやいやながらも気づき始めており、運動不足解消のためにスポーツクラブに入会している。全然エクササイズをしないよりはるかにましだが、上の空のままトレッドミルに乗って走り、せっかくの優れた移動運動技能をどこにもたどり着かない運動に用いているわたしたちを見たら、祖先はなんと言うだろうか。そしてまた、旅行も盛んになってきている。旅行の多くの形態では、自分自身の足を使って知らない土地を歩いてみるという欲求を一時的にでも満たしてくれる。

もちろん、毎日のように長距離を車で移動するように構築されたコミュニティーで生きている以上、車に乗るのをやめたいと願うことと、車に乗るのをやめられることは、別の話だ。自転車は、車の代わりの乗り物としては欠点も汚染物質ももっとも少ない。速度がそれなりに出るうえに、車と同様か、それ以上に自由に移動運動できる。しかも昔ながらの足漕ぎ運動さえできれば運転できる。移動距離があまりに長いと思うときには、公共交通手段と併用する手もある。自転車移動の広がりによって期待できるメリットは大きい。ブリティッシュ・サイクリング［イギリスの自転車競技連盟］に委託されたウェストミンスター大学のレイチェル・アルドレッドの最近の報告（2014年）によると、イギリスでの自転車利用度がデンマーク並みになれば国の医療費は170億ポンド削減でき、交通死亡事故が30％低減し、大気汚染の改善のおかげで400年分の就労寿命が失われずにすむという。面白いことに、小売業の売り上げは4分の

1増加するそうだ。残念ながら、このような大規模な行動変化の行く手には大きな障害が待ち受けている。もっとも大きな問題は、車が道路の大部分を占める限り、自転車に乗るのは耐えられないほど危険だからだ。ガスを吐き出しながら高速で走る1~3トンの鉄の塊と、自転車を苛立たしい邪魔者とみなすその運転者。そのすぐ傍らを走るのは、あまり楽しいことではない。手始めに自転車専用道路を設けるのはよいが、定着するまでには腹立たしいほど長い時間を要する。オランダのような、少数の見識ある国でしか見られないシステムなのである。

集団的な自動車移動依存症を克服しようとするときに立ちはだかる、最大の障害はこれだ。わたしたちだけで何とかできる問題ではないのである。なぜなら車のない生活（車利用を減らした生活でもよい）の実現性は、共同体と共同体同士を結ぶ道路の設計に大きく左右されるからだ。こうした事柄にかんしてわたしたちは無力だ。自家用車の所有の流行はたった60年前に始まった現象だが、インフラストラクチャーはあっという間に変化した。状況を根本から変えるには、広範囲で持続的に実施されうる、国政レベルの意志の力が必要になるだろう。そうはいっても、わたしたちの多くは民主主義のもとに暮らす幸運を享受しており、人びとの強い意志を集結すれば、社会の変革を起こすことも不可能ではない。しかしわたしたちは十分に関心を持っているだろうか？ 60年という期間は大きな流れのなかではそう長くはないのかもしれないが、人が物事のやり方に慣れるのにそれほど時間はかからないものだ。だから大部分の人間は、車依存症の恐ろしい影響を、現代生活の避けられない一面として気楽に受け止めている。

こんなとき、オーストリアの工学者ヘルマン・クノフラシャーが思いついたような、常識の再考を迫る突飛なパフォーマンスに望みをかけたくなる。クノフラシャーは「ウォークモバイル」を作った。車のサイズの単純な木の枠組みで、中に人が入って歩いたり（自転車を漕いだり）できるものだ。1970年代から、彼はこの装置を使って、自動車がどれほど多くの空間を占拠しているか、人びとの意識を喚起し、自家用車所有は反社会的行為であることを暴露してきた。もう１つ心強い現象がある。最近盛り上がりを見せている「クリティカルマス」だ。自転車乗りが大勢集結して車道を走り、道路の走行権を一時的に主張し、車偏重社会に揺さぶりをかける運動である。クリティカルマスは現在、世界中の３００以上の都市で発生している。流れが転換期を迎えつつある都市もある。アムステルダム、コペンハーゲン、そしてボゴタは自転車移動しやすい都市設計で知られている。ヘルシンキで進行中の計画では、スマートフォンで連携する多モードの公共交通システムが実施される運びになっており、うまくいけば２０２５年までには市内の自家用車は廃止できる。こうしたプロジェクトが十分な世界規模での（いわゆる）推進力（モメンタム）を生み出すことに成功すれば、現代社会における自動車の完全な支配が緩和されるだろう。真に自由な移動運動へ回帰し、生物として祖先から受け継いだ身体ともっと調和した暮らしを送ることは、これからも可能であると思えるだろう。

脚の動力がエンジン動力に勝つときが来るとしても、社会から車依存をなくすには時間がかかる。しかし、ガソリンまみれのこの時代に生きていても、祖先の移動運動の喜びを追体験することは難しくない。楽しさにあふれた本『ウォークス――歩くことの精神史』のなかで、レベッカ・ソルニットは、ウェイフェアリングのために野山に出かける必要はないと書いている。都市もまた集中・没頭して徒歩移動する機会に満ちている。目的地や時間の制約などの観念を少しのあいだ頭から追い払えば、何かを見出すための感受性が研ぎ澄まされる。時間制限と地図を忘れれば、わたしたちは今ここにさまよい歩く者として存在する余裕を持てるようになるだろう。目的地と関係ない物事を素通りするのではなく、周囲の環境をきちんと感知するのだ。そうすれば心が身体と再びつながる。周りの光景の微妙な変化に注意を払えば、すべてのものの輪郭と感触と香りを身体で吸収し、今歩いている場所とより深いつながりを持てるようになる。そして先人たちがそうしてきたように、一歩足を踏み出すごとに背後の道の上に自分の歴史を、わずかでもよいから刻み込む。このような道を祖先の足跡をたどって歩いているとき、わたしたちは道を作った人びとの行為を追体験している。このようなことをしても、狩猟採集生活の特徴である、世界との縁の深さというものを完全に再発見することはできないだろうが（ウェイフェアリングが本物の生存への必要に動機づけられている場合、遊びで行われる場合より、つねに深い意義がある）、歩くというシンプルな行為によって、かつての力を再獲得する瞬間を実感できるかもしれない。その力こそが、その昔わたしたちを、世界や、豊かな過去や、自分自身へと近づけていたに違いないのだ。

移動運動の進化という角度から見るとき、過去の道程を再現するという発想は特別な意味を帯びる。自然選択のプロセスに、自己生成する身体の動きが反映されているからだ。ティム・インゴルドは『ラインズ―線の文化史』のなかで、生命についてのラマルク的視点が葬り去られてしまったことを嘆いている。ラマルク説の誤りは、獲得形質の遺伝を進化の原動力とみなしている点だ。ラマルクに反論するダーウィン側の文献によれば、生命体の行為と学習は生命体自身の寿命とともに消えるとされており、これにインゴルドは失望している。このような見方は、進化のプロセスを分裂した不毛なものにしてしまう。1つの生命体をその場限りの自己完結的な存在とみなし、遺伝子だけが世代から世代へ受け継がれていくという発想。それはまるで生物が（インゴルドの言葉によれば）、「ただ自分自身であるためだけに存在しているようなもの……先祖たちの生の行程を繰り返すでもなく、子孫たちにそれを伝えるでもない」。しかし進化とはそういうものではない。進化が展開しているその中核にあるのは移動運動だからだ。生命体の行為と行為のための学習は、遺伝子によって完璧に決定されているわけではなく、自分の系譜の末裔たちの進化に圧倒的に強い影響を与えている。その理由はごく単純だ。移動運動によって生命体は新しい環境に行き、あらゆる種類の新しい選択圧にさらされることになるからだ。

以上を踏まえて、粘液による推進力を使っていた原核動物から人類へと続く系統の進化の物語を、もう一度考えてみよう。動物界の黎明期、最古の這うようなアメーバ運動から繊毛の誕生へ、そして繊毛に取って代わって神経系が登場したことを思い出そう。次に、細胞骨格の再編成が内部で行われて筋肉が形成された。筋肉は最初は移動運動の舵取りのような役割を果たしていたが、次第に推進力を担い始める。このような発達と並行して、放射相称性の身体構造が破たんし、繰り返しのモジュールが1次軸の周囲ではなく1次軸、つまり前後軸に沿って発達した。こうした進化の背景には、筋肉によって這う移動運動が可能になり、メキシカン・ウェーブが再び活用されたことがあげられる。そしてこれが、左右相称動物の時代の到来を告げた。カンブリア爆発は動物門のさまざまな祖先がそれぞれの体制を発達させた時期であるが、わたしたちの属する脊索動物門（ここまでに一度、ひっくり返って頭を上にするようになった）の起源は、脊索の誕生と水中での推進力を生むうねり運動の出現による。これらの特徴はのちに、脊柱と対になったひれの発達に取って代わられる。数百万年後、最初の空気呼吸が始まったときから、さまざまな出来事が展開していく。脊柱とひれの骨格の骨化、ひれの水底歩行への適応化、そして陸上への移動。わたしたち人類に連なる系列にかんしては、四つ足での歩行や走行のエネルギー効率は次第に改善され（安定性を犠牲にはしたが）、腹部を地面につけた姿勢から、地面から垂直に浮いた姿勢に変わった。そして樹上での生活が始まる。もっとも近い霊長類の祖先は不安定な枝に生る果実をとって食べるのを好んだため、拇指は対向して生え、足の指は大きく発達した。類人猿が直立歩行を始めると、前肢と後肢の進化的運命はきっぱりと分けられた（太古のホメオボックス遺伝子のおかげだ）。このときからヒト族は地上に戻り、わたしたちの祖先は二本足での走行など陸上生活能力を磨いた。走れるようになった人間は獲物を襲撃することにかつてないほどの力を発揮し、これが脳の拡大を仕上げたとされる。そして拡大といえば、それに続いて人類は地球上のあらゆる場所にその勢力範囲を拡大していった。そして今、遺伝子によって受け継がれてきた意識と探求心を活用しながら、すばらしい40億年の歴史をじっくりと見つめているあなたとわたしが存在している。

この壮大な物語を振り返ってみると、生物の移動運動がきっかけではないエピソードなど、ないに等しい。もっとも近い脊索動物の祖先は、脊索が進化する前にすでにうねり運動を行っていた。原初の四肢動物はひれが体肢になる以前から川底を這っていた。原初の霊長類は手足で完璧にものをつかめるようになる以前から、細い木の枝の上をうろつきまわっていた。彼らがこのような冒険を試みたことで、その物理的な帰結が選択圧を与え、最終的に身体構造の適応化が起きたのである。このプロセスが強く思い起こさせるのは、人が歩くことを習い覚えるときの方法だ。初めは試行錯誤で、そのうちやっとまともに歩けるようになる。歩行を習得すれば、移動運動にしろそうでないにしろ、あらゆる種類のことを新しく学ぶ可能性が広がる。それと同じで、祖先が何かを選択すると、それに呼応してふさわしい身体構造が形成され、子孫たちにおいてはさらに進んだ試みが行えるようになるのだ。脊索の出現の原因となったうねり運動は、左右相称動物の身体において初めて可能になったものだし、その左右相称動物の身体は、初期の刺胞動物レベルの生き物が這い回る運動に適応して初めて出現した。疑いなく（そしてある小説中のローマ時代の将軍の言葉をもじっていうと）、1匹の生物が生涯に行った行動は、そののち時を超えてほかの生き物に影響を与え続けるのである。

ある生物の逸脱がその子孫に与える影響を見たときにわかるのは、わたしたちの身体と心は解剖学的・心理学的形式で書かれた、祖先の性質についての味気ない記録などではない、ということだ。わたしたち一人ひとりは、わたしたちと同じく動き回っていた先祖が行った、数え切れないほどの旅路を体現している生き物なのだ。わたしたちが生命の世界と分かち合っている深い結びつきの、これ以上美しい証がほかにあるだろうか。今、わたしたちは自分に問うてみなければならない。非道徳的で破壊的な移動運動テクノロジーを優先させ、こうして受け継いできた遺産を軽視してもいいと、わたしたちは本気で思っているのかと。自分の身体を使った運動を発展させてきた40億年の歴史は、人間が愛おしむべきあらゆる特質を与えてくれた。そのなかでも、意識の覚醒と好奇心のおかげで、わたしたちは長大な歴史の全貌を知ることができた。この長く偉大な物語を今、終わらせてしまってよいかどうかを決めるのは、わたしたち自身なのだ。

謝辞

またもや移動運動つながりのたとえを持ち出して恐縮だが、本書の執筆は長い旅路だったにもかかわらず、決して孤独な道のりではなかった。最初から、わたしは多くの人びとの惜しみない助力と助言に支えられる幸運に恵まれてきた。不定期に、そして長期的に、わたしに寄り添って支援してくれたみなさんの優しさに感謝の気持ちでいっぱいだ。

まず心からの感謝を、すばらしいエージェント、ピーター・タラックに捧げたい。この本の企画当初からの、彼からのアドバイスと励ましがなかったら、そしてじつに彼が無名の著者にチャンスを与えようという気を起こさなかったら、本書は無事離陸できなかっただろう（申しわけない——またまた移動運動で！）。以来、彼の衰えを知らない情熱は何にも代えがたい支えだった。また、ベーシック・ブックスの編集者であるティッセ・タカギ、そして別の仕事に移ったティッセから勇敢にも仕事を引き継いだクイン・ドーの建設的なアドバイスと忍耐強いサポートにも感謝する。ベーシック・ブックスの制作担当編集者であるメリッサ・ヴェロネージと原稿整理担当編集者のアイリス・バスは、企画の後半でわたしを支え、気遣いと高い専門性を発揮してくれた。最後になったが、T・J・ケルハーは編集者不在期間にお世話になり、また企画の始めからわたしを支え続けてくれた。

この本ではしばしば、わたしの専門分野（といっても大したものではないのだが）から大きく離れたトピックを扱った。だからここケンブリッジやほかの研究機関で活躍されている多くの専門家の方々が、貴重な時間を割いて知識を惜しみなく授けてくださり、わたしが正しい方向へ進めるように助けてくださったことに、深い謝意を捧げたい。ジョージ・ローダー、カレン・アドルフ、徐星（シュー・シン）、そして博士課程修了研究者のみなさんが、ハーバード、ニューヨーク、そして北京の研究所でわたしを温かく迎えてくれた。オルガー・バビンスキ、ロビン・クロンプトン、マイケル・エイカム、サイモン・ラフリン、ポール・マダソン、マイク・ブルック、ジェニー・クラック、ティム・スミソン、ロバート・ダドリー、ヘンリー・ディズニー、そして何よりエイドリアン・フライデーの、機知に富んだ講義と興味の尽きないお茶の時間の会話は、何年ものあいだわたしを刺激し続けてくれた。ガースパール・イェーケリー、ウルリケ・ミュラー、エリック・タイテル、デイヴィッド・デロジエ、デニス・トーマス、ピーター・サウスウッド、スコット・ゾナ、デイヴィッド・ハンケ、サイモン・コンウェイ・モリス、ジャン＝ベルナール・カロン、ギュンター・ベフリー、ガイ・カーペンター、デイヴィッド・ミッジリー、ジル・ヨシレフスキ、デイヴィッド・ホーン、ロブ・シオドア、そしてラッセル・ステビングズには、図版を提供していただいたり、図版の取得に助力をいただいた。コーラル・ベイリーの美しい挿画にはとくに感謝する。チャーリー・エリントン先生とデイヴ・アンウィン先生は、その昔、翼竜の飛行研究で博士号取得することに賛成してくださり、わたしを現在の研究の道に進ませてくれたおふたりだ。

　最後に、この大変だった期間を通して支え続けてくれ、この2年間、移動運動に心をすっかり奪われていたわたしに好きなようにやらせてくれた家族と友人たちに感謝したい。彼らがいなかったらこの本は書けなかった。

Ingold, T. 2007. Lines: A Brief History. Abingdon, UK: Routledge.（邦訳はティム・インゴルド『ラインズ―線の文化史』工藤晋訳、左右社。2014年）

Kringelbach, M. L. 2009. *The Pleasure Center*. New York: Oxford University Press.

Kwon, H. 1998. “The Saddle and the Sledge: Hunting as Comparative Narrative in Siberia and Beyond.” *Journal of the Royal Anthropological Institute* 4 (1): 115–27.

Lewis, K. P. 2010. “From Landscapes to Playscapes: The Evolution of Play in Humans and Other Animals.” In *The Anthropology of Sport and Human Movement,* edited by R. R. Sands and L. R. Sands, 61–89. Lanham, MD: Lexington.

Lye, T.-P. 2002. “The Significance of Forest to the Emergence of Batek Knowledge in Pahang, Malaysia.” *Southeast Asian Studies* 40 (1): 3–22.

Mahler, M. S., F. Pine, and A. Bergman. 1975. The Psychological Birth Of The Human Infant. New York: Basic Books.（邦訳はマーガレット・S. マーラー、フレッド・パイン、アニー・バーグマン『乳幼児の心理的誕生―母子共生と個体化』高橋雅士ほか訳、黎明書房。2001年）

McAllister, J. E. 2011. “Stuck Fast: A Critical Analysis of the ‘New Mobilities’ Paradigm.” Master’s thesis: University of Auckland.

O’Keefe, J. H., R. Vogel, C. J. Lavie, and L. Cordain. 2011. “Exercise Like a Hunter-Gatherer: A Prescription for Organic Physical Fitness.” *Progress in Cardiovascular Diseases* 53 (6): 471–79.

Olds, J., and P. Milner. 1954. “Positive Reinforcement Produced by Electrical Stimulation of Septal Area and Other Regions of Rat Brain.” *Journal of Comparative and Physiological Psychology* 47 (6): 419–27.

Piaget, J. 1952. The Origins of Intelligence in Children. New York: International Universities Press.（邦訳はジャン・ピアジェ『知能の誕生』谷村覚ほか訳、ミネルヴァ書房。1978年）

Pontoppidan, M.-B., W. Himaman, N. L. Hywel-Jones, J. J. Boomsma, and D. P. Hughes. 2009. “Graveyards on the Move: The Spatio-Temporal Distribution of Dead Ophiocordyceps-Infected Ants.” *PLoS ONE* 4 (3): e4835.

Pooley, C. G., D. Horton, G. Scheldeman, C. Mullen, T. Jones, M. Tight, A. Jopson, and A. Chisholm. 2013. “Policies for Promoting Walking and Cycling in England: A View from the Street.” *Transport Policy* 27 (May): 66–72.

Raichlen, D. A., A. D. Foster, G. L. Gerdeman, A. Seillier, and A. Giuffrida. 2012. “Wired to Run: Exercise-Induced Endocannabinoid Signaling in Humans and Cursorial Mammals with Implications for the ‘Runner’s High’.” *Journal of Experimental Biology* 215 (8): 1331–36.

Rivière, J., R. Lécuyer, and M. Hickmann. 2009. “Early Locomotion and the Development of Spatial Language: Evidence from Young Children with Motor Impairments.” *European Journal of Developmental Psychology* 6 (5): 548–66.

Scalise Sugiyama, M. 2001. “Food, Foragers, and Folklore: The Role of Narrative in Human Subsistence.” *Evolution and Human Behavior* 22 (4): 221–40.

Solnit, R. 2000. Wanderlust: A History of Walking. New York: Viking Penguin.（邦訳はレベッカ・ソルニット『ウォークス―歩くことの精神史』東辻賢治郎訳、左右社。2017年）

Tomasello, M. 1999. The Cultural Origins of Human Cognition. Cambridge, MA: Harvard University Press.（邦訳はマイケル・トマセロ『心とことばの起源を探る』大堀壽夫ほか訳、勁草書房。2006年）

Weiner, J. F. 1998. “Revealing the Grounds of Life in Papua New Guinea.” *Social Analysis* 42 (3): 135–42.

Young, D. 2001. “The Life and Death of Cars: Private Vehicles on the Pitjantjatjara Lands, South Australia.” In *Car Cultures*, edited by D. Miller, 35–57. Oxford: Berg.

Zavestoski, S., and J. Agyeman, eds. 2015. *Incomplete Streets: Processes, Practices, and Possibilities*. Abingdon, UK, and New York: Routledge.

Little Animals by Him Observed in Rain-Well-Sea. and Snow Water; as Also in Water Wherein Pepper Had Lain In." *Philosophical Transactions of the Royal Society of London* 12 (133–142): 821–31.

Wang, S., H. Arellano-Santoyo, P. A. Combs, and J. W. Shaevitz. 2010. "Actin-like Cytoskeleton Filaments Contribute to Cell Mechanics in Bacteria." *Proceedings of the National Academy of Sciences* 107 (20): 9182–85.

Wong, T., A. Amidi, A. Dodds, S. Siddiqi, J. Wang, T. Yep, D. G. Tamang, and M. H. Saier. 2007. "Evolution of the Bacterial Flagellum Cumulative Evidence Indicates That Flagella Developed as Modular Systems, with Many Components Deriving from Other Systems." *Microbe* 2 (7): 335–40.

10章：動物はなぜ動きたいと思うか

Acredolo, L. P., A. Adams, and S. W. Goodwyn. 1984. "The Role of Self-Produced Movement and Visual Tracking in Infant Spatial Orientation." *Journal of Experimental Child Psychology* 38 (2): 312–27.

Adolph, K. E., W. G. Cole, M. Komati, J. S. Garciaguirre, D. Badaly, J. M. Lingeman, G. L. Y. Chan, and R. B. Sotsky. 2012. "How Do You Learn to Walk? Thousands of Steps and Dozens of Falls per Day." *Psychological Science* 23 (11): 1387–94.

Adolph, K. E., and S. R. Robinson. 2013. "The Road to Walking." In *Oxford Handbook of Developmental Psychology*, edited by P. D. Zelazo, 403–43. New York: Oxford University Press.

Anable, J. 2005. "'Complacent Car Addicts' or 'Aspiring Environmentalists'? Identifying Travel Behaviour Segments Using Attitude Theory." *Transport Policy* 12 (1): 65–78.

Anderson, D. I., J. J. Campos, D. C. Witherington, A. Dahl, M. Rivera, M. He, I. Uchiyama, and M. Barbu-Roth. 2013. "The Role of Locomotion in Psychological Development." *Frontiers in Psychology* 4.

Aporta, C. 2009. "The Trail as Home: Inuit and Their Pan-Arctic Network of Routes." *Human Ecology* 37 (2): 131–46.

Balcombe, J. 2006. *Pleasurable Kingdom*. Basingstoke, New York: Macmillan.

Beeler, J. A., C. R. M. Frazier, and X. Zhuang. 2012. "Putting Desire on a Budget: Dopamine and Energy Expenditure, Reconciling Reward and Resources." *Frontiers in Integrative Neuroscience* 6.

Bertenthal, B. I., J. J. Campos, and K. C. Barrett. 1984. "Self-Produced Locomotion." In *Continuities and Discontinuities in Development*, edited by R. N. Emde and R. J. Harmon, 175–210. New York: Plenum Press.

Böhm, S, C. Jones, C. Land, and M. Paterson, eds. 2006. *Against Automobility*. Oxford: Blackwell Publishing Ltd.

Brody, H. 2002. *Maps and Dreams*. London: Faber & Faber.

Buckley, R. 2012. "Rush as a Key Motivation in Skilled Adventure Tourism: Resolving the Risk Recreation Paradox." *Tourism Management* 33 (4): 961–70.

Bushnell, E. W. 2000. "Two Steps Forward, One Step Back." *Infancy* 1 (2): 225–30.

Campos, J. J., D. I. Anderson, M. Barbu-Roth, E. M. Hubbard, M. J. Hertenstein, and D. Witherington. 2000. "Travel Broadens the Mind." *Infancy* 1 (2): 149–219.

Clearfield, M. W., C. N. Osborne, and M. Mullen. 2008. "Learning by Looking: Infants' Social Looking Behavior across the Transition from Crawling to Walking." *Journal of Experimental Child Psychology* 100 (4): 297–307.

Dietrich, A. 2004. "Endocannabinoids and Exercise." *British Journal of Sports Medicine* 38 (5): 536–41.

Ekkekakis, P., G. Parfitt, and S. J. Petruzzello. 2011. "The Pleasure and Displeasure People Feel When They Exercise at Different Intensities." *Sports Medicine* 41 (8): 641–71.

Gibson, E. 1988. "Exploratory Behavior In The Development Of Perceiving, Acting, And The Acquiring Of Knowledge." *Annual Review of Psychology*.

Hughes, D. P., S. B. Andersen, N. L. Hywel-Jones, W. Himaman, J. Billen, and J. J. Boomsma. 2011. "Behavioral Mechanisms and Morphological Symptoms of Zombie Ants Dying from Fungal Infection." *BMC Ecology* 11 (1): 13.

Sallan, L. C., and M. I. Coates. 2010. "End-Devonian Extinction and a Bottleneck in the Early Evolution of Modern Jawed Vertebrates." *Proceedings of the National Academy of Sciences* 107 (22): 10131–10135.

Tiffney, B. H. 2004. "Vertebrate Dispersal of Seed Plants Through Time." *Annual Review of Ecology, Evolution, and Systematics* 35 (1): 1–29.

Trewavas, A. 2003. "Aspects of Plant Intelligence." *Annals of Botany* 92 (1): 1–20.

Varshney, K., S. Chang, and Z. J. Wang. 2012. "The Kinematics of Falling Maple Seeds and the Initial Transition to a Helical Motion." *Nonlinearity* 25 (1): C1–8.

Weiblen, George D. 2002. "How to Be a Fig Wasp." *Annual Review of Entomology* 47 (1): 299–330.

9章：最初の移動運動はどう始まったか

Blanchoin, L., R. Boujemaa-Paterski, C. Sykes, and J. Plastino. 2014. "Actin Dynamics, Architecture, and Mechanics in Cell Motility." *Physiological Reviews* 94 (1): 235–63.

Brumley, D. R., K. Y. Wan, M. Polin, and R. E. Goldstein. 2014. "Flagellar Synchronization through Direct Hydrodynamic Interactions." *eLife* 3: e02750.

Cascales, E., R. Lloubès, and J. N. Sturgis. 2008. "The TolQ-TolR Proteins Energize TolA and Share Homologies with the Flagellar Motor Proteins MotAMotB." *Molecular Microbiology* 42 (3): 795–807.

Cooper, R. M. 2012. "The Origins of Directional Persistence in Amoeboid Motility." PhD thesis: Princeton University.

Dobell, C. 1932. *Antony van Leeuwenhoek and His "Little Animals."* New York: Harcourt, Brace and Company.

Gibbons, B. H., and I. R. Gibbons. 1973. "The Effect of Partial Extraction of Dynein Arms on the Movement of Reactivated Sea-Urchin Sperm." *Journal of Cell Science* 13 (2): 337–57.

Hoffmann, P. M. 2012. *Life's Ratchet*. New York: Basic Books.

Insall, R. H. 2010. "Understanding Eukaryotic Chemotaxis: A Pseudopod-Centred View." *Nature Reviews Molecular Cell Biology* 11 (6): 453–58.

Jarrell, K. F., and S.-V. Albers. 2012. "The Archaellum: An Old Motility Structure with a New Name." *Trends in Microbiology* 20 (7): 307–12.

Jarrell, K. F., and M. J. McBride. 2008. "The Surprisingly Diverse Ways That Prokaryotes Move." *Nature Reviews Microbiology* 6 (6): 466–76.

Jékely, G. 2009. "Evolution of Phototaxis." *Philosophical Transactions of the Royal Society B: Biological Sciences* 364 (1531): 2795–2808.

Jékely, G., and D. Arendt. 2006. "Evolution of Intraflagellar Transport from Coated Vesicles and Autogenous Origin of the Eukaryotic Cilium." BioEssays 28 (2): 191–98.

Lindemann, C. B., and K. A. Lesich. 2010. "Flagellar and Ciliary Beating: The Proven and the Possible." *Journal of Cell Science* 123 (4): 519–28.

Niklas, K. J. 2004. "The Cell Walls That Bind the Tree of Life." *BioScience* 54: 831–41.

Pallen, M. J., and N. J. Matzke. 2006. "From The Origin of Species to the Origin of Bacterial Flagella." *Nature Reviews Microbiology* 4 (10): 784–90.

Peabody, C. R. 2003. "Type II Protein Secretion and Its Relationship to Bacterial Type IV Pili and Archaeal Flagella." *Microbiology* 149 (11): 3051–72.

Satir, P. 1965. "Studies on Cilia: II. Examination of the Distal Region of the Ciliary Shaft and the Role of the Filaments in Motility." *Journal of Cell Biology* 26 (3): 805–34.

Skerker, J. M., and H. C. Berg. 2001. "Direct Observation of Extension and Retraction of Type IV Pili." *Proceedings of the National Academy of Sciences* 98 (12): 6901–4.

Van Leewenhoeck, A. 1674. "More Observations from Mr. Leewenhook, in a Letter of Sept. 7. 1674. Sent to the Publisher." *Philosophical Transactions of the Royal Society of London* 9 (108): 178–82.

同上。1677. "Observations, Communicated to the Publisher by Mr. Antony van Leewenhoeck, in a Dutch Letter of the 9th of Octob. 1676. Here English'd: Concerning

Simmons, P. J., and D. Young. 2010. *Nerve Cells and Animal Behaviour*. 3rd ed. Cambridge, UK: University Press.
Stöckl, A. L., R. Petie, and D.-E. Nilsson. 2011. "Setting the Pace: New Insights into Central Pattern Generator Interactions in Box Jellyfish Swimming." *PLoS ONE* 6 (11): e27201.
Tosches, M. A., and D. Arendt. 2013. "The Bilaterian Forebrain: An Evolutionary Chimaera." *Current Opinion in Neurobiology* 23 (6). Elsevier Ltd: 1080–89.

8章：移動しない生物が進化した理由

Azuma, A., and Y. Okuno. 1987. "Flight of a Samara, Alsomitra macrocarpa." *Journal of Theoretical Biology* 129 (3): 263–74.
Berge, J., O. Varpe, M. A. Moline, A. Wold, P. E. Renaud, M. Daase, and S. Falk-Petersen. 2012. "Retention of Ice-Associated Amphipods: Possible Consequences for an Ice-Free Arctic Ocean." *Biology Letters* 8 (6): 1012–15.
Berner, R. A. 2006. "GEOCARBSULF: A Combined Model for Phanerozoic Atmospheric O2 and CO2." *Geochimica et Cosmochimica Acta* 70 (23): 5653–64.
Christian, K. A., R. V. Baudinette, and Y. Pamula. 1997. "Energetic Costs of Activity by Lizards in the Field." *Functional Ecology* 11: 392–97.
Cleveland, L. R., and A. V. Grimstone. 1964. "The Fine Structure of the Flagellate Mixotricha Paradoxa and Its Associated Micro-Organisms." *Proceedings of the Royal Society B: Biological Sciences* 159 (977): 668–86.
Cronberg, N. 2006. "Microarthropods Mediate Sperm Transfer in Mosses." *Science* 313 (5791): 1255–1255.
Dawkins, R. 1982. The Extended Phenotype. Oxford: Oxford University Press.（邦訳はリチャード・ドーキンス『延長された表現型―自然淘汰の単位としての遺伝子』日高敏隆ほか訳、紀伊國屋書店。1987年）
Evert, R. F., and S. E. Eichhorn. 2013. *Biology of Plants*. 8th ed. New York: W. H. Freeman.
Floudas, D., M. Binder, R. Riley, K. Barry, R. A. Blanchette, B. Henrissat, A. T. Martinez, et al. 2012. "The Paleozoic Origin of Enzymatic Lignin Decomposition Reconstructed from 31 Fungal Genomes." *Science* 336 (6089): 1715–19.
Forterre, Y., J. M. Skotheim, J. Dumais, and L. Mahadevan. 2005. "How the Venus Flytrap Snaps." *Nature* 433 (7024): 421–25.
Fulcher, B. A., and P. J. Motta. 2006. "Suction Disk Performance of Echeneid Fishes." *Canadian Journal of Zoology* 84 (1): 42–50.
Hodick, D., and A. Sievers. 1988. "The Action Potential of Dionaea muscipula Ellis." *Planta* 174 (1): 8–18.
Iosilevskii, G., and D. Weihs. 2009. "Hydrodynamics of Sailing of the Portuguese Man-of-War Physalia physalis." *Journal of the Royal Society Interface* 6 (36): 613–26.
Klavins, S. D., D. W. Kellogg, M. Krings, E. L. Taylor, and T. N. Taylor. 2005. "Coprolites in a Middle Triassic Cycad Pollen Cone: Evidence for Insect Pollination in Early Cycads?" *Evolutionary Ecology Research* 7 (3): 479–88.
Mapstone, G. M. 2014. "Global Diversity and Review of Siphonophorae (Cnidaria: Hydrozoa)." *PLoS ONE* 9 (2): e87737.
Marmottant, P., A. Ponomarenko, and D. Bienaime. 2013. "The Walk and Jump of Equisetum Spores." *Proceedings of the Royal Society B: Biological Sciences* 280 (1770): 20131465.
Moore, H., K. Dvoráková, N. Jenkins, and W. Breed. 2002. "Exceptional Sperm Cooperation in the Wood Mouse." *Nature* 418 (6894): 174–77.
Moore, J. D., and E. R. Trueman. 1971. "Swimming of the Scallop, Chlamys opercularis (L.)." *Journal of Experimental Marine Biology and Ecology* 6 (1936): 179–85.
Pontzer, H., and R. W. Wrangham. 2004. "Climbing and the Daily Energy Cost of Locomotion in Wild Chimpanzees: Implications for Hominoid Locomotor Evolution." *Journal of Human Evolution* 46 (3): 315–33.
Rosenstiel, T. N., E. E. Shortlidge, A. N. Melnychenko, J. F. Pankow, and S. M. Eppley. 2012. "Sex-Specific Volatile Compounds Influence Microarthropod-Mediated Fertilization of Moss." *Nature* 489 (7416): 431–33.

Comptes Rendus Biologies 332 (2–3): 184–209.

Meinhardt, H. 2002. "The Radial-Symmetric Hydra and the Evolution of the Bilateral Body Plan: An Old Body Became a Young Brain."*BioEssays* 24 (2): 185–91.

Minelli, A., and G. Fusco. 2004. "Evo-Devo Perspectives on Segmentation: Model Organisms, and Beyond." *Trends in Ecology & Evolution* 19 (8): 423–29.

Niehrs, C. 2010. "On Growth and Form: A Cartesian Coordinate System of Wnt and BMP Signaling Specifies Bilaterian Body Axes." *Development* 137 (6): 845–57.

Piraino, S., G. Zega, C. di Benedetto, A. Leone, A. Dell'Anna, R. Pennati, D. Candia Carnevali, V. Schmid, and H. Reichert. 2011. "Complex Neural Architecture in the Diploblastic Larva of Clava multicornis (Hydrozoa, Cnidaria)." *Journal of Comparative Neurology* 519 (10): 1931–51.

Pourquié, O. 2003. "The Segmentation Clock: Converting Embryonic Time into Spatial Pattern." *Science* 301 (5631): 328–30.

Pueyo, J. I., R. Lanfear, and J. P. Couso. 2008. "Ancestral Notch-Mediated Segmentation Revealed in the Cockroach Periplaneta americana." *Proceedings of the National Academy of Sciences* 105 (43): 16614–19.

Stollewerk, A., M. Schoppmeier, and W. G. M. Damen. 2003. "Involvement of Notch and Delta Genes in Spider Segmentation." *Nature* 423 (6942): 863–65.

7章：脳と筋肉はどのように生まれたか

Arendt, D., A. S. Denes, G. Jékely, and K. Tessmar-Raible. 2008. "The Evolution of Nervous System Centralization." *Philosophical Transactions of the Royal Society B: Biological Sciences* 363 (1496): 1523–28.

Ashcroft, F. 2012. The Spark of Life. London: Allen Lane.（邦訳はフランシス・アッシュクロフト『生命の閃光：体は電気で動いている』広瀬静訳、東京書籍。2016年）

Coates, M. M. 2003. "Visual Ecology and Functional Morphology of Cubozoa (Cnidaria)." *Integrative and Comparative Biology* 43 (4): 542–48.

Costello, J. H., S. P. Colin, and J. O. Dabiri. 2008. "Medusan Morphospace: Phylogenetic Constraints, Biomechanical Solutions, and Ecological Consequences." *Invertebrate Biology* 127 (3): 265–90.

Elgeti, J., and G. Gompper. 2013. "Emergence of Metachronal Waves in Cilia Arrays." *Proceedings of the National Academy of Sciences* 110 (12): 4470–75.

Ellwanger, K., A. Eich, and M. Nickel. 2007. "GABA and Glutamate Specifically Induce Contractions in the Sponge Tethya wilhelma." *Journal of Comparative Physiology* A 193 (1): 1–11.

Jékely, G. 2011. "Origin and Early Evolution of Neural Circuits for the Control of Ciliary Locomotion." *Proceedings of the Royal Society B: Biological Sciences* 278 (1707): 914–22.

Jékely, G., J. Colombelli, H. Hausen, K. Guy, E. Stelzer, F. Nédélec, and D. Arendt. 2008. "Mechanism of Phototaxis in Marine Zooplankton." *Nature* 456 (7220): 395–99.

Leys, S. P. 2015. "Elements of a 'Nervous System' in Sponges." *Journal of Experimental Biology* 218 (4): 581–91.

Ludeman, D. A., N. Farrar, A. Riesgo, J. Paps, and S. P. Leys. 2014. "Evolutionary Origins of Sensation in Metazoans: Functional Evidence for a New Sensory Organ in Sponges." *BMC Evolutionary Biology* 14 (1): 3.

Nickel, M. 2010. "Evolutionary Emergence of Synaptic Nervous Systems: What Can We Learn from the Non-Synaptic, Nerveless Porifera?" *Invertebrate Biology* 129 (1): 1–16.

Nickel, M., C. Scheer, J. U. Hammel, J. Herzen, and F. Beckmann. 2011. "The Contractile Sponge Epithelium Sensu Lato-Body Contraction of the Demosponge Tethya wilhelma Is Mediated by the Pinacoderm." *Journal of Experimental Biology* 214 (10): 1692–98.

Satterlie, R. A. 2002. "Neuronal Control of Swimming in Jellyfish: A Comparative Story." *Canadian Journal of Zoology* 80 (10): 1654–69.

Satterlie, R. A., and T. G. Nolen. 2001. "Why Do Cubomedusae Have Only Four Swim Pacemakers?" *Journal of Experimental Biology*204: 1413–19.

129 (1): 37–47.
Pierce, S. E., J. R. Hutchinson, and J. A. Clack. 2013. "Historical Perspectives on the Evolution of Tetrapodomorph Movement." *Integrative and Comparative Biology* 53 (2): 209–23.
Rewcastle, S. C. 1981. "Stance and Gait in Tetrapods: An Evolutionary Scenario." *Symposia of the Zoological Society of London* 48: 239–67.
Romer, A. S. 1955. "Herpetichthyes, Amphibioidei, Choanichthyes or Sarcopterygii?" *Nature* 176 (4472): 126–27.
同上。1958. "Tetrapod Limbs and Early Tetrapod Life." Evolution 12 (3): 365–69.
Wilga, C. D., and G. V. Lauder. 2000. "Three-Dimensional Kinematics and Wake Structure of the Pectoral Fins during Locomotion in Leopard Sharks Triakis semifasciata." *Journal of Experimental Biology* 203 (15): 2261–78.
同上。2002. "Function of the Heterocercal Tail in Sharks: Quantitative Wake Dynamics during Steady Horizontal Swimming and Vertical Maneuvering." *Journal of Experimental Biology* 205 (16): 2365–74.
Zimmer, C. 1998. At the Water's Edge. New York: Free Press.（邦訳はカール・ジンマー『水辺で起きた大進化』渡辺政隆訳、早川書房。2000年）

6章：なぜ動物の多くは左右対称なのか
Adamska, M., S. M. Degnan, K. M. Green, M. Adamski, A. Craigie, C. Larroux, and B. M. Degnan. 2007. "Wnt and TGF-β Expression in the Sponge Amphimedon queenslandica and the Origin of Metazoan Embryonic Patterning." Edited by James Fraser. *PLoS ONE* 2 (10): e1031.
Arthur, W. 2011. *Evolution: A Developmental Approach*. Chichester: Wiley-Blackwell.
Ball, E. E., D. M. de Jong, B. Schierwater, C. Shinzato, D. C. Hayward, and D. J. Miller. 2007. "Implications of Cnidarian Gene Expression Patterns for the Origins of Bilaterality—Is the Glass Half Full or Half Empty?" *Integrative and Comparative Biology* 47 (5): 701–11.
Boero, F., B. Schierwater, and S. Piraino. 2007. "Cnidarian Milestones in Metazoan Evolution." *Integrative and Comparative Biology* 47 (5): 693–700.
Carroll, S. B. 2005. Endless Forms Most Beautiful. New York: W. W. Norton & Company.（邦訳はショーン・B・キャロル『シマウマの縞 蝶の模様—エボデボ革命が解き明かす生物デザインの起源』渡辺政隆／経塚淳子訳、光文社。2007年）
Coates, M. I., and M. J. Cohn. 1998. "Fins, Limbs, and Tails: Outgrowths and Axial Patterning in Vertebrate Evolution." *BioEssays* 20 (5): 371–81.
Couso, J. P. 2009. "Segmentation, Metamerism and the Cambrian Explosion." *International Journal of Developmental Biology* 53: 1305–16.
Gilbert, Scott F. 2013. *Developmental Biology*. 10th ed. Sunderland, MA: Sinauer Associates, Inc.
Gould, S. J. 1989. Wonderful Life. New York: W. W. Norton & Company.（邦訳はスティーブン・J・グールド『ワンダフル・ライフ—バージェス頁岩と生物進化の物語』渡辺政隆訳、ハヤカワ・ノンフィクション文庫。2000年）
Haszprunar, G., and A. Anninger. 2000. "Molluscan Muscle Systems in Development and Evolution." *Journal of Zoological Systematics and Evolutionary Research* 38 (3): 157–63.
Hejnol, A., and M. Q. Martindale. 2008. "Acoel Development Supports a Simple Planula-like Urbilaterian." *Philosophical Transactions of the Royal Society B: Biological Sciences* 363 (1496): 1493–1501.
Holley, S. A., P. D. Jackson, Y. Sasai, B. Lu, E. M. de Robertis, F. M. Hoffmann, and E. L. Ferguson. 1995. "A Conserved System for Dorsal-Ventral Patterning in Insects and Vertebrates Involving Sog and Chordin." *Nature* 376 (6537): 249–53.
Hughes, C. L., and T. C. Kaufman. 2002. "Exploring Myriapod Segmentation: The Expression Patterns of Even-Skipped, Engrailed, and Wingless in a Centipede." *Developmental Biology* 247 (1): 47–61.
Knoll, A. H. 1999. "Early Animal Evolution: Emerging Views from Comparative Biology and Geology." *Science* 284 (5423): 2129–37.
Manuel, M. 2009. "Early Evolution of Symmetry and Polarity in Metazoan Body Plans."

Swimming." *EvoDevo* 3 (1): 12.

Lauder, G. V., and E. G. Drucker. 2002. "Forces, Fishes, and Fluids: Hydrodynamic Mechanisms of Aquatic Locomotion." *News in Physiological Sciences* 17 (6): 235–40.

Müller, U. K., and J. L. van Leeuwen. 2006. "Undulatory Fish Swimming: From Muscles to Flow." *Fish and Fisheries* 7 (2): 84–103.

Stott, R. 2012. *Darwin's Ghosts*. London: Bloomsbury Publishing.

Taylor, G. K., R. L. Nudds, and A. L. R. Thomas. 2003. "Flying and Swimming Animals Cruise at a Strouhal Number Tuned for High Power Efficiency." *Nature* 425 (6959): 707–11.

Tytell, E. D. 2004. "The Hydrodynamics of Eel Swimming: I. Wake Structure." *Journal of Experimental Biology* 207 (11): 1825–41.

同上。2007. "Do Trout Swim Better than Eels? Challenges for Estimating Performance Based on the Wake of Self-Propelled Bodies." *Experiments in Fluids* 43. Berlin, Heidelberg: Springer Berlin Heidelberg: 701–12.

Tytell, E. D., I. Borazjani, F. Sotiropoulos, T. V. Baker, E. J. Anderson, and G. V. Lauder. 2010. "Disentangling the Functional Roles of Morphology and Motion in the Swimming of Fish." *Integrative and Comparative Biology* 50 (6): 1140–54.

Van Leeuwen, J. L. 1999. "A Mechanical Analysis of Myomere Shape in Fish." *Journal of Experimental Biology* 202 (23): 3405–14.

Webb, P. W. 1982. "Locomotor Patterns in the Evolution of Actinopterygian Fishes." *Integrative and Comparative Biology* 22 (2): 329–42.

5章:ひれはいかにして肢になったか

Clark, J. A. 2012. *Gaining Ground: The Origin and Evolution of Tetrapods*. 2nd ed. Bloomington: Indiana University Press.

Coates, M. I., and J. A. Clack. 1990. "Polydactyly in the Earliest Known Tetrapod Limbs." *Nature* 347 (September): 66–69.

同上。1991. "Fish-like Gills and Breathing in the Earliest Known Tetrapod." *Nature* 352 (July): 234–36.

Daniels, C. B., S. Orgeig, L. C. Sullivan, N. Ling, M. B. Bennett, S. Schürch, A. L. Val, and C. J. Brauner. 2004. "The Origin and Evolution of the Surfactant System in Fish: Insights into the Evolution of Lungs and Swim Bladders." *Physiological and Biochemical Zoology* 77 (5): 732–49.

Fish, F. E., and L. D. Shannahan. 2000. "The Role of the Pectoral Fins in Body Trim of Sharks." *Journal of Fish Biology* 56 (5): 1062–73.

Fricke, H., and K. Hissmann. 1992. "Locomotion, Fin Coordination and Body Form of the Living Coelacanth Latimeria chalumnae." *Environmental Biology of Fishes* 34 (4): 329–56.

Geoffroy Saint-Hilaire, E. 1802. "Description d'un Nouveau Genre de Poisson." *Annales Du Musée d'Histoire Naturelle* Paris 1: 57–68.

Gibb, A. C., M. A. Ashley-Ross, and S. T. Hsieh. 2013. "Thrash, Flip, or Jump: The Behavioral and Functional Continuum of Terrestrial Locomotion in Teleost Fishes." *Integrative and Comparative Biology* 53 (2): 295–306.

Graham, J. B., and H. J. Lee. 2004. "Breathing Air in Air: In What Ways Might Extant Amphibious Fish Biology Relate to Prevailing Concepts about Early Tetrapods, the Evolution of Vertebrate Air Breathing, and the Vertebrate Land Transition?" *Physiological and Biochemical Zoology* 77 (5): 720–31.

Lauder, G. V. 2000. "Function of the Caudal Fin During Locomotion in Fishes: Kinematics, Flow Visualization, and Evolutionary Patterns." *American Zoologist* 40 (1): 101–22.

Laurin, M. 2010. *How Vertebrates Left the Water*. Berkeley: University of California Press.

Longo, S., M. Riccio, and A. R. McCune. 2013. "Homology of Lungs and Gas Bladders: Insights from Arterial Vasculature." *Journal of Morphology* 274 (6): 687–703.

Perry, S. F., R. J. A. Wilson, C. Straus, M. B. Harris, and J. E. Remmers. 2001. "Which Came First, the Lung or the Breath?" *Comparative Biochemistry and Physiology Part A: Molecular & Integrative Physiology*

Dudley, R., G. Byrnes, S. P. Yanoviak, B. Borrell, R. M. Brown, and J. A. McGuire. 2007. "Gliding and the Functional Origins of Flight: Biomechanical Novelty or Necessity?" *Annual Review of Ecology, Evolution, and Systematics* 38 (1): 179–201.

Emerson, S. B., and M. A. R. Koehl. 1990. "The Interaction of Behavioral and Bibliography 279 Morphological Change in the Evolution of a Novel Locomotor Type: 'Flying' Frogs." Source: *Evolution* 44 (8): 1931–46.

Engel, M. S., and D. A. Grimaldi. 2004. "New Light Shed on the Oldest Insect." *Nature* 427 (6975): 627–30.

Lingham-Soliar, T., A. Feduccia, and X. Wang. 2007. "A New Chinese Specimen Indicates That 'Protofeathers' in the Early Cretaceous Theropod Dinosaur Sinosauropteryx Are Degraded Collagen Fibres." *Proceedings of the Royal Society B: Biological Sciences* 274 (1620): 1823–29.

Maderson, P. F. A., W. J. Hillenius, U. Hiller, and C. C. Dove. 2009. "Towards a Comprehensive Model of Feather Regeneration." *Journal of Morphology* 270 (10): 1166–1208.

Ostrom, J. H. 1975. "The Origin of Birds." *Annual Review of Earth and Planetary Sciences* 3: 55–77.

Prum, R. O., and A. H. Brush. 2002. "The Evolutionary Origin and Diversification of Feathers." *Quarterly Review of Biology* 77 (3): 261–95.

Rayner, J. M. V. 1985. "Cursorial Gliding in Protobirds: An Expanded Version of a Discussion Contribution." In *The Beginnings of Birds*, edited by M. K. Hecht, J. H. Ostrom, G. Viohl, and P. Wellnhofer, 289–92. Eichstätt: Freunde des Jura-Museum.

Wilkinson, M. T. 2007. "Sailing the Skies: The Improbable Aeronautical Success of the Pterosaurs." *Journal of Experimental Biology* 210 (10): 1663–71.

Wootton, R. J., and C. P. Ellington. 1991. "Biomechanics and the Origin of Insect Flight." In *Biomechanics in Evolution*, edited by J. M. V. Rayner and R. J. Wootton, 99–112. Cambridge, UK: Cambridge University Press.

Xu, X., X. Zheng, C. Sullivan, X. Wang, L. Xing, Y. Wang, X. Zhang, J. K. O'Connor, F. Zhang, and Y. Pan. 2015. "A Bizarre Jurassic Maniraptoran Theropod with Preserved Evidence of Membranous Wings." *Nature* 521 (7550): 70–73.

Xu, X., Z. H. Zhou, and X. Wang. 2000. "The Smallest Known Non-Avian Theropod Dinosaur." *Nature* 408 (6813): 705–8.

Xu, X., Z. Zhou, X. Wang, X. Kuang, F. Zhang, and X. Du. 2003. "Four-Winged Dinosaurs from China." *Nature* 421 (6921): 335–40.

Yanoviak, S. P., Y. Munk, M. Kaspari, and R. Dudley. 2010. "Aerial Manoeuvrability in Wingless Gliding Ants (Cephalotes atratus)." *Proceedings of the Royal Society B: Biological Sciences* 277 (1691): 2199–2204.

Zhang, F., S. L. Kearns, P. J. Orr, M. J. Benton, Z. Zhou, D. Johnson, X. Xu, and X. Wang. 2010. "Fossilized Melanosomes and the Colour of Cretaceous Dinosaurs and Birds." *Nature* 463 (7284): 1075–78.

Zheng, X., Z. Zhou, X. Wang, F. Zhang, X. Zhang, Y. Wang, G. Wei, S. Wang, and X. Xu. 2013. "Hind Wings in Basal Birds and the Evolution of Leg Feathers." *Science* 339 (6125): 1309–12.

4章：背骨は泳ぐために

Bainbridge, R. 1958. "The Speed of Swimming of Fish as Related to Size and to the Frequency and Amplitude of the Tail Beat." *Journal of Experimental Biology* 35: 109–33.

Conway Morris, S., and J.-B. Caron. 2012. "Pikaia gracilens Walcott, a Stem-Group Chordate from the Middle Cambrian of British Columbia." *Biological Reviews* 87 (2): 480–512.

Dabiri, J. O. 2009. "Optimal Vortex Formation as a Unifying Principle in Biological Propulsion." *Annual Review of Fluid Mechanics* 41 (1): 17–33.

Gray, J. 1933. "Studies in Animal Locomotion. I. The Movement of Fish with Special Reference to the Eel." *Journal of Experimental Biology* 10: 88–104.

Lacalli, T. 2012. "The Middle Cambrian Fossil Pikaia and the Evolution of Chordate

317–23.
Lemelin, P., and D. Schmitt. 2007. "Origins of Grasping and Locomotor Adaptations in Primates: Comparative and Experimental Approaches Using an Opossum Model." In *Primate Origins: Adaptations and Evolution*, edited by M. J. Ravosa and M. Dagosto, 329–80. Boston, MA: Springer US.
Lovejoy, C. O., B. Latimer, G. Suwa, B. Asfaw, and T. D. White. 2009. "Combining Prehension and Propulsion: The Foot of Ardipithecus ramidus." *Science* 326 (5949): 72, 72e1–72e8.
Lovejoy, C. O., S. W. Simpson, T. D. White, B. Asfaw, and G. Suwa. 2009. "Careful Climbing in the Miocene: The Forelimbs of Ardipithecus ramidus and Humans Are Primitive." *Science* 326 (5949): 70, 70e1–70e8.
Lovejoy, C. O., G. Suwa, L. Spurlock, B. Asfaw, and T. D. White. 2009. "The Pelvis and Femur of Ardipithecus ramidus: The Emergence of Upright Walking." *Science* 326 (5949): 71–71, 71e1–71e6.
Moyà-Solà, S. 2004. "Pierolapithecus catalaunicus, a New Middle Miocene Great Ape from Spain." *Science* 306 (5700): 1339–44.
Nagano, A., B. R. Umberger, M. W. Marzke, and K. G. M. Gerritsen. 2005. "Neuromusculoskeletal Computer Modeling and Simulation of Upright, StraightLegged, Bipedal Locomotion of Australopithecus afarensis (A.L. 288–1)." *American Journal of Physical Anthropology* 126 (1): 2–13.
Niemitz, C. 2010. "The Evolution of the Upright Posture and Gait—a Review and a New Synthesis." *Naturwissenschaften* 97 (3): 241–63.
Raichlen, D. A., A. D. Gordon, W. E. H. Harcourt-Smith, A. D. Foster, and Wm.
Randall Haas. 2010. "Laetoli Footprints Preserve Earliest Direct Evidence of Human-Like Bipedal Biomechanics." Edited by Karen Rosenberg. *PLoS ONE* 5 (3): e9769.
Reed, K. E. 2008. "Paleoecological Patterns at the Hadar Hominin Site, Afar Regional State, Ethiopia." *Journal of Human Evolution* 54 (6): 743–68.
Sockol, M. D., D. A. Raichlen, and H. Pontzer. 2007. "Chimpanzee Locomotor Energetics and the Origin of Human Bipedalism." *Proceedings of the National Academy of Sciences* 104 (30): 12265–69.
Soligo, C., and R. D. Martin. 2006. "Adaptive Origins of Primates Revisited." *Journal of Human Evolution* 50 (4): 414–30.
Stanford, C. B. 2003. Upright: The Evolutionary Key to Becoming Human. Boston: Houghton Mifflin Harcourt.（邦訳はクレイグ・スタンフォード『直立歩行―進化への鍵』長野敬／林大訳、青土社。2004）
Thorpe, S. K. S., R. L. Holder, and R. H. Crompton. 2007. "Origin of Human Bipedalism As an Adaptation for Locomotion on Flexible Branches." *Science* 316 (5829): 1328–31.
Wang, W., R. H. Crompton, T. S. Carey, M. M. Günther, Y. Li, R. Savage, and W. I. Sellers. 2004. "Comparison of Inverse-Dynamics Musculo-Skeletal Models of AL 288–1 Australopithecus afarensis and KNM-WT 15000 Homo ergaster to Modern Humans, with Implications for the Evolution of Bipedalism." *Journal of Human Evolution* 47 (6): 453–78.

3章：鳥はどのように飛び始めたか

Alexander, D. E., E.-P. Gong, L. D. Martin, D. A. Burnham, and A. R. Falk. 2010. "Model Tests of Gliding with Different Hindwing Configurations in the FourWinged Dromaeosaurid Microraptor gui." *Proceedings of the National Academy of Sciences* 107 (7): 2972–76.
Babinsky, H. 2003. "How Do Wings Work?" *Physics Education* 38 (6): 497–503.
Boyce, C. K., C. L. Hotton, M. L. Fogel, G. D. Cody, R. M. Hazen, A. H. Knoll, and F. M. Hueber. 2007. "Devonian Landscape Heterogeneity Recorded by a Giant Fungus." *Geology* 35 (5): 399–402.
Crummer, C. A. 2013. "Aerodynamics at the Particle Level." arXiv:nlin .CD/0507032v10.
Dial, K. P. 2003. "Wing-Assisted Incline Running and the Evolution of Flight." *Science* 299 (5605): 402–4.
Dial, R. 2004. "The Distribution of Free Space and Its Relation to Canopy Composition at Six Forest Sites." *Forest Science* 50 (3): 312–25.

Princeton University Press.

1章：人間はどのように歩き、走るか

Aiello, L. C., and P. Wheeler. 1995. “The Expensive-Tissue Hypothesis.” *Current Anthropology* 36 (2): 199–221.

Alexander, R. McN. 1984. “Walking and Running.” *American Scientist* 72: 348–54.

同上。1991. “Energy-Saving Mechanisms in Walking and Running.” *Journal of Experimental Biology* 160: 55–69.

Bartlett, J. L., and R. Kram. 2008. “Changing the Demand on Specific Muscle Groups Affects the Walk-Run Transition Speed.” *Journal of Experimental Biology* 211 (Pt 8): 1281–88.

Bramble, D. M., and D. E. Lieberman. 2004. “Endurance Running and the Evolution of *Homo*.” *Nature* 432 (7015): 345–52.

Cappellini, G. 2006. “Motor Patterns in Human Walking and Running.” *Journal of Neurophysiology* 95 (6): 3426–37.

Cunningham, C. B., N. Schilling, C. Anders, and D. R. Carrier. 2010. “The Influence of Foot Posture on the Cost of Transport in Humans.” *Journal of Experimental Biology* 213 (5): 790–97.

Lieberman, D. E. 2012. “What We Can Learn About Running from Barefoot Running.” *Exercise and Sport Sciences Reviews* 40 (2): 63–72

同上。2013. The Story of the Human Body. New York: Pantheon Books.（邦訳はダニエル・E・リーバーマン『人体600万年史―科学が明かす進化・健康・疾病』塩原通緒訳、ハヤカワ・ノンフィクション文庫。2017年）

McGeer, T. 1993. “Dynamics and Control of Bipedal Locomotion.” *Journal of Theoretical Biology* 163 (3): 277–314.

Minetti, A. E. 1998. “The Biomechanics of Skipping Gaits: A Third Locomotion Paradigm?” *Proceedings of the Royal Society B: Biological Sciences* 265 (1402): 1227–33.

Muybridge, E. 1877. *Animal Locomotion: An Electro-Photographic Investigation of Consecutive Phases of Animal Movements*. Philadelphia: Photogravure Co.

Ruxton, G. D., and D. M. Wilkinson. 2013. “Endurance Running and Its Relevance to Scavenging by Early Hominins.” *Evolution* 67 (3): 861–67.

2章：人間の直立二足歩行の起源

Almécija, S., D. M. Alba, and S. Moyà-Solà. 2012. “The Thumb of Miocene Apes: New Insights from Castell de Barberà (Catalonia, Spain).” *American Journal of Physical Anthropology* 148 (3): 436–50.

Bloch, J. I. 2002. “Grasping Primate Origins.” *Science* 298 (5598): 1606–10.

Cartmill, M. 1974. “Rethinking Primate Origins.” *Science* 184 (4135): 436–43.

Cartmill, M., P. Lemelin, and D. Schmitt. 2007. “Primate Gaits and Primate Origins.” In *Primate Origins: Adaptations and Evolution*, edited by M. J. Ravosa and M. Dagosto, 403–35. Boston, MA: Springer US.

Crompton, R. H., T. C. Pataky, R. Savage, K. D’ Août, M. R. Bennett, M. H. Day, K. Bates, S. Morse, and W. I. Sellers. 2012. “Human-like External Function of the Foot, and Fully Upright Gait, Confirmed in the 3.66 Million Year Old Laetoli Hominin Footprints by Topographic Statistics, Experimental Footprint- Formation and Computer Simulation.” *Journal of the Royal Society Interface* 9 (69): 707–19.

Crompton, R. H., W. I. Sellers, and S. K. S. Thorpe. 2010. “Arboreality, Terrestriality and Bipedalism.” *Philosophical Transactions of the Royal Society B: Biological Sciences* 365 (1556): 3301–14.

Hunt, K. D. 1991. “Mechanical Implications of Chimpanzee Positional Behavior.” *American Journal of Physical Anthropology* 86 (4): 521–36.

Johanson, D. C., and M. Taieb. 1976. “Plio—Pleistocene Hominid Discoveries in Hadar, Ethiopia.” *Nature* 260 (5549): 293–97.

Kivell, T. L., and D. Schmitt. 2009. “Independent Evolution of Knuckle- Walking in African Apes Shows That Humans Did Not Evolve from a Knuckle- Walking Ancestor.” *Proceedings of the National Academy of Sciences of the United States of America* 106 (34): 14241–46.

Leakey, M. D., and R. L. Hay. 1979. “Pliocene Footprints in the Laetolil Beds at Laetoli, Northern Tanzania.” *Nature* 278 (5702):

ースパール・イェーケリーの厚意により掲載。

7-4 ハコクラゲ(カリブベア・ブランチ)。ウィキメディア・コモンズ掲載の写真をピーター・サウスウッドの厚意により掲載。

8-1 ヒトデ(ニンファエスター・アレナトゥス)(アメリカ海洋大気庁〔以下NOAA〕調査船オケアノス・エクスプローラーによる2014年のメキシコ湾での調査)、絶滅したウミユリ(Kaj R. Svensson/Science Photo Library)、およびウミシダ(フロロメトラ・セラティシマ)(写真撮影:Jill Baltan。NOAA/コーデルバンク国立海洋保護区)。

8-2 カツオノエボシ(フィサリア・ウトゥリキュラス)(Georgette Douwma/Science Photo Library)と帆走する群生における力の均衡。後者はG. Iosilevskii and D. Weihs, "Hydrodynamics of Sailing of the Portuguese Man-of-War *Physalia utriculus,Journal of the Royal Society Interface* 6, no.36(2009): 613-26の許可を得て変更を加えたうえで掲載。

8-3 クダクラゲ(マラス・オルトカナ)。Hidden Ocean Expedition 2005 /NOAA/航空宇宙研究事務所/オープン教育リソース

8-4 コケ。ウィキメディア・コモンズ掲載の写真をガイ・カーペンターの厚意により掲載。

8-5 カエデ、セイヨウトネリコ、ニワウルシの翼果。著者による撮影。

8-6 滑空するハネフクベ(アルソミトラ・マクロカルパ)の種子。ウィキメディア・コモンズ掲載の写真をスコット・ゾナの厚意により掲載。

8-7 ハエトリグサが葉を閉じるメカニズム。ウィキメディア・コモンズ掲載の写真をデイヴィッド・J・ミッジリーの厚意により掲載。図はデイヴィッド・ハンケの厚意により掲載。

9-1 レーウェンフックが製作した数多くの顕微鏡の1つ。ブールハーフェ・ライデン博物館所蔵の写真を、許可を得て掲載。

9-2 繊毛のうねり運動。

9-3 透過電子顕微鏡で見た、真核生物の単細胞藻のクラミドモナスの繊毛。ダートマス大学電子顕微鏡研究室(パブリックドメイン)。

9-4 筋肉の構造。透過電子顕微鏡で見たヒトの筋肉の断面(左)。ダートマス大学電子顕微鏡研究室(パブリックドメイン)。

9-5 真正細菌のべん毛の基部体。デイヴィッド・デロジエとデニス・トーマスの厚意により提供された画像に基づいたイラスト。

10-1 タイワンアリタケの餌食になったオオアリ。M.-B. Pontoppidan, W.Himaman, N. L. Hywel-Jones, et al., "Graveyards on the Move: The Spatio-Temporal Distribution of Dead *Ophiocordyceps*-Infected Ants," *PLos ONE* 4, no.3(2009): e4835より。

参 考 文 献

全般

Alexander, R. McN. 1968. *Animal Mechanics*. London: Sidewick & Jackson.

同上。2003. *Principles of Animal Locomotion*. Princeton, NJ, and Oxford: Princeton University Press.

Arthur, W. 2014. *Evolving Animals: The Story of Our Kingdom*. Cambridge, UK: Cambridge University Press.

Barnes, R. S. K., P. Calow, P.J. W. Olive, D. W. Golding, and J. I. Spicer. 2001. *The Invertebrates: A Synthesis*. 3rd ed. Oxford: Blackwell Science Ltd.

Biewener, A. A. 2003. *Animal Locomotion*. New York: Oxford University Press.

Clark, R. B. 1964. *Dynamics in Metazoan Evolution*. Oxford: Clarendon Press.

Dawkins, R. 2004. The Ancestor's Tale. London: Weidenfeld & Nicolson Ltd.(邦訳はリチャード・ドーキンス『祖先の物語』垂水雄二訳、小学館。2006年)

Denny, M., and A. McFadzean. 2011.*Engineering Animals: How Life Works*. Cambridge, MA: Harvard University Press.

Gray, J. 1968. *Animal Locomotion*. London: Weidenfeld & Nicolson Ltd.

Heinrich, B. 2001. Why We Run: A Natural History. New York: HarperCollins.(邦訳はベルンド・ハインリッチ『人はなぜ走るのか』鈴木豊雄訳、清流出版。2006年)

Lane, N. 2009. *Life Ascending*. London: Weidenfeld & Nicolson Ltd.

Marey, E. J. 1874. *Animal Mechanism: A Treatise on Terrestrial and Aerial Locomotion*. London: Henry S. King & Company.

McDougall, C. 2009. Born to Run. New York: Alfred A. Knopf.(邦訳はクリストファー・マクドゥーガル『BORN TO RUN 走るために生まれた』近藤隆文訳、NHK出版。2010年)

Shubin, N. H. 2008. *Your Inner Fish*. London: Allen Lane.

Vogel, S. 1988. *Life's Devices*. Princeton, NJ: Princeton University Press.

同上。2013. *Comparative Biomechanics: Life's Physical World*. 2nd ed. Princeton, NJ:

図 版 出 典

1-1　ヒトの脚のおもな屈筋と伸筋。
1-2　マイブリッジ撮影によるリーランド・スタンフォードの馬「サリー・ガードナー」(パブリックドメイン)。
1-3　マレーの「グラフ記録法」。出典:『Animal Mechanism(動物の運動機構)』(1874)
1-4　マレーの「クロノフォトグラフィ」の1つ。出典:E. J. Marey『Movement(運動)』(London: William Heinemann, 1895)
1-5　人間の脚の筋電図。
1-6　ヒトの足の巻き上げ機構。
2-1　二本足で立つチンパンジー。
2-2　アウストラロピテクス・アファレンシスの標本。AL-288-1:「ルーシー」。John Reader/Science Photo Library
2-3　アルディピテクス・ラミダスの骨格と骨盤の標本。ARA-VP-6/500:「アルディ」。手の骨格の複製はC. O. Lovejoy, S. W. Simpson, Tim D. White, et al., "Careful Climbing in the Miocene: The Forelimbs of *Ardipithecus ramidus* and Humans Are Primitive," Science 326, no.5949(2009): 7oei-oe8 の許可を得て掲載。骨盤(化石と復元)の複製はC. O. Lovejoy, S. Suwa, L. Spurlock, et al., "The Pelvis and Femur of *Ardipithecus ramidus*: The Emergence of Upright Walking," Science 326, no.5949(2009): 7iei-7ie6の許可を得て掲載。
2-4　歩行のラテラル・シークエンスとダイアゴナル・シークエンス。狼のイラスト©コーラル・ベイリー。
3-1　動力飛行と滑空飛行における力のバランス。イラスト©コーラル・ベイリー。
3-2　固体表面の近くで衝突する空気の分子の軌道。
3-3　トビトカゲ(Frans Lanting, Mint Images/Science Photo Library)とヒヨケザル(著作権帰属先Norman T-Lon Limの許可を得て掲載)。
3-4　羽ばたきが推力を発生させる仕組み。イラスト©コーラル・ベイリー。
3-5　ミクロラプトル・グイ。著者による撮影。
4-1　蠕虫の身体の横断面。
4-2　ボレリによる魚の泳動の再現図。出典:『De Motu Animalium(動物の運動)』(1680)
4-3　ブルーギルサンフィッシュの後流。上図はE. D. Tytell, I. Borazjani, F. Sotiropoulos, et al., "Disentangling the Functional Roles of Morphology and Motion in the Swimming of Fish," *Integrative and Comparative Biology* 50, no.6 (2010): 1140-54より許可を得て複製。
4-4　ウナギの後流。上図はE. D. Tytell, I. Borazjani, F. Sotiropoulos, et al., "Disentangling the Functional Roles of Morphology and Motion in the Swimming of Fish," *Integrative and Comparative Biology*50, no.6 (2010): 1140-54より許可を得て複製。
4-5　ナメクジウオ(Scientifica/Visuals Unlimited, Inc./Science Photo Library)とホヤ(Edward Kinsman/Science Photo Library)
4-6　ピカイア。S.Conway Morris and J.-B. Caron, "*Pikaia gracilens* Walcott, a Stem-Group Chordate from the Middle Cambrian of British Columbia," *Biological Reviews*87, no.2(2012): 480-512より許可を得て複製。
4-7　スズキの切り身。著者による撮影。
5-1　マモンツキテンジクザメ(ヘミッシュリウム・オセラツム)。Patrice Ceisel, Visuals Unlimited/Science Photo Library
5-2　コウモリ、ヒト、オットセイ、ネコの前肢の骨格。
5-3　ポリプテルス・ビキール。E. Geoffroy Saint-Hilaire, "Description d'un Nouveau Genre de Poisson," *Annals Du Musee d'Histoire Naturelle Paris* I (1802):57-68より。
5-4　エウステノプテロン・フォールディ。上図はウィキペディア・コモンズよりG・ベフリー(SMNS)の許可を得て掲載。中図の写真はラッセル・ステビングズの厚意により掲載。
5-5　アカントステガ・グンナーリの復元骨格。
6-1　左右相称性の体制と放射相称性の体制。
6-2　脊椎動物のGPSシステム。
6-3　ムカデにおけるホックス遺伝子の発現パターン。C. L. Hughes and T. C. Kaufman, "Exploring Myriapod Segmentation: The Expression Patterns of Even-Skipped, Engrailed, and Wingless in a Centipede," *Developmental Biology* 247, no.1(2002):47-61より許可を得て複製。
6-4　左右相称動物の系統樹。
6-5　扁形動物の神経系。
6-6　ヒドロ虫綱のベニクラゲの生活環。
7-1　単純な中枢パターン発生器。
7-2　テティヤ・ヴィルヘルマの収縮範囲。K. Ellwanger and M. Nickel, "Neuroactive Substances Specifically Modulate Rhythmic Body Contractions in the Nerveless Metazoon *Tethya wilhelma*(Demospongiae, Porifera)." *Frontiers in Zoology* 3, no.1(2006); 7より転載。
7-3　環形動物イソツルヒゲゴカイの幼生。チュービンゲンのマックス・プランク発達生理学研究所のガ

父さんへ

編集協力――岩崎義人

著者略歴――――
マット・ウィルキンソン Matt Wilkinson
ケンブリッジ大学動物学部の生物学者、サイエンスコミュニケーター。その研究はテレグラフやニュー・サイエンティスト、ネイチャーなどで取り上げられた。イギリス・ケンブリッジ在住。1975年生まれ。

訳者略歴――――
神奈川夏子 かながわ・なつこ
東京都出身。日仏英翻訳者。上智大学外国語学部フランス語学科卒業、同大学院フランス文学修士課程修了。サイモンフレーザー大学日英通訳科修了。訳書『偉大なる指揮者たち』『偉大なるダンサーたち』『偉大なるヴァイオリニストたち2』(ヤマハミュージックメディア)、『BIG MAGIC「夢中になる」ことからはじめよう。』(ディスカヴァー・トゥエンティワン)など。

脚・ひれ・翼はなぜ進化したのか
――生き物の「動き」と「形」の40億年

2019年2月21日 第1刷発行

著　者 マット・ウィルキンソン
訳　者 神奈川夏子
装幀者 内川たくや
発行者 藤田 博
発行所 株式会社 草思社
〒160-0022 東京都新宿区新宿1-10-1
電話 営業 03(4580)7676 編集 03(4580)7680

本文組版 株式会社 キャップス
本文印刷 株式会社 三陽社
付物印刷 中央精版印刷 株式会社
製本所 大口製本印刷 株式会社
翻訳協力 株式会社 トランネット

ISBN978-4-7942-2380-7 Printed in Japan 検印省略

造本には十分注意しておりますが、万一、乱丁、落丁、印刷不良などがございましたら、ご面倒ですが、小社営業部宛にお送りください。送料小社負担にてお取り替えさせていただきます。